海洋功能性资源技术丛书

海洋源生物刺激剂

MARINE BIOSTIMULANTS

秦益民　主编

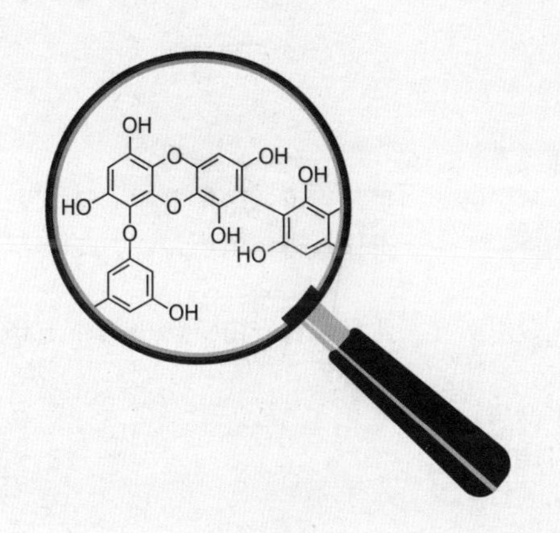

中国轻工业出版社

图书在版编目（CIP）数据

海洋源生物刺激剂/秦益民主编. —北京:中国轻工业出版社，2022. 9
（海洋功能性资源技术丛书）
ISBN 978-7-5184-4038-2

Ⅰ.①海… Ⅱ.①秦… Ⅲ.①海洋生物-生物质-刺激性肥料 Ⅳ.①TQ449

中国版本图书馆CIP数据核字（2022）第104947号

责任编辑：江　娟　贺　娜　　责任终审：唐是雯　　整体设计：锋尚设计
策划编辑：江　娟　　责任校对：朱燕春　　责任监印：张　可

出版发行：中国轻工业出版社（北京东长安街6号，邮编：100740）
印　　刷：艺堂印刷（天津）有限公司
经　　销：各地新华书店
版　　次：2022年9月第1版第1次印刷
开　　本：720×1000　1/16　印张：21
字　　数：375千字
书　　号：ISBN 978-7-5184-4038-2　定价：98.00元
邮购电话：010-65241695
发行电话：010-85119835　传真：85113293
网　　址：http：//www.chlip.com.cn
Email：club@chlip.com.cn
如发现图书残缺请与我社邮购联系调换
211030K1X101ZBW

《海洋功能性资源技术丛书》编委会

《海洋源生物刺激剂》编写人员

主　　编　秦益民

参编人员　赵丽丽　张德蒙　申培丽　刘书英

　　　　　王晓辉　张　琳　冯　鸽　宋修超

　　　　　耿志刚　李　军　韩蒙蒙　任　斌

　　　　　石仁兴　王钰馨　王　颖　王嘉毅

　　　　　刘浩宇　赵培伟　管宇翔　高　岩

　　　　　朱长俊　王　盼　石少娟

序 | Preface

生物刺激剂是一类重要的农资产品，通过一系列独特的生理和代谢过程在农业生产中起重要作用，可以有效调控作物生长发育，激发和诱导作物产生抗病菌、害虫等生物胁迫，以及抗干旱、洪涝、高温、冷冻、土壤酸化、盐渍化、重金属污染等非生物胁迫，有效提高作物产量及质量。大量科学研究和生产实践表明，生物刺激剂是提高化肥利用率、实施农作物健康栽培、保证食品安全、建设生态文明农业的创新产品，不仅对人体健康和土壤环境无不利影响，还可提高化肥利用率、减轻环境污染，是绿色环保的生产资料，是确保农业生产可持续发展、促进作物健康、增产提质、满足人民绿色消费极为重要的治本措施，也是未来农业科学领域冉冉升起的明星。

我国是一个人口大国，也是农业生产的大国。现代农业在人民健康生活中起到重要的保障作用，而高效的肥料又是现代农业的保障。进入 21 世纪，化肥、农药等农化产品的过度使用给我国大气、土壤和水体带来严重的负面影响，环境污染直接危及食品安全和人民身体健康。党的十八大以来，习近平总书记提出树立和践行“绿水青山就是金山银山”的生态文明农业理念，中共中央办公厅、国务院办公厅印发了《关于创新体制机制推进农业绿色发展的意见》的文件，农业农村部提出“到 2020 年化肥使用量零增长”的发展目标，为生态农业的科学发展指明了方向。

以海藻提取物为代表的海洋源生物刺激剂在农业生产高产、优质、低耗、高效的发展中起到越来越重要的作用，具有重要的经济效益、环境效益和社会效益。海洋占地球面积的 71%，养育、繁殖、发展出了微生物、海藻、海草、珊瑚、鱼、虾、贝等种类繁多、数量庞大的生物资源，是地球上最大的资源宝库，在全球生态平衡中起重要作用的同时，也为全球经济提供了一个生物活性物质的巨大宝库。海洋独特的温度、盐度、水质等生态环境赋予海洋生物合成特异化合物的能力，产生的生物质资源是陆地资源的重要补充，在生物刺激剂的研究和开发中有独特的应用价值。

青岛明月海藻集团以海洋大型海藻为原料生产海藻生物制品，其中“蓝能量”品牌海藻类肥料在国内获得海藻肥登记证。经过20多年市场验证和反馈，明月的海藻肥产品无论从品质还是使用效果均有显著提升，已经形成6大系列100多个品种。目前海藻有机肥、海藻有机无机复混肥、海藻冲施肥、海藻叶面肥、海藻微生物肥、海藻掺混肥等海藻类肥料，其功能涵盖调理土壤型、调控生长型、平衡营养型等类别，在全国各地的各种作物上应用广泛，被广大农户誉为“真真正正海藻肥”。

面向未来，青岛明月海藻集团将继续加大科研和产品开发投入，继续与高校和科研院所深入合作，借助海藻活性物质国家重点实验室和农业农村部海藻类肥料重点实验室两个重要平台，专注全程作物营养和土壤修复，推出高效能的系列化优质新产品，实现产品的技术升级，推动新型肥料行业的发展。公司将紧握企业核心竞争力，围绕国家海洋强国战略，全方位整合资源，坚持以海洋生物资源开发和利用为发展方向，以市场需求为导向，在加大研发力量的同时提升营销能力、运营效率，使我国海洋源生物刺激剂的研究、开发和应用处在世界前沿，实现利用海洋资源服务现代农业的崇高使命。

青岛明月海藻集团有限公司　董事长

张国防

2022年6月30日

前言 | Foreword

在农业生产发展的几千年历史中，以化肥、农药为代表的20世纪绿色革命使全球农产品产量大幅提升，许多发展中国家在粮食生产上实现自给自足，农资领域的科技进步在改善人们生活的过程中发挥了重要的作用。与此同时，化肥、农药的指数级增长也造成了严重的环境危害，其过量使用导致土壤退化、水体污染、环境恶化等一系列问题。在此背景下，以减少化肥、农药使用为主要目标的生物刺激剂应运而生。

生物刺激剂具有调控农作物新陈代谢、诱导作物产生抗胁迫机制、增加农化产品有效成分利用率、提高作物产量、改善产物品质、环境友好等功能特性，以其独特的应用功效助推我国农业生产的绿色、高质量发展。在各种来源的生物刺激剂中，海藻酸、褐藻多酚、岩藻多糖、甲壳素、壳聚糖、鱼蛋白等海洋源生物活性物质的结构新颖、功效独特，已经在全球各地的农业生产中展示出优良的使用功效。

21世纪是蓝色海洋世纪，鱼、虾、蟹、贝、藻等大量动物、植物、微生物等海洋生物资源可用于开发种类繁多的海洋生物制品，在功能性食品、生物医药、美容护肤品、生物医用材料、生物活性纤维、生物刺激剂等领域有重要的应用价值。我国有1.8万千米的大陆海岸线和1.4万千米的岛屿海岸线，跨越热带、亚热带、寒温带等多个气温带，在473万平方千米的海域中蕴藏着丰富的海洋生物资源，为研究、开发和应用海洋源生物刺激剂提供了重要的资源保障。

为促进海洋源生物刺激剂的进一步发展，加快其在新时代农业生产中的应用，我们编写了《海洋源生物刺激剂》一书，在介绍生物刺激剂领域的最新进展以及海洋生物资源和海洋生物科技的基础上，全面阐述海藻酸、褐藻多酚、岩藻多糖、甲壳素、壳聚糖、鱼蛋白等海洋源生物活性物质及其各种衍生制品在生物刺激剂领域的发展历史和应用现状，结合全球各地对各种海洋源生物刺激剂的大量研究成果，系统总结了海洋源生物刺激剂在改善土壤、种子引发、促进根系健康生长、抗生物和非生物胁迫、保花保果、提高产量、改善品质等方面优良的使用功效。我们期望通过《海洋源生物刺激剂》一书，使广大读者更好地了解海洋源生物活性物质在农业生产中独特的功能特性和应用价值。

《海洋源生物刺激剂》一书共11章，由嘉兴学院秦益民教授担任主编。在本书的编写过程中，得到青岛明月海藻集团海藻活性物质国家重点实验室和农业农村部海藻类肥料重点实验室的大力支持，王发合、赵丽丽、申培丽、张德蒙、刘书英、王晓辉、张琳、冯鸽、任斌、李军、韩蒙蒙、耿志刚、宋修超、石仁兴、李军、王钰馨、王颖、刘浩宇、赵培伟、管宇翔、高岩、王嘉毅、王盼、石少娟等技术人员为本书的编写提供了宝贵的资料，在此表示感谢。

本书可供海洋生物、化学工程、生物工程、农业技术、果蔬种植等相关行业从事生产、科研、产品开发和推广应用的工程技术人员以及大专院校相关专业的师生阅读、参考。

由于海洋生物资源及海洋源生物刺激剂涉及的研究和应用领域广泛，内容深邃，而编者的学识有限，故疏漏之处在所难免，敬请读者批评指正。

秦益民

2022年6月30日

目录 | Contents

第一章　生物刺激剂概述

第一节　引言

生物刺激剂和生物刺激素是近年来农资行业重点发展的功能性生物制品，其中生物刺激素是具有促进植物生长功能的生物活性物质，生物刺激剂是以生物刺激素为主要功能成分的农用功能产品。生物刺激剂具有调控农作物新陈代谢、诱导作物产生抗胁迫机制、增加农化产品有效成分利用率、提高作物产量、改善产物品质、环境友好等功能特性（陈绍荣，2017；Van Oosten，2017；du Jardin，2015；Vandenkoornhuyse，2015）。与肥料不同，生物刺激剂本身并不是营养素，它们通过辅助营养素的吸收、抗生物和非生物胁迫、促进生根等作用机制对植物生长和开花结果起积极作用。

改革开放 40 多年来，我国农业生产取得了举世瞩目的成就。在诸多成功要素中，除了正确的国家战略和产业政策，化肥对发展农业生产的贡献最大。联合国粮农组织在 41 个国家、18 年的统计结果表明，化肥增产作用占农作物增产的 60% 以上。作为农业生产大国，目前我国是全球最大的化肥生产国。2014 年我国耕地的化肥施用量为 643.9kg/hm^2，是全球平均水平的 462%。化肥的过量施用给生态环境、食品安全以及农业生产的可持续发展带来诸多负面影响，严重制约了我国绿色农业的高质量发展。

从加快我国农业由农业大国向农业强国的发展现状来看，质量兴农和绿色兴农需要解决的一个主要问题是化肥、农药等农化产品的过量施用，提高肥料有效成分利用率，解决土壤退化、环境污染等问题。生物刺激剂以其独特的功效在推动我国绿色农业的高质量发展中起到越来越重要的作用（熊思健，2019）。

第二节 生物刺激剂的基本概念和发展历史

生物刺激最早是指植物在不利但不致命的外界条件下，经过生化重组形成非特异性的生物刺激物，从而激发生物体反应，抵抗病原菌入侵、增强植物免疫力（Sukhoverkhov，1967）。1944 年，Herve 为生物刺激剂提供了第一个概念性生产方法，指出生物刺激剂的开发应该建立在化学合成和生物技术的基础上，能在低剂量下发挥作用，并且生态友好（Herve，1944）。Zhang 等在 1999 年强调了对生物刺激剂进行全面实证分析的必要性，特别强调生物刺激作用首先是通过激素效应，其次是通过抗氧化剂对非生物胁迫的保护，其作用主要表现在提高光合作用效率、减少病原菌强度及传播，并提高作物产量（Zhang，1999）。此后 Basak 等对生物刺激剂开展了进一步深入、系统的研究，为现代生物刺激剂产业的形成建立了学科基础（Basak，2008；du Jardin，2015）。

作为一种产品，生物刺激剂最早在 1974 年由知名肥料公司——西班牙格莱西姆矿业公司提出（刘秀秀，2017；郑宏敞，2015），但当时并没有引起相关学者及行业的重视。随着其应用功效得到越来越多的认可，生物刺激剂作为农资领域的一种重要产品在 21 世纪开始走向前台，成为绿色农业的一个重要参与者。

根据 2011 年 6 月成立的欧洲生物刺激剂产业理事会（European Biostimulants Industry Council，EBIC）的定义，生物刺激剂是一种包含某些成分和微生物的物质，这些成分和微生物在施用于植物或者根围时，其功效是对植物的自然进程起到刺激作用，包括加强 / 有益于营养吸收、营养功效、非生物胁迫抗力及作物品质，而与营养成分无关（曾宪成，2016）。2018 年美国农业法案指出，生物刺激剂是一种物质或微生物，当应用于种子、植物或根际时，刺激自然过程以增强或促进营养吸收、营养效率、对非生物胁迫的耐受性，以及作物质量和产量。

生物刺激剂的主要作用是促进作物生长、提高营养有效性（du Jardin，2012；Calvo，2014），其中包括大量生物制品，如蛋白质水解物（Colla，2015）、海藻提取物（Battacharyya，2015）、硅（Savvas，2015）、壳聚糖（Pichyangkura，2015）、腐植酸和富里酸（Canellas，2015）、亚磷酸酯（Gomez-Merino，2015）、丛枝菌根真菌（Rouphael，2015）、木霉菌（Lopez-Bucio，

2015）、多功能根系土壤微生物（Ruzzi，2015）等。基于其优良的使用功效，生物刺激剂在全球各地已经得到越来越多的应用，图 1-1 显示全球生物刺激剂市场的发展趋势。

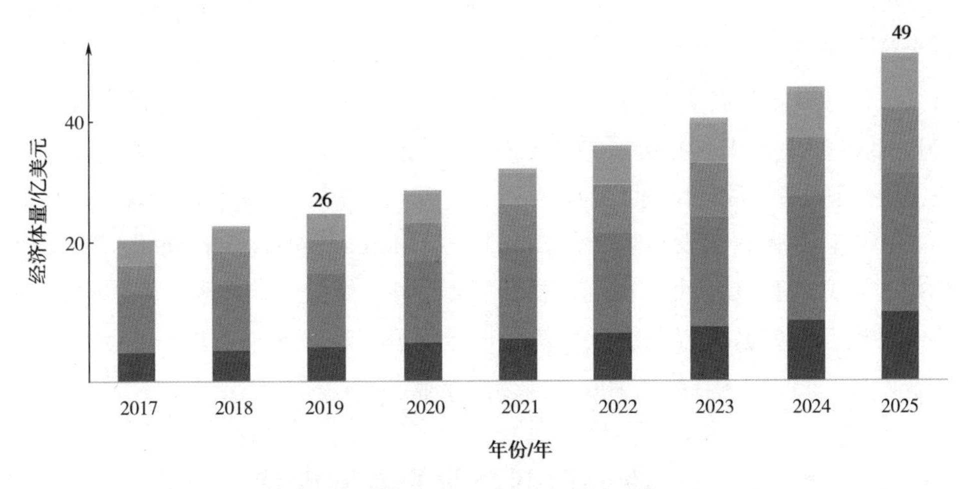

图 1-1　全球生物刺激剂市场的发展趋势

自 2011 年欧洲 24 家公司成立欧洲生物刺激剂产业理事会（EBIC）后，生物刺激剂在欧洲为主的国际市场得到快速发展（郑宏，2017）。在 EBIC 成立的前 5 年其成员增加到了 50 多个，目前已经有 60 多家成员单位。EBIC 旨在推动生物刺激剂在欧洲市场的推广应用，以促进农业可持续发展，并在欧洲新的肥料法规体系内为生物刺激剂争取制定合理的政策。EBIC 积极推动全球第一个生物刺激剂标准的建立，在 2012 年发起主导每两年举办一届全球专业论坛——世界生物刺激剂大会（Biostimulant World Congress）。

美国生物刺激剂联盟（US Biostimulant Coalition，USBC）成立于 2011 年，从2021年1月4日起，USBC与美国国家肥料研究所（The Fertilizer Institute）联合，成立了“生物刺激剂理事会”（Biostimulant Council）共同努力推进政策和监管框架，以增加生物刺激剂的市场准入，并鼓励研究和创新。USBC 目前有 21 家会员企业。

2012 年 11 月，*New AG International* 杂志社在法国斯特拉斯堡组织召开了第一届世界生物刺激剂大会，来自世界各国的 600 多人参加，其中包括 4 位中国企业界的代表。3 年后的 2015 年 9 月，*New AG International* 在意大利小城佛罗伦萨召开了第二届世界生物刺激剂大会，第三届世界生物刺激剂大会在2017年11月于美国迈阿密召开，2019年11月在西班牙巴塞罗那召开了第四届世界生物刺激剂大会，有来自世界各国的1600多人参加。

2012年12月江门杰士和瓦拉格罗公司合作在中国召开了第一届生物刺激剂会议。2013年和2014年*New AG International*分别与化工信息中心和水肥网合办了涉及植物生物刺激剂的会议。191农资人论坛和北京华丰德盛公司也在2014年和2015年共同举办了两届生物刺激剂研讨会。这些会议的成功召开促进了生物刺激剂在我国的推广应用。

中国生物刺激剂发展联盟（China Biostimulants Development Alliance，CBDA）成立于2016年，围绕“联合创新、科学试验、资源整合、成本优化、持续发展”的宗旨，以系统竞争替代个体竞争，建立开放式共享平台，共谋行业发展。目前CBDA有100多家会员企业。

第三节　我国生物刺激剂产业的发展现状

我国生物刺激剂产业可以追溯到20世纪60年代，当时有根瘤菌、“5406”放线菌等农用微生物的生产。我国的腐植酸产业在20世纪70年代起步，20世纪80年代后中微量元素肥料开始上市。进入21世纪，我国的生物刺激剂产业得到快速发展，尤其是腐植酸、氨基酸、海藻提取物、微生物、中微量元素与有益营养元素等产品在农业生产中得到越来越广泛的应用。但是由于在政策扶持、产品登记及生产监管等方面存在的问题，许多生物刺激剂产品一直没有得到市场客观、全面的认识，一定程度上影响了生物刺激剂产品的开发和应用。武良等把我国生物刺激剂的发展分为表1-1所示的3个阶段（武良，2016）。

表1-1　生物刺激剂在中国的3个重要发展阶段

阶段	发展重点
第一阶段（1957—1999年）	植物生理活性物质的研究与生产，包括氨基酸、腐植酸、海藻提取物、有机酸、微生物制剂、其他有益元素
第二阶段（2000—2012年）	植物生理活性物质的作物功能研究，含生物刺激剂的新型肥料的规模化生产和登记
第三阶段（2013年至今）	植物生理活性物质的作用功能纳入作物和土壤解决方案

第一阶段（1957—1999年）：研究重点是生物刺激剂原料的功能功效、产品研制、市场推广。如1957年，张宪武等的研究表明，氨基酸和蛋白质能促进固氮菌的固氮能力（张宪武，1957）；1965年，吴奇虎等把风化煤作为腐植酸原料（吴奇虎，1965）；1979年，杨志福研究了不同腐植酸的作用和功能（杨志福，1979）。

第二阶段（2000—2012年）：研究重点是植物生理活性物质的作物功能、含生物刺激剂的新型肥料的规模化生产和登记。如2000年，吴良欢等研究了氨基酸态氮营养效应及作用机理（吴良欢，2000）；2001年，汤洁在第12届世界肥料大会上报道了海藻浓缩液的生理活性及其在农业生产中的应用效果（汤洁，2001）。

第三阶段（2013年至今）：研究重点是植物生理活性物质纳入作物和土壤改良解决方案。如2013年，汤洁以海藻和甲壳类生物质为原料制备的生物制品作为作物营养保健解决方案（汤洁，2013）；2018年，秦益民等主编出版了《功能性海藻肥》，详细介绍了海藻肥促进根系健康生长、抑制土壤传播疾病和线虫病、促进生根发芽、保花保果、降低热和霜冻影响、提高作物产量和品质等优良的使用功效（秦益民，2018）。

目前生物刺激剂在中国还没有一个明确的产品登记地位，其中涉及的大多数产品是以新型肥料的名义登记，微生物产品是以微生物菌剂和微生物肥料的形式登记，还有产品以有机水溶肥料方式登记。含生物刺激剂的肥料以复合微生物肥料、含腐植酸水溶性肥料、含氨基酸水溶性肥料、土壤调理剂、含中量元素肥料登记。到2016年4月，来自农业农村部种植业管理司的肥料登记数据显示，已发放的生物刺激剂肥料登记证927个，其中微生物菌剂登记证数量最多，占生物刺激剂登记证总量的92%。发放的含生物刺激剂肥料的登记证4918个，其中含氨基酸水溶性肥料和含腐植酸水溶性肥料登记证数量最多，分别占37%和35%，其次为生物有机肥和复合微生物肥料，分别占15%和12%（武良，2016）。

武良等（武良，2016）的研究显示，2013年起我国生物刺激剂和含生物刺激剂肥料的登记证大幅增加，其中2012—2015年生物刺激剂的登记证在3年中增加了近3倍，同一时期内，含生物刺激剂肥料的登记证增加了1.8倍。从肥料剂型看，2015年生物刺激剂和含生物刺激剂肥料登记证均以粉剂和液体为主，其中粉剂47%、液体41%、颗粒12%。含生物刺激剂肥料中液体占51%、粉剂占 39%、颗粒占 10%。

从发展历史的角度看，我国生物刺激剂产业存在以下特点。

（1）尽管生物刺激剂的概念正式引入中国比较晚，但其对现代农业的可持续发展的意义很大，是国家 2020 年化肥农药使用量零增长战略实施的一个重要支撑点。

（2）目前我国生物刺激剂类产品的生产企业很多，但是经历 20 多年的发展和推广应用，行业内仍然缺乏龙头企业。尽管发展潜力巨大，但产业集中度依然不高。

（3）国内市场上的生物刺激剂多以新型肥料销售，用户对生物刺激剂的认知度普遍不高，产品的进一步推广还需要更广泛深入的市场普及。

（4）生物刺激剂类产品在中国也存在炒概念、赶时髦的现象，有些以化肥成分为主的产品也打着生物刺激剂的名义在市场上销售，误导了经销商和使用者。

（5）由于缺乏生物刺激剂的立法和标准，产业边界难以确定。

大量实践证明，作为植物体与生俱来的且必不可少的生物调控物质的组成部分，生物刺激剂大多来源于生物本身，是一类绿色、安全的农资产品，无毒、微毒或低毒，在植物体内残留时间短、残留量少，对人体健康和土壤环境无不利影响（陈绍荣，2018）。生物刺激剂能提高农作物本身的新陈代谢机能及其抵抗生物和非生物胁迫的能力，可以促进农作物健康栽培，在充分满足其正常营养需求的基础上，提高营养效率，增强对肥料、农药有效成分的吸收利用，实现化肥、农药的增效减量（吴金发，2017）。

国内外的科学研究及应用实践表明，适时、适量、适法应用生物刺激剂是实施农作物健康栽培的重大创新技术。面向未来，生物刺激剂产业的发展趋势包括以下几点。

1. 精准化

重点加强生物刺激剂中植物生理活性物质的作用机理研究，使生物刺激剂对作物的刺激作用更趋精准化。

2. 标准化

建立区别于化肥和农药的标准，以天然植物生理活性物质为主要成分、允许少数其他天然活性物质存在，参考农药新活性标准制定的方法，在保护知识产权的基础上逐步建立相关标准。

3. 产业化

开展生物刺激剂的技术创新和产品推广应用，形成产业聚集的规模化企业，使产品线、服务模式和价值链高度融合。

4. 国际化

促进我国更多的生物刺激剂企业走出国门，拓展海外市场，同时让更多国际生物刺激剂企业进入中国市场，形成百花齐放、百家争鸣的发展大格局，为用户提供更丰富的选择。

第四节　生物刺激剂的种类

欧洲生物刺激剂产业理事会（EBIC）、美国生物刺激剂联盟（USBC）、全国肥料和土壤调理剂标准化技术委员会（SAC/TC105）给出的生物刺激剂定义不尽相同，产品被冠以的名称包括生物促进剂、代谢增强剂、植物强壮剂、正向植物生长调节剂、诱导因子、化感制剂、植物调理剂等。广义来看，生物刺激剂是指具有促进植物生长、提高应激响应的物质，包括腐植酸类物质、复合有机物质、有益化学元素、非有机矿物质（包括亚磷酸盐）、海藻提取物、甲壳素和壳聚糖、抗蒸腾剂、游离氨基酸、微生物等很多种类（王思怿，2019）。这些成分可以分为四大类：①有机成分，如氨基酸、腐植酸、海藻提取物、有机碳、乙酸、糖醇酸、甲壳素、壳聚糖等；②生物成分，如固氮微生物、多种生防促生微生物、治理修复污染土壤的微生物等；③无机成分，如铁、硼、钙、镁、硅、钛等营养元素以及亚磷酸盐等；④其他成分，如植物内源激素、植物生长调节剂等（熊思健，2018）。

根据化学性能，生物刺激剂的活性成分可分为 8 大类：腐植酸类、复杂有机材料、有益化学元素、无机盐（包含亚磷酸盐）、海藻提取物、甲壳素和壳聚糖及其衍生物、抗蒸腾剂、游离氨基酸和其他含氮物质（杨光，2016）。其中，含有腐植酸类物质、海藻酸、氨基酸和多肽、糖醇物质以及微生物菌剂的生物刺激剂类产品已经广泛应用于农业生产，产生优异的使用功效。

目前国际上普遍将生物刺激剂分为四大类，即酸类、提取物类、微生物类、其他类，图 1-2 所示为生物刺激剂的分类图。

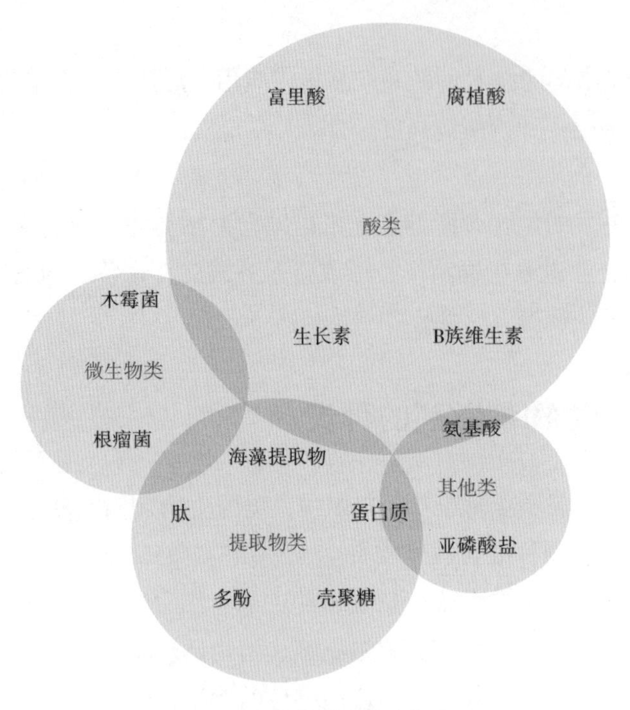

图 1-2　生物刺激剂的分类

一、酸类

1. 腐植酸

腐植酸类物质是天然土壤有机质，源于死亡细胞基质的分解，在土壤微生物的代谢下生成腐植质、腐植酸和富里酸，可从泥炭土、火山土等土壤、污水淤泥等废弃物中的腐植质有机物中提取得到。作为营养剂应用于土壤和植物，腐植酸可提高土壤的理化特性和生物活力，通过吸附多价态阳离子提高土壤的通气性和水合作用以及养分的吸收和利用率，提高土壤的钙离子交换能力、固碳作用，促进细菌呼吸，从而提高酶的活性，促进植物的应激响应能力。腐植酸含有许多重要的官能团，包括羧基、酚羟基、醌基、非醌羰基、醇羟基、甲氧基、烯醇基等（蒋晨义，2014）。这些活性基团上的 H^+可被 Na^+、K^+、NH_4^+等阳离子取代后形成弱酸盐，具有很高的离子交换性能和离子吸收能力，能减少铵态氮的流失。它们还可以增强作物体内过氧化氢酶、多酚氧化酶的活性，刺激作物的生理代谢，促进生长发育，加速养分吸收。由于这些活性基团的作用，腐植酸类肥料具有抑制脲酶活性、减缓尿素分解、减少尿素挥发等活性，从而提高氮的吸收利用率。它们可以与磷肥形成腐植酸—金属—磷酸盐络合物后防止土壤对磷的固定，提高作物吸磷量，进而提高磷肥的肥效。酸性官能团能吸收和贮存钾离子，因此能减少钾的流失，并能促进土壤中难溶性钾的释放。腐植酸中的活性基团可与被土壤固定的微量元素离子发生螯合作用，使其成为水溶性腐植酸螯合微量元素，从而提高作物对微量营养元素的吸收（孙玲丽，2017）。我国矿物腐植酸资源丰富，泥炭、褐煤、风化煤的蕴藏量均位居世界前列，此外我国有大量作物秸秆资源，还有大量糖料作物加工废弃资源——糖蜜液，是用发酵法大量生产腐植酸的重要资源。

2. 富里酸

富里酸与腐植酸一样是褐煤、土壤和泥炭的主要有机成分，是由有机物生物降解产生的含有酚基和羧基的酸混合物。富里酸是一种含氧量高、分子质量低的腐植酸（Bulgari，2015）。

3. 游离氨基酸

游离氨基酸是与多肽、聚胺类、甜菜碱等类似的有机含氮化合物，可以施于叶面、土壤和种子。除了 20 种作为蛋白质合成前驱体的氨基酸，目前已经在动物、植物和微生物的水解产物中发现 250 多种非蛋白质氨基酸，它们与作物细胞构成和生理过程息息相关，参与木质素合成、种子发芽、细胞组织分化、信号转导、蛋白质降解、刺激应激响应等。氨基酸通过与土壤中的养分形成螯合物促进吸收，同时作用于植物的新陈代谢，促进光合作用和二氧化碳渗透，提高酶活性及作物品质。

二、提取物类

1. 海藻提取物

海藻包括褐藻、红藻、绿藻在内的约 10000 种在形态、化学组成上很不相同的海洋生物，富含促进植物生长的多糖、多酚、多肽、含氮化合物等生物活性成分，可作为生物肥料、土壤调节剂、生物刺激剂应用于土壤和作物，其中多糖类物质利于凝胶的形成，可维持土壤的保水性和透气性。除了含有陆生植物所具有的化学成分，海藻还含有许多独特的生物活性物质，其中海藻多糖可促进非特异性物质（如叶绿素、生长素等）产生、调节作物内源激素平衡、提高光合作用效率、诱导抗非生物胁迫；甜菜碱是海藻提取物中的类细胞激动素，可促进作物生长发育、参与作物体内化合物运输、增强抗逆能力、提高免疫力；甘露醇是有助于渗透的多羟基化合物，可增强作物的抗旱性和抗寒性（陈绍荣，2008）。此外，海藻提取物中还含有各种植物内源激素，包括吲哚 -3- 乙酸、吲哚 -3-

羧基酸等天然生长素和玉米素、核糖基玉米素等天然细胞分裂素，以及碘、钾、镁、锰等多种矿物质营养元素。

2. 甲壳素和壳聚糖

甲壳素是虾、蟹等甲壳类动物和昆虫等的外骨骼以及真菌类细胞壁的组成物质，壳聚糖是甲壳素的脱乙酰衍生物。甲壳素和壳聚糖具有多种生物活性，可用于植物保护剂、抗蒸腾剂、生长刺激素等，其中壳聚糖作为聚阳离子和脂质结合分子作用于细胞外，可在植物叶面形成保护膜，使植物免受病原体侵害，并通过诱导植物自身防御抵抗细菌、病菌和昆虫的侵害，其诱导的植物防御响应包括木质化作用、蛋白酶抑制剂合成、细胞壁水解、细胞液酸化、蛋白质磷酸化等。作为天然多糖中唯一的高分子碱性氨基多糖，壳聚糖可以刺激作物生长、种子萌发，增加叶绿素含量、促进光合作用、活化土壤养分、刺激作物对矿物质营养成分的吸收（李光玉，2018）。

3. 蛋白质及其水解物

蛋白质水解物是多肽、寡肽和游离氨基酸的混合物，其生产原料包括鱼、虾、蟹等多种动植物农副产品。蛋白质和氨基酸都可以通过不同方式增加植物抗胁迫能力，其中氨基酸对跨膜离子通量的影响已被证实。蛋白质水解物通常作为包括植物生长调节剂在内的配方出售，超过 90% 是由动物副产品的化学水解制备，酶加工植物基产品是最近发展起来的新产品（Colla，2015）。意大利 Valagro 公司的 Megafol 是一种由维生素、氨基酸、蛋白质和从植物和藻类提取的甜菜碱组成的商业用生物刺激剂，将其用于干旱胁迫下的番茄植株，可促进番茄 RAB18 和 RD29B 等干旱响应基因的诱导，处理植株在干旱胁迫下鲜重和相对含水量较高，表明处理对水分状况和胁迫响应基因有保护作用（de Vasconcelos，2009）。富含氨基酸的提取物可起到提高作物耐寒性的作用，用蛋白质酶解氨基酸混合物处理生菜后其新鲜度更高、气孔导度也有所改善。

三、微生物类

微生物对提高作物抗逆性有重要影响，在盐碱地、酸性地和干旱地的许多生态系统中，已经分离出根瘤菌属、慢生根瘤菌属、固氮菌属、假单胞菌属和芽孢杆菌属等很多具有生物刺激作用的细菌（Selvakumar，2009；Upadhyay，2009），这些微生物具有以下功能。

1. 解磷、解钾微生物

一些芽孢杆菌、假单胞菌属的细菌可以将土壤中难溶的磷、钾分解出来，转化为作物能吸收利用的有效磷、有效钾。有些微生物在生长繁殖和代谢过程中能产生乳酸、柠檬酸、植酸酶类等有机酸，使土壤中难溶的磷酸铁、磷酸铝溶解或使有机磷酸盐矿化转换成可溶性磷供作物吸收利用。硅酸盐细菌能分解土壤中含钾的硅铝酸盐及磷灰石，释放出可被作物吸收的有效磷、有效钾以及其他营养元素。

2. 分泌作物促生物质（激素或类激素）的微生物

作物促生根际微生物能分泌激素或类激素物质，如赤霉酸、类赤霉素物质、吲哚乙酸、维生素和泛酸等，该类物质能有效促进植物生长发育，能产生铁载体将铁螯合，抵制有害微生物的生长，还能产生抗生素限制多种病原微生物的生长繁殖，减轻土壤病害的发生。

3. 能够产生防治有害病原菌的微生物

这类微生物的生长繁殖速度极快，可以迅速在作物根际土壤微生物系统内形成优势种群，有效限制并大量减少其他病原微生物的生长繁殖空间。

4. 可提高作物抗逆性的微生物

许多微生物菌剂能诱导作物产生超氧化物歧化酶，在作物受到病害、虫害、干旱、衰老等逆境时，产生消除逆境的自由基提高作物的抗逆性和抗衰老能力。

5. 降解农药的微生物

降解农药的细菌主要有假单胞菌属、芽孢杆菌属、黄杆菌属、产碱菌属、节细菌属等；降解农药的真菌主要有曲霉属、青霉属、根霉属、木霉属、镰刀菌属等；降解农药的放线菌主要有诺卡菌属、链霉属等。

6. 降解有机污染物的微生物

根瘤菌对植物非生物胁迫的保护作用已经得到广泛认可，已被证明可以缓解盐胁迫（Egamberdiyeva，2009）或帮助重新建立在限水条件下有利的水势梯度。这些功能在生理盐水压力下已被证明是有用的（Paul，2014），可以缓解极端的温度、pH、盐度和干旱（Kaushal，2015）。研究表明，在盐胁迫下接种固氮菌菌株可促进玉米对 K^+ 的吸收和对 Na^+ 的排斥，并提高磷和氮的利用率，产生积极效果（Rojas-Tapias，2012）。在小麦中，接种耐盐氮杆菌菌株可提高盐胁迫下小麦的生物量、氮含量和籽粒产量（Chaudhary，2013）。

四、其他类

1. 抗蒸腾剂

成膜性抗蒸腾剂包括合成化合物（薄荷油、松脂二烯、萘、聚丙烯酰胺等）、无机化合物（高岭土、硅酸盐等）、天然生物聚合物（壳聚糖等），可在植物表面和器官内产生作用后降低水分挥发。从表面看，乳液状抗蒸腾剂喷洒在叶面上形成薄膜后，可阻碍气孔向空气中扩散水蒸气，减少叶面反射和水分蒸发、降低热能吸收和叶子温度。从内部看，抗蒸腾剂可调控叶面上气孔的打开和水蒸气的扩散，作用于控制细胞防御的激素物质、激发叶子蒸腾信号，提高作物保水率和抗旱性。

2. 非有机矿物

非有机矿物的来源为化学合成及矿物提取物，包括亚磷酸盐、磷酸盐、碳酸氢盐、硫酸盐、硝酸盐等，都能通过刺激植物自身防御机制提高产量，如亚磷酸盐在氧化成磷酸盐的过程中能将有效磷传递给植物，促进植物细胞生长。同时，生物刺激剂可调控生物大分子的活性、参与多重酶促反应和机体新陈代谢、调控细胞的分化和增殖、提高植物抗病能力。

图 1-3 所示为 2018 年全球市场上各类生物刺激剂的市场份额。

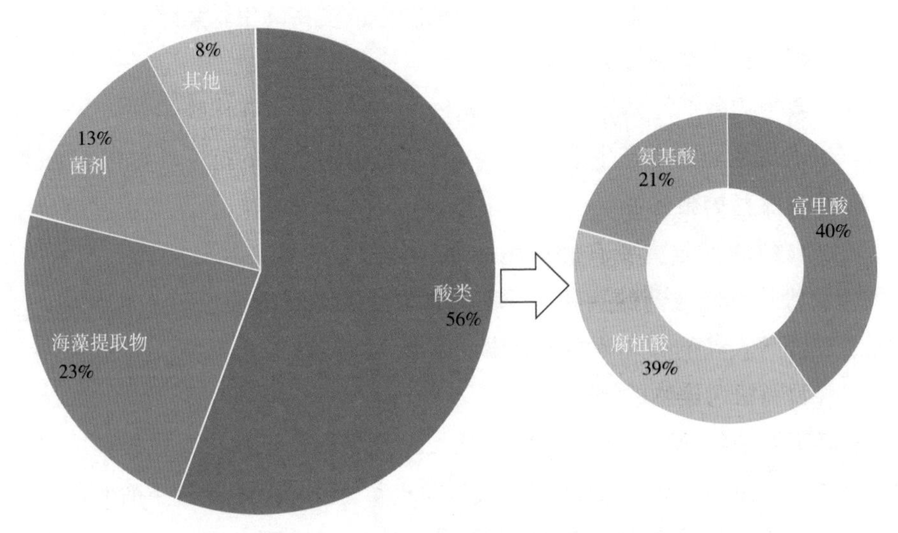

图 1-3　2018 年全球市场上各类生物刺激剂的市场份额

第五节　生物刺激剂的活性和功效

一、生物刺激剂的活性

生物刺激剂的活性是指其通过化学、物理、生物等因素引发生物体中细胞、组织、器官、系统等正常机理发生变化的能力，其中化学因素包括水化、离子交换、催化等引起的化学反应，物理因素包括静电、微波、纳米特性等物理刺激，生物因素包括酶活性、细胞活性、组织活性、系统活性等引导的生物诱变（秦益民，2019）。下面介绍生物刺激剂对植物生长的各种活性。

1. 化学活性

化学活性是指物质的官能团之间、不同化学键相互作用引起的改变物质性能的能力，包括各种金属元素的活泼性及其与各类物质之间的化学反应。以氨基酸为例，其含有羧基（—COOH），并在与羧基相连的碳原子上有氨基（$—NH_2$），同时还有一个侧链（—R）。氨基酸中的羧基与醇在催化剂作用下可转变为酯，在与过量氨相遇时会形成酰胺，不同氨基酸之间通过羧基与氨基结合后形成的肽键会合成蛋白质。此外，氨基酸分子中的氨基与亚硝酸反应会释放出 N_2，其分子中的侧链—R 基可与—OH 基、—SH 基反应后形成具有多种活性的氨基酸类化合物。这些化学活性在调控农作物生长发育、新陈代谢过程中有重要作用。

2. 生物活性

生物活性是指物质在植物新陈代谢中影响或改变其生理与新陈代谢活动的能力，如对植物生长发育的调控、对有害生物生理机制的干扰与防治作用等（许恩光，2007）。

3. 综合活性

综合活性是指生物刺激剂兼具化学活性与生物活性，例如生物腐植酸不但具有腐植酸的物化性能，还具有功能菌的作用。

图 1-4 所示为生物刺激剂在应用过程中的作用对象和目的。

图 1-4　生物刺激剂在应用过程中的作用对象和目的

生物刺激剂主要来源于生物，其含有的多糖类、多酚类、脂类、蛋白质和多肽类、甾醇类、生物碱、苷类、挥发油、金属离子等活性成分可促进或有利于植物体内的生理过程，有益于营养吸收和作物品质的改善，通过生物作用诱导植物抗病和抗胁迫力（陈绍荣，2018；许恩光，2013）。以诱抗素产品为例，在气温大于 35℃的高温条件下，作物对钾、钙、镁、磷等营养元素的吸收锐减，其吸收量一般仅为 20~25℃适宜温度时的 10% 左右，适量外施诱抗素能使作物对钾、钙、镁、磷等营养元素的吸收量显著增加，使营养生长和生殖生长均能正常进行，从而提高作物产量与质量（陈绍荣，2018）。

在细胞层面上，生物刺激剂能影响酶活性、膜转运蛋白活性和基因表达。在器官层面上，生物刺激剂可以促进叶子的气体交换、激发根茎生长。从整个植物层面上看，生物刺激剂作为营养摄入、光合作用、器官生长等过程的化学调节剂起到控制、整合、协调的作用。从任何层面上看，生物刺激剂都具有改善植物生理过程的功能。

生物刺激剂的种类很多，在促进植物生长过程中有很多不同的作用机理。例如海藻提取物含有大量植物源生长调节类物质，可以直接起到生长调节作用，而腐植酸类、蛋白质类、甲壳素类的作用机制主要是通过刺激作物产生生长调节物质进而促进生长发育。目前已知的与腐植酸类、海藻提取物、游离氨基酸及蛋白肽、甲壳素和壳聚糖等生物刺激剂相关的活性功能包括：调节作物生理活动和新陈代谢；促进根系生长、增加根系活力、促进根系对养分的截留及吸收；补充激素类物质或促进激素类物质合成；增加作物对非生物胁迫的抵抗能力；提高作物产量和品质。此外，海藻提取物能增加叶片的叶绿素含量，减缓叶绿素降解，促进养分累积、转移、分配，刺激菌根生长；游离氨基酸能减轻锌、镍、铜、砷、镉等重金属毒害；甲壳素和壳聚糖可以作为广谱型抗菌剂，还可以延长果实保鲜期。

植物诱抗剂全称为植物免疫诱抗剂，又名激发子，可以通过调节植物代谢激活植物免疫系统和生长系统，增强植物抗病性和抗逆性，因此也称为植物疫苗，是目前生物农药开发的热门领域。近年来，我国植物诱抗剂的相关研究也逐渐深入，作为一类新型的农资生物产品，将在农业生产和发展中发挥越来越重要的作用（帅正彬，2020）。历史上，植物诱抗剂是 Keen 等于 1972 年提出，是能够激活植物产生防卫反应的因子的统称。按其来源可分为生物源和非生物源两类，按是否产生于寄主作物又可分为内源和外源诱抗剂。植物诱抗剂与植物接触后可以通过多种方式进入植物并被植物受体识别，研究表明番茄、大豆、欧芹、水稻、小麦等作物细胞膜上存在对诱抗剂亲和力高的受体蛋白，诱抗剂被识别后产生膜的去极化、离子通道、胞间液的碱化、氧化突发反应、蛋白质的磷化等多种信号传导反应，从而刺激植物产生过敏反应、积累植物保卫素、抑制病原物降解酶的蛋白质抑制物、多种细胞壁修饰作用等一系列防卫反应，加强新陈代谢；促进植物的生长发育，达到抗病增产的效果（王露露，2020；贾秀领，2016；Ricci，2019）。

二、生物刺激剂的功效

生物刺激剂可以通过土壤灌溉、沟施、滴灌、种子处理、叶面喷洒、产物收获后处理等方式应用于农业生产，通过其独特的生物刺激作用产生一系列优良的使用功效，图 1-5 总结了生物刺激剂的应用方法、应用功效和作用机制。

图 1-5　生物刺激剂的应用方法、应用功效和作用机制

熊思健等系统总结了生物刺激剂在农业生产中显示出的优良应用功效，如图 1-6 所示（熊思健，2018）。

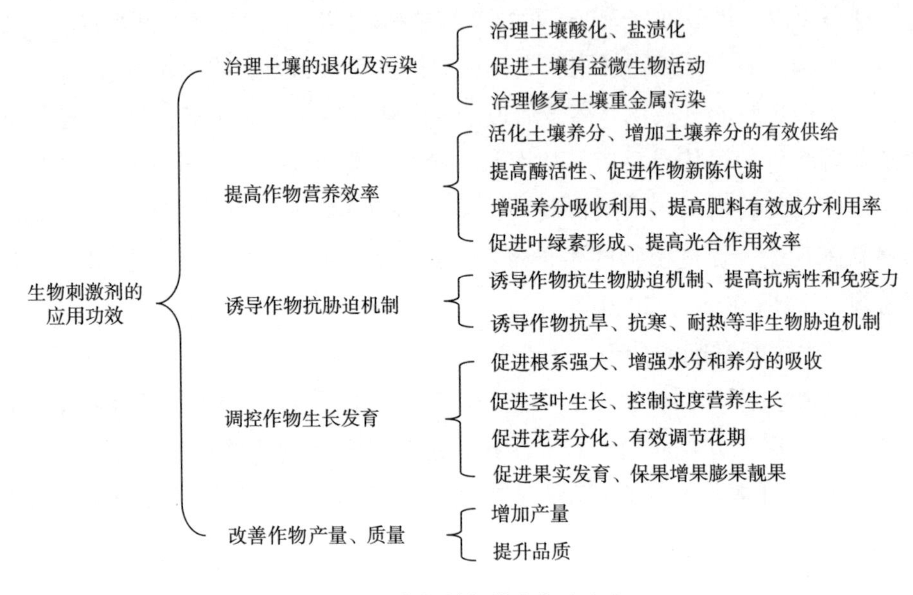

图 1–6　生物刺激剂的应用功效

（一）治理土壤的退化及污染

1. 治理土壤酸化、盐渍化

陈绍荣等的研究显示，含腐植酸的风化煤、硫酸亚铁等生物刺激剂能有效治理盐渍化土壤，其中风化煤中的腐植酸具有极强的化学活性和生物活性，对土壤酸碱度有很大的缓解作用（陈绍荣，2013）。熊思健等的研究显示，腐植酸与硅钙营养元素结合形成的土壤调理剂能治理酸化土壤，经黑龙江省土肥站 2 年连续试验，土壤 pH 升高 0.52~0.81（熊思健，2014）。

2. 促进土壤有益微生物活动

应用木霉菌能促进土壤有益微生物活动，增加根际土壤微生物多样性，改良与优化土壤微生态区系，具有防控植物病害作用（陈捷，2017）。

3. 治理修复土壤重金属污染

熊思健等应用腐植酸型有机无机复合肥治理稻田镉污染取得了良好的效果，其中对重金属污染的缓解和净化机制包括：①参与离子交换反应，与重金属离子发生络合、螯合作用；②改良土壤结构，为土壤微生物活动提供基质和能源，间接影响土壤重金属的行为（熊思健，2014）。硅肥有明显抑制水稻吸收镉的作用，水稻糙米、茎叶和根中的镉含量随硅肥用量的增加而明显下降。

（二）提高作物营养效率

1. 活化土壤养分，增加土壤养分的有效供给

生物刺激剂中的生物成分、有机成分、植物生长调节剂等成分，尤其是微生物肥中的根瘤菌、固氮菌、解磷菌、解钾菌等都可以有效改良土壤结构、促进土壤中难溶性养分以及潜在养分的分解释放、增加土壤中有效养分的供给、提高土壤肥力，为农作物生长提供源源不断的营养物质，这是调减化肥用量的根本所在。

2. 提高酶的活性，促进作物新陈代谢

生物刺激剂可以有效提高作物体内多种酶的活性、膜转运蛋白活性和基因表达，能调控多种生物因子的活性、参与多种酶促反应和机体新陈代谢。万春侯的研究显示，叶面喷施钛制剂后，小麦体内的硝酸还原酶活性可提高50%~150%，其对氮的利用率可提高 10%~40%（万春侯，2001）。王统正的研究显示,腐植酸可以影响植物体中超氧化物歧化酶（SOD）、过氧化氢酶（CAT）、过氧化物酶（POD）、多酚氧化酶等 200 多种酶的活性（王统正，1995），其中的主要原因是腐植酸结构中含有氨基酸和蛋白质，因此具有酶活性（秦万德，1987）。吴良欢等的研究显示，氨基酸肥料也能影响作物中多种酶的活性，可以提高谷草转氨酶（TOT）、谷丙转氨酶（CPT）、谷氨酸脱氢酶（GDH）等酶的活性（吴良欢，2000）。

3. 增强养分吸收利用，提高肥料有效成分利用率

生物刺激剂的一个主要应用是促进作物对营养元素的吸收利用（秦万德，1987）。陈明昌等的研究显示，土施 L- 色氨酸和 L- 蛋氨酸后，玉米对各种养分的吸收量明显增加，其中的作用机理可能是：①增加植物体内激素的合成，进而促进对养分的吸收；②刺激作物根系生长，提高养分吸收能力；③增加作物根系氨基酸转运蛋白的表达，使之更容易吸收养分（陈明昌，2005）。

4. 促进叶绿素形成，提高光合作用效率

海藻提取物、氨基酸、腐植酸、铁、镁、钛、硅、植物激素等生物刺激剂都具有促进叶绿素形成和提高光合作用效率的功能，其中很多生物刺激剂产品既是叶绿素的组成成分，又能促进作物对多种营养元素的吸收利用，还能提高多种酶的活性，减少活性氧对叶绿素的破坏，有效促进光合作用，增加光合作用产物的积累（郑平，1981；李安民，2007；万春侯，2001）。

（三）诱导作物抗胁迫机制

1. 诱导作物抗生物胁迫机制，提高抗病性和免疫力

木霉菌、芽孢杆菌、生防复合菌剂以及 *S-* 诱抗素、腐植酸、海藻提取物等生物刺激剂既有调控作物生长发育，诱导作物抗生物胁迫，提高免疫力的功能，又有生物农药的功效，其中木霉菌及其次生代谢产物可以直接抑制病原菌生长，抑制病原镰刀菌致病蛋白和脱氧雪腐镰孢菌烯醇霉素合成相关蛋白的活性，可以有效防治水稻的稻瘟病和纹枯病、小麦赤霉病、蔬菜叶斑病等。陈清的研究显示，微生物代谢产物申嗪酵素具有促进植物生长和广谱抑制各种农作物病原菌的功效，可以有效防治根腐病、青枯病、枯萎病、疫病、稻瘟病、纹枯病，还能抑制根际线虫、分解虫卵（陈清，2017）。

2. 诱导作物抗非生物胁迫机制

（1）增强抗旱性　腐植酸、*S-* 诱抗素等多种生物刺激剂均有诱导作物产生抗旱能力的机制，其中腐植酸具有调控作物叶片气孔开闭的作用，应用腐植酸肥料后叶片气孔开度减小 72.7%，降低了叶片蒸腾强度（秦万德，1987）。*S-* 诱抗素能抑制蒸腾作用，在作物应对干旱胁迫时起重要作用。

（2）增强抗寒性　邵家华等的研究显示，*S-* 诱抗素对作物抗寒性有重要的调控作用，能诱导作物组织细胞抗寒基因的表达，遇低温冷冻时会通过抑制生长、降低细胞质膜的伤害程度、激活活性氧系统以及协同其他内源激素，促发作物应对寒冷胁迫，最大限度耐受寒冷冻害（邵家华，2017）。柑橘树、樱桃树受冷冻害时，通过体内脱落酸的积累启动特异性机制，形成抗寒特异蛋白质而大幅提高抗寒能力。施用 *S-* 诱抗素制剂能提高植株叶片保护酶（超氧化物歧化酶、过氧化物酶和过氧化氢酶）的活性，提高可溶性糖、蛋白质、抗坏血酸含量，降低细胞呼吸率，减缓叶绿素分解，从而缓解冷冻伤害。

（3）增强耐热性　夏季高温条件下，作物对钾、钙、镁、磷等营养元素的吸收不良，导致果实、块茎等发育受阻、着色不良等众多不利影响。秃太雄介绍了在 25℃左右适宜温度下，作物能正常吸收土壤中的钾、钙、镁、磷等矿物质营养元素，使其营养生长和生殖生长均能正常进行。当温度提高 10℃或更高时，作物对钾、钙、镁、磷等矿物质的吸收作用受阻，吸收量会比适温时减少 90%，如遇降雨或日照不足且持续一段时间，这种不利影响还会加重。在高温条件下应用 *S-* 诱抗素能使作物对钾、钙、镁、磷的吸收加倍，使作物的营养生长和生殖生长均可正常进行，促进增产提质（秃太雄，2011）。

（四）调控作物生长发育

1. 促进根系强大，增强水分和养分的吸收

生物刺激剂产品对农作物的根系生长有强烈的刺激作用。以海藻提取物为例，其对根系增长的刺激作用在植物生长的早期尤为明显（Jeannin，1991；Aldworth，1987；Crouch，1992）。在用海藻肥处理麦子后发现，根与芽的干重质量比有所上升，显示海藻肥中的活性成分对根系发育有重要影响（Nelson，1986）。李安民等的研究显示，应用腐植酸叶肥后，水稻、花生、葛根的干重分别增加 91.77%、91.42%、34.88%（李安民，2007）。陈绍荣等的研究显示施硅肥可使水稻最大根长增加 36.59%~123.9%，其中白根数增加 25.00%~93.75%（陈绍荣，2010）。图 1-7 所示为海藻肥对植物根系的影响。

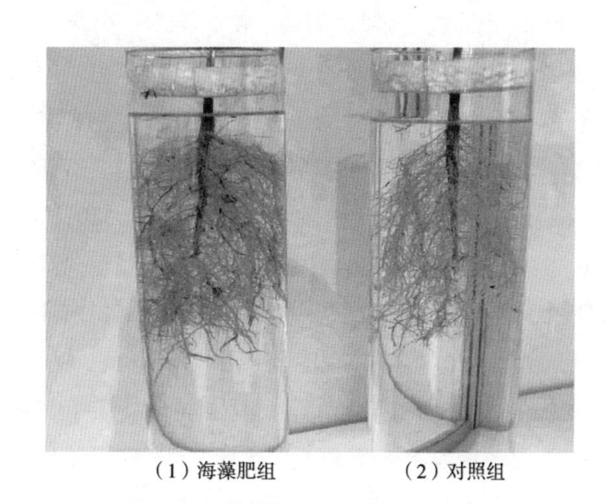

（1）海藻肥组　　（2）对照组

图 1-7　海藻肥改善根系的效果图

2. 促进茎叶生长，控制过度营养生长

陈绍荣等的研究显示，在水稻上应用硅肥后，水稻的植株紧凑，基部第 1 伸长节间明显缩短，茎粗明显增加，能抑制过度营养生长，增强抗倒伏能力。在小麦分蘖末期、拔节初期应用矮壮素能有效抑制小麦茎秆下部 1~3 节的节间伸长量并提高成穗率（陈绍荣，2010）。对有徒长趋势的辣椒，在初花期应用多效唑可抑制茎叶生长，使植株矮化健壮，促进多结果（郑先福，2016）。

3. 促进花芽分化，有效调节花期

赤霉素可以控制和调节水稻的花期、花时。杂交稻制种的高产关键之一是父母本花期相遇才能更好地传粉受精，提高结实率，获得较高的制种产量。当

制种田父母本发育阶段出现差异时，就必须适时适量喷施赤霉素，才能缩短花期差异，促使花期一致。实践证明，杂交稻制种应用赤霉素调整花期一般能增产 20% 以上。

4. 促进果实发育，保果、增果、膨果、靓果

生物刺激剂具有保果、增果、膨果、靓果等功能，可以有效减少果实脱落，提高坐果率。陈绍荣等的研究显示，大樱桃应用 *S*- 诱抗素后坐果率为 86.61%，比对照组增加 21.80%（陈绍荣，2017）。

（五）改善作物产量、质量

1. 增加产量

生物刺激剂通过多种机制使作物增产。以海藻肥为例，在油麦菜、辣椒、白薯、黄瓜、马铃薯、苹果、柑橘、鸭梨、葡萄、桃、玉米、小麦、水稻、大豆、棉花、茶叶、烟草等蔬菜、瓜果及粮油作物上的实验结果表明，海藻肥均能显著增加产量，增产幅度在 10%~30%。经海藻提取物处理的豆类植物，产量有显著增加，平均增加量为 24%。喷施海藻叶面肥显著提高了大蒜的产量，使其较对照增产 20%，大蒜蒜头横径和单头蒜重也明显增加（秦益民，2018）。

2. 改善质量

应用生物刺激剂能大幅提高农产品的营养品质（蛋白质、脂肪、糖类、茶多酚、维生素等的数量与质量）、外观品质（果形整齐度、靓丽度、商品等级等）、加工品质（出米率、出油率、出糖率等）以及安全品质（有害物质残留量等），并可提高瓜果、花卉的保鲜率、延长贮存时间。李安民等的研究显示，应用腐植酸可以提高水稻、小麦、玉米的蛋白质含量以及瓜果的糖含量，蔬菜的维生素含量，茶叶的水溶出物、茶多酚、咖啡碱含量，烟草的可燃烧性、施木克值、上等烟叶比例（李安民，2007）。邵建华（邵建华，2014）的研究显示，应用氨基酸肥后甜菜含糖量提高 0.38%~0.47%、马铃薯淀粉含量增加 0.30%~1.04%，维生素 C 含量也有所上升；龙眼、荔枝、柑橘等果树的果实含糖量增加了 0.7%~2.4%，100mL 果汁液中维生素 C 增加 1.3~6.7mg。

第六节　生物刺激剂的功能化改性

生物刺激剂对现代农业的可持续发展起重要作用（武良，2016），包括以下几点。

（1）应用可再生资源替代不可再生资源　石油、磷钾矿等不可再生资源面临枯竭，而生物刺激剂来源于海藻等可再生的生物材料，且取材广泛。

（2）通过促进根系生长来提高根系活力增加养分吸收量，促进养分积累、转移、分配，从而提高肥料利用效率、减少化肥投入。

（3）通过促进逆境诱导基因表达，增强作物抵抗病虫害的生物胁迫和高温、盐碱、干旱等非生物胁迫，减少农药投入量。

（4）提高作物外在品质（果实均匀度、着色、耐储性等）及内在品质（糖分、维生素C、蛋白质、淀粉含量等），满足人民对优质健康农产品的需求。

面向未来，生物刺激剂在新时代农业高质量发展中将发挥更大的作用，将有更多高效、多功能的创新产品进入农资市场，在此过程中的功能化改性技术包括以下几方面。

一、应用活化改性技术提高生物刺激剂活性

生物刺激剂的活性与其理化结构密切相关，通过机械、超声、氨化、氧化、磺化、微生物等活化技术的应用可以使海藻提取物、腐植酸等产品的生物活性得到进一步提升，例如腐植酸的活性与其分子质量大小及含氧官能团密切相关，除了机械粉碎、加氨活化等普遍应用的活化技术，磺化法活化通过在腐植酸分子中引入磺酸基亲水官能团，能显著提高腐植酸的亲水性和抗酸性，在与氧化、超声波、光催化等活化技术结合后可以推出活性更高、肥效更卓越的腐植酸类肥料。从改性技术的发展来看，熊思健认为，我国生物刺激剂产业的发展应集中在3个热点：①新型免疫增强剂——甲壳寡聚糖：甲壳寡聚糖又称植物疫苗，能诱导抗性基因表达，使植物对有害生物侵染产生防卫反应，提高对土壤病害的抵抗力；②多肽：包括植物源多肽和动物源多肽在内的多肽可在逆境下增强保花保果、膨果上色，改善和提高作物品质；③生防菌：如木芽菌（木霉菌+枯草芽孢杆菌）在内的生防菌可解决土壤退化、重茬病害多的问题，以微生物及其代谢产物结合优质载体，改造土壤微生态系统、促进作物健康生长（熊思健，2019）。

二、应用酶解工艺生产活性更高的生物刺激剂新产品

以海藻等生物质为原料制备生物刺激剂的生产工艺主要有物理法、化学法和生物法，其中应用最多的化学法存在原料及试剂有毒、有害、三废排放量大等问题，并且原料转化率低、副产品多、产品活性小、生产成本高。酶解生产工艺制备生物刺激剂的工艺条件温和、产物安全、环保无污染、活性成分损失少，能最大限度保留生物质中的活性成分，是一种理想的生产工艺。

三、通过复配创新研发生物刺激剂高端产品

不同植物以及同一种植物的不同生长阶段对生物刺激剂有不同的需求，因此通过复配创新可以利用现有的各种生物刺激剂制备一大批全新的生物刺激剂新产品，其中包括：①生物刺激剂产品之间的复配创新；②生物刺激剂与氮磷钾化肥的复配创新。大量研究及实践证明，在传统肥料中添加生物刺激素开发化肥新产品已经成为传统化肥企业升级或丰富产品的一条有效途径，其中腐植酸尿素、黄腐酸磷酸二铵、腐植酸复合肥等都是添加生物刺激素的新产品。

四、无机化肥产业和生物刺激剂产业的融合发展

生物刺激剂与氮、磷、钾等传统无机化肥相结合的融合发展是我国生物刺激剂产业向绿色、高效生态肥料转型升级的最佳选择，其中的典型代表是化肥、有机肥和生物肥科学配制成的“大三元”新型生态肥。化肥成分主要是氮、磷、钾及中微量元素和有益元素，其中（$N+P_2O_5+K_2O$）占30%~35%；有机成分包括腐植酸、氨基酸、海藻提取物等高活性有机酸等生物刺激剂成分；生物成分包括细菌、真菌等固氮微生物、解磷钾微生物、促生和生防微生物等。80万hm^2（1200多万亩）耕地的应用推广结果表明，该生态肥与（$N+P_2O_5+K_2O$）为45%~51%的化肥相比，虽然（$N+P_2O_5+K_2O$）下降了15%~20%，但肥效提高了10%~15%，而且农产品的营养品质、外观品质、安全品质显著提高，符合减施增效、生态文明农业的发展要求。

五、应用技术创新，加强生物刺激剂产品的推广服务

我国生物刺激剂产业的发展除了受国家政策影响外，一个很重要的问题是受农化服务推广滞后的制约。因此，在完善国家农化服务体系的同时，需要厂商建立健全农化服务网络，做好生物刺激剂创新产品的试验、示范和推广服务。通过“讲给农民听，做给农民看，带着农民干”的服务模式，宣传推广生物刺激剂产品，提高厂家供销人员和农民消费者的科学用肥水平，从生产管理为中心的传统管理模式向以农民消费者为中心的现代经营模式转变，实现生物刺激剂产业的健康发展（陈绍荣，2019）。

第七节　小结

生物刺激剂是一类重要的农资产品，通过一系列独特的生物活性在农业生产中起重要作用。

面向未来，气候变化、循环经济、农业科技、食品价值链集成等领域的快速演变将为生物刺激剂的研究、开发和应用提供全新的发展动力。为了更好地服务现代种植业，生物刺激剂产业的创新发展需要国家有关部门及重点企业进行战略规划和顶层设计，在加强研究生物刺激剂中活性物质对作物生理生化过程影响的同时，完善生物刺激剂中活性物质的检测方法，形成国家和行业标准，通过建立生物刺激剂的登记、审核程序，进一步加强市场监管。

参考文献

[1] Aldworth S J，van Staden J. The effect of seaweed concentrate on seedling transplants [J]. S Afr J Bot，1987，53: 187-189.

[2] Basak A. Biostimulators in Modern Agriculture [M]. Warsaw: Editorial House Wieu，2008.

[3] Battacharyya D，Babgohari M Z，Rathor P，et al. Seaweed extracts as biostimulants in horticulture [J]. Sci Hortic，2015，30（196）: 39-48.

[4] Bulgari R，Cocetta G，Trivellini A，et al. Biostimulants and crop responses: a review [J]. Biol Agric Hortic，2015，31（1）: 1-17.

[5] Calvo P，Nelson L，Kloepper J W. Agricultural uses of plant biostimulants [J]. Plant Soil，2014，383（1-2）: 3-41.

[6] Canellas L P，Olivares F L，Aguiar N O，et al. Humic and fulvic acids as biostimulants in horticulture [J]. Sci Hortic，2015，30（196）: 15-27.

[7] Chaudhary D，Narula N，Sindhu S S，et al. Plant growth stimulation of wheat（*Triticum aestivum* L.）by inoculation of salinity tolerant Azotobacter strains [J]. Physiol Mol Biol Plants，2013，19（4）: 515-519.

[8] Colla G，Nardi S，Cardarelli M，et al. Protein hydrolysates as biostimulants in horticulture [J]. Sci Hortic，2015，30（196）: 28-38.

[9] Crouch I J，van Staden J. Effect of seaweed concentrate on the establishment and yield of greenhouse tomato plants [J]. J Appl Phycol，1992，4: 291-296.

[10] de Vasconcelos A C F，Zhang X，Ervin E H，et al. Enzymatic antioxidant responses to biostimulants in maize and soybean subjected to drought [J]. Scientia Agricola，2009，66（3）: 395-402.

[11] du Jardin P. Plant biostimulants: definition，concept，main categories and regulation [J]. Sci Hortic，2015，30（196）: 3-14.

[12] du Jardin P. The science of plant biostimulants-a bibliographic analysis [J]. Ad Hoc Study Report to the European Commission DG ENTR [R].2012.

[13] Egamberdiyeva D. Alleviation of salt stress by plant growth regulators and IAA producing bacteria in wheat [J]. Acta Physiol Plant，2009，31（4）: 861-864.

[14] Gomez-Merino F C，Trejo-Tellez L I. Biostimulant activity of phosphite in

horticulture [J]. Sci Hortic，2015，196: 82-90.
[15] Herve J J. Biostimulants，a new concept for the future: prospects offered by the chemistry of synthesis and biotechnology [J]. Comptesrendus de l’Académie，1944，80: 91-102.
[16] Jeannin I，Lescure J C，Morot-Gaudry J F. The effects of aqueous seaweed sprays on the growth of maize [J]. Bot Mar，1991，34: 469-473.
[17] Kaushal M，Wani S P. Plant growth promoting rhizobacteria: drought stress alleviators to ameliorate crop production in drylands [J]. Ann Microbiol，2015，66（1）: 35-42.
[18] Lopez-Bucio J，Pelagio-Flores R，Herrera-Estrella A. Trichoderma as biostimulant: exploiting the multilevel properties of a plant beneficial fungus [J]. Sci Hortic，2015，30（196）: 109-123.
[19] Nelson W R，van Staden J. Effect of seaweed concentrate on the growth of wheat [J]. S Afr J Sci，1986，82: 199-200.
[20] Paul D，Lade H. Plant growth promoting rhizobacteria to improve crop growth in saline soils: a review [J]. Agron Sustain Dev，2014，34（4）: 737-752.
[21] Pichyangkura R，Chadchawan S. Biostimulant activity of chitosan in horticulture [J]. Sci Hortic，2015，196: 49-65.
[22] Ricci M，Tilbury L，Daridon B，et al. General principles to justify plant biostimulant claims [J]. Frontiers in Plant Science，2019，10: 494-499.
[23] Rojas-Tapias D，Moreno-Galvan A，Pardo-Diaz S，et al. Effect of inoculation with plant growth promoting bacteria（PGPB）on amelioration of saline stress in maize（Zea mays）[J]. Appl Soil Ecol，2012，61: 264-272.
[24] Rouphael Y，Franken P，Schneider C，et al. Arbuscular mycorrhizal fungi act as biostimulants in horticultural crops [J]. Sci Hortic，2015，30（196）: 91-108.
[25] Ruzzi M，Aroca R. Plant growth-promoting rhizobacteria act as biostimulants in horticulture [J]. Sci Hortic，2015，30（196）: 124-134.
[26] Savvas D，Ntatsi G. Biostimulant activity of silicon in horticulture [J]. Sci Hortic，2015，30（196）: 66-81.
[27] Selvakumar G，Joshi P，Mishra P K，et al. Mountain aspects influence the genetic clustering of psychrotolerant phosphate solubilizing Pseudomonads in the Uttarkhand Himalayas [J]. Curr Microbiol，2009，59: 432-438.
[28] Sukhoverkhov F M. The effect of cobalt，vitamins，tissue preparations and antibiotics on carp production [C]. Rome: FAO World Symposium on Warm-Water Pond Fish Culture，1967: 400-407.
[29] Upadhyay S K，Singh D P，Saikia R. Genetic diversity of plant growth promoting rhizobacteria from rhizospheric soil of wheat under saline conditions [J]. Curr Microbiol，2009，59（5）: 489-496.
[30] Vandenkoornhuyse P，Quaiser A，Duhamel M，et al. The importance of the

microbiome of the plant holobiont [J]. New Phytol，2015，206（4）: 1196-1206.

[31] Van Oosten M J，Pepe O，De Pascale S，et al. The role of biostimulants and bioeffectors as alleviators of abiotic stress in crop plants [J]. Chem Biol Technol Agric，2017，4: 5-17.

[32] Zhang X，Schmidt R. Biostimulating turfgrasses [J]. Grounds Maintenance，1999，34: 14-15.

[33] 陈绍荣.我国生物刺激剂的产业现状及发展方向[J]. 磷肥与复肥，2017，（1）：16-18.

[34] 陈绍荣.植物激素是植物生长发育的天然、高效调控物质[J]. 新型肥料，2018，（2）：13-15.

[35] 陈绍荣，范永芳，李安民，等.凯普克在农业生产中应用试验示范报告[J]. 中国化肥与农药，2008，（1）：20-25.

[36] 陈绍荣，熊思健，孙玲丽. 生物刺激剂的活性及其应用研究[J]. 磷肥与复肥，2018，33（10）：18-21.

[37] 陈绍荣.植物激素的理念及其在植物生长中的作用[J].磷肥与复肥，2018，33（4）：18-19.

[38] 陈绍荣，邵建华，王喜江，等.我国土壤盐渍化的综合治理[J].化肥工业，2013，（5）：65-69.

[39] 陈绍荣，孙玲丽，史先良，等.硅肥在水稻超高产栽培中的作用及其施用技术[J].磷肥与复肥，2010，（4）：75-76.

[40] 陈绍荣，龚骁，王美华. *S*-诱抗素在大樱桃增产提质中的作用试验简报[J]. 磷肥与复肥，2017，（12）：18-19.

[41] 陈绍荣.科学发展生物刺激剂产业，建设现代生态文明农业[J]. 磷肥与复肥，2019，34（8）：1-6.

[42] 熊思健.生物刺激剂——我国农业高质量发展的新动力[J]. 磷肥与复肥，2019，34（4）:刊首语.

[43] 熊思健，陈绍荣.生物刺激剂在农业绿色发展中的应用及其市场前景[J]. 化肥工业，2018，45（6）：1-6.

[44] 熊思健，陈绍荣.新型腐植酸土壤调理剂的作用机理和应用研究[J].化肥工业，2014，（3）：53-57.

[45] 熊思健，邵建华，陈绍荣.稻田镉污染及其治理修复[J].磷肥与复肥，2014，（1）：72-74.

[46] 刘秀秀，冯小亮，吕东波. 生物刺激素在农业中的应用现状及发展前景[J].南方农业，2017，11（14）：88-89.

[47] 郑宏敞.生物刺激素的发展动向与其在设施农业中的应用[J].营销界（农资与市场），2015，（7）：97-98.

[48] 曾宪成，李双.浅议腐植酸生物刺激素的居间调节作用[J].腐植酸，2016，（3）：1-7.

[49] 郑宏，杨占伟. 欧洲生物刺激素产业的崛起对中国的启发[J].化工管理，2017，(1)：65-66.
[50] 武良，汤洁. 我国生物刺激素产业发展现状及趋势[J]. 中国农技推广，2016，(12)：9-12.
[51] 张宪武，韩静淑，单慰曾，等. 氨基酸和蛋白质对好气性固氮菌固氮能力的影响[J]. 科学通报，1957，(18)：570-572.
[52] 吴奇虎，唐运千，孙淑和，等. 煤中腐植酸的研究[J]. 燃料化学学报，1965，6(2)：122-132.
[53] 杨志福. 腐植酸类肥料发展中的几个问题[J]. 化肥工业，1979，(26)：58-62.
[54] 吴良欢，陶勤南. 水稻氨基酸态氮营养效应及其机理研究[J]. 土壤学报，2000，37(4)：464-473.
[55] 汤洁. 海藻浓缩液的生理活性及在农业上的应用效果[C]. 第12届世界肥料大会，2001：347-353.
[56] 汤洁. 海洋生物科技提升作物营养与健康-雷力创新作物营养保健解决方案[J]. 营销界(农资与市场)，2013，(1)：25-26.
[57] 吴金发.推进江西省生态文明农业发展的建议[J].江西农业，2017，(24)：37.
[58] 王思怿，商照聪，于秀华，等.生物刺激素的研究进展及相关欧盟管理制度解析[J].化肥工业，2019，46(1)：1-4.
[59] 杨光.欧盟欲发展生物刺激素　最大市场将在中国[J].农药市场信息，2016，(16):35.
[60] 蒋晨义，吕振娥，蔡泽宇.腐植酸活化改性技术在肥料生产中的研究[J].陕西农业科学，2014，60(6)：50-52.
[61] 孙玲丽，易年成，段智辉，等. 腐植酸是具有中国特色的生物刺激剂[J]. 磷肥与复肥，2017，32(8)：22-23.
[62] 李光玉，丁汉卿，沈坚列，等.水溶性壳聚糖的制备及其对菜心抗旱性的影响研究[J].磷肥与复肥，2018，33(6)：30-34.
[63] 许恩光.腐植酸类绿肥环保农药[M].北京：化学工业出版社，2007.
[64] 许恩光.腐植酸的活性探讨[J].腐植酸，2013(3)：1-5.
[65] 帅正彬，胡慧敏，柴丹，等. 植物诱抗剂的应用研究进展[J]. 四川农业科技，2020，(9)：35-37.
[66] 王露露，岳英哲，孔晓颖，等. 植物免疫诱抗剂的发现、作用及其在农业中的应用[J]. 世界农药，2020，42(10)：24-31.
[67] 贾秀领，张经廷，马贞玉，等. 植物免疫诱抗剂“阿泰灵”为作物生长保驾护航[J]. 现代农村科技，2016(15):25.
[68] 陈捷.新型生物刺激剂开发与作用机理研究[C].第二届国际农业生物刺激剂大会论文汇编，2017：40-69.
[69] 万春侯.钛与植物生长[J].农资科技，2001，(6)：18-20.
[70] 陈清.功能型水溶性肥料的研制与应用[C].第二届国际农业生物刺激剂大

会论文汇编，2017：105-121.
[71] 邵家华，陈绍荣. *S*-诱抗素的增产抗逆机制及应用[J].磷肥与复肥，2017，（2）：21-26.
[72] 邵建华.氨基酸微肥的生产应用进展[J].新型肥料，2014，（2）：29-31.
[73] 秃太雄.熟练使用天然脱落酸Miyobi农耕方法[M].北京：农山鱼林文化协会出版社，2011.
[74] 王统正.腐植酸肥料及其在蔬菜栽培上的应用[J].上海化工，1995，（2）：31-33.
[75] 陈明昌，程滨，张强，等.土施L-蛋氨酸、L-苯基丙氨酸、L-色氨酸对玉米生长和养分吸收的影响[J]. 应用生态学报，2005，（6）：1033-1037.
[76] 郑平，樊淑文.腐植酸的植物生长调节作用[J].江西腐植酸，1981，（1）：1-2.
[77] 李安民，陈绍荣，卢燕林.腐植酸在作物生长发育化学控制中的作用及机理探讨[J]. 腐植酸，2007，（4）：15-22.
[78] 郑先福.植物生长调节剂应用技术（第二版）[M].北京：中国农业大学出版社，2016.
[79] 秦万德.腐植酸的综合利用[M].北京：科学出版社，1987.
[80] 秦益民.海洋源生物活性纤维[M].北京：中国纺织出版社，2019.
[81] 秦益民，赵丽丽，申培丽，等.功能性海藻肥[M].北京：中国轻工业出版社，2018.

第二章　海洋生物资源与海洋生物科技

第一节　引言

海洋占地球面积的71%，养育、繁殖、发展出了微生物、海草、海藻、珊瑚、鱼、虾、蟹、贝等种类繁多、数量庞大的生物资源，在生态平衡中起重要作用的同时，为全球经济提供了一个生物活性物质的巨大宝库。全球各地海洋独特的温度、盐度、水质等生态环境赋予海洋生物合成特异化合物的能力，产生的生物资源是陆地资源的重要补充，具有独特的研究开发价值（Thakur，2006；Kim，2015；陈曦，2012；Blunt，2013；Hill，2012）。

海洋生物的物种占地球生物总数的80%以上，以高分类级别看生物多样性，海洋中可以找到比陆地上更多的类群，在已知的33类现存动物中，只有1类是陆地独有的，而21类是海洋独有的。海洋中有大量的海生藻类和微生物，据估计，较低等的海洋生物物种有15万至20万种。由于海洋生物长期处于高盐、高压、低温、低营养和无光照的环境中，其生存环境比陆生生物更为复杂，因此海洋生物中维持其生命活动的各类生物活性物质具有更丰富的结构和功效，具有更加丰富的多样性、复杂性和特殊性，在其代谢过程中衍生出大量具有特殊生理功能的活性物质，在海洋药物、保健品、功能食品、生物材料等健康产品中有重要的应用价值（李婷菲，2009；Farnsworth，1985；Cragg，2005；Hu，2015；Colwell，1984）。

生物技术在海洋生物资源的开发利用过程中起重要作用，是发现和利用海洋生物及其化合物的有力工具。联合国粮农组织把生物技术定义为利用生物系统、活生物体或者其衍生物为特定用途而生产或改变产品或过程的任何技术应用，其在海洋资源的开发利用过程中诞生出的海洋生物技术是一门具有鲜明特色、以海洋生物资源为研究对象的技术领域，通过科学和工程原理的应用，加工来自海洋生物的各种天然材料并提供相关产品和服务（刘云国，2005；

Tringali，1997；Zhang，2012；Morya，2012；Waite，2012；Freitas，2012）。

随着人口增长和社会发展，人类对生物资源的需求不断增加。基于陆生资源的日益匮乏，全球各地都将目光投向了尚未获得有效开发的海洋生物资源，其中海洋生物体内含有蛋白质、多糖、不饱和脂肪酸等在内的大量功能活性物质，在应用于药物、保健品、食品、饲料、肥料、新材料等行业后可产生巨大的经济效益和社会效益（李鹏程，2020）。

第二节　海洋生物资源

海洋是地球上最大的资源宝库。全球海洋面积 $3.62 \times 10^8 km^2$，约占地球总面积的 71%。海洋平均深度约 3.8km，含有的海水总量约为 $13.7 \times 10^8 km^3$，占地球总水量的 97%。作为地球万物的生命之源，海洋中的生物多样性远比陆地丰富，无论是水质肥沃的近海还是碧波滚滚的大洋深处，都是虾蟹、游鱼、贝类、海参、海藻等动植物生长繁衍的场所，各种色彩鲜艳、体型独特的海洋生物一起形成了一个独特的生态体系，为人类活动提供重要的生物资源。

海洋生物资源是指有生命的、能自行繁殖和不断更新的海洋资源，又称海洋水产资源，是海洋中蕴藏的经济动物和植物的群体数量，可以通过生物个体种和种下群的繁殖、发育、生长和新老替代，使资源不断更新、种群不断补充，持续为人类提供水产品、医药和工业原料。海洋生物资源主要包括鱼类、软体动物、甲壳动物、哺乳类动物、海洋植物等种类，其中海洋植物以各类海藻为主，包括褐藻、红藻、绿藻、蓝藻、硅藻、甲藻、金藻、黄藻、隐藻、裸藻等门类，可提取海藻酸、卡拉胶、琼胶等多种天然高分子材料，以及岩藻多糖、海藻碘、甘露醇、多不饱和脂肪酸、维生素、矿物质元素等种类繁多的海藻活性物质。

地球上生物资源的 80% 以上源自海洋。海洋中的生物多达 69 纲、20 多万种，其中动物 18 万种，在不破坏水产资源的条件下，每年最多可提供 30 亿 t 水产品，而目前被利用的还不到 1 亿 t。据估计，海洋的食物资源是陆地的 1000 倍，其提供的水产品能养活 300 亿人口。目前人类利用的海洋生物资源仅占其总量的 2%，还有很多可食用资源尚未开发。例如南极大陆周围海域生活着 5 亿 t 的磷虾，其生物体内含有约 50% 的蛋白质。在不减少资源再生的情况下，每年可以捕捞的磷虾为 7000 万 t，可以满足全球 1/3 人口的基本蛋白质需求。

在浩瀚的海洋中，海藻是一大类海洋植物群，包括种类繁多、数量庞大的微型海藻和大型海藻。我国有 1.8 万 km 大陆海岸线和 1.4 万 km 岛屿海岸线，海域面积 473 万 km^2，跨越热带、亚热带至寒温带的多个气温带，无论在海藻生物资源的规模还是其生产、加工和利用的深度和广度上，我国均处于世界前列。丁兰平等的研究结果显示，我国沿海已有记录的大型海藻有 1277 种，隶属于褐藻门 24 科 62 属 298 种，红藻门 40 科 169 属 607 种，绿藻门 21 科 48 属 211 种，蓝藻门 21 科 57 属 161 种，主要分布在南海北区和南区的诸群岛沿岸，广东、福建、浙江等东海沿岸，以及渤海、黄海西岸等区域（丁兰平，2011）。表 2-1 所示为中国各海区的海藻种数。

表 2-1　中国各海区的海藻种数

海区	红藻门		褐藻门		绿藻门		蓝藻门		合计
	特有种	共有种	特有种	共有种	特有种	共有种	特有种	共有种	所有种
黄海西岸	88	15	96	48	79	15	32	5	298
东海西区	1	5	28	120	4	31	0	12	201
南海北区	54	15	51	132	46	48	4	22	372
南海南区	56	22	234	88	92	46	133	19	690

除了海藻类植物资源，辽阔的海洋中还存在着极为丰富的鱼类、贝类及虾蟹类生物资源。海洋鱼类资源在人类生活中占有特殊的地位，是食物的重要来源，能提供大量蛋白质。海洋中有 3 万多种鱼类，包括人们熟悉的几十种常见食用鱼类。据统计，我国渤海、黄海、东海、南海的最大可持续渔获得量分别为每年 12、81、182、472 万 t。贝类是两片贝壳夹着中间的肉体的软体动物，其中贻贝、牡蛎等贝类生物在提供海洋食物的同时也产生大量的贝壳资源。海洋中种类繁多的虾、蟹等甲壳类动物是甲壳素和壳聚糖的重要来源。

在我国漫长的海岸线上，水深 200m 的大陆架面积达 148 万 km^2，诸海区的生物生产量约为 2.67t/km^2，总生物生产量为 1261.53 万 t。我国可供捕捞生产的渔场面积约 281 万 km^2，合 42 亿亩，其中海洋生物资源高达 20278 种，包括鱼类 3032 种、螺贝类 1923 种、蟹类 734 种、虾类 546 种、藻类 790 种。作为经济捕捞对象，在渔业统计和市场上列名的有 200 多种，这些足以表明我国海洋水产生物的资源丰富和物种丰富度高，为海洋食品和海洋生物制品的发展提供了重要的资源保障。

海水养殖可以为海洋生物产业提供更多的鱼类、虾蟹类、贝类、藻类以及海参等其他种类的海洋生物。随着蓝色经济在全球各地的兴起，海水养殖呈现出快速增长的态势，图 2-1 所示为全球水产养殖的发展趋势。

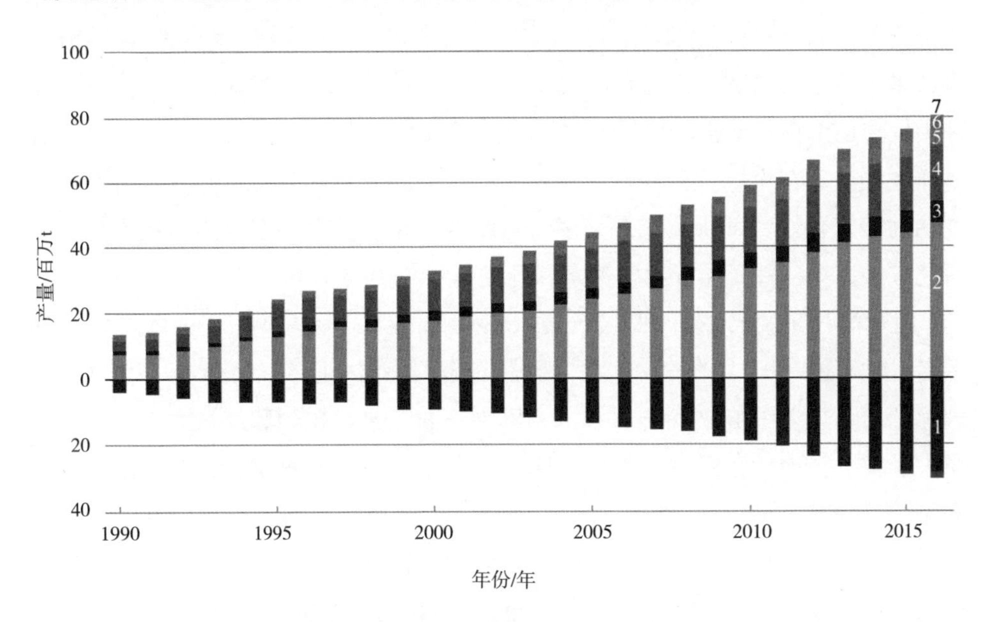

图 2-1　全球水产养殖的发展趋势（FAO，2020）

1—水生植物（其中 97% 为海藻）　2—淡水养殖鱼　3—海水养殖鱼　4—贝壳类　5—海水养殖甲壳类　6—淡水养殖甲壳类　7—其他

第三节　海洋生物科技

一、海洋生物科技的发展历史

海洋生物科技在研究、开发和利用海洋生物资源的过程中发挥重要作用。随着陆地资源的日益枯竭，包括中国在内的世界各地许多国家纷纷制定政策，大力开发海洋资源。美国国家科技委员会下属的基础研究委员会生物技术研究分委员会发表的《21 世纪生物技术新前沿》指出，当今世界生物技术研究已进入“第二次浪潮”。除了与健康相关的生物技术领域，海洋生物技术是美国政府重点投资的 4 个领域之一。与此同时，在发展蓝色经济的过程中，中国政府把海洋生物技术列入国家863计划和“科技兴海”计划中，为海洋生物技术的研究开发提供了强大的动力。

历史上，“海洋生物技术”最早是由Colwell等在1984年提出，目前其研究范围已经从早期采用分子生物学原理改变遗传因子、人工设计海洋生物性状等领域发展到一门系统地应用生物、化工、化学等学科知识全方位开发利用海洋生物资源的综合学科，是运用现代生物学、化学和工程学手段，利用海洋生物体、生命系统和生命过程生产有用产品的一门先进技术。由于海洋生物的多样性和种类较陆地生物更丰富、数量更多，也由于海洋的生态环境比陆地复杂和特殊，海洋生物技术在生物遗传特性、生物制品、环境修复等方面的研究具有高度的复杂性和综合性，其研究成果是多学科综合运用的结果，涉及诸多技术手段和研究方法，对各种海洋资源的探索和开发利用起关键作用。

国际海洋生物普查计划（Census of Marine Life）是一项80多个国家2700多名科学家历时10年在全球尺度上评估和解释海洋生物分布、丰度和多样性的国际计划，其中31%的科研人员来自欧洲，44%来自美国和加拿大，25%来自澳大利亚、新西兰、日本、中国、南非、印度、印度尼西亚、巴西等世界其他国家。该项研究显示，全球海洋生物资源已经展现了广阔的发展空间，结合海水养殖、药物发现、海洋渔业的发展，海洋生物科技已经成为当今科技领域的一大热点。表2-2所示为世界各国海洋生物科技的重点研究领域。

表2-2　世界各国海洋生物科技的重点研究领域（Kim，2015）

地区	国家	重点研究领域
北美洲	美国、加拿大	生物发现、海水养殖、生物燃料
中南美洲	巴西、智利、阿根廷、墨西哥、哥斯达黎加	生物发现、生物能源、生物修复、生物防污
亚洲	中国、印度、韩国、日本	生物燃料、海洋药物、功能食品、饲料、化妆品
中东	以色列	海绵生物技术、海洋活性物质、生物燃料
东南亚和印度洋岛国	泰国、越南、印度尼西亚、马来西亚、新加坡、斯里兰卡	海洋活性物质、海水养殖
大洋洲	澳大利亚、新西兰	水产养殖、海洋活性物质
非洲	莫桑比克、尼日利亚、南非、突尼斯、肯尼亚	生物燃料、生物活性物质

一份关于海洋生物技术的全球战略报告（*Marine Biotechnology: A Global Strategy Business Report*）在回顾海洋科技市场及其发展趋势、主要增长点及主要产品和市场后得出的结论是：对任何具有海洋生物多样性的国家，通过海洋科技利用海洋资源应该是一个重要的目标，其中一个主要任务是在海洋生物中发现新的化合物，通过生物勘探技术的应用寻找酶、生物活性分子、生物高分子及其各种应用。海洋中存在着大量结构独特的化学物质，通过运用现代生化分离与分析手段以及细胞培养、DNA 重组等技术，可获取大量低毒、高效的生物活性物质。

目前，海洋生物活性物质的活性研究主要侧重于抗癌与抗菌等方面，具有生物活性的主要海洋生物资源是草履虫、海兔、海鞘、海绵、海藻及海洋微生物。日本海洋生物技术研究院及海洋科学和技术中心每年用于海洋生物活性物质开发的经费为 1 亿多美元，系统地对海洋微生物、藻类、海绵、芋螺、海参等多种海洋动植物和微生物等产生的活性物质进行研究，其中对海绵和海藻类的研究最多。欧盟制订的海洋科学和技术计划重点资助"从海洋生物资源中寻找新药"项目，近年来已经发现 450 多个具有不同生物活性的新型海洋天然产物，其中 31 个化合物具有明显的抗肿瘤活性，其每年用于海洋药物开发的经费也有 1 亿多美元。

我国利用海洋生物资源入药治疗、健体强身的历史非常悠久，但现代海洋药物研究则始于 20 世纪 70 年代。在 1997 年启动的海洋高技术计划中，海洋药物的开发被列为重点，以沿海城市为中心形成科研、生产、开发、技工贸一体化的产学研用网络。在这个过程中，中国海洋大学开发出 PPS 系列产品甘糖酯、海通片、海力特，以及新近研究成功的具有抗艾滋病功效的国家一类新药聚甘古酯和对脑血栓后缺血性脑细胞有明显保护作用的国家一类新药 D- 聚甘酯等。中山大学从南海软珊瑚、海绵内提取、分离、测定了 44 个化合物的结构，又从珊瑚、海绵和海藻中分离出 80 多个萜类、甾醇、生物碱及其他含氮物质等新化合物，发现了一系列新的萜类化合物，其中二倍半萜的发现在我国自然界尚属首次，还分离出 9 个自然界罕见的化合物，鉴定了存在于海绵和珊瑚中的 100 多种甾醇。这些海洋生物的次生代谢产物是研究海洋新药先导物的重要源泉。

科学技术的不断进步为海洋生物技术在开发利用海洋生物资源的过程中提供了新的研究方法和技术手段，使基于海洋生物的新产品开发呈现出日新月异的景象。除了传统的渔业资源，微生物、海藻、海绵、珊瑚等海洋生物种群包含的高附加值生物活性物质在得到科技界更好认识的同时，其生理功效越来越多地得到挖掘，包括新型药物、特种化学物质、酶、生物能源等基于海洋资源的很多生物技术产品已经被商业化。此外，海洋生物技术在生物材料、生物传感器、水产养殖、生物修复和生物淤积的技术开发中也起到了重要作用。表 2-3 显示海洋生物科技的主要研究领域及主要海洋资源。

表 2-3 海洋生物科技的主要研究领域及主要海洋资源（Blunt，2013）

研究领域	海洋资源	研究目的
食品	藻类、无脊椎动物、鱼	开发新方法提高水产养殖产量、实现零废弃物循环
药品、保健品	藻类、海绵、微生物	发现新的生物活性物质
工业制品	藻类	以海洋生物高分子为原料生产食品、化妆品、保健品、医疗用品等
能源	藻类	生物燃料生产、生物炼制
环境	海洋微生物	海洋环境生物感应监测技术和无毒防污技术

二、海水养殖技术

海水养殖技术是一项重要的海洋生物技术，其为海水养殖业的发展提供重要支撑，同时也为海洋生物产业的发展提供资源保障。鱼类、虾蟹类、贝类、藻类以及海参等海洋生物是水产业的重要组成部分，在我国有悠久的养殖历史，汉代之前已经有牡蛎养殖，宋代已发明珍珠养殖法。中华人民共和国成立后，得益于养殖技术的成长与壮大，我国海水养殖发展迅速，海带、紫菜、贻贝、对虾等主要经济品种的发展尤为突出，成为沿海地区的一大产业，其中我国海带养殖无论从养殖面积还是产量，均居世界第一。

在海水养殖业已经形成大规模生产的经济品种中，鱼类有梭鱼、鲻鱼、尼罗罗非鱼、真鲷、黑鲷、石斑鱼、鲈鱼、大黄鱼、美国红鱼、牙鲆、河豚等；虾类有中国对虾、斑节对虾、长毛对虾、墨吉对虾、日本对虾、南美白对虾等；蟹类有锯缘青蟹、三疣梭子蟹等；贝类有贻贝、扇贝、牡蛎、泥蚶、毛蚶、缢蛏、文蛤、鲍鱼等；藻类有海带、紫菜、裙带菜、石花菜、江蓠、麒麟菜等。

海水养殖技术的进步在我国海水养殖业的发展中起关键作用。海水养殖与微生物、动物细胞、植物细胞等陆地好氧生物的培养一样需要水溶液作为生长介质，但是培养过程有很多不同之处，例如陆地好氧生物培养过程所需营养几乎全为水溶性物质，而海水工厂化养殖与育苗过程所需营养几乎全为固体饵料，投放过程中过多的残留饵料会引起系统内水质恶化，最终影响海水中生物的生长。

海水工厂化养殖与育苗过程中的有害物质需要通过固液分离、水质生物净化、泡沫分离、臭氧灭菌等单元操作实现，尽管尚存在许多问题亟待解决，目前这些技术已用于循环水式工厂化海水养殖与育苗过程。陆地好氧生物培养过程需要大量的氧，海水工厂化养殖及育苗过程也同样需要大量供氧，因而可借鉴生化工程领域中的强化供氧技术提高供氧效率。从培养系统操作及工艺优化角度看，陆地好氧生物培养过程及海水工厂化养殖与育苗过程均涉及水体流动，但后者还涉及水体输送问题。前者一般为纯种培养需无菌操作，而后者为敞开式培养，不需要无菌操作，这为后者水质的在线检测用传感器的研制带来方便。由于海水养殖过程中水体流速较慢、温度变化幅度较大，给在线检测带来一些新的问题，如水体流动对检测的影响、温度补偿等。

三、海洋生化工程技术

生化技术在海洋生物产业的各个阶段起重要作用。与传统生化工程技术相似，海洋生化工程通过运用生化工程的基本原理和方法，结合海洋生物的特点，对实验室取得的海洋生物技术成果加以开发、放大和工程化，使之转化为可供产业化生产的工艺技术，其研究开发领域涵盖基因工程、细胞工程、酶工程、发酵工程等，并且已经扩展到更大的范围，涉及海洋微生物工程、海洋生物免疫学工程、海洋生物蛋白质工程以及海洋环境生物工程等众多学科领域。随着海洋生物技术的飞速发展、陆地生物技术的借鉴和引入、国际现代学术思想的引进，海洋生化工程及技术正呈现出高速发展的态势。

作为一门海洋生物技术和生化工程技术相结合后形成的新兴交叉学科，海洋生化工程在高效、低成本、大规模生产海洋生物技术产品的过程中有三个主要的研究任务：

（1）对传统海洋生物产业进行技术改造，提高生产效率，促进新型海洋生物技术产业的形成。

（2）研究开发海洋生物技术发展过程中需要的各种支撑技术，如各类传感器、反应器、分离提取设备等的研制和开发。

（3）开发新的海洋生物技术和产品，通过大规模培养天然海洋生物、应用基因工程和细胞工程等技术改良海洋生物后大规模获取海洋生物活性物质。

目前我国在海洋生化工程领域已经取得一批重要研究成果，如藻酸双酯钠、海藻多糖、海藻硒多糖、微生物多肽等海洋生物制品，以及全自动封闭式光生物反应器、多参数水质计算机在线检测系统等先进设备和技术。这些成果大都已应用于食品、药物、保健品、化妆品等海洋生物制品及海水养殖与微藻大规模培养中。

海洋蕴藏着巨大的生物活性物质资源，例如海洋生物中的海洋生物蛋白资源无论在种类还是在数量上都远远大于陆地蛋白资源，在这些种类繁多的海洋蛋白氨基酸序列中，潜藏着许多具有生物活性的氨基酸序列。海洋生化工程有望通过发展现代分离和分析技术，建立新实验模型，结合快速准确的结构鉴定技术和药物筛选技术，从海洋生物中分离出功效独特的活性肽并开发出高效的海洋药物。

四、海洋生物科技的技术手段

在海水养殖、海洋活性物质提取、纯化等过程中，转基因方法、基因组学、发酵、生物处理技术、生物反应器等现代生物技术和方法得到广泛应用，分子或基因生物技术在海洋生物体中的应用已经对海洋经济产生重要影响，有望在水产养殖、微生物宏基因组、保健品、医药、药妆品、生物材料、生物矿化、生物淤积、生物能源等领域获得突破。与此同时，仪器分析技术的进步以及蛋白质组学和生物信息学的发展加强了人类利用生物学技术进行商业化开发海洋生物资源的能力。下面介绍海洋生物科技领域中几个主要的研究手段。

1. 海洋生物勘探技术

在海洋生物勘探过程中，生物技术为创造海洋植物、动物新基因提供了新工具和新动力，转基因研究中新工艺和新技术的发现为新材料的开发提供了可能，尤其在二级代谢产物的生物合成和调节途径研究中，转录组分析方法研究领域的新进展可以对信使核糖核酸的功效进行更有效地筛选。基因组学技术以及分子数据库的建立推动了海洋药物的发现，宏基因组策略可以从微生物群落中寻找和分离出具有特殊生物催化功效的酶，分子生物学可以帮助海洋科技对基因组水平的理解。对海洋生物的基因组研究可以促进特殊基因、蛋白质、酶和小分子的开发利用，对代谢途径及其基因组学的研究可以帮助理解化合物的生产途径，并通过代谢工程优化细胞合成化合物的遗传和调控途径。

2. 海洋生物活性物质的筛选方法

筛选是研究和开发海洋生物活性物质的第一步。传统的筛选方法是利用实验动物或其组织器官对某种化合物或混合物进行逐一的试验，其速度慢、效率低、费用高。随着科学技术的发展，活性物质筛选逐步趋向系统化、规模化、规范化，特别是分子生物学技术的发展使活性物质的筛选技术有了很大的改进。目前世界上以分子水平药物模型为基础的大规模筛选技术用生命活动中具有重要作用的受体、酶、离子通道、核酸等生物分子作为大规模筛选的作用靶点，进行活性物质筛选，方法简便、快速、命中率高、费用低，有的还可以用机器人操作。

3. 海洋基因工程

目前国际上对生物技术在海洋生物活性物质研究和开发中应用研究最多的是基因工程，即分离、克隆活性物质的基因，转入高效、廉价的表达系统进行生产，以获得大量高质量的产物，确保海洋生物资源的持续性和有效性。在医药方面，基因工程多肽和蛋白质类药物、单克隆抗体及新型诊断试剂的研究和开发，是现代生物技术影响最大、效益最好、发展最快的领域。

4. 海洋生物发酵工程

海洋生物发酵工程主要是通过对富含活性物质的海洋微生物进行发酵培养，从中获得大量产物。目前生产海洋生物活性物质的原料绝大部分来自海洋微藻和微生物等低等海洋生物，利用生物反应器培养微藻开发海洋生物活性物质是国际上的研究热点之一。用水池培养微藻从广义上说是一种生物反应器技术，但其效率比较低。目前研究较多的是利用封闭的光生物反应器培养微藻，美国公司利用发酵法培养微藻生产多不饱和脂肪酸已经达到工业化生产阶段。

5. 海洋酶工程

酶工程涉及酶的生产和应用技术。从耐寒、耐高温、耐高压和耐高盐度的海洋微生物中可以分离出特殊种类的酶，如热稳定的 DNA 聚合酶、在组织培养中有分散细胞作用的胶原酶、能催化卤素进入代谢产物中的卤素过氧化物酶等。日本研究者已经建立了一种诱导微藻大量生产超氧化物歧化酶的方法，可用于医药、化妆品和功能食品。在酶工程为工业技术进步做出巨大贡献的同时，酶制剂本身也形成了巨大的市场。1997 年全球酶市场约为 14 亿美元，此后以每年 4%~5% 的速度增长。由于新药开发及制药新技术的需要，特殊用酶迅速增加，已成为酶技术开发的重点。生活在极端环境下的海洋微生物和微藻体内含有丰富的极端酶，已成为生物技术的重要研究领域，不仅可提供工业特殊用酶，也为获得新的生物活性物质提供了极好的生物资源库。

6. 海洋生物活性物质生源材料的大规模培养

获得丰富的生源材料是开发海洋生物活性物质的基础。由于大多数生物活性物质在海洋生物体内含量低微，现有的野生海洋生物资源不足，并且大部分海洋生物活性物质的结构复杂，难以进行全人工合成，因此生物活性物质生源材料的大规模培养成了关键问题之一。在各种培养技术中，研究显示较低强度的超声波可以通过改进反应物的质量传输机制，提高酶的活性、加速细胞的新陈代谢。采用低功率超声辐照培养基，可提高藻类细胞的生长速率，提高这类细胞的蛋白质产量。在海洋单胞藻营养成分中，多不饱和脂肪酸是重要的生物活性物质，研究显示，在较低工作电压条件下，超声辐射处理后的微藻中多不饱和脂肪酸的含量明显增加。

7. 海洋活性物质的化学研究

目前，国内外海洋活性物质的化学研究主要有3种方式：①组成引导型：即以海藻多糖、甲壳质、鲨鱼软骨素、海蛤多糖等各种多糖、糖蛋白以及核酸等海洋生物质为新药的结构模式，对其进行化学修饰后寻找高效、低毒的新化合物；②化学结构引导型：如酚类、醌类、甾醇类等化合物，按构效关系对其衍生物进行研制，开发一系列新的海洋药用活性物质；③活性引导型：在研究之前先明确目标物质的功效、市场、竞争对手以及筛选成功的风险等要素，然后通过大规模筛选生物活性物质寻找和发现新药或新的先导化合物，应用高通量药物筛选技术对采集到的海洋生物提取物进行大规模、高效率、有秩序、多靶点的活性筛选。

第四节　海洋生物科技的应用

一、海洋生物修复

海洋生物修复是海洋环境领域的一个重要研究方向。海洋微生物具有降解有机物的能力，绿针假单胞菌产生的荧光铁载体可以催化海水中有机锡化合物的降解。由中国科学院海洋研究所完成的以大型海藻为填充的养殖污水净化装置于2007年获国家发明专利授权，根据大型海藻的生物学特性，该装置以实用化和半自动化连续运转为目标，具有光照、温度、营养盐、气体交换等培养条件的调节控制系统，能进行半连续或连续培养并具有较高的光能利用率，该装置中适合作为填充物的包括龙须菜、孔石莼、裙带菜等大型藻类。

二、海水养殖业

海水养殖是海洋生物技术应用的一个典型案例。通过海洋生化工程及其姊妹技术群有机、科学地综合应用，可以促进海水养殖新品种培育，海水主要养殖物病害快速诊断与防治，养殖品种生殖、发育和生长调控，推动抗盐、耐海水植物品种的培育。海洋中的鱼类资源为人类提供了蛋白质，但过度捕捞正在使这一资源枯竭。海洋生物科技的应用可以改善海水养殖过程，利用重组技术开发基因改造生物，以此克服全球食品短缺问题。海洋高新技术的发展可以为海水养殖提供大量高产优质、抗病能力强、遗传性能好的养殖新品种，向社会提供许多结构特异、功能独特的海洋新药、功能食品、食品添加剂、精细化学品、轻化工原料等产品。

由于其生存环境独特而且多样化，海洋生物在自我防御过程中产生的生物活性物质与陆地上的很不相同。如海藻越来越成为探索新化合物的重要来源，其丰富的生物多样性可以提供种类繁多，具有高营养、保健、治疗功效的生物活性物质。海藻养殖具有很高的经济价值，仅东亚地区年产海藻的价值高达 50 亿美元。这些人工养殖的海藻包括食用海带、紫菜，动物饲料添加剂，以及用于提取有益成分用于肥料、增稠剂、食品添加剂等各种工业制品的藻类。

在提供大量生物质资源的同时，海藻养殖可以帮助缓解鱼和其他海产品养殖场对环境造成的影响，消耗掉养殖场排放的 CO_2 和含氮污染物，可减少水中 94% 的氮含量。在爱尔兰南部海岸的一个养殖试验场，多营养层次综合水产养殖模式中，鲑鱼养殖场附近的海藻能充分吸收养殖场排放的废物，生长茂盛，同一养殖面积中的产量是其他养殖场的两倍。

欧洲水产养殖业发起的美人鱼项目计划在波罗的海、北海、大西洋和地中海部分地区修建多功能海上养殖场，作为综合开发海洋资源的一部分，已修建风力发电场或波能装置的能源公司可将其基础设施出租给水产养殖企业，从而实现削减成本的目的，实现养鱼场、海藻养殖场、风力发电场一体化的海上商业园区，其中在风力发电场等人工建筑物附近养殖海藻可减少此类建筑物对当地生态系统的影响。

至今海水养殖业已经成为蓝色海洋经济的一个重要组成部分，图 2-2 总结了以海水养殖为代表的蓝色革命的核心要素。

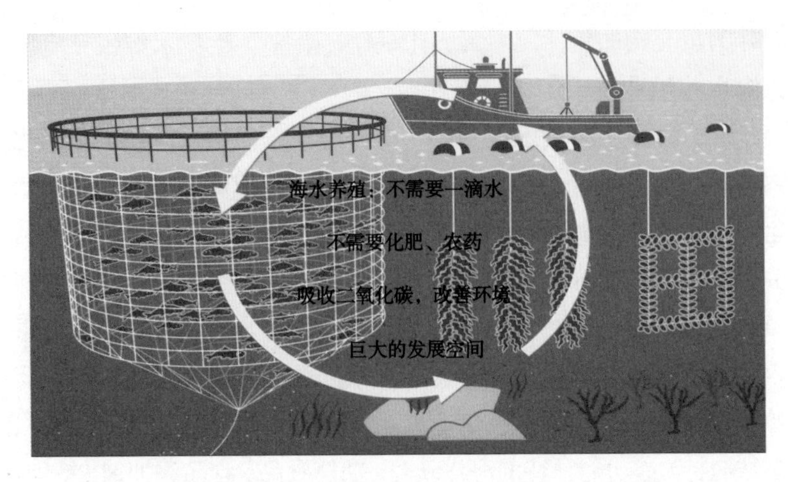

图 2-2 蓝色革命的核心要素

三、海洋源生物能源

从海藻中制备的生物能源是一种具有可持续发展特性的新能源，有望在绿色能源领域取得突破。微藻类、蓝细菌等种类繁多的海洋生物可用于沼气、生物柴油、生物乙醇和生物氢气的生产。英国伦敦的一家公司发明了一种能将微藻加工成柴油发动机燃料的方法，首先在一组可接受阳光的玻璃管构成的生物反应器中培育出小球藻，然后借助离心机使小球藻脱水、烘干，碾成粉末后与空气一起喷入发电机气缸产生能量，其排放的气体中含有大量的一氧化碳和氧化氮，可再送回生物反应器作为海藻生产的肥料。该公司认为，若每小时向发动机投入 56kg 小球藻，可使发动机每分钟转动 1500 转，产生 150kW 的功率。

海藻的含油量高，世界各地科学家都在积极进行海藻精炼成类似汽油、柴油等液体燃料后，用于发电的研究开发。只要有充足的阳光和二氧化碳，海藻就可以在水中生长，以海藻生物质为原料制备的海藻油类似于大豆油，可填补生物柴油供应不足的空缺。美国能源专家曾利用生长在美国西海岸的巨型海藻，成功研制成优质柴油。实验结果显示海藻中类脂质含量可达 67%，每平方米海面平均每天可采收 50g 海藻。据专家计算，用一块 56km^2 的“海藻园”种植海藻发电，其电力即可满足英国的供电需求。试验表明，海藻发电的成本比核能发电便宜，与煤炭、石油、天然气的发电成本大抵相当。海藻在燃烧发电过程中产生的二氧化碳可通过光合作用再循环应用于海藻的生长，因此不会向空气中释放可使气温升高的温室气体，对保护环境有重要意义（Jones，2012；Bogen，2013；Ferreira，2013）。

四、海洋源天然药物

我国海洋药物研究起始于 20 世纪 70 年代，1978 年“向海洋要药”的提案被国家采纳，并于 1979 年在青岛召开我国首次海洋药物研究座谈会，1982 年召开了第一次海洋药物学术会，同年创办《海洋药物》（现为《中国海洋药物》杂志）。1985 年管华诗院士团队成功研制上市了我国第一个海洋新药——藻酸双酯钠（PSS）。1996 年海洋药物研发列入国家 863 计划，科研投入明显加大。至 2015 年已有 PSS、甘糖酯、海克力特、降糖宁、甘露醇烟酸酯、岩藻糖硫酸酯、多烯康、角鲨烯 8 种海洋药物上市，包括抗肿瘤药物、糖尿病药物、抗生素、钠离子通道阻断剂等特效药。

在药物开发方面，海洋生物资源提供了一个巨大的生物分子库，从海洋动物、藻类、真菌、细菌等海洋生物中可分离出具有抗菌、抗凝、抗真菌、抗疟、抗原生动物、抗肺结核、抗病毒等活性的药物。目前已经开发的产品包括从太平洋锥形蜗牛中分离出的止疼药、加勒比海鼻甲中提取的抗癌药等，有 59 种海洋化合物具有影响心血管、免疫和神经系统以及抗炎症作用，65 种海洋代谢产物具有与各种受体和其他分子结合的能力。从海绵中得到的天然产物被认为是有前景的药剂，可用于治疗免疫缺陷病毒（HIV）和单纯疱疹病毒（HSV）引起的病症。根据其活性的有无和强弱，海洋生物活性物质可以在医药、保健品、功能食品、医用材料等领域发挥作用。图 2-3 所示为海洋生物活性物质的功效类别。

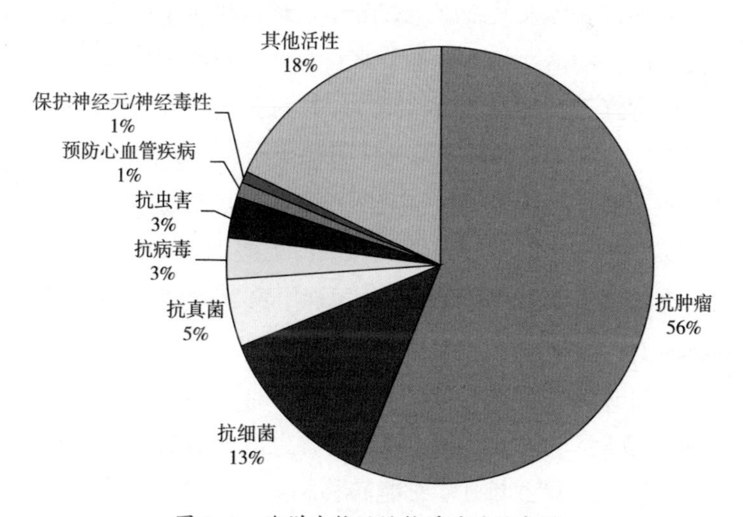

图 2-3　海洋生物活性物质的功效类别

海洋微生物具有丰富的生物多样性，是海洋新药开发的源泉和重要途径。海洋细菌是许多海洋活性物质、抗生素和药物的重要来源，海洋真菌也是活性物质的重要来源，例如聚酮合酶是二级代谢产物，在红霉素、雷帕霉素、四环素、洛伐他汀、白藜芦醇等的合成中起重要作用。放线菌是产生二级代谢产物的重要一类，具有抗细菌、抗真菌、抗癌、杀虫、酶抑制等很多活性，目前生物活性化合物中 70% 来自放线菌、20% 来自真菌、7% 来自芽孢杆菌、1%~2% 来自其他细菌。

海洋药物研究涉及的领域非常广泛，常见的活性物质包括抗菌肽、生物毒素、抗肿瘤因子、抗氧化因子、心血管活性肽等高活性物质。

1. 抗菌肽

抗菌肽是动物机体具有天然免疫力的重要原因，其抗菌机制可能是其螺旋状结构可在细菌细胞膜上形成阳离子通道，从而杀死病原体。目前已有百余种抗菌肽被分离，有些抗菌肽不仅具有很强的杀菌能力，还能杀死肿瘤细胞。由于抗生素的使用导致人类致病菌产生耐药性，以抗菌肽代替抗生素将是生物医学发展的必然，具有无限的发展前景。研究表明，至少 7 种甲壳纲动物中存在抗病毒、抗真菌的物质，东方鲎的血细胞经破碎后提取的鲎试剂对真菌、流感病毒、口腔疱疹病毒、免疫缺陷病毒（HIV）都有一定的抗性。

2. 生物毒素

海洋生物毒素对人类活动影响很大，海洋有毒生物至今仍威胁着人类在海上的生活和生产。海洋生物毒素具有重要的理论和应用研究价值，一方面可为神经生理学研究鉴定受体及其细胞调控分子机理提供丰富的工具药，如特异作用于钠离子通道的生物活性物质大部分来自海洋生物毒素，包括河豚毒素、石房蛤毒素、芋螺毒素等；另一方面，海洋生物毒素对攻克人类面临的重大疑难疾病有重要意义，如将其直接开发为天然药物或作为先导化合物用于新药设计。目前已发现的重要海洋生物毒素包括河豚毒素、石房蛤毒素、膝沟藻毒素、鱼腥藻毒素、海参毒素、冠柳珊瑚毒素、大田软海绵酸、海兔毒素、岩沙海葵毒素、刺尾鱼毒素、轮状鳍藻毒素、扇贝毒素、短裸甲藻毒素、西加毒素等。

3. 抗肿瘤因子

源自海洋生物的抗肿瘤因子的抗肿瘤机制多而复杂，目前已知的有免疫抑制（抗淋巴细胞癌变）、免疫增强、抑制血管生成、诱发癌细胞凋亡等。研究证明肿瘤周围血管丰富程度与肿瘤细胞转移相关，血管生成抑制因子通过抑制细胞骨架的形成，阻止内皮细胞的运动迁移，从而抑制血管生成。海洋源抗肿瘤因子通过抑制肿瘤周围毛细血管生长，使肿瘤细胞得不到氧和营养物质供应，可以抑制肿瘤生长。

4. 抗氧化因子

环境污染、紫外线、放射线以及细胞呼吸的代谢过程中产生的自由基可导致活细胞和组织的氧化损伤，加速其衰老进程。通过减少氧自由基、羟自由基，抗氧化因子可以起到抗衰老的功能。海洋生物中含量丰富的超氧化物歧化酶、过氧化酶和过氧化物酶可以在细胞体内形成抗氧化防御体系。目前对超氧化物歧化酶的研究开发是海洋生物科技领域的热点之一。

5. 心血管活性肽

作为血管紧张素转换酶（ACE）的竞争性抑制剂，水产蛋白酶解产物能阻碍具有升血压作用的血管紧张素Ⅱ的生成，抑制具有降血压作用的血管舒缓激肽的分解，使血压下降。目前已成功从磷虾、金枪鱼、沙丁鱼、鲣鱼中分离获得血管紧张素转换酶（ACE）抑制肽。

五、海洋源功能性食品和保健品

海洋源功能性食品和保健品可以从海洋动物、海洋植物、微生物、海绵等大量海洋生物中提取，国内外利用海洋生物研发的保健品已形成多个系列，如鱼油系列、水解蛋白系列、海藻系列、贝类系列等，包括鱼油、甲壳素、壳聚糖、海洋酶、从鲨鱼软骨中提取的软骨素、海参、贻贝等。海洋中还存在大量尚未开发的，可用于食品加工、储藏和保护的活性物质，例如从鱼和其他海洋生物中提取的酶比其他渠道酶有更好的性能，鱼胶原蛋白和明胶可以在更低的温度下加工，从藻类中提取的海藻酸盐、卡拉胶、琼胶等多糖广泛应用于食品的增稠和稳定，也是优质的膳食纤维（秦益民，2021）。此外，ω-3 多不饱和脂肪酸是健康行业的一个重要组分，特别是具有生理功能的二十碳五烯酸（EPA）、二十二碳六烯酸（DHA）等有重要的保健功效。从虾、蟹等海洋动物壳中提取的甲壳素和壳聚糖具有多样化的保健功效，在食品和营养、生物技术、药物和制药、农业、环保、基因治疗等领域均有应用价值。从褐藻中提取的岩藻多糖是一种结构复杂的硫酸酯多糖，具有很高的生物活性，在抗菌、抗凝血、抗病毒、抗肿瘤等领域均有很高的应用价值（秦益民，2020）。

对海洋生物质进行深度加工后得到的各种生物制品也具有很好的保健功效，例如海藻酒主要以海洋藻类为原料，采用现代新技术、新方法、新工艺提取精制成的一种新型、具有保健功能的饮料。饮用普通酒容易引起动脉硬化、高血压等症状，而海藻酒不但具有预防动脉硬化和高血压的功效，还有降血脂的作用。

以海藻为主要成分制成的海藻茶具有降血压，防中风、脑血栓、脑出血，以及保护心脏、抗肿瘤、治便秘、美肌肤等功效，是一种纯天然优质保健饮料。

六、海洋源生物材料

近年来，源自海洋的生物材料在世界各地得到重视，被应用于生物医药、医疗器械、卫生材料、环境保护等领域。具有生物活性的海洋生物材料在医疗卫生领域发展迅速，甲壳素和壳聚糖已经在化妆品、食品、医药等领域有广泛应用。从鱼中提取的胶原蛋白以及从海藻中提取的海藻酸盐、卡拉胶、琼胶等也有广泛应用（秦益民，2008；Qin，2008；秦益民，2019）。

海藻多糖等海藻活性物质具有独特的生物相容性、生物可降解性、亲水性等优异性能，在与先进的提取、分离、纯化、材料加工技术结合后可以为医疗卫生领域带来绿色、健康、可持续发展的医用新材料，已经成功应用于口腔印模、药物缓控释放、组织工程材料、水凝胶、功能性医用敷料、血管栓塞术、心肌修复等生物医用材料。

1. 口腔印模

印模是物体的阴模，口腔印模是口腔组织的阴模，制取印模时采用的材料称为印模材料。口腔印模的取制，是口腔修复工作中的首道工序，其质量直接关系到最终的修复效果。海藻酸盐印模材料是一种弹性不可逆的印模材料，由于其分散介质是水，又称水胶体印模材料。海藻酸盐印模材料具有良好的流动性、弹性、可塑性、准确性以及尺寸稳定性，与模型材料不发生化学变化，价格低廉，使用方便，是牙科常用的一种印模材料。

2. 药物缓控释放

海藻酸盐在胃的酸性环境中不溶解，而在肠道的弱碱性环境中溶解后释放出其包埋的活性成分，已经被广泛应用于肠溶性药物的释放。以海藻酸盐为载体负载的蛋白质微球可以保护蛋白质，把蛋白质输运到靶位点，海藻酸盐微球已用于负载免疫球蛋白。海藻酸盐凝胶也可以通过负载和定向释放肝素结合生长因子而促进血管生成（Gu，2004；Jay，2009）。

3. 组织工程材料

海藻酸盐是制备组织工程支架的最好材料之一，在骨和软骨再生领域，海藻酸盐凝胶的优点包括可以用微创的方式注入体内，可以充填形状不规则的缺陷，容易改性，组织诱导因素的控制释放等（Krebs，2010）。在骨组织工程领域，已经有很多研究采用海藻酸盐凝胶为载体移植干细胞（Barralet，2005）。海藻酸盐支架也用于调节其他组织和器官的再生，如骨骼肌、神经、胰腺和肝脏。

4. 水凝胶

作为一种高分子羧酸，海藻酸可以通过离子键或共价键交联后形成凝胶，前者主要通过氯化钙、碳酸钙、硫酸钙、六偏磷酸钠等使海藻酸分子链交联后形成凝胶，后者可以通过戊二醛、环氧氯丙烷等交联剂实现。基于其与细胞外基质的相似性，海藻酸盐水凝胶特别适用于组织工程、药物释放、伤口愈合等用途（Yang，2011；Augst，2006）。

5. 功能性医用敷料

海藻酸钙纤维是以海藻酸钠为原料，通过湿法纺丝制备的一种生物质纤维。生产过程中首先把海藻酸钠溶解在水中形成黏稠的纺丝溶液，经过脱泡、过滤等工序后，纺丝液通过喷丝孔挤入氯化钙水溶液。由于凝固液中的钙离子与纺丝液中钠离子的交换，使不溶于水的海藻酸钠以海藻酸钙丝条的形式沉淀后得到初生纤维，再经过水洗、干燥等加工后得到海藻酸钙纤维（秦益民，2019）。整个纺丝过程中涉及的各种组分均安全、无害，因此海藻酸钙纤维可以被认为最适用于医疗、卫生、保健等健康领域的纤维材料。在与脓血接触时，海藻酸钙纤维中的钙离子与人体中的钠离子发生离子交换，不溶于水的海藻酸钙慢慢转换成水溶性的海藻酸钠，从而使大量水分进入纤维内部，形成一种纤维状的水凝胶体，在吸收大量渗出液的同时为创面愈合提供一个湿润的环境。图 2-4 为海藻酸盐医用敷料在创面上形成湿润凝胶的效果图（秦益民，2017）。

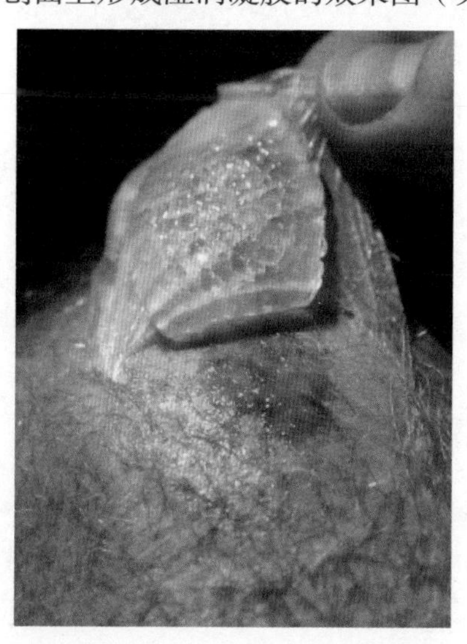

图 2-4　海藻酸盐医用敷料在创面上形成湿润凝胶的效果图

6. 血管栓塞术

血管栓塞术是指通过导管将栓塞材料选择性地注入靶血管，使其阻塞，中断供血，以达到治疗目的。血管栓塞术的临床作用包括控制出血、控制晚期肿瘤症状、术前肿瘤血运阻断、动脉瘤阻塞、血管改道等。近 30 年来，栓塞术已经被临床应用于颅脑、肝、胆、脾、肾、心脏与血管、生殖系统等多个部位的诊断治疗。海藻酸盐是制备栓塞剂的优质原料。

7. 心肌修复

因冠状动脉急性、持续性缺血缺氧所引起的心肌细胞坏死，即心肌梗死，是临床上常见的危急重症，可并发心律失常、休克或心力衰竭，常常危及生命。该病在欧美国家最为常见，随着社会老龄化、生活节奏的加快，心肌梗死也成为我国人民的重大疾病负担。据统计，2014 年，我国心肌梗死死亡率城市为 55.32/10 万，农村为 68.6/10 万。海藻酸生物材料用于心衰治疗可有效阻止心室的球形扩张，增加射血能力，阻止甚至逆转心衰。

七、海洋源生物杀虫剂

天然产物一直是杀虫活性物质的主要来源，如毒扁豆碱、阿维菌素、BT 毒素、昆虫激素等多种生物农药已经被成功开发。目前生物源农药的一个研究方向是极端或恶劣条件下生存的生物资源，如沙漠、温泉、海洋等生态系统中的各种生物资源。海洋是生命之源，也是地球上生物资源最丰富的区域。由于生存环境苛刻，很多海洋生物在长期的进化过程中代谢产生一些结构独特的化学物质，这些次生代谢产物的主要作用是防范潜在天敌的侵害及海洋真菌、微生物或藻类在其肌体上附集。现代药理研究表明许多海洋生物次生代谢产物对害虫有较好的防效，可用于制备高效、低毒、低残留、高选择性的新型生物农药。

八、海洋源生态肥料和生物刺激剂

以海藻为原料通过物理、化学、生物等技术的应用使海藻细胞壁破裂后释放出活性成分，由此制备的海藻肥含有钾、钙、镁、锌、碘等 40 多种矿物质元素和丰富的氨基酸、维生素等活性成分，以及海藻特有的海藻酸、褐藻多酚、岩藻多糖等多种生物刺激素，可以有效改善土壤、促进农作物生长，在农业生产中有重要的应用价值。目前海藻肥在全球各地受到人们的重视和青睐，有关海藻肥及海藻源生物刺激剂的生产和研究也逐渐成为热点。我国的海藻资源丰富、海藻养殖业发达，为海藻肥产业的发展提供了充足的原材料，有望助推农业生产领域从绿色革命向蓝色革命的发展（王明鹏，2015；秦益民，2018）。图 2-5

所示为我国农业生产领域的几个革命性进展。

图 2-5　我国农业生产领域的革命性进展

第五节　小结

海洋生物科技的研究涵盖海洋植物、动物和微生物，包括真菌、光养生物、病毒、微藻、海藻、珊瑚、海绵等大量海洋生物资源，其技术手段和方法包括生物工程、生物信息学技术、生物反应器、转基因技术、群体感应、入侵物种的分子检测方法以及海洋宏基因组、蛋白质组学、基因组勘探等。应用海洋生物科技可以围绕海洋生物资源开发出大量海洋天然产物、生物催化剂、抗菌肽、类胡萝卜素、脂肪酸、生物毒素、微生物酶、多糖等高性能生物制品，在生物医药、功能性食品、保健品、药妆品、生物能源和生物燃料、生物医用材料、生物活性纤维、生态肥料、生物刺激剂等领域有重要的应用价值。

参考文献

[1] Augst A D，Kong H J，Mooney D J. Alginate hydrogels as biomaterials [J]. Macromol Biosci，2006，6: 623-633.

[2] Barralet J，Wang L，Lawson M，et al. Comparison of bone marrow cell growth on 2D and 3D alginate hydrogels [J]. J Mater Sci，2005，16: 515-519.

[3] Blunt J W，Copp B R，Keyzers R A，et al. Marine natural products [J]. Nat Prod Rep，2013，30: 237-323.

[4] Bogen C，Klassen V，Wichmann J，et al. Identification of Monoraphidium contortum as a promising species for liquid biofuel production [J]. Bioresour Technol，2013，133: 622-626.

[5] Colwell R R, Sinskey A J, Pariser E R. Biotechnology in the Marine Sciences [M]. New York: Wiley & Sons Inc, 1984.
[6] Cragg G M, Newman D J. International collaboration in drug discovery and development from natural sources [J]. Pure Appl Chem, 2005, 77: 1923-1942.
[7] FAO. The State of World Fisheries and Aquaculture [M]. Rome: FAO, 2020.
[8] Farnsworth N R. Medicinal plants in therapy [J]. Bull World Health Organ, 1985, 63: 965-981.
[9] Ferreira A F, Ribeiro L A, Batista A P, et al. A biorefinery from *Nannochloropsis* sp. Microalga-Energy and CO_2 emission and economic analyses [J]. Bioresour Technol, 2013, 138: 235-244.
[10] Freitas A C, Rodrigues D, Rocha-Santos T A, et al. Marine biotechnology advances towards applications in new functional foods [J]. Biotechnol Adv, 2012, 30: 1506-1515.
[11] Gu F, Amsden B, Neufeld R. Sustained delivery of vascular endothelial growth factor with alginate beads [J]. J Control Release, 2004, 96: 463-472.
[12] Hill R A. Marine natural products [J]. Annu Rep B (Organ Chem), 2012, 108: 131-146.
[13] Hu Y, Chen J, Hu G, et al. Statistical research on the bioactivity of new marine natural products discovered during the 28 years from 1985 to 2012 [J]. Mar Drugs, 2015, 13 (1): 202-221.
[14] Jones C S, Mayfield S P. Algae biofuels: versatility for the future of bioenergy [J]. Curr Opin Biotechnol, 2012, 23: 346-351.
[15] Jay S M, Saltzman W M. Controlled delivery of VEGF via modulation of alginate microparticle ionic crosslinking [J]. J Control Release, 2009, 134: 26-34.
[16] Kim S K (Ed). Handbook of Marine Biotechnology [M]. New York: Springer, 2015.
[17] Krebs M D, Salter E, Chen E, et al. Calcium phosphate-DNA nanoparticle gene delivery from alginate hydrogels induces in vivo osteogenesis [J]. J Biomed Mater Res A, 2010, 92: 1131-1138.
[18] Morya V, Kim J, Kim E K. Algal fucoidan: Structural and size-dependent bioactivities and their perspectives [J]. Appl Microbiol Biotechnol, 2012, 93: 71-82.
[19] Qin Y. The gel swelling properties of alginate fibers and their application in wound management [J]. Polymers for Advanced Technologies, 2008, 19(1): 6-14.
[20] Thakur N L, Thakur A N. Marine biotechnology: an overview [J]. Indian J Biotechnol, 2006, 5: 263-270.
[21] Tringali C. Bioactive metabolites from marine algae: recent results [J]. Curr Org

Chem，1997，1: 375-394.
[22] Waite J H，Broomell C C. Changing environments and structure-property relationships in marine biomaterials [J]. J Exp Biol，2012，215: 873-883.
[23] Yang J S，Xie Y J，He W. Research progress on chemical modification of alginate: A review [J]. Carbohydr Polym，2011，84: 33-39.
[24] Zhang C，Li X，Kim S K. Application of marine biomaterials for nutraceuticals and functional foods [J]. Food Sci Biotechnol，2012，21: 625-631.
[25] 陈曦，陈秀霞，陈强，等. 海洋生物活性物质研究简述[J].福建农业科技，2012，2:83-86.
[26] 李婷菲，叶斌. 药用海洋活性物质的研究进展[J].海峡药学，2009，21（11）：12-14.
[27] 刘云国，刘艳华. 海洋生物活性物质的研究开发现状[J]. 食品与药品，2005，7（10A）：66-68.
[28] 李鹏程. 海洋生物资源高值利用研究进展[J].海洋与湖沼，2020，51（4）：750-758.
[29] 丁兰平，黄冰心，谢艳齐．中国大型海藻的研究现状及其存在问题[J].生物多样性，2011，19（6）：798-804.
[30] 王明鹏，陈蕾，刘正一，等. 海藻生物肥研究进展与展望[J]. 生物技术进展，2015，5（3）：158-163.
[31] 秦益民，刘洪武，李可昌，等. 海藻酸[M].北京：中国轻工业出版社，2008.
[32] 秦益民，宁宁，刘春娟，等. 海藻酸盐医用敷料的临床应用[M]. 北京：知识出版社，2017.
[33] 秦益民.海洋源生物活性纤维[M].北京：中国纺织出版社，2019.
[34] 秦益民，张全斌，梁惠，等.岩藻多糖的功能与应用[M].北京：中国轻工业出版社，2020.
[35] 秦益民.海藻源膳食纤维[M].北京：中国轻工业出版社，2021.
[36] 秦益民，赵丽丽、申培丽，等.功能性海藻肥[M].北京：中国轻工业出版社，2018.

第三章　海洋源生物活性物质

第一节　引言

海洋生物生长在海水这样一个特异的闭锁环境中，具有高盐度、高压力、氧气少、光线弱，甚至局部深海的高温等特点，使鱼、虾、蟹、贝、藻等海洋生物在进化过程中产生的代谢系统和机体防御系统与陆上生物不同，其生物体中蕴藏许多结构新颖、功效独特的生理活性物质，包括多糖类、多肽类、多酚类、生物碱类、萜类、大环聚酯类、多不饱和脂肪酸等各种类型的化合物（康伟，2014；史大永，2009；纪明侯，1997），在生物刺激剂等领域展现出独特的性能和功效，有很高的应用价值。

第二节　海洋源生物活性物质概况

海洋源生物活性物质是一类从海洋生物体内提取的，可以通过化学、物理、生物等作用机理对生命现象产生影响的生物质成分，包括细胞外基质、细胞壁及原生质体的组成部分以及细胞生物体内的初级和次级代谢产物，其中初级代谢产物是海洋生物从外界吸收营养物质后通过分解代谢与合成代谢，生成的维持生命活动所必需的氨基酸、核苷酸、多糖、脂类、维生素等物质，次级代谢产物是海洋生物在一定的生长期内，以初级代谢产物为前体合成的一些对生物生命活动非必需的有机化合物，也称天然产物，包括生物信息物质、药用物质、生物毒素、功能材料等海洋源化合物（秦益民，2019；张明辉，2007；Qin，2018）。

图 3-1 所示为鱼、虾、蟹、贝、藻等典型的海洋生物。在这些种类繁多的动植物中，鱼类含有丰富的胶原蛋白，除了食用，在保健品和美容化妆品行业有重要的应用价值。海洋源胶原蛋白的一些性能优于陆生动物的胶原蛋白，如

具有低抗原性、低过敏性、低变性温度、高可溶性、易被蛋白酶水解等特性，可以保护胃黏膜及抗溃疡、抗氧化、抗过敏、降血压、降胆固醇、抗衰老、促进伤口愈合、增强骨强度和预防骨质疏松、预防关节炎、降低血清中胆固醇含量、促进角膜上皮损伤的修复和生长（管华诗，2004；陈胜军，2004；陈龙，2008）。

图 3-1　典型的海洋生物：鱼、虾、蟹、贝、藻

甲壳素是一种从海洋甲壳类动物的壳中提取出的多糖类物质，其脱乙酰基衍生物为壳聚糖。甲壳素和壳聚糖有很广泛的应用，在工业上可加工成纤维、面料以及用于纸张和水处理等；在农业上可应用于杀虫剂、植物抗病毒剂、生物刺激剂等；在化妆品行业可用于美容剂、毛发保护剂、保湿剂等；在医疗领域可用于制备隐形眼镜、人工透析膜、人工血管、神经导管、人造皮肤、缝合线、医用敷料等（Muzzarelli，1973；Muzzarelli，1977；蒋挺大，2003；蒋挺大，2001）。

海藻含有大量具有很高生物活性的次生代谢产物，包括多酚类、萜类、脂质类、甾醇类、芳香类化合物、氨基酸及其衍生物等海藻活性物质（Zbakh，2012；Thinakaran，2013），对微生物（Alam，2014；Michalak，2015）、昆虫（Abbassy，2014）以及病毒（Mendes，2010）具有很强的抑制性能。Perez 等的研究表明，从绿藻、褐藻和红藻中分离得到的多糖、脂肪酸、褐藻多酚、色素、凝集素、生物碱、萜类化合物和卤化化合物具有较强的抗菌活性（Perez，

2016）。从褐藻中提取的褐藻多酚具有很强的抗氧化活性（Diaz-Rubio，2011）。海藻中的岩藻多糖等硫酸酯多糖也具有抗氧化特性（Chattopadhyay，2010；Luo，2009；Costa，2010；Barahona，2011）。

图 3-2 为几种主要的海藻源天然产物的生物合成途径。海藻不仅是初级代谢产物的来源，也是大量次纹代谢产物的来源（del Val，2001）。在对数或指数生长阶段，生物体产生各种对其生长必不可少的物质，如核苷酸、核酸、氨基酸、蛋白质、碳水化合物和脂类，这个阶段的产物通常称为初级代谢产物。为了保护自己在环境中生存，生物体还生成除初级代谢产物之外的其他产物，包括酚类、萜类、生物碱类等次级代谢产物（Selvin，2004；Jiang，1991；Ibtissam，2009）。

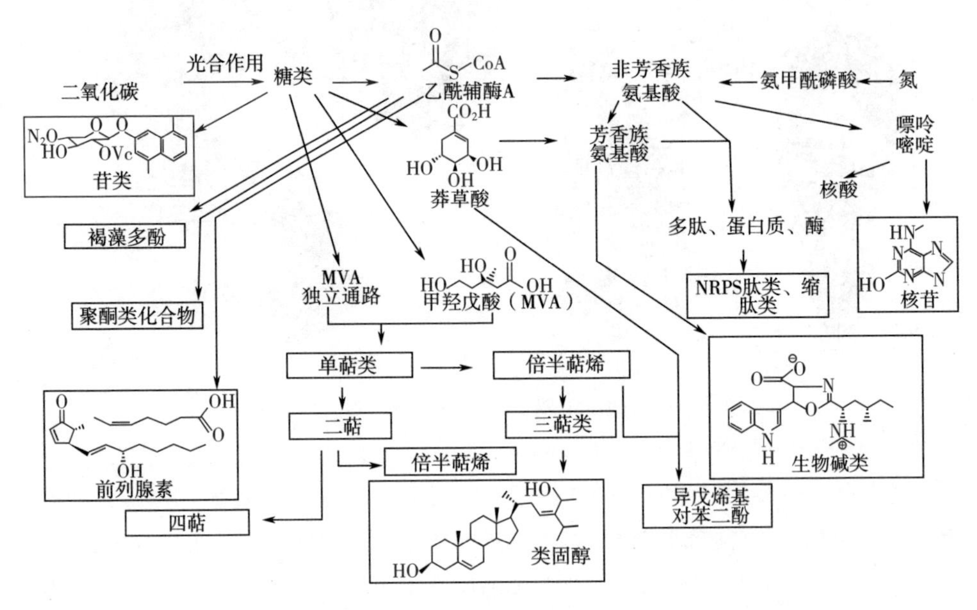

图 3-2　海藻源天然产物的生物合成途径（Pereira，2020）

注：⊖表示负电荷，⊕表示正电荷

按照化学结构，从鱼、虾、蟹、贝、藻等海洋生物获取的海洋源生物活性物质可分为多糖类、多肽类、氨基酸类、脂质类、甾醇类、萜类、苷类、多酚类、酶类、色素类 10 余个大类。

第三节　海洋源生物活性多糖

海洋生物含有大量多糖类生物高分子，包括从褐藻和红藻中提取的海藻酸、卡拉胶、琼胶等海藻胶以及从虾、蟹等甲壳类动物中提取的甲壳素和壳聚糖，石莼、浒苔等绿藻也含有丰富的多糖类物质。

一、海藻酸

海藻酸是从褐藻中提取的一种生物高分子。褐藻是海藻类植物的一个重要门类，是海藻中进化水平较高的种类，有类似根、茎、叶的分化，其细胞壁可分为两层，内层由纤维素组成，外层主要由海藻酸组成。褐藻是体型最大的海藻，其藻体颜色因所含各种色素的比例不同而有较大变化，有黄褐色、深褐色等不同外观色泽。褐藻门的各种藻类绝大多数分布在海洋中，现存约 250 属、1500 种，其中淡水产仅 8 种。中国海洋产的褐藻约有 80 属、250 种，其中海带是褐藻中规模最大的一种。

褐藻具有重要的生态和经济价值，其在全球海洋中分布广泛、资源丰富。由巨藻形成的海底森林是海洋中最庞大、最有活力的生态体系之一，生物学家达尔文把巨藻森林比作海洋中的热带雨林，它们的生长速度是植物中最快的，每天最多生长 60cm。巨藻也是世界上最长的海洋生物，其长度可达 300m。

图 3-3 为用于提取海藻酸的几种主要褐藻。

海带（*Saccharina japonica*）

泡叶藻（*Ascophyllum nodosum*）

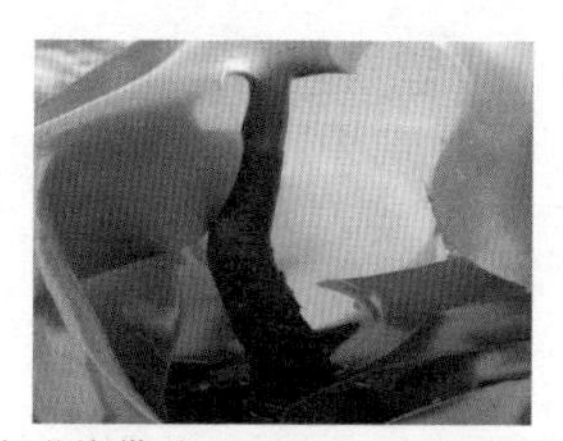
极北海带（*Laminaria hyperborea*）

雷松藻（LN，*Lessonia nigrescens*）

巨藻（*Macrocystis pyrifera*）

雷松藻（LF，*Lessonia flavicans*）

极大昆布（*Ecklonia maxima*）

南极公牛藻（*Durvillaea antarctica*）

掌状海带（*Laminaria digitata*）

图 3–3 用于提取海藻酸的几种主要褐藻

海藻酸在1881年由英国化学家Stanford发现并申请专利（Stanford，1881）。在1884年4月8日的一次英国化学工业协会的会议上，Stanford对英国海岸线上广泛存在的海藻植物的应用做了详细总结，同时报道了他采用稀碱溶液从海藻中提取海藻酸的方法，他把用碱溶液处理海藻后提取出的胶状物质命名为Algin，把这种物质加酸后生成的凝胶称为Alginic Acid，即海藻酸（Stanford，1884）。在此后的研究中，世界各地科研人员从掌状海带（*Laminaria digitata*）、巨藻（*Macrocystis pyrifera*）、泡叶藻（*Ascophyllum nodosum*）、极北海带（*Laminaria hyperborea*）等各种褐藻中提取出具有独特结构和性能的海藻酸，并在食品、日化、纺织、医药等领域得到广泛应用，成为海洋生物资源利用的一个成功案例。

从化学的角度看，海藻酸是一种高分子羧酸。自Stanford发现海藻酸以后的很长一段时间内，研究人员仅了解到海藻酸是由一种糖醛酸组成的高分子材料，不同来源的海藻酸只在分子质量上有所不同。1955年，Fischer等在对海藻酸进行水解后发现其结构中含有两种同分异构体，除了甘露糖醛酸（Mannuronic Acid，以下简称M），他们发现海藻酸分子结构中还含有古洛糖醛酸（Guluronic Acid，以下简称G），M和G两种醛酸的主要区别在于C5位上—OH基团立体结构的不同，其成环后的构象，尤其是进一步聚合成高分子链后的空间结构有很大差别（Fischer，1955）。海藻酸可以被看成是一种由M和G单体组成的嵌段共聚物（Haug，1966；Haug，1967；Haug，1967；Smidsrod，1996）。

图3-4显示海藻酸中二种单体（甘露糖醛酸和古洛糖醛酸）的化学结构及其在海藻酸高分子链中的分布。

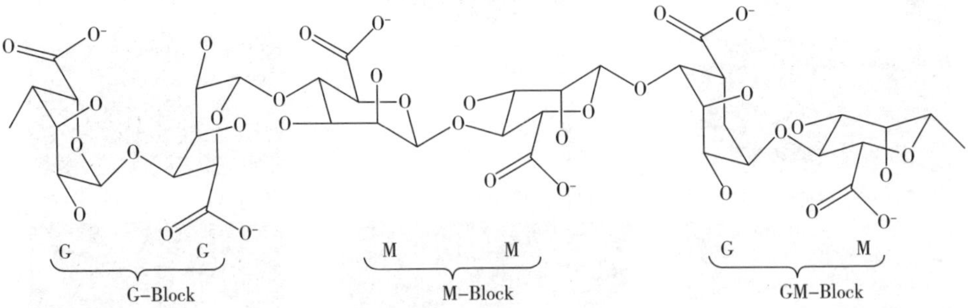

图3-4 β-D-甘露糖醛酸和α-L-古洛糖醛酸的化学结构及其在海藻酸高分子链中的分布

图3-5显示褐藻植物细胞的微观结构。在藻体细胞壁中，海藻酸主要以海藻酸钙、镁、钾等形式存在，其中在藻体表层主要以钙盐形式存在，而在藻体

内部肉质部分主要以钾、钠、镁盐等形式存在。作为褐藻植物的重要组成部分，海藻酸占褐藻干重的比例可以达到40%，其含量在不同种类的褐藻、同一棵褐藻的不同部位以及不同季节和养殖区域均有较大的变化。我国以青岛和大连产褐藻中的海藻酸含量最高。

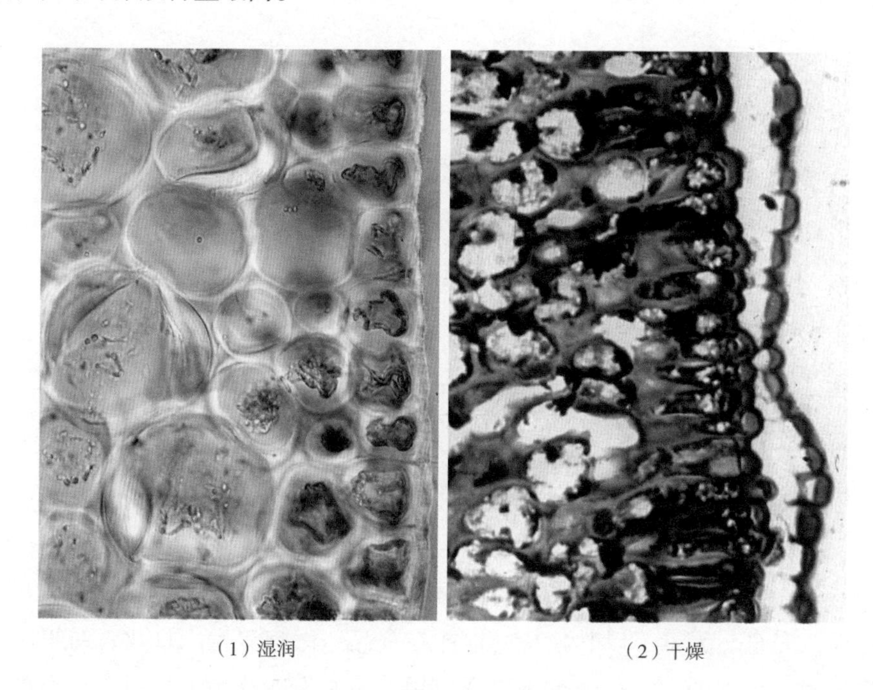

（1）湿润　　（2）干燥

图 3–5　褐藻植物细胞的微观结构

作为一种高分子羧酸，海藻酸可以与金属离子结合后形成各种海藻酸盐，其中海藻酸与钠、钾、铵等一价金属离子结合后形成水溶性的海藻酸盐，与钙、锌、铜等多价金属离子结合后形成不溶于水的海藻酸盐，海藻酸本身是一种不溶于水的高分子材料。在各种应用领域，海藻酸钠是最常用的海藻酸盐，可以溶解在水中形成缓慢流动的滑溜溶液。由于海藻酸钠的分子质量很高并且其分子具有刚性结构，即使在低浓度下海藻酸钠的水溶液也具有非常高的表观黏度。

海藻酸钠水溶液在与钙离子等高价阳离子接触后，通过大分子间的交联形成凝胶。由于立体结构的不同，β-D- 甘露糖醛酸和 α-L- 古洛糖醛酸对钙离子的结合力有很大的区别。二个相邻的 G 单体之间形成的空间在凝胶过程中正好容纳一个钙离子，在与另外一个 GG 链段上的羧酸结合后，钙离子与 GG 链段的海藻酸可以形成稳定的盐键。MM 链段的海藻酸在空间上呈现出一种扁平的立体结构，与钙离子的结合力弱，其凝胶性能较GG链段差。当海藻酸钠水溶液与钙离子接触后，分子链上的GG链段与钙离子结合形成一种类似“鸡蛋盒”的稳定结构，大量水分子被锁定在分子之间的网络中，形成含水量极高的冻胶。图3-6显示海藻酸钠水溶液与钙离子结合形成“鸡蛋盒”状凝胶结构的示意图。

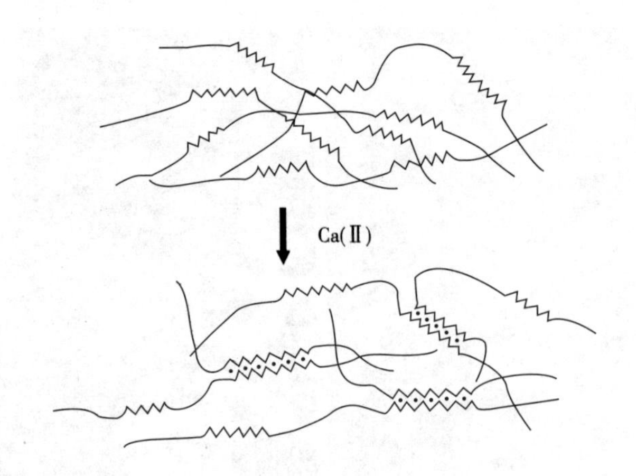

图3–6　海藻酸钠水溶液与钙离子结合形成“鸡蛋盒”状凝胶结构

作为一种直链水溶性天然高分子，海藻酸及各种海藻酸盐具有良好的生物相容性，安全、无毒，以其独特的性能在食品、医疗卫生、日化、纺织印染、生物技术、废水处理等行业得到广泛应用，是制作冰激凌、饮料、仿形食品、健康食品、黏合剂、生物黏附剂、缓控释片、医用敷料、牙模材料、饲料黏结剂、宠物食品黏结剂、面膜、化妆品增稠稳定剂、印花糊料、水处理剂、电焊条、造纸添加剂等各类产品的重要原料。

二、甲壳素和壳聚糖

甲壳素，又称甲壳质、几丁质、壳蛋白、蟹壳素，是纤维素之后的第二大天然高分子材料，其化学结构为（1，4）-2-乙酰胺基-2-脱氧-*β*-D-葡聚糖，是自然界中唯一大量存在的天然碱性多糖，也是蛋白质之外数量最大的含氮生物高分子（Muzzarelli，1977；蒋挺大，2003；蒋挺大，2001）。壳聚糖，又称甲壳胺，是甲壳素经脱乙酰基后得到的一种高分子氨基多糖，其分子结构为（1，4）-2-胺-2-脱氧-*β*-D-葡聚糖。图3-7显示甲壳素和壳聚糖的分子结构。

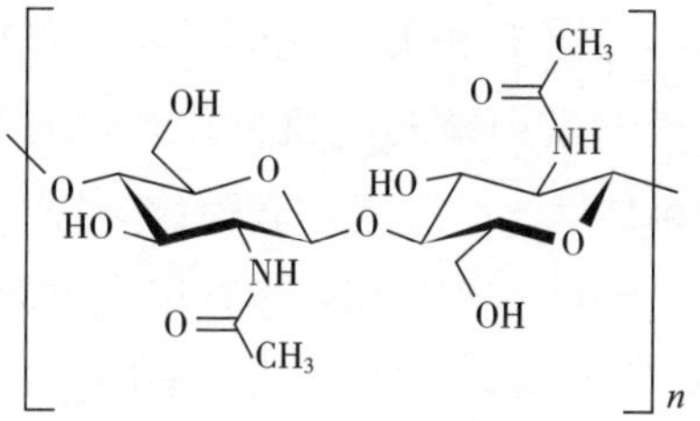

（1）甲壳素

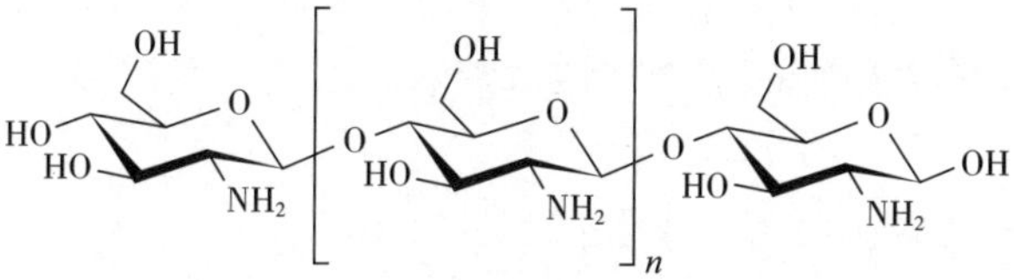

（2）壳聚糖

图 3–7　甲壳素和壳聚糖的分子结构

甲壳素广泛存在于虾、蟹等节足类动物的外壳、昆虫的甲壳、软体动物的壳和骨骼以及真菌细胞壁中。目前，海产品加工厂产生的虾、蟹壳是工业用甲壳素的主要来源。近年来，真菌发酵也成为大规模生产甲壳素的一个新途径。在以虾、蟹壳为原料生产甲壳素和壳聚糖的过程中，一般先用酸溶解无机矿物质后再用碱降解蛋白质，得到粗制甲壳素后再用浓碱溶液脱乙酰基后得到壳聚糖。图 3-8 显示制备甲壳素和壳聚糖的工艺流程。

净虾蟹壳 →（3%~10%HCl，浸泡，30min至2,3d）→ 除碳酸钙 →（3%~10%NaOH，70~100℃，30min至6h）→ 除蛋白质 →（$KMnO_4$，脱色）→（$NaHSO_3$，漂白）→ 甲壳素

甲壳素 →（80~120℃，40%~50%NaOH）→ 壳聚糖

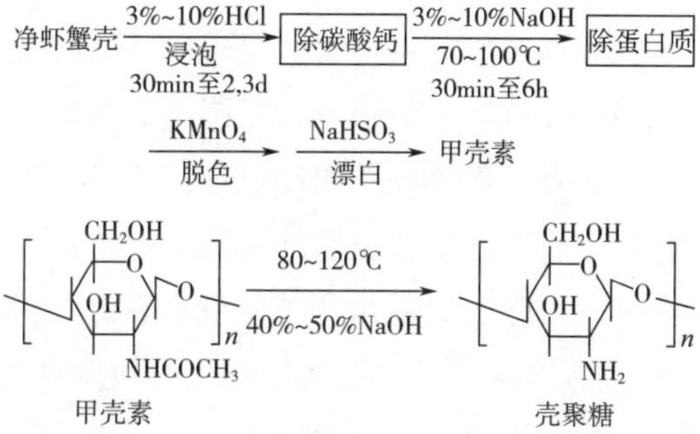

图 3–8　制备甲壳素和壳聚糖的工艺流程

甲壳素和壳聚糖与纤维素有相似的化学结构，纤维素结构中的葡萄糖环上 2 号位—OH 基团在甲壳素中被乙酰氨基取代，在壳聚糖中被自由氨基取代。由于化学结构上的相似性，甲壳素和壳聚糖与纤维素有相似的化学反应性能，许多发生在纤维素上的化学反应都可以在甲壳素和壳聚糖上发生，并且由于—NH_2 的化学活性比—OH 大，甲壳素和壳聚糖比纤维素有更强的化学反应活性，为化学改性提供很大的空间。由于存在大量氢键，甲壳素分子间作用力极强、结晶度很高，不溶于水和普通有机溶剂。在用碱脱去甲壳素分子结构中 2 号位上乙酰氨基中的乙酰基后得到壳聚糖，在此过程中产生的氨基能被酸质子化形成铵盐，使壳聚糖能溶于酸性水溶液，因此极大改善了可加工性和应用范围。

甲壳素的结晶结构有 α、β 和 γ 三种，其中 α- 甲壳素中的高分子链以一正一反的形式排列，β- 甲壳素中的高分子链排列在同一个方向，γ- 甲壳素中的高分子链以两个正方向和一个反方向的形式组成。α- 构型是甲壳素中最常见、最主要的形式，存在于螃蟹、虾等节肢动物和真菌细胞壁；β- 甲壳素存在于鱿鱼软骨中，对溶剂有更高的亲和力并易于反应；γ- 甲壳素比较少见，存在于成年蝗虫、蟑螂、螳螂和蜻蜓、蚕幼虫中，真菌细胞壁中也有较多 γ- 构型的甲壳素。α - 甲壳素分子通过氢键固定在一起，消除了在水中的溶胀作用，β- 甲壳素具有较低的层间氢键，容易膨胀且更具渗透性，γ- 甲壳素兼具 α- 甲壳素和 β- 甲壳素两种分子构型，同时也兼具两种生物高分子的功能特性。

甲壳素和壳聚糖已经广泛应用于水处理、医药、食品、农业、生物工程、日用化工、纺织印染、造纸、烟草等领域。由于其分子结构中富含氨基，壳聚糖及其衍生物是良好的絮凝剂，可用于废水处理及从含金属废水中回收金属。壳聚糖在食品工业中用作保鲜剂、成形剂、吸附剂和保健食品，在农业领域用作植物生长促进剂、生物农药等，在纺织印染业用作媒染剂、保健织物等，在烟草工业用作烟草薄片胶黏剂、低焦油过滤嘴等。此外，壳聚糖及其衍生物还用于固定化酶、渗透膜、电镀、胶卷生产等领域。在医疗卫生领域，由于壳聚糖无毒并且有很好的生物相容性、生物活性和生物可降解性，而且具有抗菌、消炎、止血、免疫等功效，可用于制备人造皮肤、自吸收手术缝合线、医用敷料、人工骨、组织工程支架材料、免疫促进剂、抗血栓剂、抗菌剂、制酸剂、药物缓释材料等生物制品。

三、岩藻多糖

岩藻多糖也称岩藻多糖硫酸酯、岩藻聚糖硫酸酯、褐藻糖胶等，是一种水溶性多糖，其化学结构是硫酸岩藻糖构成的杂聚多糖体。岩藻多糖的主要成分是岩藻糖（L-fucose），经过硫酸酯化后形成 α-L- 岩藻糖 -4- 硫酸酯，此外还含有半乳糖、木糖、葡萄糖醛酸等（秦益民，2020）。图 3-9 显示岩藻多糖的化学结构。

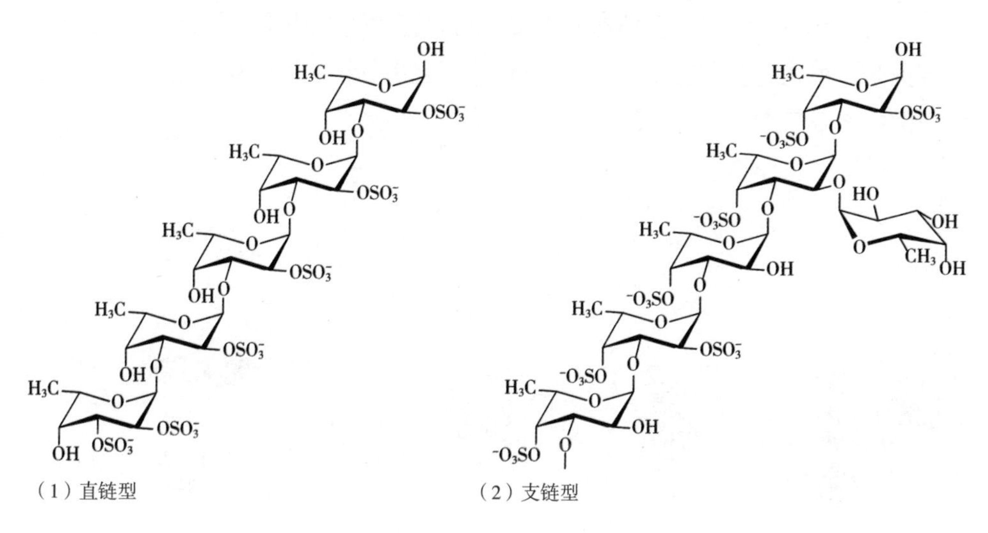

（1）直链型　　（2）支链型

图 3-9　岩藻多糖的化学结构

岩藻多糖是褐藻特有的生理活性物质之一。1913 年瑞典乌普萨拉大学柯林教授（Kylin，图 3-10）首次以墨角藻和掌状海带为原料，用乙酸进行萃取和纯化后得到岩藻多糖（Kylin，1913），并把其命名为 Fucoidin。根据国际 IUPAC 命名法，目前这种从褐藻中提取出的硫酸酯多糖的正式命名为 Fucoidan。

图 3-10　发现岩藻多糖的柯林（Kylin）教授

20 世纪 80 年代后，科学家们对岩藻多糖的抗肿瘤功效进行了大量研究，并于 1996 年在第 55 届日本癌症学会大会上发表了《岩藻多糖可诱导癌细胞凋亡》的报告，引发岩藻多糖研究的热潮。此后全球各地的科研人员对岩藻多糖进行了大量的生物学功能研究，在 3000 多篇已经公开发表的文献中，岩藻多糖被陆续证明具有吸附重金属、抗病毒、诱导细胞凋亡、清除幽门螺杆菌、抗肿瘤、改善胃肠道、改善慢性肾衰竭、抗氧化、增强免疫力、抗血栓、降血压、抗病毒等多种健康功效（王鸿，2018；张国防，2016）。

作为一种性能优良、功效独特的海洋源健康产品，岩藻多糖是海洋健康产业中的一颗新星。现代科技创新使岩藻多糖的绿色规模化制备及功能化改性得到快速发展，有效解决了制备工艺粗放、纯度不高、活性基团含量低、产品附加值不高等难题，使岩藻多糖在改善胃、肠、肾功能以及肿瘤康复、伤口护理、美容护肤、植物生长刺激剂等众多领域发挥独特的作用。图 3-11 所示为岩藻多糖开发应用示意图。

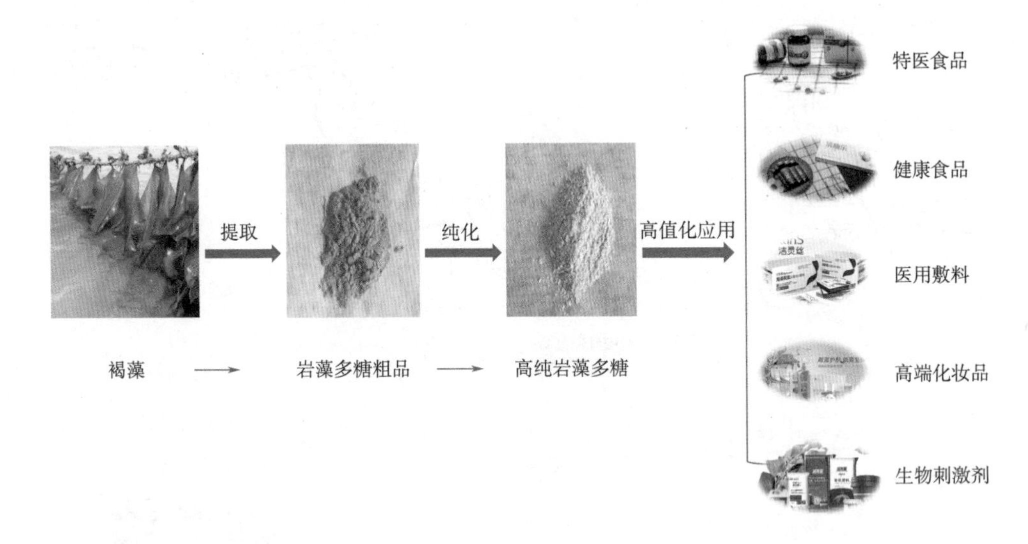

图 3-11　岩藻多糖开发应用示意图

四、褐藻淀粉

褐藻中含有海藻酸、岩藻多糖、褐藻淀粉等多糖。李林等（李林，2000）建立了一套简便有效的提取方案，可从海带中分类提取，同时得到海藻酸钠、岩藻多糖、褐藻淀粉三类多糖粗品。根据海藻酸不溶于稀酸溶液，而其钠盐溶于水的性质，以 0.1mol/L 的 HCl 溶液从海带粉末中提取出岩藻多糖和褐藻淀粉，而使含量很高的海藻酸留存于滤渣中，随后以 1% Na_2CO_3 溶液使其生成海藻酸钠后提取。利用岩藻多糖和褐藻淀粉在乙醇中溶解能力的差异，可用不同浓度的乙醇将二者沉淀分离。为避免产品的降解，实验在低温下搅拌进行。图 3-12 为褐藻淀粉分离提取工艺流程图，图 3-13 为褐藻淀粉的化学结构。

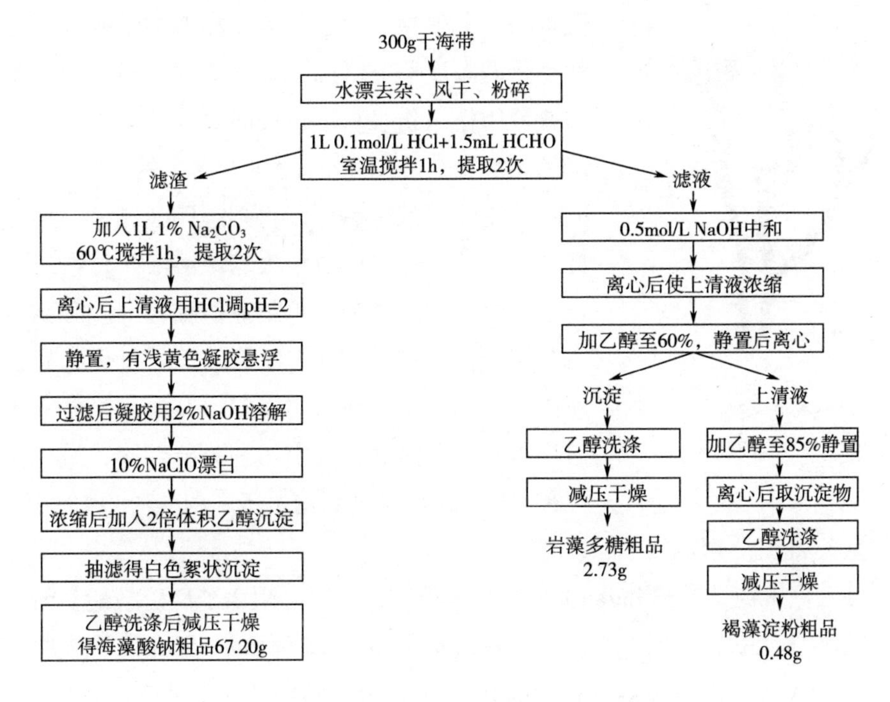

图 3-12　褐藻淀粉分离提取工艺流程图

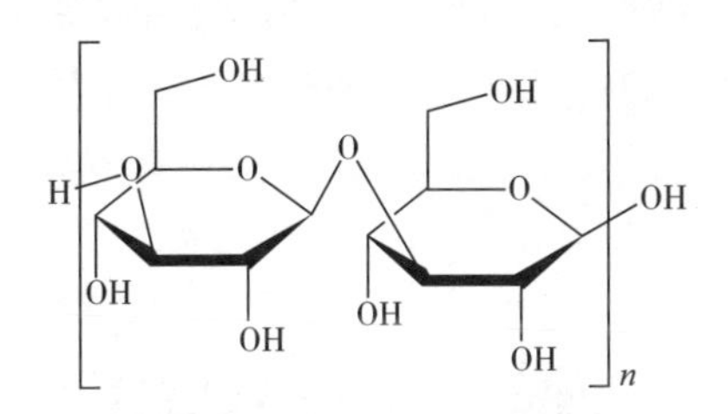

图 3-13　褐藻淀粉的化学结构

五、海萝聚糖

海萝藻（*Gloiopeltis furcata*）为一年生海藻，属于红藻门内枝藻科海萝属，植物体直立，具有不十分规则的叉状分枝，分布于北太平洋岸温带海域。中国海域中有两种，其中海萝呈紫红色，高 4~10cm，生于高、中潮带的岩石上，产于沿海各地；鹿角海萝外部形态与海萝相似，但枝端较尖细，末枝常弯曲像鹿角，生于东海和广东省大陆沿岸中、低潮带的岩石上。图 3-14 为鹿角海萝的示意图。

图 3-14　鹿角海萝
(*Gloiopeltis furcata*)

海萝聚糖（Funoran）是以海萝为原料提取的黏性硫酸半乳聚糖，具有与琼胶相似的结构。作为一种重要的海洋藻类资源，海萝藻的水提取物早在宋朝就被用作织物浆料，在民间海萝胶被用于治疗痢疾和结肠炎，在日本已批准为安全的食品增稠剂。把海萝用热水处理后可以得到透明、黏稠、具有优良黏合和定型性能的海萝聚糖水溶液，日本的一些企业以此作为陶瓷和纺织工业的黏合剂。海萝聚糖主要用于护发制品，在造纸、纺织、日化制品中被用作胶黏剂。于广利等的实验证实海萝聚糖中的多糖均为硫酸酯多糖，其中两种为硫琼胶，另一种为含有木糖的硫酸半乳聚糖（于广利，2009）。

六、帚叉藻聚糖

帚叉藻聚糖（Furcellaran）也称丹麦琼胶，是一种阴离子型硫酸酯多糖，主要从分布在北欧和亚洲冷水区的一种红藻（*Furcellaria lumbricalis*）中提取，其化学结构被认为是β- 和κ- 卡拉胶的共聚物，高分子结构中的重复单元为1，3-β-D-吡喃半乳糖和1，4-α-D- 吡喃半乳糖，其中部分羟基被硫酸酯化或甲基化。帚叉藻聚糖在食品、医药、日化等领域起到胶凝、黏度控制等作用。图3-15 所示为帚叉藻的示意图。

图 3-15　帚叉藻（*Furcellaria lumbricalis*）

七、石莼聚糖

如图 3-16 所示，石莼是一种绿藻。石莼聚糖（Ulvan）是石莼类细胞壁基质中最重要的多糖，其高分子结构中主要包括四种单糖及其硫酸酯。因为藻类的种类、收获季节、成长环境和分离方法的不同，石莼聚糖的组成各不相同，表现出丰富的结构复杂性。石莼聚糖在水中有很好的水溶性，因为具有较高的负电荷，它们在生理盐水或酸溶液中具有浓缩构象和低特性黏度。石莼聚糖在有硼酸、钙离子或其他二价金属离子存在的情况下可形成热可逆性的凝胶（Wang，2014）。

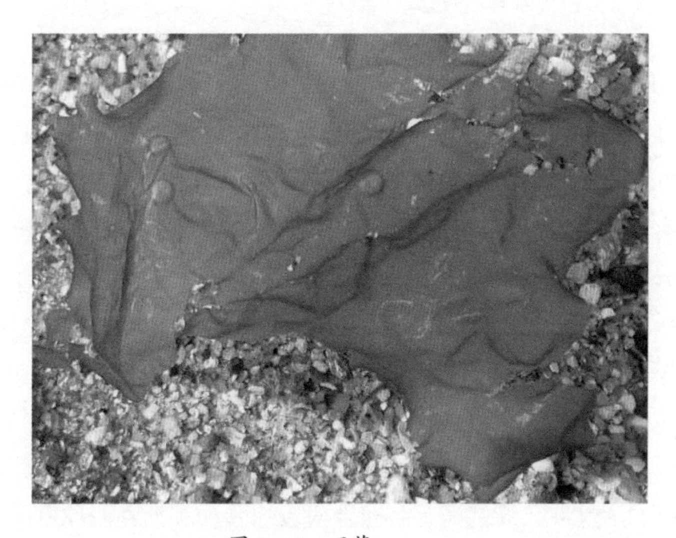

图 3−16　石莼

八、紫菜胶

紫菜是一种营养价值很高的食用海藻，含有丰富的蛋白质、海藻多糖、无机盐及维生素。在紫菜的养殖过程中，早期采收的藻体清洁、营养丰富、味道鲜美，可供人食用，后期的紫菜由于附着物多、组织较韧，食用价值降低，可用于提取紫菜胶（Porphyran）。从紫菜中提取的紫菜胶是一种结构复杂的硫酸酯多糖，其中 3，6- 内醚 -L- 半乳糖含量低，而 L- 半乳糖 -6- 硫酸酯含量很高，其化学组成随季节和环境的变化有较大变化（杜修桥，2005）。

九、泡叶藻聚糖

泡叶藻除了含有大量海藻酸，还含有岩藻多糖和泡叶藻聚糖（Ascophyllan），二者分别约占藻体总糖的 8% 和 13%（Nakayasu，2009）。泡叶藻聚糖是挪威学者 Larsen 等最早从泡叶藻中分离出的有别于褐藻胶和岩藻聚糖的一种多糖硫酸酯（Larsen，1996），其主要化学组成为：岩藻糖（约 25%）、木糖（约 26%）、糖醛酸（约 19%）、硫酸基团（约 13%）、蛋白质（约 12%）等（王晶，2010）。从泡叶藻聚糖的部分酸水解片段看，其主链主要由 β-D- 甘露糖醛酸通过 1，4-糖苷键链接构成，支链主要由岩藻糖、木糖和硫酸基团组成（Larsen，1970；Kloareg，1986；Medcalf，1977）。近年来的研究发现，泡叶藻聚糖具有免疫诱导、抗氧化、抗肿瘤、抗炎等多种优良的生物活性（何萍萍，2019）。

第四节　海洋源蛋白质

胶原是细胞外基质中的一种结构蛋白质，主要存在于动物的骨、软骨、皮肤、腱、韧等结缔组织中，对肌体和脏器起着支持、保护、结合以及形成界隔等作用。胶原占哺乳动物体内蛋白质的 1/3 左右，许多海洋生物中胶原含量非常丰富，一些鱼皮含有高达 80% 以上的胶原，在日本鲈鱼中，干基鱼皮、鱼骨、鱼鳍中的胶原含量分别为 51.4%、49.8% 和 41.6%。

我国是一个海洋大国，渔业资源极其丰富，鱼品在加工过程中产生大量的皮、骨、鳞、鳍等下脚料，其质量占原料鱼的 40%~55%，其中含有丰富的胶原蛋白。目前我国对渔业副产品的利用还处于初级阶段，主要以磨成鱼粉的形式作为饲料，产品附加值低。利用先进技术将海产鱼类的骨、皮等下脚料提取胶原蛋白和各种具有生理功能的活性肽，既能满足各行业对胶原蛋白和活性胶原肽的需求，又能提升水产品附加值并使废弃物再利用，对海洋水产行业的发展有积极作用。

第五节　海洋源氨基酸

海藻中的氨基酸是其作为天然食品原料、食品添加剂及养殖饵料的基础，在海藻中部分以游离状态存在，大部分结合成海藻蛋白质。海藻的乙醇或水提取液中除含有肽类和一般性游离氨基酸外，还含有一些具有特殊结构骨架的新型氨基酸和氨基磺酸类物质，具有显著的药物活性。这些新的特殊氨基酸根据其结构可分为酸性、碱性、中性和含硫氨基酸，属于非蛋白质氨基酸。相对于组成蛋白质的 20 种常见氨基酸，非蛋白质氨基酸多以游离或小肽的形式存在于生物体的各种组织或细胞中，多为蛋白氨基酸的取代衍生物或类似物，如磷酸化、甲基化、糖苷化、羟化、交联等结构形式，还包括 D- 氨基酸及 β-、γ-、

δ- 氨基酸等。据统计，从生物体内分离获得的非蛋白质氨基酸已达 700 多种，其中在动物中发现的有 50 多种，植物中发现的约 240 种，其余存在于微生物中。非蛋白质氨基酸在生物体内可参与储能、形成跨膜离子通道和充当神经递质，在抗肿瘤、抗菌、抗结核、降血压、升血压、护肝等方面发挥重要的作用，还可以作为合成抗生素、激素、色素、生物碱等其他含氮物质的前身（荣辉，2013）。

第六节　海洋源多酚

酚类化合物是一类次生代谢物，其共同特征是带有一个或多个羟基的芳香环。根据其含有的酚环的数量以及酚环之间的连接方式，多酚类化合物分为很多种类，其中主要的多酚类化合物包括黄酮类、酚酸类、单宁酸类、二苯基乙烯类、木酚素类等（Ignat，2011）。褐藻多酚是褐藻类海藻特有的一种多酚类物质，由间苯三酚经过生物聚合生成，是一种亲水性很强、分子质量在 126~650000u 的生物活性物质（Li，2011；Cardoso，2014）。绿藻含有羟基肉桂酸、苯甲酸及其衍生物、黄酮类化合物等简单的酚类化合物，红藻也含有各种酚类化合物，但褐藻中酚类化合物的含量高于绿藻和红藻（Suleria，2015）。

第七节　其他海洋源生物活性物质

一、多不饱和脂肪酸

藻类是 ω-3 多不饱和脂肪酸（PUFAs）的主要来源，也是二十碳五烯酸（EPA）和二十二碳六烯酸（DHA）在植物界的唯一来源（Ackman，1964；Ohr，2005）。PUFAs 在细胞中起关键作用，在人体心血管疾病的治疗中也有重要的应用价值（Gill，1997；Sayanova，2004），对调节细胞膜的通透性、电子和氧气的转移以及热力适应等细胞和组织的代谢起重要作用，在保健品行业有巨大的应用潜力（Funk，2001）。

海藻含有大量多不饱和脂肪酸，其中 DHA 具有抗衰老、防止大脑衰退、降血脂、抗癌等多种作用，EPA 可用于辅助治疗动脉硬化和脑血栓，还有增强免疫力的功能。EPA 和 DHA 的生理作用包括：①抑制血小板凝集，防止血栓形成与中风，预防阿尔茨海默病；②降低血脂、胆固醇和血压，预防心血管疾病；③增强记忆力，提高学习效果；④改善视网膜的反射能力，预防视力退化；⑤抑制促癌物质前列腺素的形成，故能防癌；⑥降低血糖，抗糖尿病（Plouguerne，2014）。

二、甾醇类化合物

甾醇类化合物是大型藻类和微藻的重要化学成分，也是水生生物食物中的一个主要营养成分。海洋大型藻类是很多水生生物尤其是双壳纲动物的食物，而孵化厂使用的微藻中甾醇类物质的数量和质量直接影响双壳纲动物幼虫的植物甾醇和胆固醇组成，因而影响它们的成长（Delaunay，1993）。一般来说，植物细胞含有多种甾醇，如 β- 谷甾醇、豆甾醇、24- 亚甲基胆固醇和胆固醇等（Nabil，1996）。在各种海藻中，褐藻主要含有焦甾醇和焦甾醇衍生物，红藻主要含有胆固醇和胆固醇衍生物，绿藻主要积聚麦角甾醇和 24- 亚甲基胆固醇（Govindan，1993）。

三、萜类化合物

萜类化合物是一类由两个或两个以上异戊二烯单体聚合成的烃类及其含氧衍生物的总称，根据其结构单位的不同，可以分为单萜、倍半萜、二萜以及多萜。萜类化合物广泛存在于植物、微生物以及昆虫中，具有较高的药用价值，已经在天然药物、高级香料、食品添加剂等领域得到广泛应用（徐忠明，2015）。海洋生物是倍半萜丰富的来源，其中不少有显著的生物活性。凹顶藻的代谢物中富含萜类，被誉为萜类化合物的加工厂（苏镜娱，1998）。海藻次级代谢产物的半数以上为类异戊二烯，其中包括萜类、类固醇、类胡萝卜素、异戊二烯奎宁等萜类化合物（Stratmann，1992；Humphrey，2006）。

四、苷类化合物

苷类又称配糖体，是由糖或糖衍生物的端基碳原子与另一类非糖物质（称为苷元、配基）连接形成的化合物，是一类重要的海洋药物，包括强心苷、皂苷（海参皂苷、刺参苷、海参苷、海星皂苷）、氨基糖苷、糖蛋白（蛤素、海扇糖蛋白、乌鱼墨、海胆蛋白）等。多数苷类可溶于水、乙醇，有些苷类可溶于乙酸乙酯与氯仿，难溶于乙醚、石油醚、苯等极性小的有机溶剂。皂苷类成分能降低液体表面张力而产生泡沫，故可作为乳化剂。内服后能刺激消化道黏膜，促进呼吸道和消化道黏液腺的分泌，具有祛痰止咳功效。不少皂苷还有降胆固醇、抗炎、抑菌、免疫调节、兴奋或抑制中枢神经、抑制胃液分泌，杀精子、杀软体动物等作用。有些甾体皂苷有抗肿瘤、抗真菌、抑菌及降胆固醇作用，大量用作合成甾体激素的原料。卢慧明等（卢慧明，2011）把龙须菜用乙醇浸泡提取，提取物经石油醚、乙酸乙酯萃取后通过硅胶、十八烷基硅醚、葡聚糖凝胶、HPLC 等色谱分离手段，分别从石油醚溶解部分和乙酸乙酯溶解部分获得尿苷、腺苷等苷类化合物。

五、酶类物质

与其他生物体相似，海藻含有多种酶。李宪璀等的研究结果显示，海藻中提取的葡萄糖苷酶抑制剂不仅能调节体内糖代谢，还具有抗艾滋病病毒（HIV）和抗病毒感染的作用，对治疗糖尿病及其并发症和控制艾滋病的传染等有重要作用（李宪璀，2002）。

六、色素类物质

作为具有光合作用的生物体，藻类可以合成三种基本色素：叶绿素、类胡萝卜素和藻胆蛋白，使海藻分为绿藻、褐藻和红藻，其中绿色是由于叶绿素 a 和叶绿素 b 的存在，绿褐色是归因于岩藻黄素以及叶绿素 a 和叶绿素 c，而红色是归因于藻红蛋白等藻胆素。类胡萝卜素存在于所有藻类中，是脂溶性的天然色素，由八个具有五个碳的单体组成，形成的四萜类化合物有多达 15 个共轭双键。*β*- 胡萝卜素是最常见的一种类胡萝卜素，而叶黄素、岩藻黄质和紫黄素属于叶黄素类（Christaki，2013）。绿藻中含有 *β*- 胡萝卜素、叶黄素、紫黄质、新黄质和玉米黄质，红藻中含有 *α*- 和 *β*- 胡萝卜素、叶黄素和玉米黄质，褐藻中含有 *β*- 胡萝卜素、紫黄素和岩藻黄素。

七、生物碱类物质

生物碱是一种含有氮原子的环状化合物，包括许多生物胺和卤代环含氮物质，其中后者是海洋生物和海藻特有的，目前还没有在陆生植物中发现。海藻中的生物碱可以分为三类（Guven，2010）：①苯乙胺生物碱；②吲哚和卤代吲哚生物碱；③其他生物碱，如 2，7- 萘啶衍生物。从海藻中分离到的生物碱大多属于 2- 苯乙胺和吲哚类。卤化生物碱是藻类特有的生物碱，其中含溴和氯的生物碱在绿藻中占主导地位，大部分吲哚类生物碱存在于红藻中（Barbosa，2014）。

八、其他海洋源生物活性物质

海藻等海洋生物中还存在维生素、矿物质等其他生物活性物质。

第八节　小结

海洋蕴藏着数量巨大的生物资源，是生物活性物质的一个重要来源。从海藻中提取的海藻酸盐、卡拉胶、琼胶，以及从虾、蟹中提取的甲壳素和壳聚糖、鱼类动物中提取的胶原蛋白等海洋源生物活性物质具有优良的生物相容性和多种独特的生物活性，在生物刺激剂等领域有很高的应用价值和广阔的发展前景。

参考文献

[1] Abbassy M A，Marzouk M A，Rabea E I，et al. Insecticidal and fungicidal activity of Ulva lactuca Linnaeus (Chlorophyta) extracts and their fractions [J]. Annu Res Rev Biol，2014，4: 2252-2262.

[2] Ackman R G. Origin of marine fatty acids. Analysis of the fatty acids produced by the diatom *Skeletonema costatum* [J]. J Fish Res Bd Can，1964，21: 747-756.

[3] Alam Z M，Braun G，Norrie J，et al. Ascophyllum extract application can promote plant growth and root yield in carrot associated with increased root-zone soil microbial activity [J]. Can J Plant Sci，2014，94: 337-348.

[4] Barahona T，Chandia N P，Encinas M V，et al. Antioxidant capacity of sulfated polysaccharides from seaweeds: A kinetic approach [J]. Food Hydrocol，2011，25: 529-535.

[5] Barbosa M，Valentao P，Andrade P B. Bioactive compounds from macroalgae in the new millennium: implications for neurodegenerative diseases [J]. Mar Drugs，2014，12: 4934-4972.

[6] Cardoso M S，Carvalho G L，Silva J P，et al. Bioproducts from seaweeds: a review with special focus on the Ibérian Peninsula [J]. Curr Org Chem，2014，18: 896-917.

[7] Chattopadhyay N，Ghosh T，Sinha S，et al. Polysaccharides from Turbinaria conoides: structural features and antioxidant capacity [J]. Food Chem，2010，118: 823-829.

[8] Christaki E，Bonos E，Giannenas I，et al. Functional properties of carotenoids originating from algae [J]. J Sci Food Agric，2013，93: 5-11.

[9] Costa L S，Fidelis G P，Cordeiro S L，et al. Biological activities of sulfated polysaccharides from tropical seaweeds [J]. Biomed Pharmacother，2010，64: 21-28.

[10] Delaunay F. The effect of mono specific algal diets on growth and fatty acid composition of Pectenmaximus (L.) larvae [J]. J Exp Mar Biol Ecol，1993，173: 163-179.

[11] del Val G A, Platas G, Basilio A, et al. Screening of antimicrobial activities in red, green and brown macroalgae from Gran Canaria (Canary Islands, Spain) [J]. Int Microbiol, 2001, 4: 35-40.

[12] Diaz-Rubio M E, Serrano J, Borderias A J, et al. Technological effect and nutritional value of dietary antioxidant Fucus fiber added to minced fish muscle [J]. J Aquat Food Prod Technol, 2011, 20: 295-307.

[13] Fischer F G, Dorfel H Z. Die polyuronsauren der braunalgen-kohlenhydrate der algen I [J]. H-S Z Physiol Chem, 1955, 302: 186-203.

[14] Funk C D. Prostaglandins and leukotrienes: advances in eicosanoids biology [J]. Science, 2001, 294: 1871-1875.

[15] Gill I, Valivety R. Polyunsaturated fatty acids: Part 1. Occurrence, biological activities and application [J]. Trends Biotechnol, 1997, 15: 401-409.

[16] Govindan M, Hodge J D, Brown K A, et al. Distribution of cholesterol in Caribbean marine algae [J]. Steroids, 1993, 58: 178-180.

[17] Guven K S, Percot A, Sezik E. Alkaloids in marine algae [J]. Mar Drugs, 2010, 8: 269-284.

[18] Haug A, Larsen B, Smidsrod O. A study of the constitution of alginic acid by partial acid hydrolysis [J]. Acta Chem Scand, 1966, 20: 183-190.

[19] Haug A, Larsen B, Smidsrod O. Studies on the sequence of uronic acid residues in alginic acid [J]. Acta Chem Scand, 1967, 21: 691-704.

[20] Haug A, Myklestad S, Larsen B, et al. Correlation between chemical structure and physical properties of alginates [J]. Acta Chem Scand, 1967, 21: 768-778.

[21] Humphrey A J, Beale M H. Terpenes. In: Crozier A (ed) Plant Secondary Metabolites in Diet and Health [M]. Oxford: Blackwell, 2006: 47-101.

[22] Ibtissam C, Hassane R, Jose M L, et al. Screening of antibacterial activity in marine green and brown macroalgae from the coast of Morocco [J]. Afr J Biotechnol, 2009, 8 (7) : 1258-1262.

[23] Ignat I, Volf I, Popa V I. A critical review of methods for characterization of polyphenolic compounds in fruits and vegetables [J]. Food Chem, 2011, 126: 1821-1835.

[24] Jiang Z D, Gerwick W H. Novel pyrroles from the Oregon red alga Gracilariopsis lemaneiformis [J]. J Nat Prod, 1991, 54: 403-407.

[25] Kloareg B, Demarty M, Mabeau S. Polyanionic characteristics of purified sulphated homofucans from brown algae [J]. International Journal of Biological Macromolecules, 1986, 8 (6) :380-386.

[26] Kylin H. Biochemistry of sea algae [J]. Hoppe-Seylers Zeitschrift fur Physiologische Chemie, 1913, 83: 171-197.

[27] Larsen B, Haug A, Painter T, et al. Sulphated polysaccharides in brown

algae. I. isolation and preliminary characterization of three sulphated polysaccharides from Ascophyllum nodosum（L.）Le Jol [J]. Acta Chemica Scandinavica，1966，20: 219-230.
[28] Larsen B，Haug A，Painter T J. Sulphated polysaccharides in brown algae. 3. the native state of fucoidan in *Ascophyllum nodosum* and fucus vesiculosus [J]. Acta Chemica Scandinavica，1970，24（9）:3339-3352.
[29] Li Y X，Wijesekara I，Li Y，et al. Phlorotannins as bioactive agents from brown algae [J]. Process Biochem，2011，46（12）: 2219-2224.
[30] Luo D，Zhang Q，Wang H，et al. Fucoidan protects against dopaminergic neuron death in vivo and in vitro [J]. Eur J Pharmacol，2009，617: 33-40.
[31] Medcalf D G，Larsen B. Structural studies on ascophyllan and the fucose-containing complexes from the brown alga Ascophyllum nodosum [J]. Carbohydrate Research，1977，59（2）: 539-546.
[32] Mendes G S，Soares A R，Martins F O，et al. Antiviral activity of the green marine alga Ulva fasciata on the replication of human metapneumovirus [J]. Rev Inst Med Trop S Paulo，2010，52: 3-10.
[33] Michalak I，Tuhy L，Chojnacka K. Seaweed extract by microwave assisted extraction as plant growth biostimulant [J]. Open Chem，2015，13: 1183-1195.
[34] Muzzarelli R A A. Natural Chelating Polymers [M]. London: Pergamon Press，1973.
[35] Muzzarelli R A A. Chitin [M]. Oxford: Pergamon Press，1977.
[36] Nabil S，Cosson J. Seasonal variations in sterol composition of Delesseria sanguinea（Ceramiales，Rhodophyta）[J]. Hydrobiologia，1996，326: 511-514.
[37] Nakayasu S，Soegima R，Yamaguchi K，et al. Biological activities of fucose-containing polysaccharide ascophyllan isolated from the brown alga Ascophyllum nodosum [J]. Bioscience Biotechnology & Biochemistry，2009，73（4）: 961-964.
[38] Ohr L M. Riding the nutraceuticals wave [J]. Food Technol，2005，59: 95-96.
[39] Pereira L，Bahcevandziev K，Joshi N H. Seaweeds as Plant Fertilizer，Agricultural Biostimulants and Animal Fodder [M]. Boca Raton: CRC Press，2020.
[40] Perez J，Falque E，Dominguez H. Antimicrobial action of compounds from marine seaweed [J]. Mar Drugs，2016，14: 1-38.
[41] Plouguerne E，da Gama B A P，Pereira R C，et al. Glycolipids from seaweeds and their potential biotechnological applications [J]. Front Cell Infect Microbiol，2014，4: 1-5.
[42] Qin Y. Bioactive Seaweeds for Food Applications: Natural Ingredients for Healthy Diets [M]. San Diego: Academic Press，2018.

[43] Sayanova O V，Napier J A. Eicosapentaenoic acid: biosynthetic routs and the potential for synthesis in transgenic plants [J]. Phytochemistry，2004，65: 147-158.
[44] Selvin J，Lipton A P. Biopotentials of *Ulva fasciata* and *Hypnea musciformis* collected from the peninsular coast of India [J]. J Marine Sci Technol，2004，12: 1-6.
[45] Smidsrod O，Draget K I. Chemistry of alginate [J]. Carbohydrates in Europe，1996，5: 6-13.
[46] Stanford E C C. Improvements in the manufacture of useful products from seaweeds [P]. British Patent 142，1881.
[47] Stanford E C C. On algin [J]. The Journal of the Society of Chemical Industry，1884，5（29）: 297-303.
[48] Stratmann K，Boland W，Muller D G. Pheromones of marine brown algae: a new branch of eicosanoid metabolism [J]. Angew Chem Int Ed，1992，3: 1246-1248.
[49] Suleria H A R，Osborne S，Masci P，et al. Marine-based nutraceuticals: an innovative trend in the food and supplement industries [J]. Mar Drugs，2015，13: 6336-6351.
[50] Thinakaran T，Sivakumar K. Antifungal activity of certain seaweeds from Puthumadam coast [J]. Int J Res Rev Pharm Appl Sci，2013，3: 341-350.
[51] Wang L，Wang X，Wu H，et al. Overview on biological activities and molecular characteristics of sulfated polysaccharides from marine green algae in recent years [J]. Mar Drugs，2014，12: 4984-5020.
[52] Zbakh H，Chiheb H，Bouziane H，et al. Antibacterial activity of benthic marine algal extracts from the mediterranean coast of Marocco [J]. J Microbiol Biotechnol Food Sci，2012，2: 219-228.
[53] 康伟. 海洋生物活性物质发展研究[J].亚太传统医药，2014，10（3）: 47-48.
[54] 史大永，李敬，郭书举，等. 5种南海海藻醇提取物活性初步研究[J]. 海洋科学，2009，33（12）：40-43.
[55] 纪明侯. 海藻化学[M].北京：科学出版社，1997.
[56] 张明辉. 海洋生物活性物质的研究进展[J]. 水产科技情报，2007，34（5）：201-205.
[57] 管华诗，韩玉谦，冯晓梅. 海洋活性多肽的研究进展[J]. 中国海洋大学学报，2004，54（5）：761-766.
[58] 陈胜军，曾名勇，董士远. 水产胶原蛋白及其活性肽的研究进展[J]. 水产科学，2004，6（25）：44-46.
[59] 陈龙. 鱼胶原肽保湿功能的比较研究[J]. 中国美容医学，2008，17（4）：586-588.
[60] 蒋挺大. 甲壳素[M]. 北京：化学工业出版社，2003.

[61] 蒋挺大.壳聚糖[M].北京：化学工业出版社，2001.
[62] 王鸿，张甲生，严银春，等. 褐藻岩藻多糖生物活性研究进展[J]. 浙江工业大学学报，2018，46（2）：209-215.
[63] 李林，罗琼，张声华. 海带多糖的分类提取、鉴定及理化特性研究[J].食品科学，2000，21（4）：28-32.
[64] 于广利，胡艳南，杨波，等. 海萝藻（*Gloiopeltis furcata*）多糖的提取分离及其结构表征[J]. 中国海洋大学学报，2009，39（5）：925-929.
[65] 杜修桥，吴敬国. 紫菜琼胶生产工艺研究[J]. 淮海工学院学报（自然科学版），2005，14（4）: 58-61.
[66] 王晶. 海带褐藻多糖硫酸酯的结构、化学修饰与生物活性研究[D].青岛: 中国科学院研究生院（海洋研究所），2010.
[67] 何萍萍，韦敬柳乙，姜泽东，等. 泡叶藻聚糖低分子质量降解片段组成特征及其体外免疫诱导活性[J].食品科学，2019，40（11）：139-145.
[68] 荣辉，林祥志. 海藻非蛋白质氨基酸的研究进展[J]. 氨基酸和生物资源，2013, 35（3）: 52-57.
[69] 徐忠明.羊栖菜中萜类成分的提取与纯化方法研究[D]. 杭州：浙江工商大学，2015.
[70] 苏镜娱，曾陇梅，彭唐生，等. 南中国海海洋萜类的研究[C]. 中国第五届海洋湖沼药物学术开发研讨会，1998，1-4.
[71] 卢慧明，谢海辉，杨宇峰，等. 大型海藻龙须菜的化学成分研究[J]. 热带亚热带植物学报，2011，19（2）：166-170.
[72] 李宪璀，范晓，韩丽君，等. 海藻提取物中α-葡萄糖苷酶抑制剂的初步筛选[J]. 中国海洋药物，2002，86（2）：8-11.
[73] 张国防，秦益民，姜进举，等. 海藻的故事[M]. 北京：知识出版社，2016.
[74] 秦益民.海藻活性物质在功能食品中的应用[J].食品科学技术学报，2019，37（4）：18-23.
[75] 秦益民，张全斌，梁惠，等.岩藻多糖的功能与应用[M].北京：中国轻工业出版社，2020.

第四章　海藻肥及其发展历史和现状

第一节　引言

尽管海藻中各种活性成分的生物刺激作用在近年来得到越来越清晰的认识，海藻在促进植物生长领域的应用已经有很长的发展历史。海藻分布在全球各地广阔的海洋中，基于其含有的大量生物活性物质，泡叶藻、巨藻、海带、昆布等海洋大型藻类在世界各地长期应用于农业生产。历史上，海藻在农业生产中的应用经历了 3 个阶段，即腐烂海藻→海藻灰（粉）→海藻提取液。这些海藻类肥料的共同特点是它们含有陆生植物无法比拟的 K、Ca、Mg、Fe、Zn、I 等 40 余种矿物质元素和海藻多糖、多酚、蛋白质、氨基酸、维生素、高度不饱和脂肪酸等多种天然植物生长调节剂，具有很高的生物活性，可刺激植物体内非特异性活性因子的产生，调节内源激素平衡，对农作物具有极强的促生长作用（王明鹏，2015；汪家铭，2010；秦益民，2018），不仅能加强作物光合作用，还能提高肥料利用率，增强作物抗寒、抗旱、抗病害能力，增加坐花坐果率、促进作物早熟、提高产量、改善品质，且生产成本较低、使用安全，对人畜和自然环境友好、无伤害，是一类适应现代农业发展要求的新型绿色环保肥料。

第二节　海藻生物资源与海藻活性物质

一、海藻生物资源

海藻是沿海地区广泛存在的一种生物资源，自古以来就被人类用于食品、药品等领域（Chen，2001；Rasmussen，2007）。海藻是生长在海洋环境中的藻类植物，是一种由基础细胞构成的单株或一长串的简单植物，无根、茎、叶等高等植物的组织构造。根据其生存方式，海藻可分为底栖藻和浮游藻，根据其形状大小可分为微藻和大藻。目前一般将海洋中的大型藻类称为海藻，而将漂浮在海水中的微藻统称为浮游植物。大型海藻主要包括褐藻门、红藻门和绿藻门，常见的褐藻包括海带、裙带菜、巨藻、马尾藻、泡叶藻等，红藻主要有江蓠、紫菜、石花菜、麒麟菜等，绿藻有浒苔、石莼等。海洋浮游微藻包括隐藻门、甲藻门、金藻门、黄藻门、硅藻门、裸藻门等各种藻类。

图 4-1 显示海藻的分类示意图。根据 AlgaeBase 的动态统计，全球已知的海藻有 11000 种，其中红藻 7500 种、褐藻 2000 种、绿藻 1500 种。目前用于肥料生产的主要有褐藻、红藻、绿藻 3 个门类中的 100 余种海藻，其中最常用的海藻肥原料为褐藻门的泡叶藻、海带、昆布、马尾藻等野生或养殖海藻，以及绿藻门的浒苔。世界范围内，每年约有 10% 的海藻及其提取物被用于制备植物生长刺激剂、土壤生物修复等用途。图 4-2 所示为几种主要的褐藻在世界各地的分布。

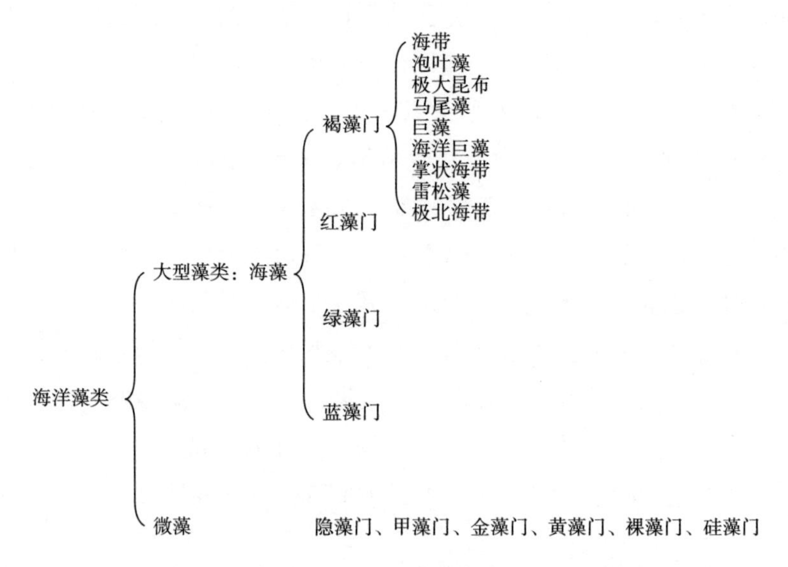

图 4-1　海藻的分类示意图（蓝藻也被称为微藻）

海藻是海洋最重要的生产者，通过光合作用把海水中的无机物、CO_2 等成分转化为有机物和氧气，成为地球上最大的氧气“供应商”，以及储量最大且可再生的海洋生物质资源。生长在大海深处的海藻与陆地上的树木、竹子一样，在蔚蓝的海水中形成一片片海底森林，为鱼、虾、蟹、贝等海洋动物提供赖以生存的场所。巨藻等海藻形成的海底森林是地球上生物多样性最丰富的自然生态系统之一，既为甲壳动物、节肢动物、软体动物、鱼类等海洋动物提供栖息地、

（1）极北海带：挪威　（2）泡叶藻：北大西洋沿海　（3）巨藻：北美太平洋沿海
（4）雷松藻：智利　（5）掌状海带：法国、挪威　（6）海带：东北亚　（7）极大昆布：南非

图 4-2　几种主要的褐藻在全球各地的分布

育苗场和庇护所，也为它们提供食物来源，成为藻栖生物群落的理想生境。

世界各地分布着丰富的野生大型海藻资源，其中褐藻在寒温带水域占优势，红藻分布于几乎所有的纬度区，绿藻在热带水域的进化程度最高。褐藻门的海带属主要分布在俄罗斯远东、日本、朝鲜、挪威、爱尔兰、英国、法国等地，巨藻主要分布在智利、阿根廷以及美国和墨西哥的部分地区，泡叶藻主要分布在爱尔兰、英国、冰岛、挪威、加拿大等地。红藻门江蓠的分布几乎覆盖全球海域，南半球主要分布在阿根廷、智利、巴西、南非、澳大利亚，北半球主要分布在日本、中国、印度、马来西亚及菲律宾等国家。

海藻也可以通过人工养殖进行大规模工业化生产。中国、日本、韩国、印尼、菲律宾等国家在海藻养殖和加工方面处于世界领先地位，是目前世界海藻养殖业的主产区，其中中国的海藻养殖业发展迅速，产量居世界首位（Tseng，2001）。日本的海藻养殖业非常发达，养殖海藻产量占其海藻总产量的 95% 左右，主要品种有紫菜、裙带菜、海带等。韩国的海藻养殖产量占其总产量的 97% 左右，其中裙带菜和紫菜是最重要的两个养殖品种。近年来印度尼西亚的海藻养殖业发展迅猛，年产量已经突破 1000 万 t（FAO，2020）。

海藻一直是人类的一个重要资源（Dillehay，2008）。在智利 Monte Verde 的考古挖掘中发现 9 种海藻与 14000 年前的壁炉、石器等一起存在，说明它们在远古时代就作为食品或药品使用，而这几种海藻到现在还被当地人作为药品使用。世界各地均有把海藻用于食品、药品、保健品、肥料、日化用品的历史记载（Chapman，1980；Lembi，1988）。沿海地区的亚洲人一直把海藻作为食品和药品使用（Newton，1951），其中紫菜的食用在公元 533—544 年就有描述（Tseng，1981）。在欧洲，海藻的工业化应用从 1690 年开始，在第一次世界大战前的鼎盛期，用于生产碘和碳酸钾的海藻的湿重每年曾达到 400 万 t。

二、海藻活性物质

生长在海洋环境中的海藻生物体与其周边的海水形成一个互动的生态体系，其化学组成是海藻化学生态进化和演变的结果。在海藻的生物进化过程中，其化学生态涉及捕食、竞争性相互作用、抵抗微生物感染等生命活动机制（Smit，2004；La Barre，2004；Fusetani，2004）。在海洋生态环境中，海藻属于被吞食的弱者。为了避免海洋食草动物的大量吞食、维护自身的生存繁衍，大多数海藻中含有一些具有自我防御特性的代谢物质，如抗生素、激素、生物碱、毒素等。这些物质是海藻在亿万年进化过程中发展起来的生物武器，起着传递信息、拒捕食、杀灭入侵生物等自卫作用，在抗病毒、抗菌、抗肿瘤方面显示出巨大的应用潜力（蔡福龙，2014）。

褐藻中的单萜类化合物对食草动物起到化学抵御作用（Paul，2006），二萜类化合物具有阻止海胆和食草鱼侵食的作用（Barbosa，2003；Barbosa，2004）。在对一种褐藻的研究中发现其含有的二萜类化合物的含量与捕获地点相关（Soares，2003），对于同一种类的海藻，北海岸收集的和南海岸收集的含有不同的代谢产物，尽管化学防御研究显示两种不同的提取物均可以抑制海胆和蟹的进食。

一些褐藻在细胞液泡内含有 pH<1 的高浓度硫酸作为化学防御物（Amsler，2005）。研究显示褐藻多酚混合物以及二鹅掌菜酚等可以抑制食草蜗牛内脏消化酶的活性（Shibata，2002），红藻中的卤代单萜也具有制止端足类摄食的作用。除了抗菌和抑制侵食，一些海藻活性物质在海藻生物体中具有修复组织损伤的作用（Adolph，2005）。

海藻酸是褐藻类海藻细胞壁的主要组成部分，在褐藻中以海藻酸钙、海藻酸镁、海藻酸钾等形式存在，其中在藻体表层主要以钙盐形式存在，而在藻体内部肉质部分主要以钾、钠、镁盐等形式存在。海藻酸在褐藻植物中的含量很高，在一些海藻中海藻酸占干重的比例可以达到40%。海带中的海藻酸含量在褐藻中是比较高的，可达20%以上，但是其含量呈季节性变化，一年中4月份的含量最高，且不同海域的海带中海藻酸含量的差别很大，我国以青岛和大连产海带的海藻酸含量最高。

尽管全球有1500~2000种含有海藻酸的褐藻（Algaebase，2017），用于提取海藻酸的褐藻主要为生长在24个国家的38种，其中主要是海带目和墨角藻目的褐藻（Critchley，2006；Zemke-White，1999；White，2015；McHugh，2003；Bixler，2011）。目前商业化生产海藻酸的原料主要为海带、巨藻、极北海带、掌状海带、雷松藻、泡叶藻、昆布等种类的褐藻。表4-1显示用于提取海藻酸的各种褐藻及其海藻酸盐含量（Peteiro，2018）。

表4-1 用于提取海藻酸的各种褐藻及其海藻酸盐含量

褐藻种类	海藻酸盐含量/%（干基）	产地	参考文献
巨藻（*Macrocystis pyrifera*）	26%~37%	墨西哥	Hernandez-Carmona，1985
	18%~45%	智利	Westermeier，2012
掌状海带（*Laminaria digitata*）	18%~26%	英国	Black，1950
	16%~36%	丹麦	Manns，2017
极北海带（*Laminaria hyperborea*）	14%~21%	英国	Black，1950
海带（*Saccharina japonica*）	15%~20%	中国	Minghou，1984
	17%~25%	日本	Honya，1993
糖海藻（*Saccharina latissima*）	16%~34%	丹麦	Manns，2017
雷松藻LT（*Lessonia trabeculata*）	13%~29%	智利	Chandia，2001
昆布（*Ecklonia arborea*）	24%~28%	墨西哥	Hernandez-Carmona，1985
海洋巨藻（*Durvillaea potatorum*）	55%	澳大利亚	Lorbeer，2017
	45%	新西兰	Panikkar，1996
泡叶藻（*Ascophyllum nodosum*）	12%~16%	俄罗斯	Obluchinskaya，2002

第三节　用于生产海藻肥的主要海藻

表 4-2 总结了世界各地的海藻肥品牌及其使用的海藻类别。由于地理位置和发展历史的不同，不同厂家选用的海藻原料有所不同，其中泡叶藻为欧洲西北地区和北美地区等北大西洋沿海国家生产海藻肥的主要原料，其在当地有丰富的野生资源。南非主要使用当地盛产的极大昆布作为制备海藻肥的原料。我国的海带养殖规模占世界首位，野生马尾藻资源丰富，并且近年来经常有大规模浒苔灾害的发生，因此海带、马尾藻、浒苔是国内海藻类肥料的主要原料。

表 4-2　世界各地的海藻肥品牌及其使用的海藻类别

产品名称	使用的海藻类别
Acadian	泡叶藻（*A. nodosum*）
Actiwave	泡叶藻（*A. nodosum*）
Algal 30	泡叶藻（*A. nodosum*）
Algamino	马尾藻（*Sargassum sp*）
Algifert	泡叶藻（*A. nodosum*）
Algifol	泡叶藻（*A. nodosum*）
ANE	泡叶藻（*A. nodosum*）
Blue Energy	海带和泡叶藻（*S. japonica & A. nodosum*）
Ekologik	泡叶藻（*A. nodosum*）
Goemar	泡叶藻（*A. nodosum*）
Kelpak	极大昆布（*E. maxima*）
Maxicrop	泡叶藻（*A. nodosum*）
Seasol	海洋巨藻（*D. potatorum*）
Stimplex	泡叶藻（*A. nodosum*）
Super50	泡叶藻（*A. nodosum*）
SW	泡叶藻（*A. nodosum*）
SWE	泡叶藻（*A. nodosum*）
WUAL	泡叶藻（*A. nodosum*）

一、泡叶藻（*Ascophyllum nodosum*）

泡叶藻是国际上生产海藻肥的经典主流原料，例如加拿大 Acadian 公司、中国青岛明月海藻集团皆采用泡叶藻为主要原料生产海藻肥。泡叶藻是北大西洋沿岸潮间带的一种主要海藻，北大西洋的温度常年不超过27℃，适宜泡叶藻等海藻的生长并形成数量巨大的野生褐藻资源（Keser，2005），其中加拿大Nova Scotia沿海的泡叶藻存量为每公顷71.3t湿重，涵盖的面积约为4960hm^2（Ugarte，2010）。这种多年生海藻的叶可以存活20年，其固着器可存活100年以上（Xu，2008）。自然界中，泡叶藻是与球腔菌属（*Mycophycias*）共生的（Kohlmeyer，1972；Garbary，1989），野生泡叶藻受细菌感染，真菌菌丝体围绕海藻细胞形成一个紧密的网络（Garbary，2001；Xu，2008）。

图4-3为生长在自然界中的泡叶藻。

图4-3　泡叶藻

图4-4为泡叶藻的结构。作为褐藻门的一个主要种类，泡叶藻属于褐藻门泡叶藻属，藻体呈橄榄色，叶面有褶皱，每片叶片都有一个气囊。泡叶藻属于冷水藻类，多生长于潮间带的岩石上，主要分布在爱尔兰、加拿大、挪威、西班牙、法国、英国等43个国家的海岸线上。智利地区海岸线漫长、阳光充足，在收获泡叶藻后经自然晾晒即可收货打包，产品可维持原始形态，且价格较低。法国的海岸线较短，收获的泡叶藻需经过人工切割、烘干才可进行下一步加工，

因此成品个体较小，价格也较贵。

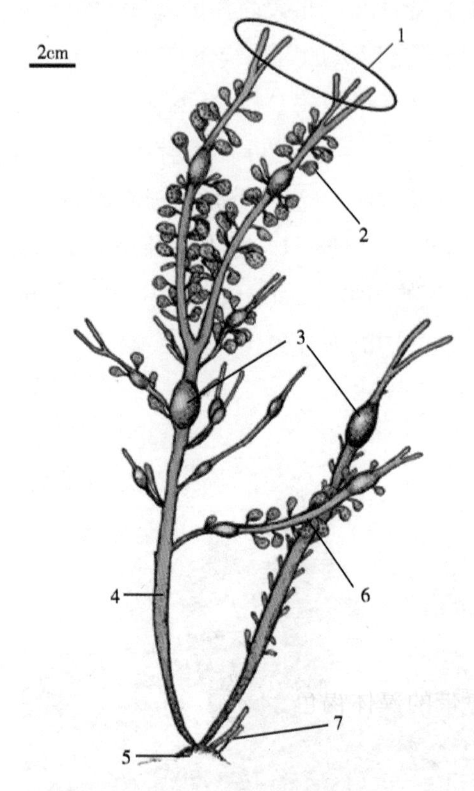

图 4-4　泡叶藻的结构

1—顶端组织　2—花托　3—气泡　4—主要的原植体　5—盘状固着器
6—侧枝　7—基底分枝

泡叶藻是大自然馈赠给人类的瑰宝，由于生长条件苛刻，目前尚无法像海带一样进行低成本人工养殖，完全依靠天然生长，因此价格相对较高。恶劣的生长环境赋予泡叶藻极强的富集和吸收营养的能力，藻体富含海藻酸、褐藻淀粉、岩藻多糖、褐藻多酚、蛋白质、脂肪、纤维素等活性成分，其中海藻酸含量占总质量的 15%~30%，是目前全世界公认的生产海藻肥的最好原料。

研究表明，泡叶藻含有丰富的脱落酸、生长素和细胞分裂素。以泡叶藻为原料加工制备的土壤调理剂，可有效促进植株多种组织的分化和生长，提高植物的抗逆能力。泡叶藻富含的海藻酸及其寡糖还有改良和修复土壤、缓解土壤盐渍化的作用。虞娟等以青岛明月海藻集团提供的泡叶藻为原料，经过研究表明，泡叶藻多糖的抗氧化活性接近维生素 C，对自由基有较强的清除能力（虞娟，

2016）。以泡叶藻为原料生产的海藻肥可有效提高作物的抗氧化能力、延缓衰老、延长农产品的货架期。表 4-3 为 5 种常见海藻中的植物激素含量对比。

表 4-3　5 种常见海藻中的植物激素含量对比

海藻种类	吲哚乙酸 /（ng/g）	赤霉素 /（ng/g）	玉米素 /（ng/g）
泡叶藻	594.22	66.70	107.94
鲜小海带	20.53	33.96	93.95
干小海带	147.94	13.54	19.77
干大海带	30.9	21.54	24.97
鲜马尾藻	15.23	40.00	87.94

二、海带（*Saccharina japonica*）

海带是提取碘、海藻酸盐、甘露醇等众多活性物质的原料，也是生产海藻肥的好原料。海带隶属于褐藻门、海带目、海带科、海带属，其种类很多，全世界有 50 多种，其中亚洲地区有 20 多种。海带属于亚寒带藻种，自然生长地位于西北太平洋沿岸冷水区，包括俄罗斯太平洋沿岸、日本和朝鲜北部沿海等低温海域。海带的藻体褐色、革质，明显分为固着器、柄部和叶状体，藻体呈长带状，一般长 2~6m，宽 20~40cm。中国于 20 世纪 50 年代开始推广海带大规模人工养殖，已经把海带养殖从山东半岛推进到浙江、福建、广东等地沿海地区。借助于国内巨大的消费市场，中国已连续多年成为全球海带养殖量最大的国家，占全球养殖总量的一半以上。图 4-5 显示海带人工养殖的场景。

（1）远景

（2）近景

图 4-5　海带的人工养殖场景

中国不是海带的原产地，中国的海带是从日本引进的，而且还是日本人自己带来的（丁立孝，2016）。但海带进入中国的历史伴随着日本对中国的战争、军事和侵略史。1895 年的甲午战争，中方战败，清政府含辱签订了《马关条约》，其中包括割让辽东半岛，大连随后被日本人占领。之后的 1898 年，在俄、德、法三国联合干预下，日本人又被迫撤离辽东。随后俄国租借大连，并在旅顺建立了海军基地。日本人不甘心，经过近六年的扩军备战后，在 1904 年 2 月 8 日由东乡平八郎率领的日本联合舰队突袭了沙皇俄国控制的中国旅顺港，引发日俄战争。沙俄、日本互相宣战，大清国的旅顺、大连成为日俄战争的主战场。1905 年日本帝国在日俄战争中大获全胜后，作为战胜国取代了战败国沙俄，继续强行“租借”第三国——中国的土地，进而长期霸占。从那时起，日本全面控制了中国的旅顺地区，即今天的大连沿海地区。

在日本人再次占领大连后不久，一个名称为“关东水产组合本部事务所”就在大连成立，标志着日本殖民主义对中国水产资源进行实质性剥夺的开始。1906 年 6 月 7 日，日本天皇命令在中国东北设立“南满铁道株式会社”（简称“满铁”），这又是一个集经济侵略与军事政治于一身的殖民机器，它也很快盯上了大连沿海这块肥肉，并宣布从大连黑石礁到马栏河入海口一带（包括星海湾）为“星个浦游园”，用今天的话说就是建了一个游乐园。

就在那个时候，日本人频繁地从北海道运木材到大连修筑海港码头。那些从北海道砍伐的木材有的被装船运到大连，有的被扎成木排集中投放到海里囤积再由拖船拖运到大连。日本海湾的海带孢子就附着在船体上或木排上，跟着货船或木排来到大连湾。到大连之前，这些木排在北海道已经停留了一些时候，并且已经有了小海带的生长，侵占大连的日本人看了很高兴，因为日本人喜欢吃海带，就以此为基础组织了海带养殖场。当时海带的年产量不多，后来日本人发现大连寺儿沟栈桥附近的石头上生长着海带幼苗，他们分析是日本海轮或木材从日本北海道带来的海带“孢子”落入水中才生长起来的，因此断定大连沿海一定能养起海带。为了开发这一项目，日本人在 1940 年成立了“关东州浅海养殖株式会社”，开始在大连沿海开展海带养殖试验。在夏末秋初时节，尝试将带有海带孢子的石头投放到星海湾海底，后来经过观察，海带的长势良好。从此，日本人开始在大连星海湾发展海带养殖，再后来，他们运来更多石头，种上海带孢子后投到海底，夏季则组织人收割。

1945 年抗战胜利后百业待兴，当地政府把发展沿海藻类养殖纳入日程，

1946 年 3 月，当时的“旅大行政联合办事处（即市政府）”接管了日伪“关东州浅海养殖株式会社”，开始在星海湾一带养殖海带。中华人民共和国成立后的 1952 年，大连成立了“旅大水产养殖场”，并开始利用海面浮筏人工养殖海带。之后在曾呈奎院士等科研人员的领导下，海带养殖技术在国内沿海由北向南推广，从山东半岛到整个山东海域以及后来一直养殖到福建沿海。

曾呈奎院士带领的科研团队潜心研究多年，将海带人工养殖成功南移，使海带可以在辽东半岛、山东半岛、浙江、福建和广东的海域里生长。在海带传入我国到现在的近百年历史中，我国的海带养殖经历了“夏苗培育”“南移养殖”等技术难关，成功解决了“筏式养殖”“施肥养殖”等技术难题，实现了海带的全人工养殖，使我国成为世界上头号海带养殖生产大国，产量占全球海藻养殖总量的 50% 以上，为海藻肥料等海藻生物制品产业的发展提供了原料保障。

三、马尾藻（*Sargassum* sp.）

马尾藻是生产海藻肥的一种新兴原料，属于褐藻门、墨角藻目、马尾藻科、马尾藻属，是热带及温带海域沿海常见的一类大型褐藻，多数种类生长于低潮带以下，一般高在 1m 以上，是海藻床的重要构成物种。马尾藻的藻体呈黄褐色，有类似叶、茎的分化，茎略呈三棱形，叶子多为披针形，具有气囊。

马尾藻属的海藻种类很多，有记录的种、变种及变型共 878 个，目前已被证实存在的有 340 种。马尾藻中的大多数为暖水性种类，广泛分布于暖水和温水海域，例如印度 - 西太平洋和澳大利亚、加勒比海等热带及亚热带海区。我国是马尾藻的主要产地之一，盛产于海南、广东和广西沿海，尤其是海南岛、涠洲岛等地，其中黄海、东海有 17 种，南海有 124 种。

在自然海区，马尾藻是紫海胆、鲍鱼等的饵料。马尾藻的榨取液可以代替或部分代替单细胞藻作为中国对虾幼体的饵料。把马尾藻粉碎加工后制成的海藻粉不但能代替部分粮食和矿物微量元素，还能促进肉鸡的生长（赵学武，1990；潘鲁青，1997）。马尾藻含有药用功效很高的一些特殊活性物质、不饱和脂肪酸、碘等生物质成分。崔征等（崔征，1997）发现半叶马尾藻对小鼠 S180 实体瘤抑制率为 55.7%，显示较强的抗肿瘤活性。在韩国民间，用半叶马尾藻治疗各种过敏性疾病也有很长的历史。用马尾藻进行补碘治疗甲状腺肿大在《本草纲目》中就有记载，南方产的马尾藻如瓦氏马尾藻的含碘量甚至比“含碘之王”——海带还要高。马尾藻还含有丰富的膳食纤维、褐藻淀粉、矿物质、维生素以及高度不饱和脂肪酸和必需氨基酸，可作为保健食品和药物的优质原料

（李来好，1997）。

近年来，随着对马尾藻应用研究的不断深入，其经济价值得到了更多的认可。但是由于马尾藻生长在近海，受近海采捕、港口建设、贝类采集、环境污染等因素的影响，马尾藻的自然资源量在不断下降，成为业内关注的一个问题。

全球范围内，马尾藻资源最丰富的当属2000多年前古希腊亚里士多德提到过的“大洋上的草地”。那个神奇的草地就是1492年哥伦布被困一个多月差点没出来的一片海域。如图4-6所示，这个名为马尾藻海的“洋中之海”，又称萨加索海，是大西洋中一个没有岸的“海”，在北纬20°~35°、西经35°~70°，覆盖500万~600万km^2的水域。

（1）马尾藻　　（2）马尾藻海

图4-6　马尾藻与马尾藻海

马尾藻海围绕着百慕大群岛，与大陆毫无瓜葛，因此它名虽为“海”，实际上并不是严格意义上的海，只能说是大西洋中一个特殊的水域。在它的上面漂浮生长着成片的马尾藻，仿佛是一派草原风光。在海风和洋流的带动下，漂浮着的马尾藻犹如一条巨大的橄榄色地毯，一直向远处伸展。

这片布满马尾藻的“海之绿野”号称“魔藻之海”，自古以来，误入这片“绿色海洋”的船只几乎无一能全身而退。在帆船时代，不知有多少船只因为误入这片奇特的海域，被马尾藻死死缠住，船上的人因淡水和食品用尽而无一生还，因此人们把这片海域称为“海洋的坟地”。有趣的是，由于马尾藻的净化作用，马尾藻海是世界上公认的最清澈的海，透明度近70m。晴天时把照相底片放在1000余米的深处，底片仍能感光。

近年来，大西洋的马尾藻暴发一年比一年严重。2019年7月4日，美国南佛罗里达大学宣布，他们借助美国国家航空航天局（NASA）的卫星观察到了世界上最大的海藻群，质量达到 2000 万 t，横跨整个大西洋，从非洲西海岸一直覆盖到墨西哥湾。由于森林砍伐和化肥施用，巴西亚马孙河里的营养物质含量上升，这些营养物质在春夏季随着亚马孙河灌入海洋，随后在冬季被西非海岸的上升流带到海洋表面，滋润了马尾藻的生长。在开阔的海域里，马尾藻对海洋的健康环境是有益的，能为海龟、螃蟹、鱼类和鸟类提供栖息地和避难所，在光合作用中产生氧气。但是当其塞满整个海岸时，就会阻碍一些物种的移动和呼吸，并在这些物种大量死亡和沉入海底后使珊瑚和海草窒息。

图 4-7 所示为墨西哥海滩上的马尾藻。

图 4-7　墨西哥海滩上的马尾藻

四、极大昆布（*Ecklonia maxima*）

极大昆布，也称海竹，属于褐藻门昆布属，藻体有类似茎和叶的分化，茎如树干一般粗壮高大。这种海藻主要存在于从南非到纳米比亚的非洲南大西洋海岸，南非的 Kelpak 公司就以极大昆布为原料生产海藻肥。

极大昆布在南非西海岸大量分布，占据了海岸线上的浅、温带，在深度达 8m 的海岸线上，形成壮观的海底森林。这类海藻通过固着器与海底的石块或其他海藻相连，固着器以上一根单一的、很长的茎浮出海面，在海面上通过气囊把一组叶片悬浮在海面进行光合作用。极大昆布既可以加工成肥料，也可以作为养殖鲍鱼的饲料（Robertson-Andersson，2006；Anderson，2006）。图 4-8 所示为用于制备海藻肥的极大昆布。

（1）自然生长状态

（2）收获后

图 4-8　用于制备海藻肥的极大昆布

五、海洋巨藻（*Durvillaea potatorum*）

海洋巨藻属于褐藻门的一种，该属（Durvillaeaceae）以法国探索家 Jules Dumont d′Urville（1790—1842）命名，包括 6 个已知的种类。这些褐藻存在于南半球，尤其在新西兰、南美洲、澳大利亚等地区的资源丰富。海洋巨藻的许多种类称为公牛藻，反映出它们巨大的体型特征（Cheshire，2009）。

图 4-9 所示为澳大利亚海域的海洋巨藻。

图 4-9　澳大利亚海域的海洋巨藻

六、浒苔（*Enteromorpha*）

浒苔属绿藻门、石莼目、石莼科、浒苔属，是野生藻类资源中的优势种，广泛分布于中、低潮区的沙砾、岩石、滩涂和石沼海岸中。自古以来，浒苔即为食用和药用藻类，《本草纲目》中记载，浒苔可“烧末吹鼻止衄血，汤浸捣敷手背肿痛”（张金荣，2010）。从生态学的角度看，浒苔是一种自然灾害。浒苔的个头小，表面积大，养分吸收极快，所以一旦有合适的条件，它们就会以惊人的速度不停地繁殖。大量繁殖的浒苔不仅会堵塞鱼类的呼吸道，致其死亡，也会遮蔽射入水体的阳光，使固着在水底的其他藻类因缺少阳光而死去。浒苔本身极易死亡，死亡之后还会腐烂分解变臭，大量消耗水中的氧气，从而彻底让它暴发的水域成为“死水一潭”。

如图 4-10 所示，青岛近海胶州湾区域频现浒苔的暴发，每逢夏季就会出现“海上草原”。该地区浒苔暴发的根本原因是海水的富营养化，打破了海洋本有的自然平衡。胶州湾三面毗邻陆地，海水的流动性很小，附近工厂、船坞、运油管道等设施很多，造成了大量污染，这是浒苔形成的重要原因。居民生活垃圾的随意丢弃、海水养殖的饲料失控，同样给浒苔的形成创造了条件。伴随着全球气候变暖，夏季气温和海水温度逐年升高，也给浒苔的迅速繁殖创造了必要的条件。

（1）近景

（2）全景

图 4-10　浒苔暴发

作为一种海洋生物，浒苔在经过去沙、去生活垃圾、烘干、磨粉后可用于制备海藻饲料添加剂和土壤调理剂等系列产品，具有很高的应用价值。吉宏武等对南海的条形浒苔、石莼和总状蕨藻的主要化学成分进行了分析，结果显示，多糖、蛋白质和粗纤维是构成这 3 类绿藻生物体的主要化学成分，占藻体的 92% 以上，其中膳食纤维占 64.22%~70.80%，蛋白质占 14.15%~18.91%，平均为 16.16%（古宏武，2005）。表 4-4 为 3 种绿藻的主要营养成分。

表 4-4　3 种绿藻的主要营养成分

海藻种类	粗蛋白	脂肪	多糖
条形浒苔	18.91%	0.67%	55.69%
石莼	15.42%	0.51%	60.70%
总状蕨藻	14.15%	0.81%	61.69%
海带	8.70%	0.20%	61.20%

第四节　海藻肥的发展历史

古罗马时代海藻已经应用于农业生产中，被直接加入土壤，或者作为改良土壤的堆肥（Henderson，2004；Chapman，1980；Lembi，1988）。对海藻肥料最早的记载是公元 1 世纪后半期的罗马人科鲁美拉（Collumella），他建议卷心菜应该在有第六片叶子的时候移植，其根用海藻覆盖施肥（Newton，1951）。Palladiuszai 在 4 世纪时建议把三月的海藻应用在石榴和香缘树的根上。古代英国人也把海藻加入土壤作为肥料，在不同的地区有的直接把海藻与土壤混合，有的把海藻与稻草、泥炭或其他有机物混合后作肥料，其中一个常用的做法是把海藻堆积在农田里使其风化后降低有毒的硫氢基化合物（Milton，1964）。

公元 79 年，Pliny 注意到英国和法国地区的人采集一种红藻用于土壤的施肥（Monagail，2017）。古代大西洋沿岸的人们经常使用海藻来施肥，海藻肥料是西北海岸农田耕作系统的一个组成部分，非常适合相对贫穷的丘陵地区的耕作（Noble，1975；Kenicer，2000）。

在英国的泽西（Jersey）岛，至少从 12 世纪开始，海藻就被用于农业用途（Gruchy，1957），其主要用途是在冬季覆盖马铃薯田，然后在冬末和春末种马铃薯之前把它犁进土壤里。在法国，收集海藻可以追溯到新石器时代。当时，在大西洋沿岸使用海藻是很普遍的。在饥荒时期，海藻被用来取暖、做床垫、养牛和作为人类的食物。尽管其主要用途已经演变，在一些沿海地区仍然能看到海藻的传统用途，如使用海藻作为牲畜的食物和改良土壤。在法国的布列塔尼（Britany），暴风雨过后打捞上来的海藻散落在田野里，甚至在冬天也有人用大耙子从海里收集海藻后铺在沙丘上晾干，以便保存后全年使用。

到公元 12 世纪中叶，在欧洲的一些沿海国家和地区，特别是法国、英格兰、苏格兰和挪威等国，人们开始广泛使用海藻肥料。16 世纪的法国、加拿大、日本等地有采集海藻制作堆肥的习惯，大不列颠岛的南威尔士和德国的一些地区则用岸边腐烂的海藻或海藻灰种植各种农作物，效果颇佳，产品供不应求。进入 17 世纪，法国政府在沿海地区大力推广使用海藻作为土壤肥料，并明文规定海藻的采集条件、收割时间以及海域等，当时法国布列塔尼（Britany）和诺曼底（Normandy）沿海几百英里（1 英里 =1.609km）的区域由于施用海藻提取物作为肥料，其农作物和蔬菜品质优异，远近闻名，享有“金海岸”的美称，至今仍然流传。

在海藻资源非常丰富的爱尔兰，农业生产中曾普遍用海藻作为肥料在马铃薯播种时植入土壤中，随着海藻的腐烂，其释放出的活性成分持续给马铃薯生长提供营养成分，既提高了马铃薯的产量，也改善了其品质。

图 4-11 为爱尔兰人收集海藻用于马铃薯栽培。

图 4-11　爱尔兰人收集海藻用于马铃薯栽培

爱尔兰人收集海藻的传统可以追溯到 17 世纪。沿海地区的人在风暴之后从海岸线收集海藻，并将其在石圈组成的海藻窑中焚烧，得到的灰中含有碳酸钠和碳酸钾，可用于给陶器上釉、制作玻璃和肥皂。图 4-12 为 20 世纪早期爱尔兰沿海制作海藻灰的场景（O′ Connor，2017）。

图 4-12　20 世纪早期爱尔兰沿海制作海藻灰的场景

如图 4-13 所示，法国人也把海藻燃烧后制备海藻灰，至今还有纪念这个古老行业的活动。1811 年，法国人库特瓦（Courtois）在海藻灰中发现了碘。库特瓦的父亲是硝石工厂的厂主，并在第戎学院教化学。库特瓦一面在哨石工厂做工，一面在第戎学院学习，毕业后当过药剂师和化学家的助手。《库特瓦先生从一种碱金属盐中发现新物质》的报告中写道："从海藻灰所得的溶液中含有一种特别奇异的东西，它很容易提取，方法是将硫酸倾入溶液中，放进曲颈瓶内加热,并用导管将曲颈瓶的口与彩形器连接。溶液中析出一种黑色有光泽的粉末，加热后，紫色蒸气冉冉上升，蒸气凝结在导管和球形器内，结成片状晶体。"

图 4-13　法国人纪念燃烧海藻的节日

碘是海藻中发现的第一个有明确结构的生物活性物质。随着工业革命在欧洲的蓬勃发展，海藻的功效被人们接受，其使用带来的好处也被广泛应用。到19世纪末，人们开始对海藻的种类及其化学性质进行认真的科学研究（Blench，1966），并先后从各种海藻中发现了卡拉胶、甘露醇、海藻酸、褐藻淀粉、岩藻多糖等海藻活性物质，并发展出了大量海藻生物制品，在功能食品、化妆品、生物医用材料、绿色农业等领域产生很高的应用价值，形成一个独特的绿色、环保、可再生产业链。

表4-5总结了几种主要海藻活性物质的发现时间（纪明侯，1997）。

表4-5　几种主要海藻活性物质的发现时间

海藻活性物质	发现时间 / 年	发现者
碘	1811	法国人 Courtois
卡拉胶	1837	爱尔兰人
甘露醇	1844	英国人 Stenhouse
海藻酸	1881	英国人 Stanford
褐藻淀粉	1885	德国人 Schmiedeberg
岩藻多糖	1913	瑞典人 Kylin

以海藻为原料通过化学、物理、生物等技术加工后制备的现代海藻肥诞生于英国。1949年，海藻液体肥作为海藻类肥料的新产品在大不列颠岛问世，开启了海藻肥的新篇章。到20世纪80~90年代，海藻肥作为一种天然肥料在欧美发达国家得到前所未有的重视和发展。在英国、法国、美国、加拿大、澳大利亚、南非、中国等世界各国，海藻肥在农业生产中的应用取得了显著的经济效益、生态效益和社会效益，受到越来越多国家和地区农户的欢迎（Craigie，2011；Temple，1988）。

在海藻液体肥诞生之前，未经处理的海藻相对于动物粪肥来说，其氮和磷的含量较低，钾、盐分和微量元素的浓度要高一些。褐藻中的海藻酸约占其碳水化合物含量的1/3，是海藻肥料中主要的土壤调节剂。然而，简单使用海藻堆肥会带来一些问题，比如堆肥的高盐度和过量的沙子含量。在一个海藻堆肥实验中，人们发现这些堆肥需要10个月以后才能使用，并且有必要定期添加水清洗多余的盐分，以降低盐的盐度，这个过程降低了有益营养素的浓度。尽管如此，当海藻堆肥添加到土壤中后，碳和氮含量以及水的承载能力显著增加，有效提高了作物对水胁迫的抵抗能力（Eyras，1998）。

20 世纪初，为了降低从海边运输海藻作为堆肥的成本，英国人发明了用碱提取海藻肥的工艺（Penkala，1912），但是真正使海藻液体化后制备肥料的实用方法是 1949 年由英国人 Milton 博士发明的（Milton，1952）。根据 Milton 博士的报道，如果把海藻直接用在土壤中，即便海藻是磨细的，其对植物生长仍有一定的抑制作用，直到约 15 周后对植物增长和种子发芽的抑制作用才会消失。在此期间，随着土壤中微生物的选择性繁殖，土壤中离子氮浓度下降，但总氮量上升。液体化的海藻肥对植物增长有直接的影响（Milton，1964）。

液体化海藻肥料中含有部分水解的岩藻多糖，通过其结构中的硫酸酯使 Cu、Co、Mn 和 Fe 维持在水溶状态，N 有所下降，部分 P 被 Mg 沉淀，这种类似腐黑物的液体稀释约 1/500 后应用于农作物，产生显著的肥效。目前液体化海藻肥料主要以泡叶藻、海带、极大昆布、马尾藻、海洋巨藻等褐藻为原料加工制备，尽管其他种类的海藻也被使用（Gandhiyappan，2001；Rathore，2009；Stirk，1997；Stirk，1996）。

Milton 博士发明现代海藻肥是多种因素结合的结果，其中一个因素是二次世界大战期间利用海藻制备纤维所取得的进展。当时在英国使用的一种主要纤维是从印度东北部进口的黄麻，到 1944 年亚洲的战争威胁了这种纤维的供应。飞机、工厂和其他潜在目标的伪装需要大量以黄麻为原料制备的网眼布。为了从本地资源中发展纤维，英国政府任命一个由生物化学家 Reginald F. Milton 博士负责的团队以海藻生物质为原料开发纤维材料。这个项目涉及的海藻中含有的海藻酸是英国科学家 E.C.C.Stanford 早在 1881 年发现的，而苏格兰地区有大量的海藻资源，因此英国在苏格兰建了提取海藻酸的工厂并以此为原料制备了用于网眼布的纤维，但是在英国潮湿的气候下，海藻酸钙或海藻酸铍纤维很快溶解和生物降解，并且随着二次世界大战的结束，该项目被终止。Milton 博士随后搬到伯明翰买了一个有大花园和温室的房子，并建了一个小实验室研究使海藻液化后用作肥料。到 1947 年他成功制备了液体肥料，他的工艺是在碱性条件下高压处理海藻后使其液化。在此期间，Milton 博士与一个从伦敦过来，同样有养花种菜爱好的会计师 W. A.（Tony）Stephenson 相识，二人在各自的花园里试验了早期的液体肥料。在 1949 年的一个晚上，二人共享了一瓶白兰地酒，“Maxicrop”这个海藻肥的名字就此诞生（Stephenson，1974）。

Milton 博士和 Stephenson 在初创期间遇到的问题包括液体肥料中黏性的污

泥以及容器中物质的发酵和容器的爆炸，在与一家大型谷物公司合作后，这些工艺问题得到了解决，公司的业务也开始扩展。到1953年，液体海藻肥的销售达到45460L，并增加到1964年的909200L，期间一个重要增长点是叶面喷施肥料的开发和应用，同时Stephenson也增加了海藻饲料和堆肥。1952年Stephenson成立了Maxicrop有限公司，在此之前的产品由Plant Productivity Ltd公司销售。由于使用方便、效果显著，Milton博士和Stephenson开发的海藻液体肥在农业生产领域得到广泛应用（Booth，1969；Craigie，2011）。

除了Maxicrop品牌的海藻液体肥，其他一些企业也随后开始商业化生产海藻肥。大约在1962年，挪威的Algea（现Valagro）采用一种与Maxicrop类似的碱法技术从泡叶藻中提取制备海藻肥。法国在20世纪70年代早期开发出了一种独特的低温冷冻磨碎海藻的方法（Herve，1977），后来由Goemar公司商业化。加拿大的Acadian Seaplants公司在20世纪90年代开始以泡叶藻为原料商业化生产海藻提取物。

澳大利亚也在20世纪70年代开始了海藻肥的生产和应用（Abetz，1980）。最早在澳大利亚从事海藻肥生产的公司Tasbond Pty Ltd是由一组科学家发起成立的，在1970年注册。到1974年这家公司的第一个商品海藻肥Seasol开始在Tasmania生产。当时,产品只用当地的海洋巨藻（*Durvillaea potatorum*）为原料，其海藻生物体通过碱性工艺水解后制得海藻肥。

第五节　海藻肥的特性及其在农业生产中的应用

从工艺的角度看，海藻生物质可以在碱性或酸性条件下水解，或者通过高压或发酵后使海藻细胞壁破裂后释放出活性物质，这样得到的海藻提取物含有各种类型的分子和化合物，其本质是不均匀的。总的来说，除了加工过程中加入的工艺添加剂，初级提取物是由海藻植物的各种复杂组分组成的。这种提取物一开始被看成是促进植物增长的药物，但随着对其作用机理的深入理解，人们了解到海藻代谢产物对植物的新陈代谢既有直接作用，也可以间接地通过影响土壤微生物或与病原体的相互作用影响植物生长，是一种高效的生物刺激剂。

从外观上看，目前市场上的海藻液体肥包含了几乎白色到黑色的各种颜色，其气味、黏度、固形物含量、颗粒物等指标也各不相同。海藻肥料的制备工艺因为是技术机密很少有报道，总的来说，是用水、碱、酸提取，或者是用物理机械方法在低温下磨细后制备的海藻微粒化的悬浮体（Herve，1977），其中微粒化海藻悬浮物是一种绿色到绿褐色的弱酸性溶液。此外，海藻也可以在高压容器中处理，使细胞壁破裂后释放出可溶性细胞质成分，过滤后得到液体肥（Herve，1983；Stirk，2006）。物理破壁技术避免了有机溶剂、酸、碱等的应用，其提取物的性能与碱性提取物有区别。目前广泛使用的一种技术是高温下用钠和钾的碱性溶液处理海藻，就如最早的 Maxicrop 工艺，反应温度可以通过使用压力容器进一步提高。与其他产品有所不同，加拿大 Acadian Seaplants 公司的提取物是在常温下加工得到的。

所有的海藻提取液因为有腐植质似的多酚的存在而有强烈的颜色，最终产品可以在干燥状态或以 pH 7~10 的液态使用。根据使用情况，海藻肥料中经常加入一些普通的植物肥料或微量营养素，因为海藻活性物质对金属离子的螯合作用可以使各种金属离子稳定在肥料中（Milton，1962）。这些强化的海藻提取物一般是根据作物的特殊需求制备的。

如图 4-14 所示，海藻肥可以被加工成粉末、颗粒、液体等形态的产品后应用于农业生产。

图 4-14　海藻肥的主要形态

海藻肥优良的使用功效在世界各地的农业生产实践中都得到证实（陈景明，2005）。科学家们对海藻提取物在水果、蔬菜上的使用效果进行深入研究的过程中发现，施用海藻提取物对大多数蔬菜都能发挥效应，其中黄瓜经施撒海藻提取物后，不但增加产量，而且储存期从14d延长至21d以上（范晓，1987）。挪威农业科技人员连续3年在萝卜地上进行试验，在沙质土质中以每公顷施放125~250kg海藻提取物，结果萝卜产量增加，特别是前两年增产相当明显。在比利时布鲁塞尔，用Maxicrop海藻精施于马铃薯、胡萝卜和甜菜等作物上，效果非常理想，尤其是在海藻精中混入螯合铁后，产量提高达18.9%以上。用海藻提取物的稀溶液喷洒后水果的产量增加非常明显，其中草莓可增产19%~133%。用1/400的海藻精稀释液喷洒桃树和黑葡萄树，每隔14d施洒一次，使用三次后，产量分别提高12%和27%。

表4-6所示为橘子和菠萝经海藻提取物喷洒前后的产量比较。

表4-6　橘子和菠萝经海藻提取物喷洒前后的产量比较

产量/箱 果树/棵	未喷洒	经喷洒	增产/%
橘子	11.30	11.85	4.9
	11.14	11.75	5.5
	9.77	10.60	8.5
菠萝	5.29	5.60	5.9
	7.51	8.48	12.9
	6.72	5.53	12.1
	8.89	9.99	12.4

进入21世纪，面对全球环境的迅速变化，人类社会在农业生产领域面临全新的挑战，进一步提高作物产量和质量变得越来越困难，而农作物在生长过程中遇到的生物和非生物胁迫也随着环境变化越来越多样化，对其生长过程的各个阶段产生显著影响（Soares，2019；Borges，2019）。在此背景下，海藻肥的优良使用功效得到越来越多的认可，农业生产中把海藻提取物作为生物刺激剂的使用也呈现出显著增加的态势（Khan，2009；Craigie，2011；Carvalho，2014；Pacheco，2019；Elansary，2017；Nair，2012；Khan，2012；Yildiztekin，2018；Ugarte，2006；Arioli，2015；Santaniello，2017；Michalak，2018；Torres，2018；Duarte，2018；Di Filippo-Herrera，2018；Michalak，2018；Goni，2016；Paungfoo-Lonhienne，2017；Kaluzewicz，2017）。

第六节　海藻肥的发展现状

海藻在农业生产中长期被用作为肥料和土壤调节剂（Guiry，1981；Hong，2007；Metting，1988；Metting，1990）。传统的观点是海藻通过其提供的营养物质以及改善土质和持水性而改善作物的生长、健康和产量。在这个方面，海藻液体肥含有的溶解状态的 Cu、Co、Zn、Mn、Fe、Ni、Mo、B 等元素在应用于土壤和叶面后产生的功效被广为接受。随着海藻肥的推广普及，特别是低应用量的海藻肥（<15 L/hm^2）所产生的效果使人们联想到海藻提取物中一些促进植物增长的成分。

目前人们对海藻类肥料所积累的知识可分为三个阶段：

第一阶段：20 世纪 50~70 年代早期；

第二阶段：20 世纪 70~90 年代；

第三阶段：20 世纪 90 年代至今。

第一阶段积累的早期知识主要是生产试验和生物测试中获取的经验性结果，对海藻肥化学成分的分析受仪器水平的影响。在第二阶段的发展过程中，气相色谱（GC）和高效液相色谱（HPLC）技术的完善使科研人员可以对海藻提取物中的各种组分进行精确测定，核磁共振（NMR）技术也广泛应用于海藻活性物质的分析测试，使海藻肥的结构组成及其使用功效之间的构效关系的建立更加科学合理。在 20 世纪 90 年代以后的第三个发展阶段中，仪器分析变得更加先进，在对海藻活性物质进行精确表征的基础上，主要成分分析和代谢组学方法的应用使科研人员可以更好地建立活性成分与应用功效之间的相关性。

历史上早期的生物功效研究主要来自农田或温室中使用 Maxicrop 品牌的海藻肥，最早的实验开始于 20 世纪 60 年代，期间主要的研究人员是苏格兰海藻研究院的 Ernest Booth。随后有三个研究团队积极地从事海藻肥在农业生产中的应用，包括 1959 年后 T. L. Senn 教授在美国 Clemson 大学建立的研究团队，其在 20 多年中研究了泡叶藻提取液对水果、蔬菜、观赏植物的影响（Senn，1978）。20 世纪 60 年代后期，英国 Portsmouth 理工大学的 G. Blunden 教授开始了对海藻提取液的研究直到现在。第三个研究团队是 20 世纪 80 年代由南非 Natal 大学 van Staden 教授建立的，他们专门研究从极大昆布中用细胞破裂法制备的海藻提取液（Kelpak 品牌的海藻肥）。此外，开始于 20 世纪 80 年代后期，由法国 Roscoff 研究所的 Bernard Kloraeg 与法国 Goëmar 公司合作的研究显示了海藻提取液中含有植物增长的激发因子（Klarzynski，2000；Klarzynski，2003；Patier，1993）。

目前全球每年用于生产海藻肥的海藻约为550000t（Nayar，2014）。表4-7为国际上主要的海藻肥生产商（Arioli，2015）。

表4-7 国际上主要的海藻肥生产商

No.	生产商名称	所在国家
	大型生产商	
1	Acadian Seaplants Ltd.	加拿大
2	Algea	挪威
3	Arramara Teo	爱尔兰
4	Beijing Leili（北京雷力）	中国
5	Bioatlantis	爱尔兰
6	China Ocean University（中国海洋大学）	中国
7	Goëmar	法国
8	Kelpak	南非
9	Qingdao Brightmoon Seaweed Group（青岛明月海藻集团）	中国
10	Seasol	澳大利亚
	小型生产商	
11	AfriKelp	南非
12	Agrocean	法国
13	Agrosea	新西兰
14	Brandon Products	爱尔兰
15	Cytozyme	美国
16	Dash	埃及
17	Fairdinkum	澳大利亚
18	Fartum	智利
19	Gofar	中国
20	Natrakelp	澳大利亚
21	Nitrozyme	美国
22	Plantalg	法国
23	Sammibol	法国
24	Seagold	澳大利亚
25	Setalg	法国
26	Thorvin	冰岛
27	West Coast Marine Products	加拿大

经过半个多世纪的创新发展，海藻类肥料的产品种类不断增多、质量日益改善，在农业生产中受到人们的重视和青睐，有关海藻肥的生产及研究也逐渐成为热点。目前海藻及其提取物在种植业和养殖业中的应用已得到多个国际组织和政府的认可，欧盟 IMO 认证、北美 OMIR 认证和中国有机食品技术规范等资料中明确指出，允许海藻制品作为土壤培肥和改良物质，允许使用于作物病虫害防治中，允许作为畜禽饲料添加剂使用（张驰，2006）。随着海藻及其提取物在农业上的应用研究越来越受到人们的重视，近年来其加工技术和应用水平也得到持续快速提高（保万魁，2008）。

众所周知，海洋是地球上生物的原始孕育者，海藻是海洋有机物的原始生产者，具有极大的吸附海洋生物活性物质的能力，其最多可浓缩相当于自身 44 万倍的海洋营养物质。通过合成代谢和分解代谢，海藻在其生物体内汇集了钙、铁、镁、锌等矿物质营养元素，海藻酸、卡拉胶、琼胶、褐藻淀粉、岩藻多糖、木聚糖、葡聚糖等海藻多糖，糖醇、氨基酸、维生素、细胞色素、甜菜碱、酚类等各种化合物，以及生长素、细胞分裂素、赤霉素、脱落酸等天然激素类物质，这些物质以一种天然的状态、均衡的比例存在。此外，海藻中还含有大量陆地生物缺乏的生物活性物质、营养物质和功能成分，使其成为制备肥料的最好原料（Rayirath，2009；Battacharyya，2015；Vishchuk，2011）。

至今，海藻提取物应用于农业生产的功效已经被广泛认可，是一种公认的植物生长生物刺激剂（Khan，2009；Craigie，2011；Calvo，2014）。到 2006 年，全球每年约有 1500 万 t 的海藻产品，产生的经济价值约 599.3 亿美元，其中作为增强作物生长及提高产量的营养补充剂以及生物肥料占 1.6%（隋战鹰，2006）。根据国际农业行业权威杂志 *New Ag International* 对以海藻为主原料的海藻肥市场的统计，2012 年欧洲市场海藻肥的经济价值为 20 亿 ~40 亿欧元，全球市场预计最低为 80 亿欧元，占整个农资市场（含化肥、杀虫杀菌剂市场）总额的 2%（杨芳，2014），海藻肥在农业生产中有巨大的发展空间。

我国是世界上拥有海藻资源最丰富的国家之一，自古以来，我国人民就采捞和利用礁膜、浒苔、石莼、紫菜、小石花菜、江蓠、鹿角海萝、裙带菜、昆布、马尾藻等各种海藻用于农业生产。到明清两代，我国肥料种类变得很多，至少有上百种。这时已经较多施用骨粉和骨灰，施用的饼肥也扩大到了菜籽饼、乌桕饼和棉籽饼，豆渣、糖渣和酒糟之类也用作肥料。绿肥种类更加广泛，有大麦、蚕豆、绿豆、大豆、胡麻、油菜苗等十多种。作为无机肥料使用的有砒霜、黑矾、硫黄、盐卤水等。杂肥种类比宋元时期增加了3倍多，包括家禽、家畜、草木落叶、动物杂碎及各种污水。

在我国肥料产业的发展过程中，20世纪60~70年代出现了农用氨水，其氨浓度一般控制在含氮量15%~18%。氨水的施肥简便，方法也较多，如沟施、面施、随着灌溉水施或喷洒施用，其施用原则是“一不离土，二不离水”，不离土就是要深施覆土，不离水就是加水稀释以降低浓度、减少挥发，或结合灌溉施用。

20世纪80~90年代全面进入了以尿素、二胺、复合肥为代表的化学元素肥料时期，期间化肥的施用促进了农业生产迅速发展，开创了农业历史新纪元，农产品产量大幅度提升，在人类历史上第一次满足了对粮食的需求。然而，过量施用化学肥料对生态环境造成了巨大的污染，破坏了土壤的结构，造成了一系列严重的问题。既要金山银山也要绿水青山的发展理念以及国家“两减一增”目标的提出，都宣告了化学肥料时代的终结。

进入21世纪，随着绿色有机农业的兴起以及人们对农产品安全的重视，肥料的发展已经进入了新型特种肥料时代。以海藻酸肥、腐植酸肥、生物菌肥、水溶肥、土壤调理剂、硅肥、功能性复合肥等为代表的一大批具有特定功能的新型特种肥料，因可满足不同作物在不同生长时期的养分需求，且兼具省工高效、节能环保、提高农作物抗逆和产品品质等诸多优点，正日益受到市场的青睐。

我国对现代海藻肥的研制起始于20世纪90年代后期，起步相对较晚。1995年“九五”科技攻关项目“海藻抗逆植物生长剂”由中国科学院海洋研究所承担，1998—2002年分别在山东、黑龙江、甘肃、河北等省进行了15.9万余亩的农田应用试验，作物品种涉及蔬菜、大田作物、水果等，试验结果表明该成果具有明显的促生长效果，增产幅度达7.1%~26%，该成果在《中国农业科技》《土壤肥料》《化工管理》《农业信息与科技》等刊物上均有报道。1999年7月，研发团队提交发明专利申请，2002年8月研究成果获得国家发明专利，同时显示出明显的抗病、抗旱等抗逆效果。在随后的研究开发过程中，中国科学院海洋研究所、中国海洋大学、北京雷力集团、青岛明月海藻集团等一大批科研院所、高校和企业在海藻肥加工、海藻肥应用效果及其作用机理、海藻肥推广使用等方面做了大量的探索开拓。2000年，农业部肥料登记管理部门正式设立了“含海藻酸可溶性肥料”这一新型肥料类别，使其有了市场准入证的身份。截至 2012 年，在农业部获准登记的国内海藻肥生产企业有青岛明月海藻集团和中国海洋大学生物工程开发有限公司等 40 家。2018 年，“农业部海藻类肥料重点实验室”获批在青岛明月海藻集团成立，同年秦益民教授主编出版了《功能性海藻肥》，标志着我国海藻类肥料进入了一个全新的发展阶段。图 4-15 所示为“农业部海藻类肥料重点实验室”标志。

图 4-15 “农业部海藻类肥料重点实验室”标志

目前我国海藻肥市场正处于快速发展期，前景广阔。尽管如此，由于海藻肥的原料成本、生产成本相对较高，而国内经销商及消费者对海藻肥的功效、使用等方面的知识不足，加之海藻肥的生产加工工艺复杂，目前不少企业还不具备生产和推广海藻肥方面的可持续增长能力，海藻肥在国内肥料市场上的占有率还相对较低。

传统化肥易破坏土壤中的养分含量，当前世界肥料的发展方向是有机、生物、无机相结合。目前，美国等西方国家有机肥料用量已占总量的 60%，而国内有机肥的使用量仅占化肥使用量的 10%。据统计，2018 年全球海藻产量已经达到 3200 多万吨，为海藻类肥料和海藻源生物刺激剂的进一步发展提供了原料保障（FAO，2020）。如图 4-16 所示，生物刺激剂已经成为海藻生物资源综合利用的一个重要组成部分。

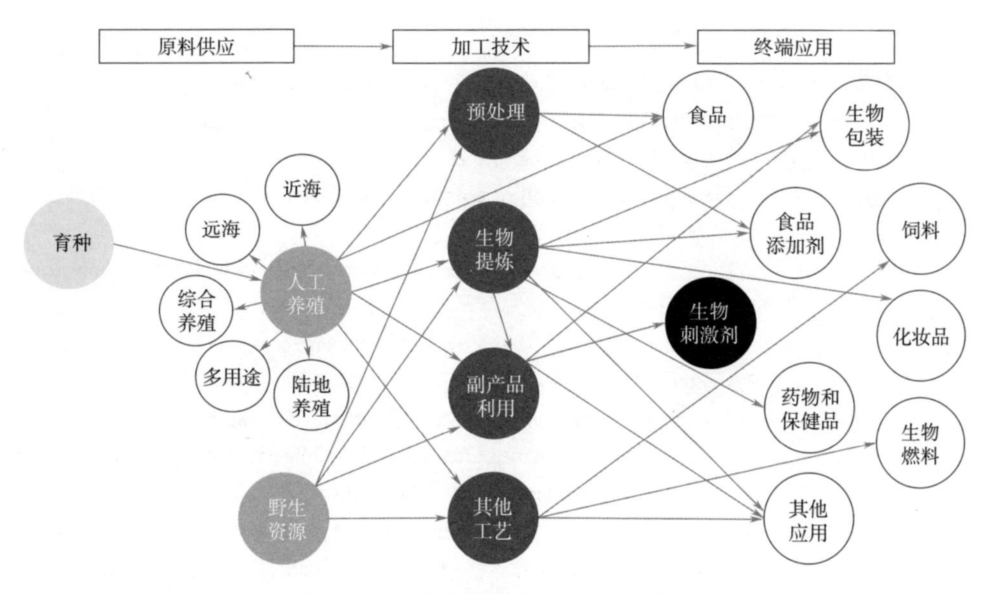

图 4-16　海藻生物资源综合利用示意图

第七节　小结

人类利用海藻作为肥料的历史已经有几千年，尽管如此，直到 1993 年，美国的一种经过提炼加工的海藻肥才被美国农业部正式确定为美国本土农业专用肥。从这一点上看，海藻肥还是一个非常新兴的产业，具有广阔的发展前景。当前，我国土壤酸化、板结、重金属超标等问题突出，农产品品质有待提高。随着社会进步和科学技术的发展，人们对农产品的质量安全、环境保护和农业的可持续发展越来越重视。在农业生产领域，海藻肥是一种科技含量高、天然、有机、无毒、高效的新型肥料，其系列产品十分适合我国绿色食品和有机食品的生产，弥补了传统有机肥施用量大、肥效慢的不足。

进入 21 世纪，生物刺激剂领域的快速发展为海藻在农业生产中的应用提供了一个全新的方向。面向未来，以海藻为原料制备的海藻类肥料、生物刺激剂的大规模产业化生产和广泛应用将有助于深度开发和充分利用我国丰富的海藻资源，促进我国绿色、有机食品的生产，提高农产品的质量安全，推动种植业的健康发展和无公害食品行动计划的实施，使农业增效、农民增收、生态环境得到保护和改善、国民健康得到增强。

参考文献

[1] Abetz P. Seaweed extracts: have they a place in Australian agriculture or horticulture? [J]. J Aust Inst Agric Sci, 1980, 46: 23-29.

[2] Adolph S. Wound closure in the invasive green alga Caulerpa taxifolia by enzymatic activation of a protein cross-linker [J]. Angew Chem Int Ed, 2005, 44: 2806-2808.

[3] Algaebase. World-wide electronic publication. Galway: National University of Ireland [OL]. http://www.algaebase.org, 2017.

[4] Amsler C D, Fairhead V A. Defensive and sensory chemical ecology of brown algae [J]. Adv Bot Res, 2005, 43: 1-91.

[5] Anderson R, Rothman J, Share A, et al. Harvesting of the kelp *Ecklonia maxima* in South Africa affects its three obligate, red algal epiphytes [J]. Journal of Applied Phycology, 2006, 18 (3-5): 343–349.

[6] Arioli T, Mattner S W, Winberg P C. Applications of seaweed extracts in Australian agriculture: past, present and future [J]. J Appl Phycol, 2015, 27: 2007-2015.

[7] Barbosa J P. A dolabellane diterpene from the Brazilian brown alga Dictyota pfaffii [J]. Biochem Syst Ecol, 2003, 31: 1451-1453.

[8] Barbosa J P. A dolabellane diteprene from the brown alga Dictyota pfaffii as chemical defense against herbivores [J]. Bot Mar, 2004, 47: 147-151.

[9] Battacharyya D, Babgohari M Z, Rathor P, et al. Seaweed extracts as biostimulants in horticulture [J]. Sci Hortic, 2015, 196: 39-48.

[10] Bixler H J, Porse H. A decade of change in the seaweed hydrocolloids industry [J]. J Appl Phycol, 2011, 23 (3): 321-335.

[11] Black W A P. The seasonal variation in weight and chemical composition of the common British Laminariaceae [J]. J Mar Biol Assoc UK, 1950, 29: 45-72.

[12] Blench B J R. Seaweed and its use in Jersey agriculture-the agricultural history review [J]. Agric Hist Rev, 1966, 14 (2): 122-128.

[13] Booth B. The manufacture and properties of liquid seaweed extracts [J]. Proc Intl Seaweed Symp, 1969, 6: 655-662.

[14] Borges K L R, Hippler F W R, Carvalho M E A, et al. Nutritional status and root morphology of tomato under Cd-induced stress: comparing contrasting genotypes for metal-tolerance [J]. Sci Hortic, 2019, 246: 518-527.

[15] Calvo P, Nelson L, Kloepper J W. Agricultural uses of plant biostimulants [J]. Plant Soil, 2014, 383: 3-41.

[16] Carvalho M E A, Castro P R C, Gallo L A, et al. Seaweed extract provides development and production of wheat [J]. Agrarian, 2014, 7: 1-5.

[17] Chandia N. Alginic acids in Lessonia trabeculata: characterization by formic acid hydrolysis and FT-IR spectroscopy [J]. Carbohydr Polym, 2001, 46 (1): 81-87.

[18] Chapman V J，Chapman D J. Seaweeds and Their Uses，3rd Ed [M]. London: Chapman and Hall，1980.

[19] Chen F，Jiang Y. Algae and Their Biotechnological Potential [M]. London: Kluwer，2001.

[20] Cheshire A，Hallam N. Morphological differences in the Southern bull-kelp (Durvillaea potatorum) throughout South-Eastern Australia [J]. Botanica Marina，2009，32（3）: 191-198.

[21] Craigie J S. Seaweed extract stimuli in plant science and agriculture [J]. Journal of Applied Phycology，2011，23（3）: 371-393.

[22] Critchley A T，Ohno M，Largo D B. The seaweed resources of the world. A CD-rom project. Expert Centre for Taxonomic Identification (ETI) [EB]，Amsterdam，2006.

[23] Di Filippo-Herrera D A，Munoz-Ochoa M，Hernnndez-Herrera R M，et al. Biostimulant activity of individual and blended seaweed extracts on the germination and growth of the mung bean [J]. J Appl Phycol，2018，31: 2025-2037.

[24] Dillehay T D，Ramirez C，Pino M，et al. Monte Verde: seaweed，food，medicine，and the peopling of South America [J]. Science，2008，320: 784-789.

[25] Duarte I J，Alvarez Hernandez S H，Ibanez A L，et al. Macroalgae as soil conditioners or growth promoters of Pisum sativum (L) [J]. Annual Res Rev Biol，2018，27: 1-8.

[26] Elansary H O，Yessoufou K，Abdel-Hamid A M E，et al. Seaweed extracts enhance Salam turfgrass performance during prolonged irrigation intervals and saline shock [J]. Front Plant Sci，2017，8: 830-835.

[27] Eyras M C，Rostagno C M，Defosse G E. Biological evaluation of seaweed composting [J]. Compost Science and Utilization，1998，6: 74-81.

[28] FAO. Fishery and Aquaculture Statistics 2018 [M]. Rome: FAO，2020.

[29] FAO. Yearbook of Fishery and Aquaculture Statistics [M]. Rome: FAO，2020.

[30] Fusetani N. Biofouling and antifouling [J]. Nat Prod Rep，2004，21: 94-104.

[31] Gandhiyappan K，Perumal P. Growth promoting effect of seaweed liquid fertilizer (Enteromorpha intestinalis) on the sesame crop plant (Sesamum indicum L.) [J]. Seaweed Res Util，2001，23（1-2）: 23-25.

[32] Garbary D J，Gautam A. The ascophyllum，polysiphonia，mycosphaerella symbiosis. I. population ecology of mycosphaerella from Nova Scotia [J]. Bot Mar，1989，32: 181-186.

[33] Garbary D J，Deckert R J. Three part harmony-Ascophyllum and its symbionts. In: Seckbach J (ed) Symbiosis: Mechanisms and Model Systems [M]. Dordrecht: Kluwer，2001: 309-321.

[34] Goni O, Fort A, Quille P, et al. Comparative transcriptome analysis of two Ascophyllum nodosum extract biostimulants: same seaweed but different [J]. J Agric Food Chem, 2016, 64: 2980-2989.

[35] Gruchy G F B. Medieval and Tenures in Jersey [M]. Jersey: Bigwoods, 1957.

[36] Henderson J. The Roman Book of Gardening [M]. London: Routledge, 2004.

[37] Guiry M D, Blunden G. The commercial collection and utilization of seaweeds in Ireland [J]. Proc Int Seaweed Symp, 1981, 10: 675-680.

[38] Hernandez-Carmona G. Variacion estacional del contenido de alginatos entres especies de feofitas de Baja California Sur [J]. Invest Marinas CICIMAR, 1985, 2: 29-45.

[39] Herve R A, Rouillier D L. Method and apparatus for communiting (sic) marine algae and the resulting product [P]. United States Patent 4, 023, 734, 1977.

[40] Herve R A, Percehais S. Noveau produit physiologique extrait d' algues et de plantes, procede de preparation, appareillage d' extraction et applications [P]. French Patent 2, 555, 451, 1983.

[41] Hong D D, Hien H M, Son P N. Seaweeds from Vietnam used for functional food, medicine and biofertilizer [J]. J Appl Phycol, 2007, 19: 817-826.

[42] Honya M, Kinoshita T, Ishikawa M, et al. Monthly determination of alginate, M/G ratio, mannitol, and minerals in cultivated Laminaria japonica [J]. Nippon Suisan Gakk, 1993, 59 (2): 295-299.

[43] Kaluzewicz A, Gasecka M, Spizewski T. Influence of biostimulants on phenolic content in broccoli heads directly after harvest and after storage [J]. Folia Hort, 2017, 29: 221-230.

[44] Kenicer G, Bridgewater S, Milliken W. The ebb and flow of Scottish seaweed use [J]. Bot J Scotl, 2000, 52 (2): 119-148.

[45] Keser M, Swenarton J T, Foertch J F. Effects of thermal input and climate change on growth of Ascophyllum nodosum (Fucales, Phaeophyta) in eastern Long Island Sound (USA) [J]. J Sea Res, 2005, 54 (3): 211-220.

[46] Khan W, Rayirath U P, Subramanian S, et al. Seaweed extracts as biostimulants of plant growth and development [J]. J Plant Growth Regul, 2009, 28: 386-399.

[47] Khan A S, Ahmad B, Jaskani M J, et al. Foliar application of mixture of amino acids and seaweed (*Ascophylum nodosum*) extract improve growth and physicochemical properties of grapes [J]. Int J Agric Biol, 2012, 14: 383-388.

[48] Klarzynski O, Plesse B, Joubert J M, et al. Linear β-1, 3 glucans are elicitors of defence responses in tobacco [J]. Plant Physiol, 2000, 124: 1027-1037.

[49] Klarzynski O, Descamps V, Plesse B, et al. Sulfated fucan oligosaccharides elicit defense responses in tobacco and local and systemic resistance against

tobacco mosaic virus [J]. Mol Plant-Microbe Interact，2003，16（2）: 115-122.

[50] Kohlmeyer J，Kohlmeyer A E. Is Ascophyllum nodosum lichenized? [J]. Bot Mar，1972，15: 109-112.

[51] La Barre S L. Monitoring defensive responses in macroalgae limitations and perspectives [J]. Phytochem Rev，2004，3: 371-379.

[52] Lembi C，Waaland J R. Algae and Human Affairs [M]. New York: Cambridge University Press，1988.

[53] Lorbeer A J，Charoensiddhi S，Lahnstein J，et al. Sequential extraction and characterization of fucoidans and alginates from Ecklonia radiata，Macrocystis pyrifera，Durvillaea potatorum，and Seirococcus axillaris [J]. J Appl Phycol，2017，29: 1515-1526.

[54] Manns D，Nielsen M M，Bruhn A，et al. Compositional variations of brown seaweeds *Laminaria digitata* and *Saccharina latissima* in Danish waters [J]. J Appl Phycol，2017，29: 1493-1506.

[55] McHugh D J. A guide to the seaweed industry. FAO Fisheries Technical Paper No. 441 [M]. Rome: FAO，2003.

[56] Metting B，Rayburn W R，Reynaud P A. Algae and agriculture. In Lembi C and Waaland J R（ed）Algae and Human Affairs [M]. New York: Cambridge University Press，1988: 335-370.

[57] Metting B，Zimmerman W J，Crouch I，et al. Agronomic uses of seaweed and microalgae. In: Akatsuka I（ed）Introduction to Applied Phycology [M]. The Hague: SPB，1990.

[58] Michalak I，Lewandowska S，Detyna J，et al. The effect of macroalgal extracts and near infrared radiation on germination of soybean seedlings: preliminary research results [J]. Open Chem，2018，16: 1066-1076.

[59] Milton R F. Liquid seaweed as a fertilizer [J]. Proc Int Seaweed Symp，1964，4: 428-431.

[60] Milton R F. Improvements in or relating to horticultural and agricultural fertilizers [P]. British Patent 664，989，1952.

[61] Milton R F. The production of compounds of heavy metals with organic residues [P]. British Patent 902，563，1962.

[62] Minghou J，Yujun W，Zuhong X，et al. Studies on the M:G ratios in alginate. In: 11th International Seaweed Symposium [M]. Dordrecht: Dr W Junk Publishers，1984: 554-556.

[63] Monagail M M，Cornish L，Morrison L，et al. Sustainable harvesting of wild seaweed resources [J]. Eur J Phycol，2017，52（4）: 371-390.

[64] Nair P，Kandasamy S，Zhang J，et al. Transcriptional and metabolomic analysis of Ascophyllum nodosum mediated freezing tolerance in Arabidopsis

thaliana [J]. BMC Genomics, 2012, 13: 643-648.
[65] Nayar S, Bott K. Current status of global cultivated seaweed production and markets [J]. World Aquac, 2014, 45: 32-37.
[66] Newton L. Seaweed Utilization [M]. London: Sampson Low, 1951: 188.
[67] Noble R R. An end to 'wrecking' : the decline of the use of seaweed as a manure on Ayrshire coastal farms [J]. Folk Life, 1975, 8: 13-19.
[68] Obluchinskaya E D, Voskoboinikov G M, Galynkin V A. Contents of alginic acid and fucoidan in Fucus algae of the Barents Sea [J]. Appl Biochem Microbiol, 2002, 38 (2) : 186-188.
[69] O′ Connor K. Seaweed: A Global History [M]. London: Reaktion Books Ltd, 2017.
[70] Pacheco A C, Sobral L A, Gorni P H, et al. Ascophyllum nodosum extract improves phenolic compound content and antioxidant activity of medicinal and functional food plant Achillea millefolium L. Aust [J]. J Crop Sci, 2019, 13: 418-423.
[71] Panikkar R, Brasch D J. Composition and block structure of alginates from New Zealand brown seaweeds [J]. Carbohydr Res, 1996, 293 (1) : 119-132.
[72] Patier P, Yvin J C, Kloareg B, et al. Seaweed liquid fertilizer from *Ascophyllum nodosum* contains elicitors of plant D-glycanases [J]. J Appl Phycol, 1993, 5: 343-349.
[73] Paul V J. Marine chemical ecology [J]. Nat Prod Rep, 2006, 23: 153-180.
[74] Paungfoo-Lonhienne C, Lonhienne T G A, Andreev A, et al. Effects of humate supplemented with red seaweed (Ahnfeltia tobuchiensis) on germination and seedling vigour of maize [J]. Aust J Crop Sci, 2017, 11: 690-693.
[75] Penkala L. Method of treating seaweed [P]. British Patent 27, 257, 1912.
[76] Peteiro C. Alginate production from marine macroalgae, with emphasis on kelp farming. Rehm B H A, Moradali M F (eds), Alginates and Their Biomedical Applications, Springer Series in Biomaterials Science and Engineering 11 [M]. Singapore: Springer Nature Singapore Pte Ltd, 2018.
[77] Rasmussen R S, Morrissey M T. Marine biotechnology for production of food ingredients [J]. Adv Food Nutr Res, 2007, 52: 237-292.
[78] Rathore S S, Chaudhary D R, Boricha G N, et al. Effect of seaweed extract on the growth, yield and nutrient uptake of soybean (Glycine max) under rainfed conditions [J]. S Afr J Bot, 2009, 75: 351-355.
[79] Rayirath P, Benkel B, Mark H D, et al. Lipophilic components of the brown seaweed, Ascophyllum nodosum, enhance freezing tolerance in Arabidopsis thaliana [J]. Planta, 2009, 230 (1) :135-147.
[80] Robertson-Andersson D V, Leitao D, Bolton J J, et al. Can kelp extract (KELPAK) be useful in seaweed mariculture? [J]. Journal of Applied

Phycology，2006，18（3-5）: 315-321.

[81] Santaniello A，Scartazza A，Gresta F，et al. Ascophyllum nodosum seaweed extract alleviates drought stress in Arabidopsis by affecting photosynthetic performance and related gene expression [J]. Front Plant Sci，2017，8: 1362-1367.

[82] Senn T L，Kingman A R. Seaweed Research in Crop Production 1958-1978. Report No. PB290101，National Information Service，United States Department of Commerce[R].Springfield，VA 22161，1978：161.

[83] Shibata T. Inhibitory activity of brown algal phlorotannins against glycosidases from the viscera of the turban shell Turbo cornotus [J]. Eur J Phycol，2002，37: 493-500.

[84] Smit A J. Medicinal and pharmaceutical uses of seaweed natural products: a review [J]. J Appl Phycol，2004，16: 245-262.

[85] Soares A R. Variation on diterpene production by the Brazilian alga Stypopodium zonale（Dictyotales，Phaeophyta）[J]. Biochem Syst Ecol，2003，31: 1347-1350.

[86] Soares C，Carvalho M E A，Azevedo R A，et al. Plants facing oxidative challenges-A little help from the antioxidant networks [J]. Environ Exp Bot，2019，161: 4-25.

[87] Stephenson W A. Seaweed in Agriculture & Horticulture，3rd Edition [M]. Pauma Valley: B and G Rateaver，1974.

[88] Stirk W A，van Staden J. Isolation and identification of cytokinins in a new commercial product made from Fucus serratus L [J]. J Appl Phycol，1997，9: 327-330.

[89] Stirk W A，van Staden J. Comparison of cytokinin and auxinlike activity in some commercially used seaweed extracts [J]. J Appl Phycol，1996，8: 503-508.

[90] Stirk W A，van Staden，J. Seaweed products as biostimulants in agriculture. In Critchley A T，Ohno M，Largo D B（eds）World Seaweed Resources [M]. ETI Information Services Ltd，Univ. Amsterdam，2006.

[91] Temple W D，Bomke A A. Effects of kelp（Macrocystis integrifolia）on soil chemical properties and crop responses [J]. Plant and Soil，1988，105: 213-222.

[92] Torres P，Novaes P，Ferreira L G，et al. Effects of extracts and isolated molecules of two species of Gracilaria（Gracilariales，Rhodophyta）on early growth of lettuce [J]. Algal Res，2018，32: 142-149.

[93] Tseng C K. Algal biotechnology industries and research activities in China [J]. J Appl Phycol，2001，13: 375-380.

[94] Tseng C K. Commercial cultivation. In: Lobban C S，Wynne M J（eds）The

Biology of Seaweeds [M]. Berkeley: University of California Press，1981.
[95] Ugarte R，Craigie J S，Critchley A T. Fucoid flora of the rocky intertidal of the Canadian Maritimes: Implications for the future with rapid climate change. In Israel A，Einav R，Seckbach J (eds) Seaweeds and Their Role in Globally Changing Environments [M]. New York: Springer，2010.
[96] Ugarte R A，Sharp G，Moore B. Changes in the brown seaweed *Ascophyllum nodosum* (*L.*) Le J l. Plant morphology and biomass produced by cutter rake harvests in southern New Brunswick，Canada [J]. J Appl Phycol，2006，18: 351-359.
[97] Vishchuk O S，Ermakova S P，Zvyagintseva T N. Sulfated polysaccharides from brown seaweeds *Saccharina japonica* and *Undaria pinnatifida*: isolation，structural characteristics，and antitumor activity [J]. Carbohydrate Research，2011，346 (17): 2769-2776.
[98] Westermeier R，Murua P，Patino D J，et al. Variations of chemical composition and energy content in natural and genetically defined cultivars of Macrocystis from Chile [J]. J Appl Phycol，2012，24: 1191-1201.
[99] White W L. World seaweed utilization. In: Tiwari B K，Troy D J (eds) Seaweed Sustainability: Food and Non-food Applications [M]. Oxford: Academic Press，2015.
[100] Xu H，Deckert R J，Garbary D J. Ascophyllum and its symbionts. X. Ultrastructure of the interaction between A. nodosum (Phaeophyceae) and Mycophycias ascophylli (Ascomycetes) [J]. Botany，2008，86: 185-193.
[101] Yildiztekin M，Tuna A L，Kaya C. Physiological effects of the brown seaweed (*Ascophyllum nodosum*) and humic substances on plant growth，enzyme activities of certain pepper plants grown under salt stress [J]. Acta Biol Hung，2018，69: 325-335.
[102] Zemke-White W L，Ohno M. World seaweed utilization: an end of century summary [J]. J Appl Phycol，1999，11: 369-376.
[103] 王明鹏，陈蕾，刘正一，等. 海藻生物肥研究进展与展望[J]. 生物技术进展，2015，5 (3): 158-163.
[104] 汪家铭. 海藻肥生产应用及发展建议[J]. 化学工业，2010，28 (12): 14-18.
[105] 蔡福龙，邵宗泽. 海洋生物活性物质——潜力与开发[M]. 北京：化学工业出版社，2014.
[106] 虞娟，林航，高炎，等. 泡叶藻多糖的提取及其抗氧化活性研究[J].广东化工，2016，43 (14):18-20.
[107] 丁立孝，林成彬. 海带的奥妙[M]. 日照：山东结晶集团股份有限公司，2016：8-12.
[108] 赵学武，徐鹤林.关于马尾藻代替部分粮食和矿物质饲喂肉鸡的探讨[J]. 青岛海洋大学学报，1990，20 (1):86-91.

[109] 潘鲁青，张涛.海藻磨碎液饲育中国对虾幼体实验[J].海洋科学，1997，2:3-5.
[110] 崔征，李玉山，肇文荣.中药海藻及数种同属植物的药理作用[J].中国海洋药物，1997，(3):5-8.
[111] 李来好，杨贤庆，吴燕燕.马尾藻的营养成分分析和营养学评价[J].青岛海洋大学学报，1997，27(3):319-325.
[112] 张金荣，唐旭利，李国强. 浒苔化学成分研究[J]. 中国海洋大学学报，2010，40(5)：93-95.
[113] 吉宏武，赵素芬. 南海3种可食绿藻化学成分及其营养评价[J]. 湛江海洋大学学报，2005，25(3)：19-23.
[114] 纪明侯.海藻化学[M].北京：科学出版社，1997.
[115] 陈景明. 海藻肥在作物生产上的应用[J]. 安徽农业科学，2005，33(9)：34-37.
[116] 范晓，朱耀燧. 多效植物肥-海藻提取物[J]. 海洋科学，1987，(5):59-62.
[117] 张驰. 用海藻制品提升农产品国际竞争力[J]. 中国农资，2006，12：12-15.
[118] 保万魁，王旭，封朝晖，等. 海藻提取物在农业生产中的应用[J]. 中国土壤与肥料，2008，(5)：12-18.
[119] 隋战鹰. 海藻肥料的应用前景[J]. 生物学通报，2006，(11)：19-20.
[120] 杨芳，戴津权，梁春蝉，等. 农用海藻及海藻肥发展现状[J]. 福建农业科技，2014，(3)：72-76.
[121] 秦益民，赵丽丽，申培丽，等.功能性海藻肥[M].北京：中国轻工业出版社，2018.

第五章　海藻多糖和寡糖在生物刺激剂中的应用

第一节　引言

多糖是海藻植物细胞壁的主要成分。从褐藻、红藻中提取海藻酸盐、卡拉胶、琼胶等海藻胶是整个海藻加工业的代表性产品。美国、英国、法国、挪威等早在100多年前就工业化生产海藻胶并开发了下游应用。表5-1为褐藻、红藻、绿藻细胞中的多糖成分。

表5-1　褐藻、红藻、绿藻细胞中的多糖成分（Khan，2009）

海藻种类	多糖成分
褐藻	海藻酸盐、纤维素、岩藻多糖、褐藻淀粉、复杂硫酸酯化葡聚糖、含岩藻糖的聚糖、类地衣淀粉葡聚糖
红藻	卡拉胶、琼胶、纤维素、复杂的黏液、帚叉藻聚糖、糖原、甘露聚糖、木聚糖、紫菜胶
绿藻	直链淀粉、支链淀粉、纤维素、复杂的半纤维素、葡甘露聚糖、甘露聚糖、菊粉、褐藻淀粉、果胶、硫酸黏液、木聚糖

海藻多糖具有许多优良的性能，已经广泛应用于食品、药品、化工、纺织印染等多个领域。在传统应用领域之外，新的应用领域及使用方法的研究开发正方兴未艾，对其衍生物在药品支撑剂、改良剂、增效剂、生物医用材料、美容护肤品等方面的研究是当今的热点领域，褐藻多糖、红藻多糖、绿藻多糖等海藻多糖在生物刺激剂中也有重要的应用价值。

第二节　褐藻多糖在生物刺激剂中的应用

褐藻含有褐藻胶、纤维素、岩藻多糖、褐藻淀粉、复杂硫酸酯化葡聚糖、含岩藻糖的聚糖、类地衣淀粉葡聚糖等多糖类物质。褐藻胶也称海藻酸，是一种阴离子酸性多糖，是褐藻细胞壁的主要组成物质，目前主要从海带、巨藻、泡叶藻、马尾藻等褐藻中提取。海藻酸是由 β-（1,4）-D- 甘露糖醛酸（M）及其 C_5 差向异构体 α-（1,4）-L- 古洛糖醛酸（G）两种糖醛酸单体聚合而成，是一种纯天然的高分子羧酸。

作为褐藻多糖的主要品种，褐藻胶可以通过化学、物理、生物等改性技术的应用，制备如图 5-1 所示的一系列衍生制品，其中海藻酸丙二醇酯（PGA）是海藻酸与环氧丙烷反应后得到的一种非离子型衍生物。由于海藻酸中的羧酸基被丙二醇酯化，海藻酸丙二醇酯溶解于水中形成的黏稠胶体抗盐性强，对钙、钠等金属离子很稳定，即使在浓电解质溶液中也不盐析。由于分子结构中含有丙二醇酯基，海藻酸丙二醇酯的亲油性大、乳化稳定性好，能有效应用于乳酸饮料、果汁饮料等低 pH 的食品和饮料中。

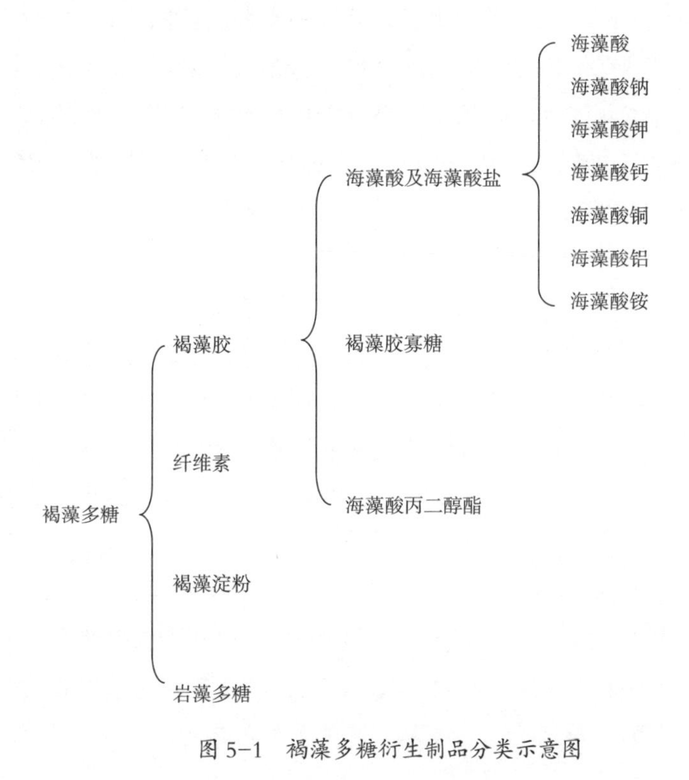

图 5-1　褐藻多糖衍生制品分类示意图

褐藻细胞壁的主要多糖成分是海藻酸盐，而主要贮藏碳水化合物为褐藻淀粉和岩藻多糖（Sharma，2014），其中岩藻多糖具有很多优良的生物活性（Lim，2019；Fernando，2019），近年来得到广泛关注。

一、海藻酸盐

海藻酸盐是海洋褐藻特有的一种高分子羧酸，占海藻干重的15%~40%（Zhang，2013；Zhang，2015；Fernando，2019；Chandia，2004）。海藻酸盐在植物体内具有诱导氧化爆发的作用（Vera，2011），其中多聚甘露糖醛酸部位的激发子活性提高了小麦植株的苯丙氨酸解氨酶（PAL）和过氧化物酶活性（Chandia，2004）。在大豆子叶生物测定中，海藻酸的寡聚物通过积累植物抗毒素和诱导 PAL 活性显示了激发子活性（An，2009）。聚合度为 6、7、8 和 11 的海藻酸寡糖对增加植物抗毒素积累有积极作用，其中聚合度为 7 时具有最大的激发子活性。研究显示（Zhang，2015），聚合度为 6 和 7 时，海藻酸寡糖通过诱导苯丙氨酸解氨酶、过氧化物酶和过氧化氢酶等酶活性，使水稻由稻瘟病菌引起的感染降低 39%。Liu 等（Liu，2009）的研究显示，海藻酸盐寡糖通过提高游离脯氨酸、总可溶性糖、脱落酸含量及多种酶活性，提高番茄幼苗的抗旱性。叶面喷施海藻酸寡聚物也能显著提高番茄幼苗的生物量和干重。在非生物胁迫下，喷洒在幼苗叶片表面的海藻酸寡糖通过刺激脱落酸信号通路促进黄瓜对水分胁迫的耐受性。海藻酸寡糖处理可以显著提高植物的鲜重、光合速率和蒸腾速率，还可以诱导脱落酸和抗旱基因（CsRAB18、CsABI5、CsRD29A 和 CsRD22）的表达，从而逆转干旱胁迫的影响（Li，2018）。此外，小麦植株通过 aba 依赖信号通路表现出对干旱胁迫的耐受性增强，在用海藻酸寡聚物处理后，P5CS 基因表达上调（Liu，2013）。用海藻酸寡糖处理小麦植株增加了一氧化氮的产生，并以剂量依赖的方式促进根系的形成和伸长（Zhang，2013）。用聚合度为 20、浓度为 500 μg/mL 的海藻酸寡糖处理可以诱导烟草植物的生长刺激和防御反应。在烟草叶片上每周喷洒一次，持续一个月后，植株高度增加了 49%，对烟草花叶病毒的防御能力明显提高，坏死病变减少了 22%（Laporte，2007）。

二、岩藻多糖

岩藻多糖又称褐藻多糖硫酸酯、褐藻糖胶、岩藻聚糖硫酸酯、岩藻聚糖等，是一种褐藻特有的纯天然、阴离子型、硫酸酯化多糖，目前主要从海带、海蕴、泡叶藻、裙带菜、羊栖菜、马尾藻、绳藻等褐藻中提取。岩藻多糖是由高度支

链化的 α-L- 岩藻糖 -4- 硫酸酯形成的聚合物,其分子结构中伴有半乳糖、甘露糖、糖醛酸、木糖、氨基己糖等成分，其组成和结构十分复杂，且在不同褐藻中的分子结构种类及含量差异很大。岩藻多糖具有抗炎、抗氧化、抗凝血、抗血栓形成等多种药理功能，基于其优良的生物活性，近年来在食品、医药、保健品、化妆品、医用卫生材料等领域已经得到广泛应用（Ale，2013；Holtkamp，2009；Duarte，2001；Li，2008；Lim，2019；Zvyagintseva，2003；Wang，2011）。

从褐藻中提取出的岩藻多糖的分子质量在 13~950ku（Li，2008；Holtkamp，2009；Klarzynski，2003），其中从墨角藻中提取的岩藻多糖含有 44% 的岩藻糖和 26% 的硫酸基（Li，2008）。在温室条件下，用含有岩藻多糖的泡叶藻提取物处理胡萝卜可提高胡萝卜植株的酶活性以及 PAL 和几丁质酶转录水平，从而降低根状链孢菌和番茄灰霉病的严重程度（Jayaraj，2008）。平均分子质量低于 10ku 的岩藻多糖寡糖具有诱导子活性（Ale，2013），含有 34% 硫酸基团的一种岩藻多糖提高了烟草植物的防御酶、苯丙氨酸解氨酶和脂氧合酶（Chandia，2008）的酶活性。浓度为 0.2mg/mL 的岩藻多糖寡糖在烟草悬浮细胞培养过程中，能诱导细胞外培养基快速碱化、过氧化氢释放、苯丙氨酸解氨酶和脂氧合酶活性增加。此外，用岩藻多糖寡糖处理诱导烟草花叶病毒（TMV）引起的病变的数量和大小都大大减少。岩藻多糖寡糖在局部和系统诱导烟草广泛的晚期防御反应，而没有引起细胞死亡（Klarzynski，2003）。用岩藻多糖处理曼图拉（*Datura stramonium* L.）叶片时，马铃薯病毒（PVX）的侵染率和病毒颗粒积累较低，处理过程诱导细胞内的溶解过程，导致病毒的破坏（Reunov，2009）。岩藻多糖在两个烟草品种的叶片中抑制了 TMV 诱导的侵染扩散。在接种 TMV 前先用褐藻多糖处理叶片，其抗病毒活性不强。然而，当病毒与多糖混合接种时，局部坏死病变减少了 62%~90%，电镜分析显示有凝集颗粒（Lapshina，2006）。4d 后，在受感染和处理的烟草叶片中，观察到与病毒繁殖早期有关的细胞内颗粒状包涵体。因此，岩藻多糖不仅影响植物生长，还影响病毒，能延缓 TMV 诱导感染的发展（Lapshina，2007）。

三、褐藻淀粉

褐藻淀粉是褐藻类海藻植物的一种贮藏碳水化合物（Nayar，2014），是一种水溶性的线性 β-1, 3- 葡聚糖，平均聚合度为 25~33 个葡萄糖单元（Read，1996）。褐藻淀粉的含量和结构因季节、生长地点和生长周期而异（Zvyagintseva，

2003）。例如亚洲地区海带中的褐藻淀粉含量低于1%，而欧洲地区掌状海带中的褐藻淀粉含量约为干重的10%。

在动物中，褐藻淀粉在免疫刺激活动中发挥重要作用（Kim，2011）。在植物中，褐藻淀粉已被证实是植物激发子，通过识别微生物分子模式（MAMPs）或病原相关分子模式（PAMPs）在不同植物中诱导防御反应和抗性，如烟草（Klarzynski，2000；Menard，2004；Fu，2011）、苜蓿草（Kobayashi，1993）、葡萄藤（Aziz，2003；Gauthier，2014；Garde-Cerdan，2017）和拟南芥（Menard，2004）。褐藻淀粉能诱导植物抗性（Fu，2011），在黑莓悬液中β-1，3-葡聚糖酶活性的提高证明了褐藻淀粉的激发子活性（Patier，1993）。聚合度为25~40的褐藻淀粉在烟草悬浮细胞中诱导一氧化氮和H_2O_2释放以及抑制气孔开度，其中抑制TMV的最佳浓度为200mg/mL（Fu，2011）。浓度为200mg/mL的褐藻淀粉为烟草提供对TMV的保护作用（Fu，2011），还能保护烟草免受软腐病的侵害（Klarzynski，2000）。

Aziz等发现褐藻淀粉是一种有效的诱导子，能有效减少葡萄霜霉病和灰霉病的感染（Aziz，2003）。Klarzynski等的研究显示从掌状海带中提取的褐藻淀粉在烟草中引起多种防御反应，用褐藻淀粉处理的烟草叶片无组织损伤和细胞死亡，与对照组叶片相比，预处理组对软腐病症状有较强的抑制作用（Klarzynski，2000）。与其很强的激发子活性一致，褐藻淀粉还诱导4种PR蛋白（PR1、PR2、PR3和PR5）的积累。

Menard等观察到褐藻淀粉在植物中只诱导了弱抗性，在硫酸酯化后可以诱导烟草水杨酸信号通路，从而诱导烟草对TMV感染的强免疫，还通过诱导不同家族的PR蛋白（酸性PR1）在烟草中的表达而具有激活子活性（Menard，2004）。在烟草试验中，褐藻淀粉的硫酸酯化度在0.4~1.5时可以触发PR蛋白表达，其活性随硫酸酯化度的增加而增加。褐藻淀粉及其硫酸酯化衍生物均能诱导葡萄对由葡萄孢浆菌引起的霜霉病的抗性（Trouvelot，2008），在此过程中，褐藻淀粉引起的是经典防御，如氧化爆发、PR蛋白和植物抗毒素的产生等（Aziz，2003），而硫酸酯化衍生物则通过触发葡萄的抗逆性（Gauthier，2014）。在此过程中，硫酸酯化褐藻淀粉触发了与H_2O_2产生和超敏反应样细胞死亡相关基因的显著高表达，还启动了水杨酸的生物合成和SA标记基因的表达（Trouvelot，2008），在此背景下，植物不会触发显著的防御反应，但对低水平刺激的反应更快更强（Conrath，2015；Chalal，2015；Lemaitre-Guillier，2017；Paris，2016）。

第三节 红藻多糖在生物刺激剂中的应用

海洋红藻中的多糖包括琼胶、卡拉胶、紫菜胶、木聚糖等（Fernando，2019；Zou，2018），其中卡拉胶因其在植物防御反应中的重要功能特性受到人们的关注。卡拉胶是一种硫酸酯化多糖，是很多红藻细胞的主要成分，占干重的30%~75%（Shukla，2016；Tuvikene，2006）。卡拉胶是由D-半乳糖和3，6-脱水-D-半乳糖残基组成的线形硫酸酯化多糖类化合物，根据硫酸基在半乳糖上连接位置的不同，卡拉胶可分为7种类型：κ-型、ι-型、λ-型、γ-型、ν-型、ξ-型、μ-型（Rees，1963；Anderson，1973；Anderson，1968；McCandless，1982；McCandless，1983）。商业化生产的卡拉胶主要有三种（胡亚芹，2005），其中κ-卡拉胶的结构单元为β-（1→3）-D-半乳糖-4-硫酸基α-（1→4）-3，6-内醚-D-半乳糖，ι-卡拉胶的结构单位为β-（1→3）-D-半乳糖-4-硫酸基α-（1→4）-3，6-内醚-D-半乳糖-2-硫酸基，λ-卡拉胶的结构单位为β-（1→3）-D-半乳糖-2-硫酸基α-（1→4）-D-半乳糖-2，6-硫酸基。图5-2为三种主要卡拉胶的化学结构。

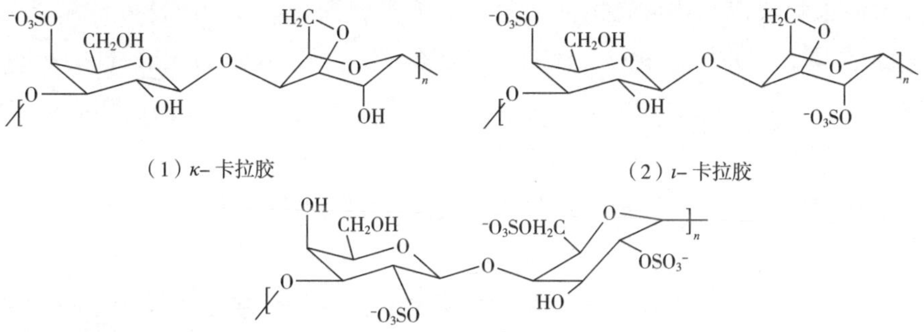

（1）κ–卡拉胶

（2）ι–卡拉胶

（3）λ–卡拉胶

图5–2 三种主要卡拉胶的化学结构

Patier等的研究结果表明，κ-卡拉胶低聚物具有酶活性（Patier，1995），可作为防御反应的激发子增强植物免疫力（Sangha，2011；Castro，2012），其活性与硫酸酯化程度相关（Sangha，2010；Sangha，2011）。ι-卡拉胶通过诱导茉莉酸等防御机制，诱导吲哚硫代葡萄糖苷生物合成的相关基因而产生抗性。λ-卡拉胶诱导拟南芥和番茄对坏死性病原体（菌核病）和番茄褪绿矮类病毒

（TCDVd）的茉莉酸依赖性防御（Sangha，2015）。Mercier 等（Mercier，2001）报道当 λ- 卡拉胶渗透到烟叶的叶肉时可以有效诱导防御基因（ACC 氧化酶、脂氧合酶、几丁质酶和 *II* 型蛋白酶抑制剂）。以卡帕藻为原料制备的 κ- 卡拉胶通过叶面应用可诱导 PR 蛋白表达，且对辣椒植株无毒，而过氧化物酶、PR1 和防御素基因 1.2（PDF1.2）表达水平显著上调。在 40 日龄辣椒植株上喷洒浓度为 0.3% 的 κ- 卡拉胶可诱导其对由炭疽菌（*Colletotrichum gloeosporioides*）引起的炭疽病产生抗性。角叉菜胶通过诱导茉莉酸依赖的 PR 基因增强植物的防御作用，对炭疽菌的菌丝生长有抑菌作用（Mani，2018）。Nagorskaya 等的研究结果表明，角叉菜胶可以诱导曼杜拉叶片中病毒 X（PTX）的蛋白质合成和层状结构的形成，阻止病毒在细胞内存活（Nagorskaya，2010）。Reunov 等报道了角叉菜胶对烟草叶片 TMV 积累的抑制作用（Reunov，2004）。用 1mg/mL 的卡拉胶与 TMV 混合液处理烟草后，叶片上坏死病灶的数量比单独使用 TMV 溶液下降 87%。用聚合度为 20 的硫酸盐半乳糖溶液每周喷一次，持续喷一个月后烟草植株高度提高了 23%，对 TMV 的防御能力也有提高，坏死性病变减少了 74%（Laporte，2007）。Ghannam 等的研究显示 κ- 卡拉胶处理植物时，TMV 明显减少，观察到的斑点也更少（Ghannam，2013）。κ- 卡拉胶具有激活子活性，能够激活茉莉酸或乙烯途径的防御机制。大量研究显示卡拉胶诱导的茉莉酸信号通路诱导了 PDF1.2、PR3、Def1.2 基因的表达（Shukla，2016；Nagorskaya，2008）。

第四节　绿藻多糖在生物刺激剂中的应用

在褐藻、红藻、绿藻三类海洋大型藻类中，绿藻是结构多样的生物活性物质的重要来源，但在保护植物免受病原体侵害方面，绿藻资源还未得到充分利用（De Freitas，2015；Paradossi，2002；Massironi，2019）。绿藻通过生物合成的细胞壁多糖占其干重的 38%~54%，其中石莼聚糖是主要的水溶性多糖，占干重的 8%~29%。除了石莼聚糖，绿藻还含有其他多糖，包括不溶性的纤维素以及碱溶性的线性木葡聚糖和阴离子型聚合物 - 聚葡萄糖醛酸（Redouan，2009；Lahaye，2007）。De Freitas 等的研究显示石莼聚糖在许多植物中能诱导对病原体的抗性（De Freitas，2012）。绿藻中提取得到的葡萄糖醛酸寡聚物也能诱导植物抗性（Elboutachfaiti，2009；Abouraicha，2017）。例如，在苹果上使用平均聚合度为3的葡萄酸寡糖降低了蓝霉菌和灰霉菌的感染，其中感染的减少伴随着过氧化氢和酚类化合物的产生以及苯丙氨酸解氨酶（PAL）和过氧化物酶活性的增加。以石莼和浒苔为原料，用热水浸提可以得到含硫酸基团的阴离子型多糖（Quemener，1997；Hayden，2003；Robic，2009）。

石莼在全球各地均有分布，各地区的种类分别为亚洲（56）、澳大利亚（40）、欧洲（38）、北美（34）、非洲（31）、南美（20）、南极洲（12），其中18种是亚洲特有种，11种是澳大利亚特有种，9种是欧洲特有种，6种是非洲特有种，2种是北美特有种，1种是南美特有种（Yoshida，2015；Uchimura，2004；Yamasaki，1996）。目前以色列、新西兰等地已经在陆地上的大型容器中进行石莼的人工养殖，为下游产品的开发提供了资源保障。图5-3为几种典型的石莼类绿藻以及人工养殖石莼的效果图。

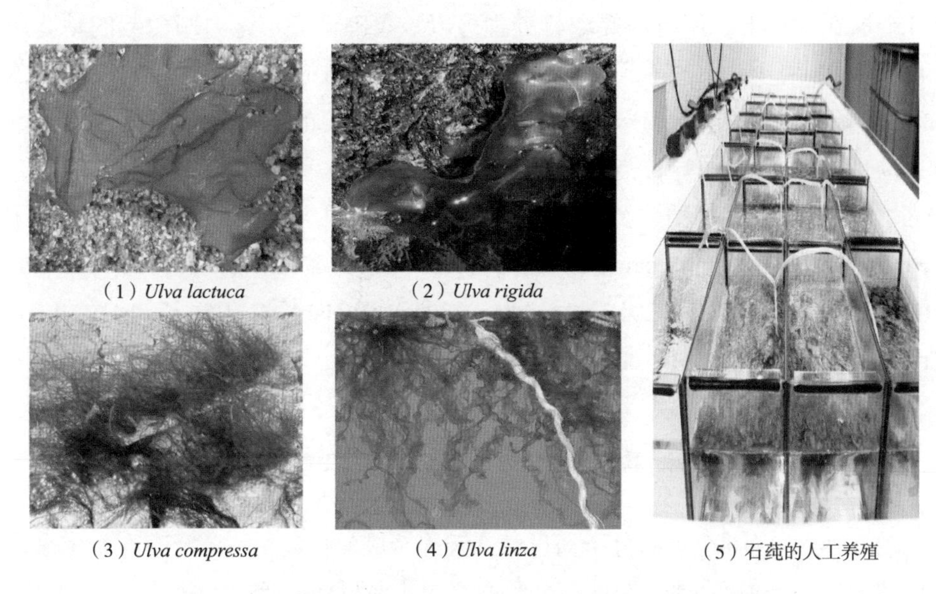

（1）*Ulva lactuca*　（2）*Ulva rigida*　（3）*Ulva compressa*　（4）*Ulva linza*　（5）石莼的人工养殖

图5-3　几种典型的石莼类绿藻以及人工养殖石莼的效果图

根据海洋环境的变化，不同种类的石莼等绿藻含有种类繁多的海藻活性物质，具有很好的生物活性，提取后可用于生物刺激剂等各种生物制品（Paradossi，1999；Jaulneau，2011）。石莼聚糖含有鼠李糖（16%~29%）、木糖（30%~33%）、葡萄糖醛酸（8%~16%）、硬糖醛酸（3.7%~9%）以及少量葡萄糖、甘露糖、半乳糖和阿拉伯糖，基本上呈线性排列，其中一个主要结构单元是由鼠李糖3-硫酸酯和糖醛酸组成的双糖（Alves，2013；Lahaye，1999）。石莼聚糖的中等分子质量在 50~180ku，其高分子质量在 300~1200ku（Robic，2009）。有研究（De Freitas，2015）显示石莼聚糖诱导对植物病原真菌抗性的功效可能与硫酸酯化度无关，但所有石莼提取物都能在烟草株系中诱导抗性，在黄瓜植株中保护其免受白粉病感染（Jaulneau，2011）。用浓度为 1mg/mL 的石莼提取液在苜蓿植株上喷施两次可以保护其免受三叶炭疽病菌的感染（Cluzet，2004）。在温室条件下用浓度为 10mg/mL 的石莼聚糖对菜豆喷施 2 次可使由炭疽菌引起的炭疽病的严重程度降低 38%~60%，但其对病原菌没有直接的抑菌活性（Paulert，2009），其作用机理可能源于豆叶中过氧化物酶和葡聚糖酶活性的提高，具有较强的激发子活性（Cluzet，2004；Paulert，2010）。

在马铃薯上应用石莼提取物可通过生物诱导作用抵抗由疫霉引起的晚疫病（Ahmed，2016），在橄榄树上可使大丽花黄萎病引起的发病率降低 29%（Salah，2018）。在番茄上，用石莼提取物处理可以显著降低尖孢镰刀菌引起的枯萎病的发展，施用 45d 后与对照植株相比，用石莼聚糖的寡糖处理后的植株萎蔫率显著降低到 44%。石莼聚糖通过苯丙氨酸解氨酶的刺激、酚类化合物含量的增加和水杨酸在诱导位点上下的诱导具有激发子活性（El Modafar，2012）。在蚕豆、葡萄藤、水稻、黄瓜上应用石莼提取物也得到类似的生物刺激作用（Jaulneau，2010；Jaulneau，2011；Paulert，2009；Paulert，2010；Ortmann，2006；Fernandez-Diaz，2017；Melcher，2016；Rydahl，2017；Stadnik，2014；Trouvelot，2014；Rasyid，2017）。

第五节　海藻寡糖在生物刺激剂中的应用

寡糖是由 3~10 个单糖分子通过糖苷键连接成的化合物，广泛存在于生命体内，主要以糖蛋白、糖脂、糖肽等糖缀合物形式参与生命活动。通过化学、物理、生物降解技术的应用，海藻酸、卡拉胶、琼胶等海藻多糖降解后得到的寡糖具有一系列独特的生物活性，在生物刺激剂领域有很高的应用价值。

一、海藻酸寡糖的制备

目前海藻酸寡糖的制备主要有物理降解法、化学降解法和酶解法等（Yanaki，1983；Donati，2003；杨钊，2004；Wong，2000），其中酶解法是一种条件温和、可控性强和特异性高的生物降解方法，也是该领域的主要研究方向之一。

（一）物理降解法制备海藻酸寡糖

辐照降解是一种低成本的加工方法，是制备海藻酸寡糖的常用手段（Nagasawa，2000）。Luan 等把分子质量为 900ku、M/G 比例为 1.3 的海藻酸钠溶于水制成 40g/L 的水溶液后室温下用C_o^{60}源 γ- 射线在 10、30、50、75、100、150 和 200kGy 下辐照，辐照速率为 10kGy/h（Luan，2009）。图 5-4 为海藻酸钠分子质量（M_w）和分子质量分布（M_w/M_n）随辐照剂量的变化。辐照剂量越高，分子质量及分子质量分布值均有明显下降。在辐照剂量上升到 50kGy 的过程中，分子质量下降非常明显，此后剂量上升对分子质量下降的影响不大。

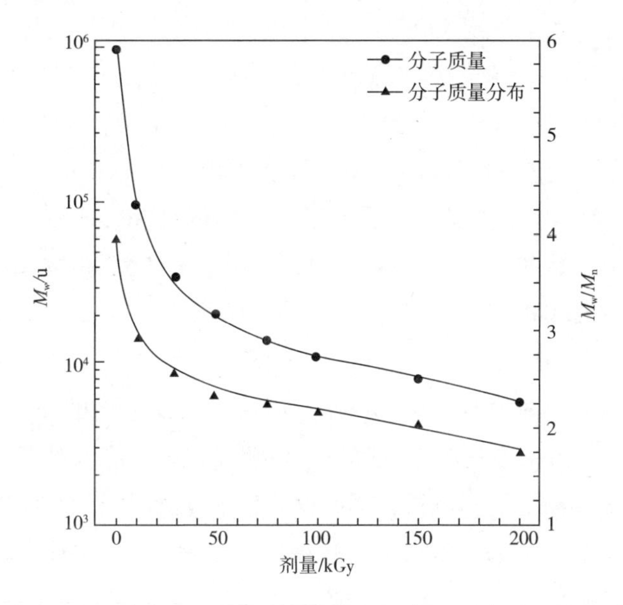

图 5-4　海藻酸钠分子质量（M_w）和分子质量分布（M_w/M_n）随辐照剂量的变化

（二）化学降解法制备海藻酸寡糖

海藻酸寡糖可以通过高分子质量海藻酸盐在酸性条件下的可控降解制备（Haug，1967；Haug，1974；Campa，2004），其原理在于海藻酸分子主链的糖苷键在酸催化下的分裂，包括以下几个步骤（Timell，1964）：①糖苷键上的氧原子被氢离子质子化，形成共轭酸；②共轭酸的异裂；③海藻酸分子链的断裂，得到还原性的端基。

（三）生物降解法制备海藻酸寡糖

海藻酸钠在裂解酶作用下降解后可以制备寡糖（陈俊帆，2011；陈俊帆，2013；李悦明，2010）。按其降解海藻酸片段的不同，海藻酸裂解酶可分为两大类：

1,4-β-D- 甘露糖醛酸裂解酶和 1,4-α-L- 古洛糖醛酸裂解酶，分别作用于海藻酸的甘露糖醛酸和古洛糖醛酸片段。海藻酸裂解酶主要来源于微生物和海洋动植物，其中微生物来源包括铜绿假单胞菌、解藻朊酸弧菌、别单胞菌、棕色固氮菌、褐球固氮菌、环状芽孢杆菌、棒状杆菌、克里伯菌等，海洋动植物包括鲍鱼、昆布属褐藻、滨螺等（岳明，2006）。海藻酸裂解酶通过单体之间的 β-1,4-糖苷键的 β- 消去机制（β-eliminate）裂解海藻酸的糖苷键，并在产物的非还原性末端产生含有不饱和双键的寡聚糖醛酸，产物在 230~240nm 有强烈的紫外吸收，不论是 D- 甘露糖醛酸或 L- 古洛糖醛酸为单体的海藻酸都生成不饱和衍生物。

海洋双壳贝类、棘皮类动物、细菌、真菌等生物体中均有海藻酸裂解酶（Butler，1990）。不同种类的酶对海藻酸分子链上的不同部位有活性，尽管作为一种共聚物，酶对海藻酸的裂解性能比较复杂（Haugen，1990），例如鲍鱼等海洋双壳贝类的裂解酶主要属于甘露糖醛酸酶（Boyen，1990；Nakada，1967；Haugen，1990），而一些细菌中存在古洛糖醛酸酶（Brown，1991；Boyen，1990；Boyd，1977；Boyd，1978；Haugen，1990）。

江琳琳等将 pH=7.0 的 0.03g/mL 海藻酸钠水溶液于 40℃水浴中预热 10min 后，与粗酶液按体积比 5:1 混合，使反应液中海藻酸钠的质量浓度为 0.025 g/mL 并在 40℃水浴中催化海藻酸降解。降解过程中反应液黏度随时间变化而降低，最初几小时黏度下降较快，还原糖质量浓度随时间延长而增加。试验结果显示，经海藻酸降解酶分解形成的寡糖在聚合度为 6.8 时具有较高的活性，以此处理水稻芽能激发水稻细胞产生植保素（江琳琳，2009）。

与化学法、物理法等降解方法相比，酶解海藻酸及海藻具有很多优势，包括：

（1）相对于碱解,海藻多酚、内源激素（赤霉素、玉米素等）等活性物质全保留。

（2）相对于细胞破壁工艺，海藻酸、海藻多糖裂解为活性更高的褐藻寡糖。

（3）产生唯一具有基础因子、增强因子、稳固因子、长效因子、健康因子的海藻提取液。

（4）活性物质成分增加 10%，活性物质含量提高 20%。

经过褐藻胶裂解酶裂解的海藻酸寡糖的活性提高 10 倍以上，其功能包括：

（1）激活水杨酸、茉莉酸免疫系统，可抗细菌、病毒侵害，减少农药使用。

（2）诱导植物合成脱落酸、茉莉酸，增强植物抗逆性，早成熟、早上市。

（3）诱导植物合成生长素，快速生根发芽，长势快。

（4）添加褐藻寡糖后产品具有植物疫苗功效。

海藻酸寡糖（AOS）被证明是植物体内重要的信号分子，可促进植物生长、提高植物对病害的抵抗力，增强植物对环境的适应能力，改善产量和品质。在尿素等传统化肥中加入海藻酸寡糖可以有效提高肥效。表5-2显示传统化肥中海藻酸寡糖的适宜添加量。

表5-2　传统化肥中海藻酸寡糖的添加量

产品	添加量/（kg/t）	
	30%液体海藻酸寡糖	90%粉剂海藻酸寡糖
尿素	0.5~1	0.2~0.4
复合肥	0.5~1	0.2~0.4
水溶肥	—	1~2
冲施肥	2.5~5	1~2
叶面肥	15~30	3~10

数据来源：汉和生物。

二、卡拉胶寡糖的制备

从红藻中提取的卡拉胶的相对分子质量通常在几十万到几百万，这种大分子质量的卡拉胶很难在生物刺激剂中产生活性。将高分子质量的卡拉胶多糖降解为聚合度低、分子质量小的寡糖片段，通过裂解其糖链更多暴露活性基团后能显著提高其生物活性（郭娟娟，2018）。目前，用于降解卡拉胶的方法有化学降解法、物理降解法以及生物降解法。

（一）化学降解法

传统的化学降解法包括无机酸水解、氧化水解、还原水解、甲醇水解、硫醇水解等，其中应用最广泛的是无机酸水解法，其操作简单、反应速度快、成本低。H_2SO_4、HCl、CH_3COOH等酸性溶液可非专一性断裂多糖分子中的糖苷键后得到低分子质量的降解产物，并且通过控制酸水解液的浓度、水解时间和温度可以得到不同分子质量片段的产物。杨波采用H_2SO_4降解ι-卡拉胶获得10种聚合度在2~20的ι-卡拉胶寡糖（杨波，2009）。袁华茂采用2.3mol/L的HCl在60℃下水解κ-卡拉胶，获得平均分子质量37.7ku的寡糖混合物，其中硫酸基团含量从12.95%降到8.98%（袁华茂，2005）。总的来说，酸水解法的反应过程不易控制、降解产物复杂、分子质量分布范围广，这些缺点限制了该方法在规模化生产卡拉胶寡糖中的应用。

（二）物理降解法

超声波和微波降解法是目前研究与应用较为广泛的物理降解方法，其中超声波降解法通过超声波在溶液中产生冲击力、剪切力和碰撞作用切开糖链，可通过控制功率、温度、时间等得到一定分子质量的卡拉胶寡糖片段产物。Yamada 等利用超声波对 κ- 及 λ- 卡拉胶进行处理后得到低分子质量的卡拉胶降解物（Yamada，2000）。微波降解法可通过外加电压、射线等对多糖链进行断裂，同时不会破坏卡拉胶的结构和组成。Zhou 等（Zhou，2004）通过控制微波时间和功率降解 λ- 卡拉胶，得到 5 种不同分子质量的卡拉胶寡糖。

物理法处理得到的产物的分子质量分布较广，且不易得到聚合度较低的寡糖产物，但是操作简易、可控性好，在与其他处理方法联合使用时可有效提高其应用范围。

（三）生物酶解法

生物酶解法采用卡拉胶酶在温和的条件下高度专一地作用于卡拉胶的 β-1，4 糖苷键后得到卡拉胶寡糖，根据底物的专一性，卡拉胶酶可分为 κ-、ι- 和 λ- 卡拉胶酶，均属于半乳糖苷水解酶类。生物酶解法制备卡拉胶寡糖具有底物专一性强、反应条件温和可控、对环境无污染等优点，已逐渐取代传统的化学降解法成为卡拉胶寡糖制备的主流方法。

卡拉胶酶主要来源于两大类：一是海洋动物，即以海洋红藻为主食的海洋软体动物；二是海洋微生物，目前是卡拉胶酶的主要来源和研究重点，已经在交替单胞菌属（*Alteromonas*）（Barbeyron，1995）、噬纤维菌属（Potin，1991）、弧菌属（*Vibrio*）（Crimson，2013）、假单胞菌属（*Pseudomonas*）（Ostgaard，1993）等微生物中发现卡拉胶酶。

三、琼胶寡糖的制备

琼胶寡糖是琼胶多糖经水解后形成的聚合度为 2~10 的低聚糖，又称琼胶低聚糖，主要由琼二糖的重复单位连接而成，包括琼寡糖（agar oligosaccharides）和新琼寡糖（neoagar oligosaccharides）两个系列（问莉莉，2011）。琼胶寡糖可以通过酸水解法、氧化还原法、酶解法等方法制备。

（一）酸水解法

酸水解法是制备琼胶寡糖时常用的一种方法。陈海敏等利用硫酸和盐酸，通过直接加酸、逐级加酸、非均相等方法对琼胶进行降解，并研究了在不同酸和不同降解条件下琼胶寡糖聚合度的变化（陈海敏，2003）。结果显示，硫酸降解产物中单糖和二糖的含量较多，盐酸降解物中3~8糖含量较多，盐酸逐级降解的效果较好，其降解产物集中在3~8糖。毛文君等利用酸解法制备了一种奇数琼胶寡糖单体，包括琼三糖、琼五糖、琼七糖、琼九糖（毛文君，2006）。制备时向琼胶或琼脂糖中加水、加酸后在80℃下反应240min，反应结束后将反应液离心分离并蒸发浓缩，在浓缩液中加入有机溶剂，离心分离，弃去沉淀再将上清液浓缩，最后用色谱柱分离出各琼胶寡糖单体后冷冻干燥。于广利等发明了一种偶数琼胶寡糖的制备方法，其聚合度为2~20（于广利，2007）。制备过程中将琼胶在还原剂存在下用酸加热降解，用碱中和多余酸至中性，经浓缩、醇沉、洗涤后经色谱柱分离后得到琼胶寡糖。

（二）氧化还原法

氧化还原法可以提供一种工艺简单、成本低廉的降解工艺用于制备琼胶寡糖。韩丽君等以成品琼胶粉或条状琼胶为原料，用pH7的0.1mol/L磷酸氢钠和磷酸二氢钠缓冲溶液进行琼胶的溶解，在Fe^{2+}存在的条件下加入H_2O_2进行降解，加入维生素C进行诱导反应，加入过氧化氢酶作为反应终止剂终止反应，将降解产物高速离心后加入乙醇纯化沉淀，取上清液旋转蒸发后冷冻干燥获得琼胶的寡糖降解产物。降解后得到的琼胶寡糖的分子质量在3000u左右，产率在85%以上（韩丽君，2004）。

（三）酶解法

传统的化学降解法存在条件难控制、产物不均一、产物分离和回收难等问题。用微生物分泌的琼胶酶水解琼胶后制备琼胶寡糖，不仅反应条件温和、能耗低，而且具有酶催化的高效性和专一性，可选择性切断糖苷键，克服化学降解法存在的问题（缪伏荣，2007；杜宗军，2003）。于文功等使用大肠杆菌重组株DH5*α*-pET24-agaA表达的琼胶酶对琼胶进行酶解后制备了新琼四寡、新琼六寡糖，其中使用的琼胶酶为转基因产物，可大量获得，酶解产物的85%~95%集中于聚合度为4、6的新琼寡糖，其反应时间短、条件温和、成本低廉，适用于大规模生产（于文功，2004）。

根据对琼胶中糖苷键的特异性，琼胶酶分为*α*-琼胶酶和*β*-琼胶酶，其中*α*-琼胶酶对琼胶的*α*-1，3糖苷键作用，使其酶解生成以*α*-D-半乳糖为非还原端和以3，6-内醚-*α*-L-半乳糖为还原性末端的琼胶寡糖酶解产物。从琼脂液化弧菌中分离得到的*α*-琼胶酶能使琼胶在酶解初期黏度急剧下降，生成还原糖，失去凝固性，酶解最终产物为琼二糖（管斌，2010）。

四、海藻寡糖的生物刺激作用

海藻寡糖是由海藻酸等海藻多糖经酸、氧化剂或裂合酶降解后获得的小分子质量片段，其水溶性好，易于吸收利用，许多研究已经证实海藻寡糖能在植物生长调节和诱导抗病领域发挥积极作用（张琳，2018）。海藻寡糖具有较高的激发子活性，在植物抗病生理过程中能诱导植物产生植保素和防卫响应因子，抵御外来微生物的侵染，或直接作用于病原菌，参与植物的诱导抗病过程（王婷婷，2011；刘瑞志，2009）。与其他来源的寡糖相同，海藻寡糖是植物的一种重要信号分子，有促进生长的作用。一定浓度的海藻寡糖可促进作物对氮、磷以及许多矿物质元素的吸收，可作为氮肥的增效剂（张朝霞，2014）。海藻寡糖分子结构中的羧基含有负电荷基团，与多肽类肥料增效剂聚天冬氨酸的增效原理类似，即其中的负电荷结合了氮肥中的氨和铵态氮，在特定条件下形成络合物，缓慢释放氮养分，抑制其向硝态氮及亚硝态氮的转化，最终达到减少氮素损失及长期供氮的目的，从而提高氮肥的利用率。目前海藻肥行业已颁布实施 2 个行业标准，分别是 HG/T 5050—2016《海藻酸类肥料》和 HG/T 5049—2016《含海藻酸尿素》。2018 年 6 月 1 日颁布了 NY/T 3174—2017《水溶肥料海藻酸含量的测定》。

吴海歌等通过酸解法制备海藻酸钠寡糖，在检测其体外自由基清除能力与抗氧化能力的基础上，建立了海藻酸钠寡糖保护氧化损伤细胞模型，进而对细胞形态与活性、胞内活性氧清除率、关键氧化还原酶活性进行检测（吴海歌，2015）。结果表明，海藻酸钠寡糖对小胶质细胞有保护作用，能有效清除胞内活性氧、维持细胞正常形态、提高超氧化物歧化酶（SOD）和谷胱甘肽过氧化物酶（GSH-Px）的活性，缓解过氧化氢对细胞的氧化损伤。图 5-5 显示海藻酸钠寡糖对小胶质细胞保护作用的效果图。

海藻酸寡糖的抗氧化性能受浓度、分子质量、降解方法等多种因素的影响。低分子质量海藻酸盐对 ABTS 和超氧自由基的捕获性能与浓度和时间呈正相关性，而与海藻酸的分子质量呈负相关性（Kelishomi，2016）。酶降解获得的分子质量低于 1ku 的海藻酸寡糖对超氧基、羟基和次氯酸自由基的捕获性能优于分子质量为 1~10ku 的海藻酸寡糖，也优于抗坏血酸和肌肽。此外，分子质量为 1~6ku 的海藻酸寡糖的抗氧化性能优于分子量为 6~10ku 的寡糖（Zhao，2012）。

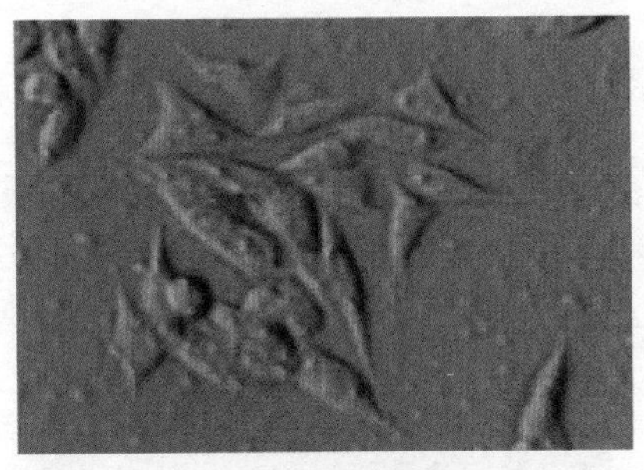

（1）正常N9细胞

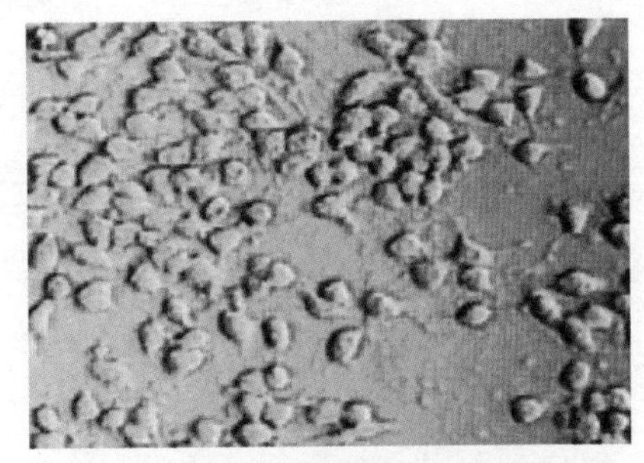

（2）H_2O_2刺激的N9细胞

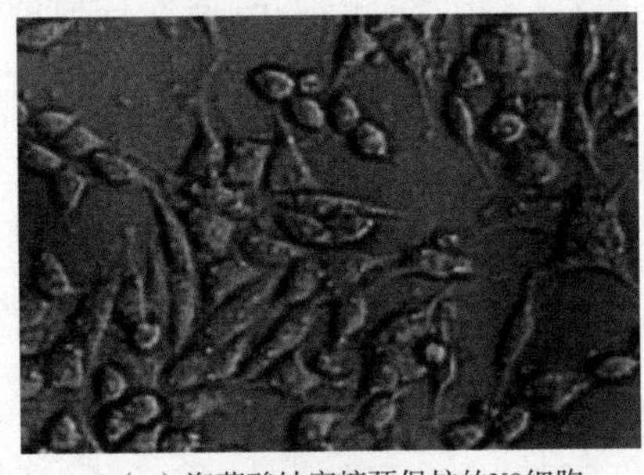

（3）海藻酸钠寡糖预保护的N9细胞

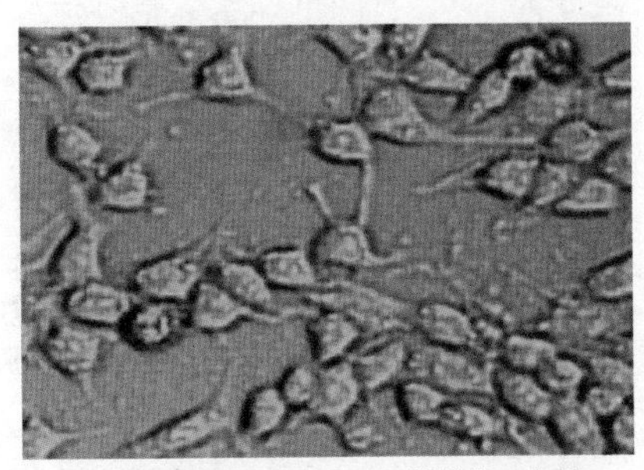

（4）预保护后又经H_2O_2刺激的N9细胞

图 5-5　海藻酸钠寡糖对小胶质细胞保护作用的效果图（吴海歌，2015）

海藻酸寡糖可促进大麦、豌豆、高粱、水稻、花生、莴苣等作物的生长，提高植物的抗冻能力、促进种子萌发和根部生长（马莲菊，2007；马纯艳，2010；Quoc，2000；Iwasaki，2000）。

王婷婷以单子叶禾本科植物小麦、大麦及草本植物烟草的悬浮细胞作为实验对象，研究不同浓度和带电性的海洋寡糖对植物的作用效果（王婷婷，2012）。将大麦和小麦种子分别浸泡在不同浓度的海藻酸寡糖和壳寡糖溶液中，并在24℃恒温光照培养箱中进行萌发，通过对其根长、苗长、根重、苗重等基本生长指标的测定，优化出海洋寡糖的最佳促生长浓度。实验结果表明，海藻酸寡糖的最佳促生长浓度针对大麦是0.5%、小麦是0.25%，两者在0.25%~0.5%的浓度范围内均能体现较好的促生长作用。寡糖浓度超过最佳值后其进一步升高会导致促进作用减弱，当其浓度达到0.75%时开始出现抑制作用。对两种单子叶植物的基本生理指标进行测定后发现，海藻酸寡糖通过提高叶绿素含量、淀粉酶活性及植株根系活性促进种子萌发和幼苗生长。

第六节 小结

海藻是一种重要的海洋生物资源，具有很高的经济和生态价值。以海藻酸、卡拉胶、琼胶、岩藻多糖等海藻多糖和寡糖为代表的海藻生物制品具有独特的结构、性能和生物活性，在生物刺激剂领域有重要的应用价值。

参考文献

[1] Abouraicha E F，Alaoui-Talibi Z E，Tadlaoui-Ouafi A，et al. Glucuronan and oligoglucuronans isolated from green algae activate natural defense responses in apple fruit and reduce postharvest blue and gray mold decay [J]. J Appl Phycol，2017，29: 471-480.

[2] Ahmed S M，El-Zemity S R，Selim R E，et al. A potential elicitor of green alga（Ulva lactuca）and commercial algae products against late blight disease of *Solanum tuberosum* L. [J]. Asian J Agric Food Sci，2016，4: 86-95.

[3] Ale M T，Meyer A S. Fucoidans from brown seaweeds: an update on structure，extraction techniques and use of enzymes as tools for structural elucidation [J]. RSC Adv，2013，3: 8131-8141.

[4] Alves A，Sousa R A，Reis R L. A practical perspective on ulvan extracted from green algae [J]. J Appl Phycol，2013，25: 407-424.

[5] An Q D，Zang G L，Wu H T，et al. Alginate-deriving oligosaccharide production by alginase from newly isolated *Flavobacterium* sp. LXA and its potential application in protection against pathogens [J]. J Appl Microbiol，2009，106: 161-170.

[6] Anderson N S，Dolan T C S，Rees D A. Carrageenans. Part 3. Oxidative hydrolysis of methylated kappa-carrageenan and evidence for a masked repeating structure [J]. J Chem Soc C，1968: 596-601.

[7] Anderson N S，Dolan T C S，Rees D A. Carrageenans. Part 7. Polysaccharides from Eucheuma spinosum and Eucheuma cottonii. The covalent structure of iota-carrageenan [J]. J Chem Soc Lond Perkins Trans I，1973: 2173-2176.

[8] Anderson U S. Carrageenans. Part 4. Variations in the structure and gel properties of kappa-carrageenan and the characterization of sulphate esters by infrared spectroscopy [J]. J Chem Soc C，1968: 602-606.

[9] Anderson U S. Carrageenans. Part 5. The masked repeating structures of lambda- and mu-carrageenans [J]. Carbohyd Res，1968，7: 468-473.

[10] Aziz A，Poinssot B，Daire X，et al. Laminarin elicits defense responses in grapevine and induces protection against *Botrytis cinerea* and *Plasmopara viticola* [J]. Mol Plant Microbe Interact，2003，16: 1118-1128.

[11] Barbeyron T，Potin P，Richard C，et al. Arylsulphatase from *Alteromonas carrageenovora* [J]. Microbiology，1995，141（11）: 2897-2904.

[12] Boyen C，Kloareg B，Polne-Fuller M，et al. Preparation of alginate lyases from marine molluscs for protoplast isolation in brown algae [J]. Phycologia，1990，29: 173-181.

[13] Boyen C，Bertheau Y，Barbeyron T，et al. Preparation of guluronate lyase from *Pseudomonas alginovora* for protoplast isolation in Laminaria [J]. Enz Microbiol Technol，1990，12: 885-890.

[14] Boyd J，Turvey J R. Isolation of a poly-c-L-guluronate lyase from *Klebsiella aerogenes* [J]. Carbohydr Res，1977，57: 163-171.

[15] Boyd J，Turvey J R. Structural studies of alginic acid using a bacterial poly-a-L-guluronate lyase [J]. Carbohydr Res，1978，66: 187-194.

[16] Brown B J，Preston J F. L-Guluronan-specific alginate lyase from a marine bacterium associated with Sargassum [J]. Carbohydr Res，1991，211: 91-102.

[17] Butler D M，Evans L V，Kloareg B. Isolation of protoplasts from marine macroalgae. In Akatsuka I（ed），Introduction to Applied Phycology [M]. The Hague: SPB Academic Publishing，1990: 647-668.

[18] Campa C，Oust A，Śkjak-Braek G，et al. Determination of average degree of polymerization and distribution of oligosaccharides in a partially acid-hydrolyzed homopolysaccharide: a comparison of four experimental methods applied to mannuronan [J]. J Chromatogr A，2004，1026（1-2）: 271-281.

[19] Castro J，Vera J，Gonzalez A，et al. Oligo-carrageenans stimulate growth by enhancing photosynthesis，basal metabolism，and cell cycle in tobacco plants（var. Burley）[J]. J Plant Growth Regul，2012，31: 173-185.

[20] Chalal M，Winkler J B，Gourrat K，et al. Sesquiterpene volatile organic compounds（VOCs）are markers of elicitation by sulfated laminarine in grapevine [J]. Front Plant Sci，2015，6: 1-9.

[21] Chandia N P，Matsuhiro B，Mejias E，et al. Alginic acids in *Lessonia vadosa*: partial hydrolysis and elicitor properties of the polymannuronic acid fraction [J]. J Appl Phycol，2004，16: 127-133.

[22] Chandia N P，Matsuhiro B. Characterization of a fucoidan from *Lessonia vadosa*（Phaeophyta）and its anticoagulant and elicitor properties [J]. Int J Biol Macromol，2008，42: 235-240.

[23] Cluzet S，Torregrosa C，Jacquet C，et al. Gene expression profiling and protection of *Medicago truncatula* against a fungal infection in response to an elicitor from green algae *Ulva spp*. [J]. Plant Cell Environ，2004，27: 917-928.

[24] Conrath U，Beckers G J M，Langenbach C J G，et al. Priming of enhanced defense [J]. Annu Rev Phytopathol，2015，53: 97-119.

[25] Crimson C，Tayco F A T，Raymond S，et al. Characterization of a

κ-Carrageenase producing marine bacterium，Isolate ALAB-001 [J]. Philippine Journal of Science，2013，142（1）: 45-54.

[26] De Freitas M B，Ferreira L G，Hawerroth C，et al. Ulvans induce resistance against plant pathogenic fungi independently of their sulfation degree [J]. Carbohydr Res，2015，133: 384-390.

[27] De Freitas M B，Stadnik M J. Race-specific and ulvan-induced defense responses in bean（*Phaseolus vulgaris*）against *Colletotrichum lindemuthianum* [J]. Physiol Mol Plant Pathol，2012，78: 8-13.

[28] De Freitas M B，Stadnik M J. Ulvan-induced resistance in *Arabidopsis thaliana* against *Alternaria brassicicola* requires reactive oxygen species derived from NADPH oxidase [J]. Physiol Mol Plant Pathol，2015，90: 49-56.

[29] Donati I，Gamini A，Skjak-Braek G，et al. Determination of the diadic composition of alginate by means of circular dichroism: a fast and accurate improved method [J]. Carbohydrate Research，2003，338，10（1）: 1139-1142.

[30] Duarte M E R，Cardoso M A，Noseda M D，et al. Structural studies on fucoidans from the brown seaweed *Sargassum stenophyllum* [J]. Carbohydr Res，2001，333: 281-293.

[31] Elboutachfaiti R，Delattre C，Petit E，et al. Improved isolation of glucuronan from algae and the protection of glucuronic acid oligosaccharides using a glucuronan lyase [J]. Carbohydr Res，2009，344: 1670-1675.

[32] El Modafar C，Elgadda M，El Boutachfaiti R，et al. Induction of natural defence accompanied by salicylic acid-dependant systemic acquired resistance in tomato seedlings in response to bio-elicitors isolated from green algae [J]. Sci Hortic，2012，138: 55-63.

[33] Fernandez-Diaz C，Coste O，Malta E J. Polymer chitosan nanoparticles functionalized with *Ulva ohnoi* extracts boost in vitro ulvan immunostimulant effect in Solea senegalensis macrophages [J]. Algal Res，2017，26: 135-142.

[34] Fernando I P S，Kim D，Nah J W，et al. Advances in functionalizing fucoidans and alginates biopolymers by structural modifications: a review [J]. Chem Eng J，2019，355: 33-48.

[35] Fu Y，Yin H，Wang W，et al. *β*-1，3-glucan with different degree of polymerization induced different defense responses in tobacco [J]. Carbohydr Polym，2011，86: 774-782.

[36] Garde-Cerdan T，Mancini V，Carrasco-Quiroz M，et al. Chitosan and laminarin as alternatives to copper for *Plasmopara viticola* control: effect on grape amino acid [J]. J Agri Food Chem，2017，65: 7379-7386.

[37] Gauthier A，Trouvelot S，Kelloniemi J，et al. The sulfated laminarin triggers a stress transcriptome before priming the SA- and ROS-dependent defenses during

grapevine's induced resistance against *Plasmopara viticola* [J]. PLoS One, 2014, 9: e88145.

[38] Ghannam A, Abbas A, Alek H, et al. Enhancement of local plant immunity against tobacco mosaic virus infection after treatment with sulphated-carrageenan from red alga (*Hypnea musciformis*) [J]. Physiol Mol Plant Pathol, 2013, 84: 19-27.

[39] Haug A, Larsen B, Smidsrφd O. Studies on the sequence of uronic acid residues in alginic acid [J]. Acta Chem Scand, 1967, 21: 691-704.

[40] Haug A, Larsen B, Smidsrφd O. Uronic acid sequence in alginate from different sources [J]. Carbohydr Res, 1974, 32: 217-225.

[41] Haugen F, Kortner F, Larsen B. Kinetics and specificity of alginate lyases: Part I, a case study [J]. Carbohydr Res, 1990, 198: 101-109.

[42] Hayden H S, Blomster J, Maggs C A, et al. Linnaeus was right all along: *Ulva* and *Enteromorpha* are not distinct genera [J]. Eur J Phycol, 2003, 38: 277-294.

[43] Holtkamp A D, Kelly S, Ulber R, et al. Fucoidans and fucoidanases-focus on techniques for molecular structure elucidation and modification of marine polysaccharides [J]. Appl Microbiol Biotechnol, 2009, 82: 1-11.

[44] Iwasaki K, Matsubara Y. Purification of alginate oligosaccharides with root growth promoting activity toward lettuce [J]. Biosci Biotech Biochen, 2000, 64 (5): 1067-1072.

[45] Jaulneau V, Lafitte C, Corio-Costet M F, et al. An *Ulva armoricana* extract protects plants against three powdery mildew pathogens [J]. Eur J Plant Pathol, 2011, 131: 393-401.

[46] Jaulneau V, Lafitte C, Jacquet C, et al. Ulvan, a sulfated polysaccharide from green algae, activates plant immunity through the jasmonic acid signaling pathway [J]. J Biomed Biotechnol, 2010, 2: 1-11.

[47] Jayaraj J, Wan A, Rahman M, et al. Seaweed extract reduces foliar fungal diseases on carrot [J]. Crop Prot, 2008, 27: 1360-1366.

[48] Kelishomi Z H, Goliaei B, Mandavi H, et al. Antioxidant activity of low molecular weight alginate produced by thermal treatment [J]. Food Chem, 2016, 196: 897-902.

[49] Khan W, Rayirath U P, Subramanian S, et al. Seaweed extracts as biostimulants of plant growth and development [J]. J Plant Growth Regul, 2009, 28: 386-399.

[50] Kim H S, Hong J T, Kim Y, et al. Stimulatory effect of β-glucans on immune cells [J]. Immune Netw, 2011, 11: 191-195.

[51] Klarzynski O, Descamps V, Plesse B, et al. Sulfated fucan oligosaccharides elicit defense responses in tobacco and local and systemic resistance against

tobacco mosaic virus [J]. MPMI，2003，16: 115-122.

[52] Klarzynski O，Plesse B，Joubert J M，et al. Linear β-1，3 glucans are elicitor of defense responses in tobacco [J]. Plant Physiol，2000，124: 1027-1037.

[53] Kobayashi A，Tai A，Kanzaki H，et al. Elicitor active oligosaccharides from algal laminaran stimulate the production of antifungal compounds in alfalfa [J]. Z Naturforsch，1993，48: 575-579.

[54] Lahaye M，Robic A. Structure and functional properties of ulvan，a polysaccharide from green seaweeds [J]. Biomacromolecules，2007，8: 1765-1774.

[55] Lahaye M，Cimadevilla E A C，Kuhlenkamp R，et al. Chemical composition and ^{13}C NMR spectroscopic characterisation of ulvans from *Ulva*（Ulvales，Chlorophyta）[J]. J Appl Phycol，1999，11: 1-7.

[56] Laporte D，Vera J，Chandia N P，et al. Structurally unrelated oligosaccharides obtained from marine macroalgae differentially stimulate growth and defense against TMV in tobacco plants [J]. J Appl Phycol，2007，19: 79-88.

[57] Lapshina L A，Reunov A V，Nagorskaya V P，et al. Inhibitory effect of fucoidan from brown alga *Fucus evanescens* on the spread of infection induced by tobacco mosaic virus in tobacco leaves of two cultivars [J]. Russ J Plant Physiol，2006，53: 246-251.

[58] Lapshina L A，Reunov A V，Nagorskaya V P，et al. Effect of fucoidan from brown alga *Fucus evanescens* on a formation of TMV-specific inclusions in the cells of tobacco leaves [J]. Russ J Plant Physiol，2007，54: 111-114.

[59] Lemaitre-Guillier C，Hovasse A，Schaeffer-Reiss C，et al. Proteomics towards the understanding of elicitor induced resistance of grapevine against downy mildew [J]. J Proteomics，2017，156: 113-125.

[60] Li J，Wang X，Lin X，et al. Alginate-derived oligosaccharides promote water stress tolerance in cucumber（Cucumis sativus L.）[J]. Plant Physiol Biochem，2018，130: 80-88.

[61] Li B，Lu F，Wei X，et al. Fucoidan: structure and bioactivity [J]. Molecules，2008，13: 1671-1695.

[62] Lim S J，Aida W M W，Schiehser S，et al. Structural elucidation of fucoidan from *Cladosiphon okamuranus*（Okinawa mozuku）[J]. Food Chem，2019，272: 222-226.

[63] Liu R，Jiang X，Guan H，et al. Promotive effects of alginate-derived oligosaccharides on the inducing drought resistance of tomato [J]. J Ocean Univ China，2009，8: 303-311.

[64] Liu H，Zhang Y H，Yin H，et al. Alginate oligosaccharides enhanced *Triticum aestivum* L. tolerance to drought stress [J]. Plant Physiol Biochem，2013，62: 33-40.

[65] Luan L Q, Nagasawa N, Ha V T T, et al. Enhancement of plant growth stimulation activity of irradiated alginate by fractionation [J]. Radiation Physics and Chemistry, 2009, 78: 796-799.

[66] Mani S D, Nagarathnam R. Sulfated polysaccharide from Kapphaphycus alvarezzi (Doty) ex P.C. Silva primes defense responses against anthracnose disease of *Capsicum annuum Linn* [J]. Algal Res, 2018, 32: 121-130.

[67] Massironi A, Morelli A, Grassi L, et al. Ulvan as novel reducing and stabilizing agent from renewable algal biomass: application to green synthesis of silver nanoparticles [J]. Carbohydr Polym, 2019, 203: 310-321.

[68] McCandless E L, West J A, Guiry M D. Carrageenan patterns in the Phyllophoraceae [J]. Biochem System Biol, 1982, 10: 275-284.

[69] McCandless E L, West J A, Guiry M D. Carrageenan patterns in the Gigartinaceae [J]. Biochem System Ecol, 1983, 11: 175-182.

[70] Melcher R L J, Moerschbacher B M. An improved microtiter plate assay to monitor the oxidative burst in monocot and dicot plant cell suspension cultures [J]. Plant Methods, 2016, 12: 1-11.

[71] Menard R, Alban S, de Ruffray P, et al. β-1, 3 glucan, induces the salicylic acid signaling pathway in tobacco and *Arabidopsis* [J]. Plant Cell, 2004, 16: 3020-3032.

[72] Mercier L, Lafitte C, Borderies G, et al. The algal polysaccharide carrageenans can act as an elicitor of plant defence [J]. New Phytol, 2001, 149: 43-51.

[73] Nagasawa N, Mitomo H, Yoshii F, et al. Radiation-induced degradation of sodium alginate [J]. Polym Degrad Stab, 2000, 69: 279-285.

[74] Nagorskaya V P, Reunov A V, Lapshina L A, et al. Inhibitory effect of κ/β-carrageenan from red alga Tichocarpus crinitus on the development of a potato virus X infection in leaves of *Datura stramonium* L. [J]. Biol Bull, 2010, 37: 653-658.

[75] Nagorskaya V P, Reunov A V, Lapshina L A, et al. Influence of κ/β-carrageenan from red alga Tichocarpus crinitus on development of local infection induced by tobacco mosaic virus in Xanthinc tobacco leaves [J]. Biol Bull, 2008, 35: 310-314.

[76] Nakada H I, Sweeny R S. Alginic acid degradation by eliminases from abalone hepatopancreas [J]. J Biol Chem, 1967, 10: 845-851.

[77] Nayar S, Bott K. Current status of global cultivated seaweed production and market [J]. World Aquacult, 2014, 45: 32-37.

[78] Ortmann I, Conrath U, Moerschbacher B M. Exopolysaccharides of Pantoea agglomerans have different priming and eliciting activities in suspension-cultured cells of monocots and dicots [J]. FEBS Lett, 2006, 580: 4491-4494.

[79] Ostgaard K, Wangen B F, Knutsen S H, et al. Large-scale production and purification of κ-carrageenase from *Pseudomonas carrageenovora* for applications in seaweed biotechnology [J]. Enzyme & Microbial Technology, 1993, 15 (4) : 326-333.

[80] Paradossi G, Cavalieri F, Chiessi E. A conformational study on the algal polysaccharide ulvan [J]. Macromolecules, 2002, 35: 6404-6411.

[81] Paradossi G, Cavalieri F, Pizzoferrato L, et al. A phyco-chemical study on the polysaccharide ulvan from hot water extraction of the macroalga *Ulva* [J]. Int J Biol Macromol, 1999, 25: 309-315.

[82] Paris F, Krzyzaniak Y, Gauvrit C, et al. An ethoxylated surfactant enhances the penetration of the sulfated laminarin through leaf cuticule and stomata, leading to increased induced resistance against grapevine downy mildew [J]. Physiol Plant, 2016, 156: 338-350.

[83] Patier P, Yvin J C, Kloareg B, et al. Seaweed liquid fertilizer from *Ascophyllum nodosum* contains elicitors of plant D-glycanases [J]. J Appl Phycol, 1993, 5: 343-349.

[84] Patier P, Potin P, Rochas C, et al. Free or silica-bound oligokappa-carrageenans elicit laminarinase activity in Rubus cells and protoplasts [J]. Plant Sci, 1995, 110: 27-35.

[85] Paulert R, Talamini V, Cassolato J E F, et al. Effects of sulfated polysaccharide and alcoholic extracts from green seaweed *Ulva fasciata* on anthracnose severity and growth of common bean (*Phaseolus vulgaris* L.) [J]. J Plant Dis Prot, 2009, 116: 263-270.

[86] Paulert R, Ebbinghaus D, Urlass C, et al. Priming of the oxidative burst in rice and wheat cell cultures by ulvan, a polysaccharide from green macroalgae, and enhanced resistance against powdery mildew in wheat and barley plants [J]. Plant Pathology, 2010, 59: 634-642.

[87] Potin P, Sanseau A, Gall Y, et al. Purification and characterization of a new κ-carrageenase from a marine Cytophaga-like bacterium [J]. European Journal of Biochemistry, 1991, 201 (1) : 241-247.

[88] Quemener B, Lahaye M, Bobin-Dubigeon C. Sugar determination in ulvans by a chemical-enzymatic method coupled to high performance anion exchange chromatography [J]. J Appl Phycol, 1997, 9: 179-188.

[89] Rasyid A. Evaluation of nutritional composition of the dried seaweed *Ulva lactuca* from Pameungpeuk waters [J]. Indonesia Trop Life Sci Res, 2017, 28: 119-125.

[90] Read S M, Currie G, Bacic A. Analysis of the structural heterogeneity of laminarin by electrospray-ionisation-mass spectrometry [J]. Carbohydr Res, 1996, 281: 187-201.

[91] Redouan E, Cedric D, Emmanuel P, et al. Improved isolation of glucuronan from algae and the production of glucuronic acid oligosaccharides using a glucuronan lyase [J]. Carbohydr Res, 2009, 344: 1670-1675.

[92] Rees D A. The carrageenan system of polysaccharides. Part 1. The relation between the kappa- and lambda-components [J]. J Chem Soc, 1963: 1821-1832.

[93] Reunov A, Lapshina L, Nagorskaya V, et al. Effect of fucoidan from the brown alga *Fucus evanescens* on the development of infection induced by potato virus X in *Datura stramonium* L. leaves. [J]. J Plant Dis Protect, 2009, 116: 49-54.

[94] Reunov A V, Nagorskaya V P, Lapshina L A, et al. Effect of *κ/β*- carrageenan from red alga Tichocarpus crinitus (*Tichocarpaceae*) on infection of detached tobacco leaves with tobacco mosaic virus [J]. J Plant Dis Protect, 2004, 111: 165-172.

[95] Robic A, Sassi J F, Dion P, et al. Seasonal variability of physicochemical and rheological properties of ulvan in two *Ulva* species (Chlorophyta) from the Brittany coast [J]. J Phycol, 2009, 45: 962-973.

[96] Rydahl M G, Kracun S K, Fangel J U, et al. Development of novel monoclonal antibodies against starch and ulvan-implications for antibody production against polysaccharides with limited immunogenicity [J]. Sci Rep, 2017, 7:1-13.

[97] Salah I B, Aghrouss S, Douira A, et al. Seaweed polysaccharides as bio-elicitors of natural defenses in olive trees against verticillium wilt of olive [J]. J Plant Interact, 2018, 13: 248-255.

[98] Sangha J S, Khan W, Ji X, et al. Carrageenans, sulphated polysaccharides of red seaweeds, differentially affect *Arabidopsis thaliana* resistance to Trichoplusia ni (cabbage looper) [J]. PLoS ONE, 2011, 6: 1-11.

[99] Sangha J S, Ravichandran S, Prithiviraj K, et al. Sulfated macroalgal polysaccharides *λ*-carrageenan and *ι*-carrageenan differentially alter Arabidopsis thaliana resistance to *Sclerotinia sclerotiorum* [J]. Physiol Mol Plant Pathol, 2010, 75: 38-45.

[100] Sangha J S, Kandasamy S, Khan W, et al. *λ*-carrageenan suppresses tomato chlorotic dwarf viroid (TCDVd) replication and symptom expression in tomatoes [J]. Mar Drugs, 2015, 13: 2865-2889.

[101] Sharma H S S, Fleming C, Selby C, et al. Plant biostimulants: a review on the processing of macroalgae and use of extracts for crop management to reduce abiotic and biotic stresses [J]. J Appl Phycol, 2014, 26: 465-490.

[102] Shukla P S, Borza T, Critchley A T, et al. Carrageenans from red seaweeds as promoters of growth and elicitors of defense response in plants [J]. Front Mar

Sci, 2016, 3: 42-49.
[103] Stadnik M J, de Freitas M B. Algal polysaccharides as source of plant resistance inducers [J]. Trop Plant Pathol, 2014, 39: 111-118.
[104] Timell T E. The acid hydrolysis of glycosides: I. General conditions and the effect of the nature of the aglycone [J]. Can J Chem, 1964, 42: 1456.
[105] Trouvelot S, Heloir M C, Poinssot B, et al. Carbohydrates in plant immunity and plant protection: roles and potential application as foliar sprays [J]. Front Plant Sci, 2014, 5: 1-14.
[106] Trouvelot S, Varnier A L, Allegre M, et al. A β-1, 3 glucan sulfate induces resistance in grapevine against *Plasmopara viticola* through priming of defense responses, including HR-like cell death [J]. MPMI, 2008, 21: 232-243.
[107] Tuvikene R, Truus K, Vaher M, et al. Extraction and quantification of hybrid carrageenans from the biomass of the red algae *Furcellaria lumbrical*is and Coccotylus trunctus [J]. Proc Estonian Acad Sci Chem, 2006, 55: 40-53.
[108] Uchimura M. Ecological studies of green tide, *Ulva spp.* (Chlorophyta) in Hiroshima Bay, the Seto Inland Sea [J]. Jap J Phycol, 2004, 52: 17-22.
[109] Quoc H N, Naotsugu N, Xuan T L, et al. Growth promotion of plants with depolymerized alginate by irradiation [J]. Radiation Phys Chem, 2000, 59 (1) :97-102.
[110] Vera J, Castro J, Gonzalez A, et al. Seaweed polysaccharides and derived oligosaccharides stimulate defense responses and protection against pathogens in plants [J]. Mar Drugs, 2011, 9: 2514-2525.
[111] Wang J, Zhang Q, Zhang Z, et al. In-vitro anticoagulant activity of fucoidan derivatives from brown seaweed *Laminaria japonica* [J]. Chin J Oceanol Limnol, 2011, 29: 679-685.
[112] Wong T Y, Preston L A, Schiller N L. Alginate lyase: review of major sources and enzyme characteristics, structure-function analysis, biological roles and applications [J]. Acta Phys Hung Ns-H, 2000, 54 (1) : 289-340.
[113] Yamada T, Ogamo A, Saito T, et al. Preparation of *O*-acylated low molecular weight carrageenans with potent anti-HIV activity and low anticoagulant effect [J]. Carbohydrate Polymers, 2000, 41 (2) : 115-120.
[114] Yamasaki S, Matsuda M, Yamauchi T, et al. Effects of light and water temperature on the growth of *Ulva* sp. in a fish culture farm [J]. Aquacult Sci, 1996, 44: 413-418.
[115] Yanaki T, Nishi K, Tabata K, et al. Ultrasonic degradation of schizophyllum commune polysaccharide in dilute aqueous solution [J]. J Appl Polym Sci, 1983, 28 (2) : 873-878.
[116] Yoshida G, Uchimura M, Hiraoka M. Persistent occurrence of floating *Ulva* green tide in Hiroshima Bay, Japan: seasonal succession and growth patterns

of *Ulva pertusa* and *Ulva spp.*（Chlorophyta，Ulvales）[J]. Hydrobiologia，2015，758: 223-233.

[117] Zhang Y，Liu H，Yin H，et al. Nitric oxide mediates alginate oligosaccharides induced root development in wheat（*Triticum aestivum* L.）[J]. Asian Pac J Reprod，2013，71: 49-56.

[118] Zhang S，Tang W，Jiang L，et al. Elicitor activity of algino-oligosaccharide and its potential application in protection of rice plant（*Oryza sativa* L.）against *Magnaporthe grisea* [J]. Biotechnol Biotechnol Equip，2015，29: 646-652.

[119] Zhao X，Li B F，Xue C H，et al. Effect of molecular weight on the antioxidant property of low molecular weight alginate from *Laminaria japonica* [J]. J Appl Phycol，2012，24: 295-300.

[120] Zhou G，Sun Y，Xin H，et al. In vivo antitumor and immunomodulation activities of different molecular weight lambda-carrageenans from *Chondrus ocellatus* [J]. Pharmacological Research，2004，50（1）: 47-53.

[121] Zou P，Lu X，Jing C，et al. Low molecular weight polysaccharides from *Pyropia yezoensis* enhance tolerance of wheat seedlings（*Triticum aestivum* L.）to salt stress [J]. Front Plant Sci，2018，9: 1-16.

[122] Zvyagintseva T N，Shevchenko N M，Chizhov A O，et al. Water-soluble polysaccharides of some far-eastern brown seaweeds: distribution，structure，and their dependence on the developmental conditions [J]. J Exp Mar Biol Ecol，2003，294: 1-13.

[123] 胡亚芹，竺美. 卡拉胶及其结构研究进展[J]. 海洋湖沼通报，2005，（1）: 94-102.

[124] 杨钊，李金平，管华诗，等. 一种新的褐藻胶寡糖制备方法-氧化降解法[J].海洋科学，2004，28（7）：19-21.

[125] 陈俊帆，石波，范红玲，等. 褐藻胶裂解酶的研究进展[J]. 食品工业科技，2011，32（8）：428-443.

[126] 陈俊帆，聂莹，石波，等.紫红链霉菌*Streptomyce violaceoruber* IFO 15732 产褐藻胶裂解酶的培养条件优化[J]. 中国食物与营养，2013，19（4）：48-51.

[127] 李悦明，韩建友，管斌，等. 利用芽孢杆菌发酵生产褐藻胶裂解酶的研究[J]. 中国酿造，2010，29（4）：79-81.

[128] 岳明，丁宏标，乔宇. 海藻酸裂解酶酶学与基因工程研究进展及应用[J]. 生物技术通报，2006，（6）: 5-8.

[129] 江琳琳，陈温福，陈晓艺，等. 海藻酸寡糖生物活性研究[J]. 大连工业大学学报，2009，28（3）：157-160.

[130] 郭娟娟. κ-卡拉胶寡糖酶法制备及其免疫防御调节机制的研究[J]. 福州：福建农林大学，2018.

[131] 杨波.海洋硫酸半乳聚糖特异性降解、寡糖和糖脂的制备与序列分析及

其寡糖芯片的构建[D].青岛：中国海洋大学，2009.
[132] 袁华茂.卡拉胶寡糖与衍生物的制备及生物活性研究[D].青岛：中国科学院海洋研究所，2005.
[133] 问莉莉，董静静，李思东. 琼胶寡糖的制备及其应用研究进展[J]. 山东化工，2011，40:28-30.
[134] 陈海敏，严小军，郑立，等. 琼胶的降解及其产物的分析[J]. 郑州工程学院学报，2003，24（3）：41-44.
[135] 毛文君，管华诗. 奇数琼胶寡糖单体及其制备方法[P]. 中国专利CN03138971.6，2006-05-17.
[136] 于广利，杨波，赵峡，等. 偶数琼胶寡糖醇单体及其制备方法[P]. 中国专利，CN200610171052.0，2007-07-18.
[137] 韩丽君，范晓，李宪璀，等. 琼胶多糖的降解方法[P]. 中国专利CN02132573.1，2004-01-14.
[138] 缪伏荣，李忠荣. 琼胶的降解及其产物的开发应用[J]. 现代农业科技，2007，（2）：125，128.
[139] 杜宗军，王祥红，李筠，等. 琼胶酶研究进展[J]. 微生物学通报，2003，30（1）：64-67.
[140] 于文功，李京宝，褚艳，等. 一种新琼四、六糖的制造方法[P]. 中国专利，CN03112579.4，2004-02-04.
[141] 管斌，倪雪朋，李悦明，等. 海藻多糖降解酶的研究进展[J]. 中国酿造，2010，（9）：8-12.
[142] 张琳，韩西红，王海朋，等.海藻酸及海藻寡糖在肥料增效助剂领域的应用[J].种子科技，2018，36（10）：34-35.
[143] 王婷婷，赵丽，夏萱，等. 2种海洋寡糖对大麦种子萌发和生理特性的影响[J].中国海洋大学学报，2011，41（11）：61-66.
[144] 王婷婷. 海洋寡糖对植物促生长及生理特性的研究[D]. 青岛中国海洋大学，2012.
[145] 刘瑞志. 褐藻寡糖促进植物生长与抗逆效应机理研究[D]. 青岛：中国海洋大学，2009.
[146] 张朝霞，许加超，盛泰，等. 海藻寡糖（ADO）对不同形态氮素的影响[J]. 农产品加工学，2014，（10）：10.
[147] 张朝霞. 海藻寡糖（ADO）增效氮肥的研究及应用[D]. 青岛：中国海洋大学，2014.
[148] 吴海歌，王雪伟，李倩，等.海藻酸钠寡糖抗氧化活性的研究[J]. 大连大学学报，2015，36（3）：70-75.
[149] 马莲菊，卜宁，马纯艳，等. 褐藻胶寡糖对豌豆种子萌发和幼苗的某些生理特性的影响[J]. 植物生理学通讯，2007，43（6）：1097-1100.
[150] 马纯艳，卜宁，马莲菊. 褐藻胶寡糖对高粱种子萌发及幼苗生理特性的影响[J]. 沈阳师范大学学报（自然科学版），2010，8（1）：79-82.

第六章　褐藻多酚在生物刺激剂中的应用

第一节　引言

植物多酚是一类广泛存在于陆生植物和海洋藻类中的次生代谢产物，其中陆生植物中含有的多酚是没食子酸和鞣花酸的衍生物，海藻多酚主要是以间苯三酚为单体聚合而成，在化学结构上存在根本性差异。褐藻多酚是海洋褐藻类植物特有的一种多酚类物质，因其独特的化学结构而具有抑菌、抗氧化、抗癌、预防肥胖及糖尿病、抗辐射、抗过敏、抗哮喘、抗病毒等多种生物活性（陈雨晴，2018；石碧，2002）。褐藻多酚在生物刺激剂等领域有很高的应用价值。

第二节　褐藻多酚的来源

植物多酚又称植物单宁，是植物体内的多酚类物质，具有多元酚结构（宋立江，2000），主要存在于植物的皮、根、木、叶、果中，包括分子质量在500~3000u的单宁或鞣质，以及花青素、儿茶素、槲皮素、没食子酸、鞣花酸、熊果苷等小分子酚类化合物。

18世纪末，人们对植物多酚有了初步认识。首先给出单宁定义的是Bate Smith，指出单宁是"分子质量为500~3000u，能沉淀生物碱、明胶及蛋白质的水溶性酚类化合物"（王旗，2009）。此后Haslam提出了可以包含单宁及与单宁有生源关系的化合物的一个概念，即"植物多酚"的概念（谢孟峡，2006），并被广泛采用。20世纪50年代后，基于植物多酚良好的抗氧化、抗肿瘤、提高免疫功能、抗凝血、抑菌、消炎、抗病毒、抗老化、防晒等功能，医药、食品、天然产物化学及化妆品等多个行业的学者开始对这类物质开展大量的研究工作（张力平，2005），在医学、食品、制革、日用化工等领域发挥越来越重要的作用。

海藻含有丰富的多酚类物质，目前有多种理论阐述了海藻植物组织产生和聚集酚类物质的原理，其中被广泛接受的是基于酚类物质对生物和非生物因素的防御作用（Getachew，2020）。为了适应和生存在一个竞争激烈和充满挑战的海洋环境，海藻需要通过其代谢途径产生对紫外线、侵食动物、细菌等环境因素有保护作用的次生代谢产物（Jimenez-Escrig，2012）。在各种海藻中，生长在潮间带的褐藻的生长环境最为复杂，在涨潮和退潮过程中需要应对阳光和氧气的高度波动，使褐藻在进化过程中形成了很强的抗氧化防御体系（Blanchette，1997）。每种海藻中的抗氧化物受地理位置、生长季节、环境压力等多种因素的影响（Parys，2007；Marinho，2019）。目前已经从褐藻、红藻、绿藻等海藻中发现很多种酚类化合物（Jacobsen，2019），其中常见的是没食子酸、表儿茶素、没食子儿茶素、原儿茶酸、羟基苯甲酸、绿原酸、咖啡酸、香草酸等简单的酚类化合物（Wang，2009；Sabeena Farvin，2013）。槲皮素、橙皮素、杨梅素、芦丁等黄酮类化合物也存在于海藻中（Machu，2015；Rajauria，2016；Yoshie，2000）。图 6-1 所示为海藻中存在的几种酚类化合物。

没食子酸　　表儿茶素　　表没食子儿茶素

杨梅黄酮　　槲皮素　　芦丁

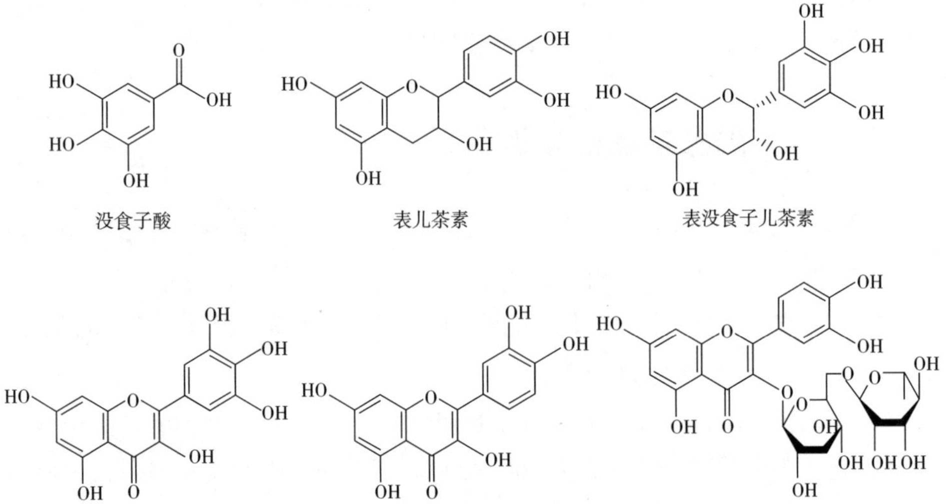

图 6-1　海藻中存在的几种酚类化合物

褐藻多酚是褐藻独有的一类多酚类化合物（Steevensz，2012；Gomez，2020），存在于褐藻细胞的藻泡中（严小军，1994；Ragan，1986），其在褐藻中的含量随季节的变化有很大变化（Gager，2020；Kirke，2019）。在单宁类化合物中，褐藻多酚的结构最为简单，由间苯三酚为单体聚合成不同分子结构和分子质量的多聚体。褐藻多酚对多种草食性动物具有拒食作用（Targett，1998），在防御病原生物的过程中也起重要作用（Sieburth，1965），还起到防污剂（Lau，1997）、重金属离子螯合剂（Pedersen，1984）、防护太阳光的有害照射（Berthold，1882）以及构造褐藻细胞壁（Schoenwaelder，1998）等作用。

褐藻多酚在褐藻中的含量有很大变化，温带和热带大西洋、东北太平洋和南极海洋中生长的褐藻中多酚的含量在5%~12%DM（dry matter, 干基），而热带印太海洋中海藻的多酚含量一般<2% DM（Targett，1995；Targett，1998）。除了种类和生长区域，褐藻多酚含量在同一棵褐藻的不同部位也有较大变化（Hammerstrom，1998；Van Alstyne，1999；Van Alstyne，1999）。褐藻多酚的含量也随海藻的生命周期、藻体大小、辐照程度、营养状况、食草动物密度、季节等因素有较大变化（Ragan，1986）。在一些褐藻中，食草动物对褐藻的侵食和模拟食草动物可以诱导褐藻多酚的积聚（Toth，2000），茉莉酸甲酯也可以诱导褐藻产生更多的褐藻多酚（Arnold，2001）。这种反应导致的褐藻多酚含量的增加使褐藻植物更健康，例如降低滨海的滨螺对褐藻的侵食（Van Alstyne，1990）。除了在受损的局部，褐藻多酚含量的提高也扩展到整个受侵害褐藻的不同部位，显示其在褐藻防御机制中的重要性。

碳营养平衡模型（Carbon Nutrient Balance Model，CNBM）是解释褐藻多酚含量变化的一个重要模型（Bryant，1989）。CNBM模型指出次级代谢产物的产生取决于由光合作用固定的碳以及关键营养素之间的比例。这个模型的理论基础是，植物生长的需要优先于防御性化合物的生成，当植物的生长受营养素限制时，用于合成防御性化合物的是光合作用中产生的多余碳化合物（Karban，1997；Koricheva，1998）。这个模型预测在光照强度高、营养供应少的生长环境中，植物中碳与营养素的比例升高，导致碳基次级代谢产物的增多。目前报道的多数研究显示营养素氮的供应与褐藻多酚的含量相关（Ilvessalo，1989；Yates，1993；Arnold，1995；Peckol，1996）。Cronin等发现一种褐藻（*Sargassum filipendula*）在阴暗的试验条件下生长时，其褐藻多酚含量降低，与CNBM理论的预测一致（Cronin，1996）。

泡叶藻和墨角藻是北大西洋潮间带的两种主要褐藻，其中泡叶藻是生存力很强的多年生褐藻（Chapman，1977；Hanisak，1983）。在对光照和氮供应对褐藻多酚含量影响的研究中，结果显示褐藻多酚含量与组织氮含量在墨角藻中呈现明显的负相关性。但是对于泡叶藻，光照下的含量（4.32%DW）与阴暗区的含量(3.82%DW)无实质性区别。对于墨角藻，暴露于光照的含量是4.88%DW，而阴暗区的含量是3.70%DW，二者之间的区别比较明显。

Pavia等的研究结果显示，光照对泡叶藻和墨角藻中的褐藻多酚含量的影响高于氮营养的影响，从光照区收集的二类褐藻中的褐藻多酚含量均高于阴暗区收集的样品（Pavia，2000）。在对泡叶藻的研究中，用UV-B辐照2周后，藻体中的褐藻多酚含量有所增加（Pavia，1997）。研究显示，褐藻类海藻能向周边海水中持续释放出褐藻多酚（Sieburth，1969；Carlson，1984；Jennings，1994）。

CNBM模型预测快速生长的植物中次级代谢产物的变化受营养素和光照的影响最大（Reichardt，1991）。尽管泡叶藻是一种缓慢生长的植物（Lazo，1994），在5~6月份，泡叶藻与墨角藻的生长速度没有大的区别（Carlson，1991；Stengel，1997）。两种褐藻中褐藻多酚的含量对环境因素的响应与其不同的形态相关，墨角藻的茎尖是平的，其表面积/体积高于泡叶藻。由于褐藻多酚主要存在于海藻植体的皮质层（Ragan，1986；Tugwell，1989；Lowell，1991），在光照条件下褐藻多酚含量的下降可能是由于其很高的比表面积有利于通过溶解的损失。在两个不同区域进行的研究中，氮营养素的供应与褐藻多酚的含量无关（Pavia，1999）。在一项为期4周的研究中，氮浓度的增加没有对褐藻多酚的生成产生影响（Pavia，2000）。在墨角藻中褐藻多酚与组织氮含量的负相关性已经由多个研究小组报道（Yates，1993；Peckol，1996）。在陆地植物中，多年生植物中的碳基次级代谢物质受环境因素的影响较小（Koricheva，1998）。泡叶藻是一种有很长生长周期的多年生褐藻（Åberg，1998），而墨角藻的生长周期一般小于5年（Williams，1990），因此氮营养素对墨角藻中的褐藻多酚含量的影响比较大，而对泡叶藻中的含量影响较小。短期光照条件的变化对墨角藻中褐藻多酚含量的影响也大于泡叶藻。

在褐藻中，褐藻多酚是通过乙酸-丙二酸途径合成的一种褐藻独有的天然产物，通过间苯三酚的聚合形成具有不同分子质量和分子结构的一类物质（Ragan，1986）。国际上主要以泡叶藻、墨角藻、马尾藻等褐藻为原料开展相关研究（Glombitza，1997；Sailler，1999；Glombitza，1999；Toth，2000；Arnold，2001）。在这些种类的褐藻中，褐藻多酚的含量一般为20~250mg/g干重（Ragan，1986；Targett，1998），其在褐藻中主要分布在外皮质层以及有丝分裂的分生组织和减数分裂的产孢组织中（Ragan，1986）。在这些组织中，褐藻多酚存在于细胞质中的藻泡中（Ragan，1976）。

日本科学家围绕褐藻多酚进行了大量研究（Taniguchi，1992；Nakamura，1996；Fukuyama，1985；Fukuyama，1989；Fukuyama，1990；Nakayama，1989；Shibata，2002）。Shibata 等研究了三种日本海域中的褐藻中褐藻多酚的含量和组成（Shibata，2004）。在用香兰素-HCl 着色后，用显微镜观察可以知道褐藻多酚主要聚集在藻体外皮层的营养细胞中，这个特征在不同褐藻的不同生长阶段是一样的。在受试的三种褐藻中，褐藻多酚的含量约占藻体中的 3.0%。图 6-2 显示褐藻多酚在爱森藻分枝中的分布。表 6-1、表 6-2 和表 6-3 分别显示爱森藻（*Eisenia bicyclis*）、昔苔（*Ecklonia cava*）和鹅掌菜（*Ecklonia kurome*）中褐藻多酚的组成。

表 6-1　爱森藻（*Eisenia bicyclis*）中褐藻多酚的组成　　单位：%

褐藻多酚的类别	生长季节			平均值
	4 月	8 月	12 月	
间苯三酚	1.0	0.9	0.8	0.9
间苯三酚四聚体	4.9	4.0	4.3	4.4
鹅掌菜酚	7.6	7.4	7.5	7.5
Phlorofucofuroeckol A	21.2	22.1	22.4	21.9
二鹅掌菜酚	23.0	23.2	24.0	23.4
8，8′-Bieckol	24.2	25.7	23.9	24.6
其他未知结构的酚类物质	18.1	16.7	17.1	17.3

表 6-2　昔苔（*Ecklonia cava*）中褐藻多酚的组成　　单位：%

褐藻多酚的类别	生长季节		平均值
	4 月	8 月	
间苯三酚	5.1	4.3	4.7
间苯三酚四聚体	0.6	0.8	0.7
鹅掌菜酚	6.5	6.3	6.4
Phlorofucofuroeckol A	15.1	18.1	16.6
二鹅掌菜酚	21.5	22.9	22.2
8，8′-Bieckol	12.8	12.0	12.4
其他未知结构的酚类物质	38.4	35.6	37.0

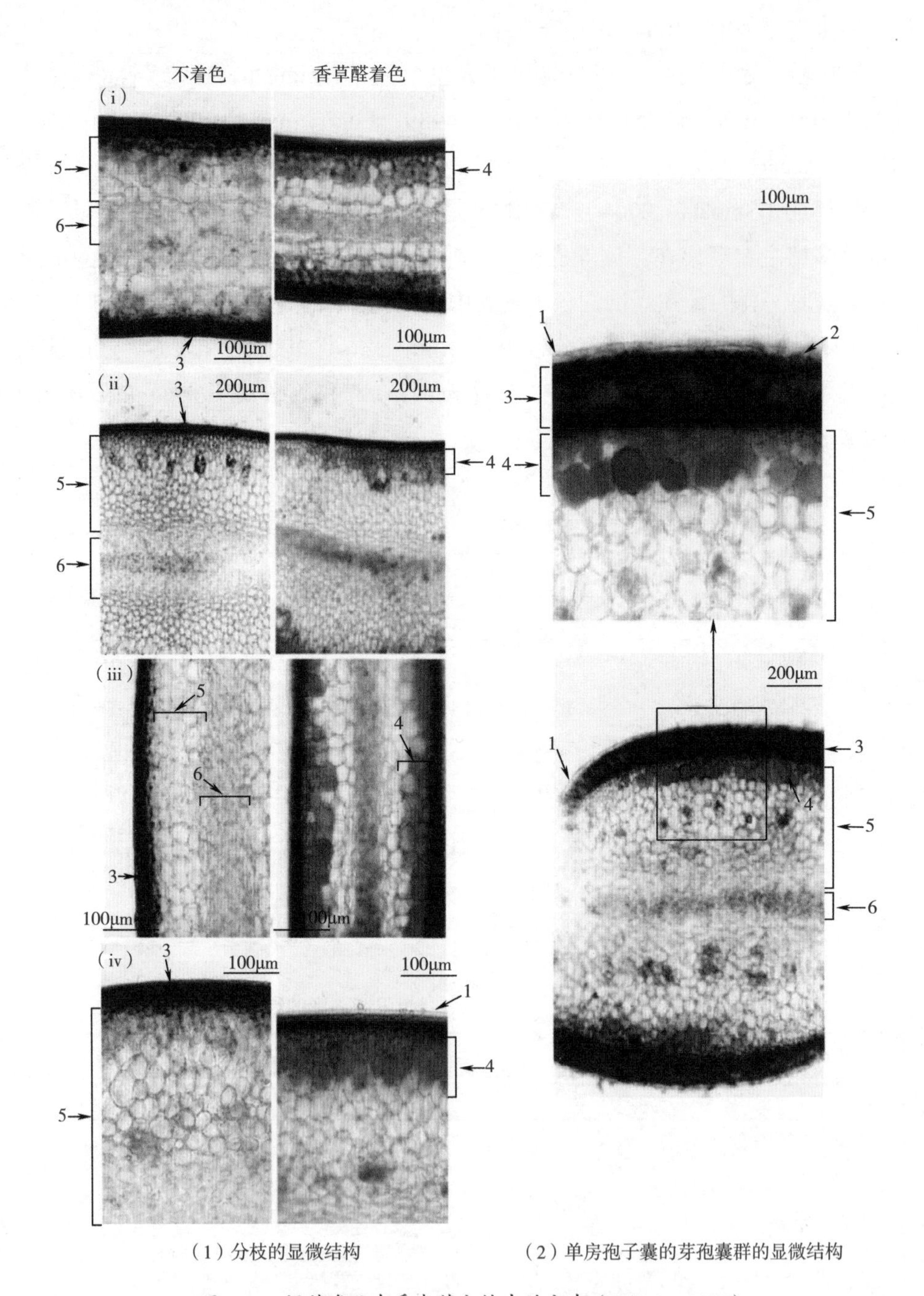

（1）分枝的显微结构　　（2）单房孢子囊的芽孢囊群的显微结构

图 6-2　褐藻多酚在爱森藻分枝中的分布（Shibata，2004）

（i）主枝的顶端　（ii）主枝的末端　（iii）新生主枝的顶端　（iv）新生主枝的末端

1—表面结构　2—侧丝　3—表皮层　4—富含褐藻多酚的细胞　5—皮层

6—毛髓层

表 6-3　鹅掌菜（*Ecklonia kurome*）中褐藻多酚的组成　　单位：%

褐藻多酚的类别	生长季节			平均值
	4 月	8 月	12 月	
间苯三酚	2.4	3.0	2.4	2.6
间苯三酚四聚体	0.2	0.3	0.4	0.3
鹅掌菜酚	8.7	8.9	10.0	9.2
Phlorofucofuroeckol A	29.1	28.0	28.7	28.6
二鹅掌菜酚	24.0	25.9	23.9	24.6
8，8′-Bieckol	7.8	7.8	7.8	7.8
其他未知结构的酚类物质	27.8	26.1	26.8	26.9

第三节　褐藻多酚的化学结构、理化特性和生物活性

褐藻多酚是以间苯三酚作为单体，通过不同的连接方式聚合后形成的一大类在化学结构和分子质量分布上有很大变化的多酚类物质，其化学结构较为复杂，随褐藻种类、生长季节、地理区域等因素有很大变化。

图 6-3 显示间苯三酚的化学结构，其可以通过不同的聚合方式形成二聚体、三聚体、四聚体以及聚合度更大的寡聚物、高聚物，其中的聚合方式包括以下几种（许亚如，2014；袁圣亮，2019；Martinez，2013；秦绪龙，2007）。

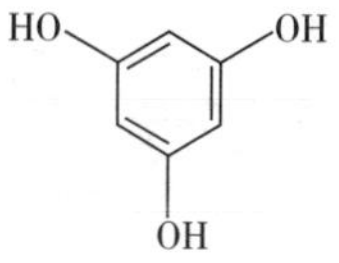

HO　OH
OH

图 6-3　间苯三酚的化学结构

1. 联苯型

间苯三酚以芳基相互连接，称为联苯，其中两个间苯三酚分子之间的环与环之间以 C—C 键连接。

2. 苯醚型

间苯三酚以二芳基醚键连接，称为苯醚型，其中两个间苯三酚分子间以醚键连接。

3. 联苯 - 苯醚混合型

联苯 - 苯醚混合型是联苯型和苯醚型两者的结合，即同时含有芳基 - 芳基键和二芳基醚键，该类多酚类化合物至少含有 3 个间苯三酚单元，其中的间苯三

酚分子间以环对环 C—C 键和醚键连接。

4. 二苯杂二氧和二苯呋喃型

二苯杂二氧和二苯呋喃型其中的间苯三酚结合方式多样，在 3 个以上间苯三酚的脱水寡聚物中，其中两个进一步环化形成二苯杂二氧或芳基化连接后脱水形成二苯呋喃型化合物。二苯杂二氧和二苯呋喃型还能进一步聚合成 dieckols 或 bieckols 等。

5. 多羟基（间、邻）苯醚型

间苯三酚以芳基的醚键连接，但其单体中含有附加羟基形成邻羟基化合物，称为 Fuhalols，其中每单位间苯三酚均保证有 3 个相邻位置被氧化。

6. 卤代、硫酸酯化、烷基化多酚型

褐藻多酚还包括不太常见的卤代、硫酸酯化、烷基化多酚衍生物。

图 6-4、图 6-5、图 6-6、图 6-7、图 6-8、图 6-9 所示为几种主要的褐藻多酚的化学结构。

陈予敏等认为间苯三酚是褐藻多酚的结构单元这种传统观点在一定程度上并不能清晰解释几种酚类分子的成因，他们在前人研究的基础上提出 1，2，3，5-四羟基苯为褐藻多酚的结构单元的观点（陈予敏，1997）。

褐藻多酚的分子质量在 126~650ku，因为分子结构中的大量羟基与水形成氢键，具有很强的亲水性，是一类水溶性物质（Li，2011；Li，2009）。Tierney

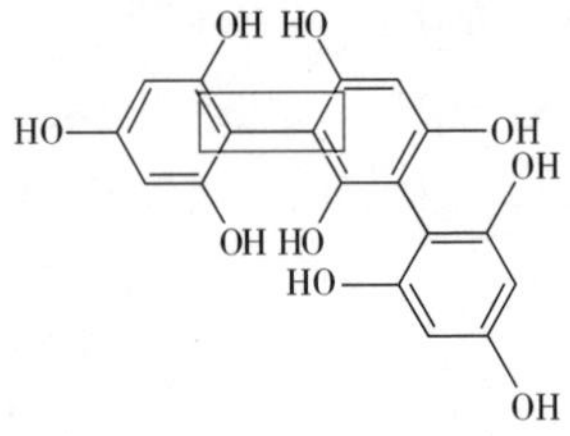

图 6-4　联苯型褐藻多酚的化学结构

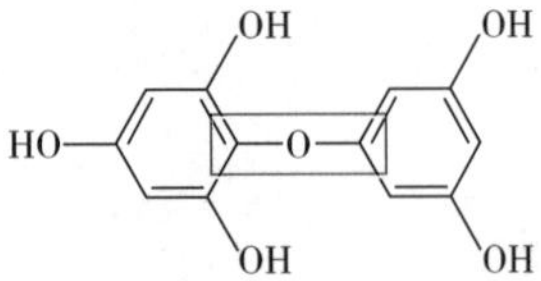

图 6-5　苯醚型褐藻多酚的化学结构

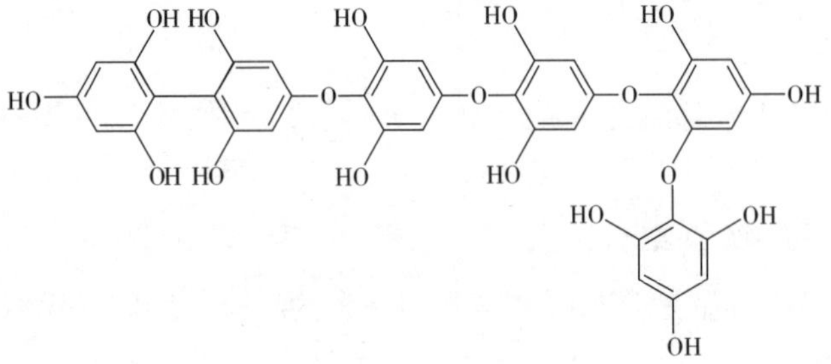

图 6-6　联苯 - 苯醚混合型褐藻多酚的化学结构

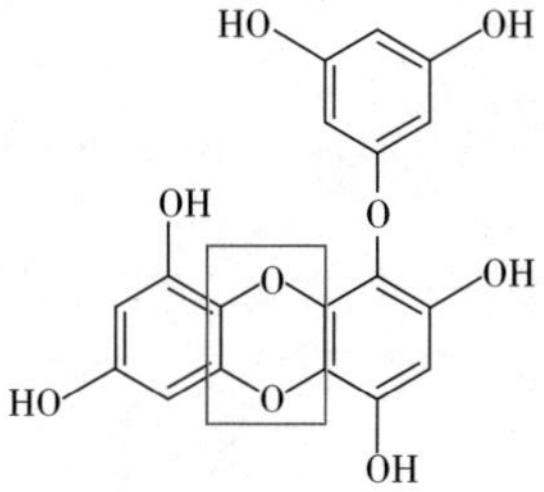

（1）Eckols 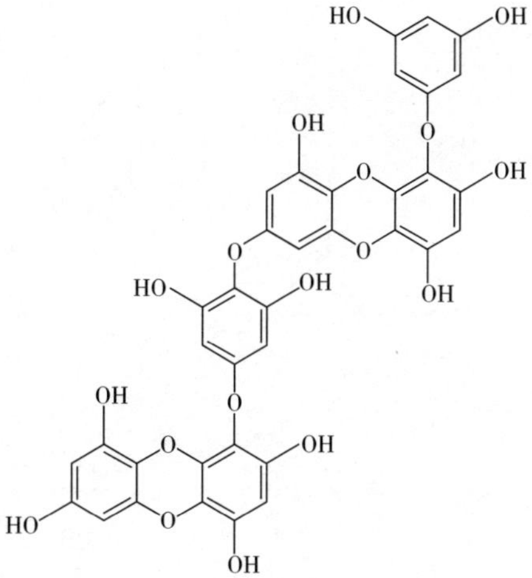　　　　（2）dieckol

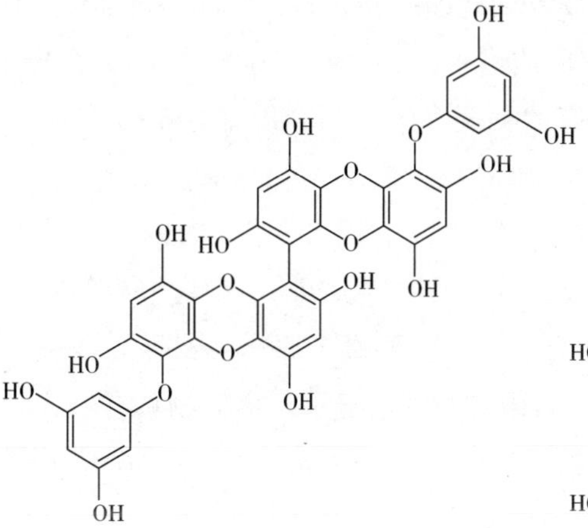

（3）6，6′-bieckol 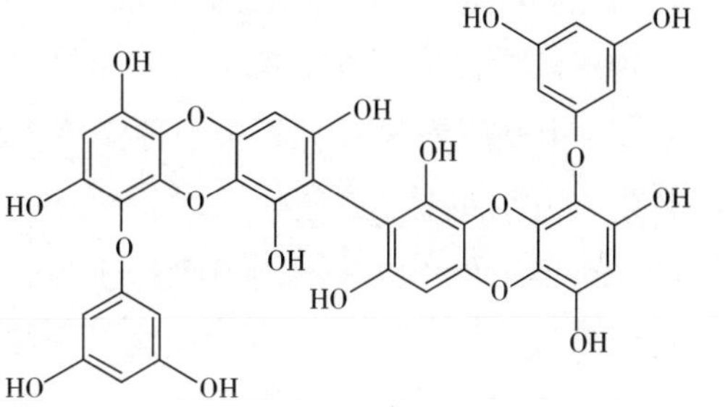　　　　（4）8，8′-bieckol

图 6-7　二苯杂二氧和二苯呋喃型褐藻多酚的化学结构（Shibata，2002）

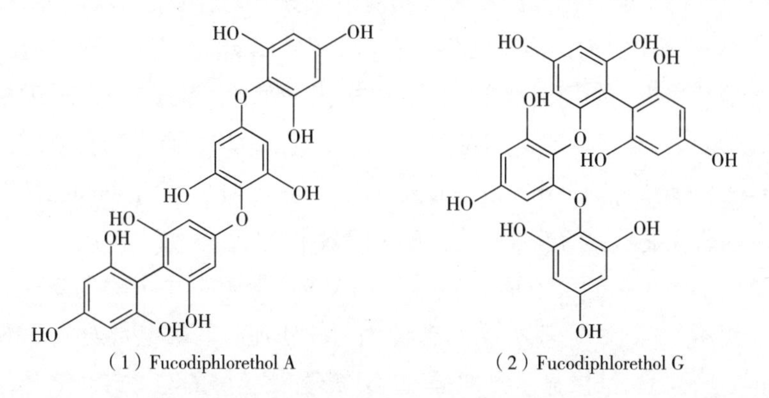

（1）Fucodiphlorethol A　　　　（2）Fucodiphlorethol G

图 6-8　两种间苯三酚四聚体的化学结构（Sandsdalen，2003；Kim，2014）

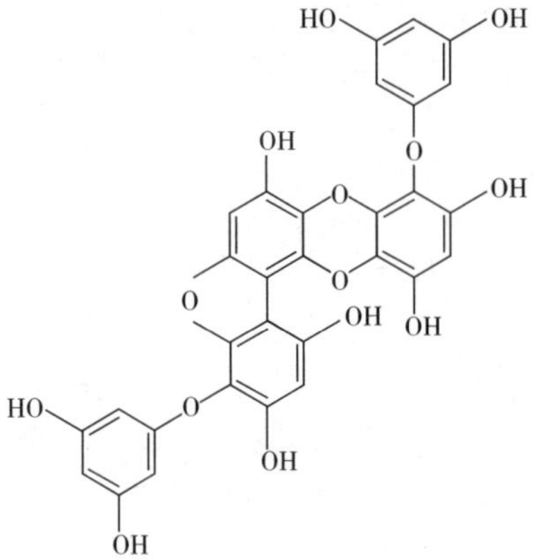

图 6-9　Phlorofucofuroeckol A 的化学结构

等从三种褐藻（*Ascophyllum nodosum*，*Pelvetia canaliculata*，*Fucus spiralis*）中提取褐藻多酚，用超高效液相色谱 - 串联质谱（UPLC-MS）检测了褐藻多酚的分子质量分布，结果显示三种褐藻含有的褐藻多酚的聚合度在 6~13，其中一种褐藻（*F. spiralis*）中的褐藻多酚的聚合度较低，在 4~6（Tierney，2014）。从三种褐藻中提取出的褐藻多酚的单体的组合方式均有很大变化。Nair 等用液相色谱 - 串联质谱法分析了从一种褐藻（*Padina tetrastromatica*）中提取出的褐藻多酚的化学结构，结果显示其聚合度在 2~18，主要属于联苯 - 苯醚混合型类（Fucophlorethol）（Nair，2019）。DPPH 自由基清除法显示该提取物具有显著的自由基捕获能力，细胞活力检测显示浓度为 1.5~50.0 μg/mL 的褐藻多酚溶液对 THP-1 细胞无毒性，抗菌试验显示该提取液具有抗耐甲氧西林金黄色葡萄球菌（MRSA）的潜力。

作为一种生物质成分，褐藻多酚在褐藻中与海藻酸钠等通过不同方式结合，因此存在于从褐藻中提取的海藻酸钠。刘刚等用荧光法检测了不同产地的海藻酸钠中的多酚类物质，并用活性炭吸附、透析、乙醇萃取等方法从海藻酸钠中去除（刘刚，2008）。结果表明，不同产地的海藻酸钠中均含有多酚类物质，其含量在 147.1~491.4 荧光强（Arbitrary Fluorescence Unit，AFU）。用不同方法对多酚类物质的去除研究显示，活性炭吸附法的去除效果最好，去除率可达 72.1%。

Toth 等用不溶于水的聚乙烯吡咯烷酮（PVPP）从溶液中去除褐藻多酚，研究了 PVPP 用量、PVPP 处理次数、溶剂、pH、处理时间等参数对去除效果的影响（Toth，2001）。结果显示每次处理时小部分褐藻多酚与 PVPP 结合，最有效的方法是用少量 PVPP 反复多次处理溶液，才可以有效去除溶液中的褐藻多酚。丙酮、甲醇、水、海水等溶剂对去除效果的影响不明显，pH 的升高降低了去除效率。总的来说，经过反复处理，pH ≤6.2 时全部褐藻多酚可以从溶液中去除，pH=9.7 时，89% 的褐藻多酚可以被去除。

Kita 等研究了从 33 种海洋藻类植物中提取的化合物对甲硫醇的固定化性能（Kita，1990）。结果显示，三种褐藻（爱森藻、苷苔和鹅掌菜）对甲硫醇有很好的除臭作用，其中的有效成分是褐藻多酚。从爱森藻中提取的褐藻多酚对甲硫醇的除臭作用高于叶绿素和叶绿素铜钠等传统的天然除臭剂。

褐藻多酚可以与蛋白质结合（启航，2019）。Stern 等研究了褐藻多酚与蛋白质的相互作用，显示溶液中的褐藻多酚在与蛋白质结合后可以沉淀出来，这种结合受 pH 和浓度的影响（Stern，1996）。褐藻多酚在受到氧化后可以与蛋白质产生共价键结合。

Shibata 等按照文献报道的方法（Ishimaru，2001；Huang，2004）制备了褐藻多酚与大豆蛋白复合物，把 200g 脱脂大豆放置在 1L 水中，121℃下高温处理 20min 后过滤，得到的大豆蛋白提取物 500mL 与 100mL 从爱森藻提取的多酚混合，其中褐藻多酚提取物的浓度为 10mg/mL，用浓度为 2mol/L 的 HCl 把 pH 调整为 4.5，得到的褐藻多酚 - 大豆蛋白复合物通过冷冻干燥，实验结果显示该产物对 DPPH 自由基有很强的捕获能力（Shibata，2008）。

第四节　褐藻多酚在生物刺激剂中的应用

作为海藻类肥料的主要活性成分，褐藻多酚是一种重要的生物刺激剂（Di Filippo-Herrera，2019；Masondo，2019）。Kannan 等从褐藻类植物极大昆布中分离出两种酚类化合物，分别是鹅掌菜酚（Eckol）和间苯三酚（Kannan，2013），其中间苯三酚具有微体繁殖等很多应用（Teixeira da Silva，2013），鹅掌菜酚是一种药用化合物（Rengasamy，2014），二者均具有促进植物生长的生物活性（Rengasamy，2015）。

Aremu 等研究了从褐藻类的极大昆布（*Ecklonia maxima*）中提取的鹅掌菜酚（Eckol）和间苯三酚对一种药用植物秋凤梨百合（*Eucomis autumnalis*）的生长、植物化学成分和生长素含量的影响（Aremu，2015）。鹅掌菜酚和间苯三酚以 10^{-5}、10^{-6}、10^{-7}mol/L 的浓度对土壤进行灌施，4 个月后记录生长参数、植物化学成分和生长素含量。与对照组相比，鹅掌菜酚浓度为 10^{-6}mol/L 时显著增加了鳞茎大小、鲜重和根系数量，而间苯三酚浓度为 10^{-6}mol/L 时鳞茎的数量有很大增加，但是两种多酚化合物对地上器官无明显的刺激作用。与对照组相比，鹅掌菜酚浓度为 10^{-5}mol/L 以及间苯三酚浓度为 10^{-6}mol/L 时植物中的对羟基苯甲酸和阿魏酸浓度有明显增加。在用浓度为 10^{-5}mol/L 的鹅掌菜酚处理后，地上和地下部分植物中的吲哚 -3- 乙酸的含量分别达到 1357pmol/g 干重和 1474 pmol/g 干重。从各种结果看，鹅掌菜酚和间苯三酚均显示显著的植物生长刺激作用。图 6-10 显示用间苯三酚、鹅掌菜酚和一种商品海藻肥（Kelpak）处理后 4 个月获得的作物形态。

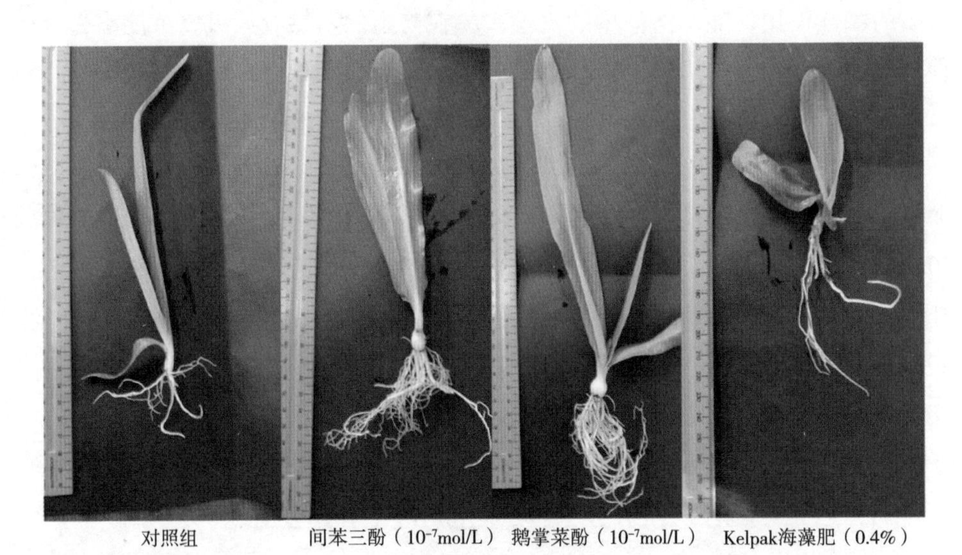

图 6-10　用间苯三酚、鹅掌菜酚和一种商品海藻肥（Kelpak）处理后 4 个月获得的作物形态（Aremu，2015）

秋凤梨百合是一类用于传统药物的球茎植物（Masondo，2014）。在应用于秋凤梨百合时，与对照组相比，间苯三酚和鹅掌菜酚对植物地下部分的刺激作用明显高于地上部分，各组的叶片数量基本相同，但是 10^{-7}mol/L 浓度的间苯三酚和鹅掌菜酚组显示出对叶片长度的抑制作用。鹅掌菜酚处理的（10^{-7}mol/L）植物叶子的面积和鲜重最大，但随着使用浓度的增加有所下降。例如用浓度为 10^{-5}mol/L 的鹅掌菜酚处理的植物叶子的面积和鲜重比用 10^{-7}mol/L 处理的低 50%。在根系生长方面，鹅掌菜酚（10^{-7} 和 10^{-6}mol/L）处理的植物的根的数量、长度以及鲜重最高。间苯三酚（10^{-6}mol/L）处理的植物鳞茎数量最多，而鹅掌菜酚（10^{-6} 和 10^{-7}mol/L）处理显著增加了鳞茎的尺寸和鲜重。在鹅掌菜酚（10^{-5} 和 10^{-6}mol/L）以及间苯三酚（10^{-6}mol/L）处理的植物中，地下部分的 IAA 含量一般高于地上部分（Aremu，2015）。

鹅掌菜酚和间苯三酚是 Kelpak 等商品海藻肥的主要活性成分，其使用功效已经得到广泛认可（Rengasamy，2015）。Aremu 等的研究显示这两种多酚类化合物具有类似生长素的刺激作用（Aremu，2015）。Rengasamy 等报道了在用鹅掌菜酚和间苯三酚浸泡玉米粒后，玉米幼苗的根系得到明显改善（Rengasamy，2014）。间苯三酚具有的类似生长素和细胞分裂素的功效在其他实验中也得到证实（Teixeira da Silva，2013）。鹅掌菜酚、间苯三酚等褐藻多酚类化合物能促进植物生长，是一种对生根起重要作用的生长素（De Klerk，2011）。

除了对植物生长的影响，包括多酚在内的植物化学成分也是食品和药物的重要组分（Alain-Michel，2007），尤其是药用植物的功效与其含有的各种化合物直接相关（Pavarini，2012）。Aremu 等的研究显示对秋风梨百合施用 Kelpak 海藻肥、鹅掌菜酚和间苯三酚可以影响其中 14 种化合物的含量（Aremu，2015），在这些化合物中，山柰酚（Kaempferol）在细胞凋亡、血管生成、炎症和细胞转移过程中是一种重要的信号分子（Chen，2013），阿魏酸具有抗氧化、抗炎、抗菌、抗过敏等生物活性（Kumar，2014）。与对照组相比，山柰酚和阿魏酸的含量在用浓度为 10^{-7} 和 10^{-5}mol/L 的鹅掌菜酚溶液处理后均分别上升了 100% 和 50%，在用浓度为 10^{-7}mol/L 的间苯三酚处理的植物中也有类似的增加。

多酚具有抗氧化功效，植物的抗氧化性能也与其含有的多酚类化合物的数量和质量相关（Gulcin，2012）。自然界中植物化合物的合成涉及非常复杂的机制，不同部位的化合物的合成与其所在的环境因素密切相关（Cheynier，2013；Deikman，1995）。通过外源环境因素的刺激作用可以激活特定化合物的生物合成（Pavarini，2012；Cheynier，2013；Moyo，2014）。Aremu 等的研究显示，龙胆酸、槲皮素、松品碱、枇杷醇等在对照组植物中检测到的植物化合物在用鹅掌菜酚处理的植物中检测不到，而花旗松素只有在用间苯三酚（10^{-7}mol/L）和 Kelpak 海藻肥处理的植物叶子中检测到（Aremu，2015）。从这些结果中可以看出，鹅掌菜酚和间苯三酚处理对植物中酚类化合物的合成途径有影响，其可能的作用机理是通过调控苯丙氨酸解氨酶和查尔酮合成酶的活性实现（Cheynier，2013）。

Rengasamy 等的研究结果显示多酚及含多酚的海藻肥对秋凤梨百合中的生长素含量也有影响（Rengasamy，2015）。鹅掌菜酚等褐藻多酚具有类似生长素的活性，其对植物内源生长素含量的影响是理解海藻肥作用机理的一个关键因素。除了活化的吲哚乙酸等生长素，在秋凤梨百合中还检测到生长素的各种分解代谢产物和共轭物。生长素在植物生长的各个阶段起重要作用，在植物组织中维持一定量的生长素对其健康生长非常重要（Korasick，2013），其在细胞中的含量取决于多个因素，包括在特定时间点的合成代谢、分解代谢、运输和接合的速率（Ljung，2013）。根据其种类与浓度，酚类化合物可以通过对植物中活性生长素代谢的影响促进或抑制生根（Peer，2007）。研究发现，作为吲哚乙酸氧化酶的抑制剂，间苯三酚、绿原酸、芦丁等酚类物质具有强化生长素活性的作用（Gaspar，1996），其中一个作用机理是这些酚类物质通过成为氧化酶的备选底物避免生长素的氧化分解。Wilson 等发现酚类化合物可以保护生长素使其免受脱羧反应带来的活性损失（Wilson，1990）。Wu 等发现酚类物质的功效取决于羟基在苯环上的位置等因素（Wu，2007）。例如鹅掌菜酚和间苯三酚处理对植物中吲哚乙酸的含量产生不同影响，其中鹅掌菜酚处理的植物中吲哚乙酸的最高含量高于间苯三酚处理的植物。

研究显示，与 Kelpak 海藻肥相比，从南非极大昆布中提取出的酚类化合物对秋凤梨百合的生长呈现出更好的刺激作用。浓度为 10^{-6}mol/L 和 10^{-7}mol/L 的鹅掌菜酚对地下植物器官的生长有显著的刺激作用，以其处理后得到的鳞茎比 Kelpak 海藻肥处理的及对照组的大 1.5 倍，植物中的化合物也受不同处理的影响。总的来说，鹅掌菜酚处理对植物生长有重要的刺激作用。图 6-11、图 6-12、图 6-13 分别为 Kelpak 海藻肥、鹅掌菜酚和间苯三酚处理对秋凤梨百合的根和叶子中吲哚 -3- 乙酸（IAA）、羟吲哚 -3- 乙酸（OxIAA）和吲哚 -3- 乙酰 -L- 天冬氨酸（IAAsp）浓度的影响以及对生长 4 个月的秋凤梨百合叶子、根和鳞茎的影响（Aremu，2015）。

以极大昆布为原料制备的 Kelpak 海藻肥已经得到广泛应用，其中含有生长素、细胞分裂素、多胺、赤霉素、脱落酸、油菜素类固醇等多种植物生长刺激剂。Rengasamy 等的研究显示间苯三酚和鹅掌菜酚存在于 Kelpak 海藻肥中，其中纯的鹅掌菜酚以及商品间苯三酚具有与生长素吲哚丁酸相似的植物生长刺激作用，尤其是从极大昆布中提取的鹅掌菜酚在根和芽的生长过程中显示出明显的刺激作用，能抑制 α- 淀粉酶的活力，在浓度为 10^{-5}mol/L 时可以显著增加绿豆的根、

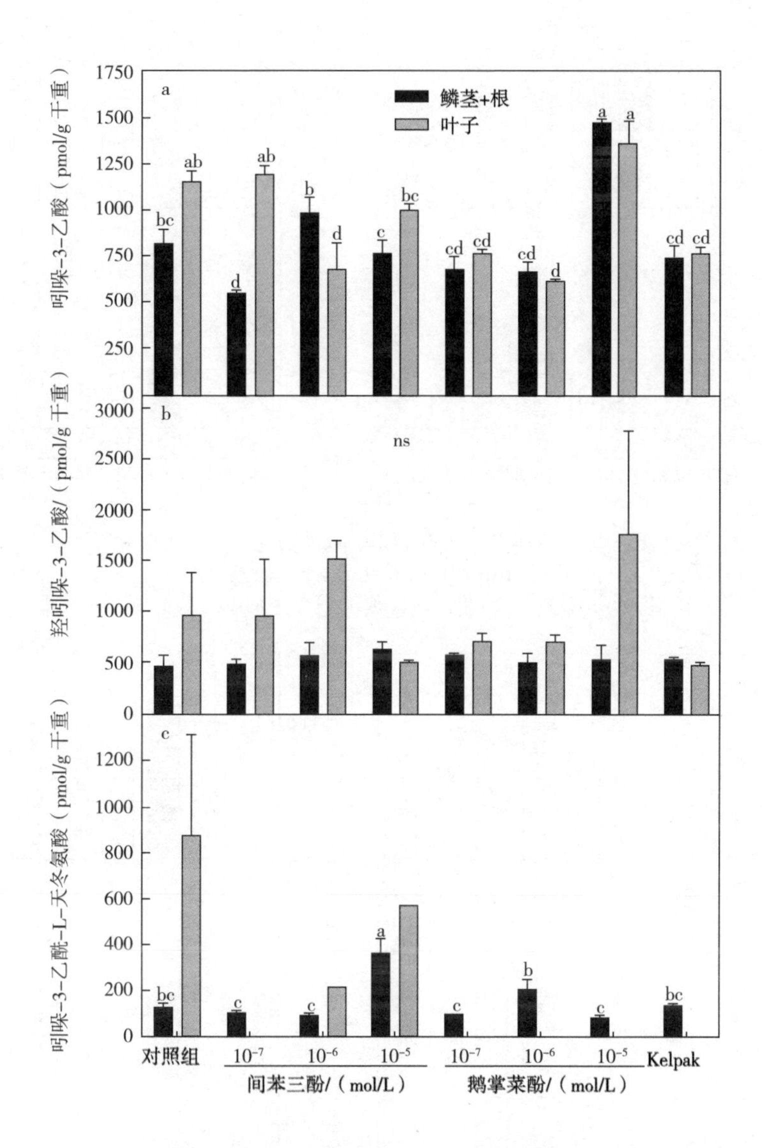

图 6-11　Kelpak 海藻肥、鹅掌菜酚和间苯三酚处理对秋凤梨百合的根和叶子中吲哚 -3- 乙酸、羟吲哚 -3- 乙酸和吲哚 -3- 乙酰 -L- 天冬氨酸浓度的影响

a—数量　b—长度　c—面积　d—鲜重　ns—不明显

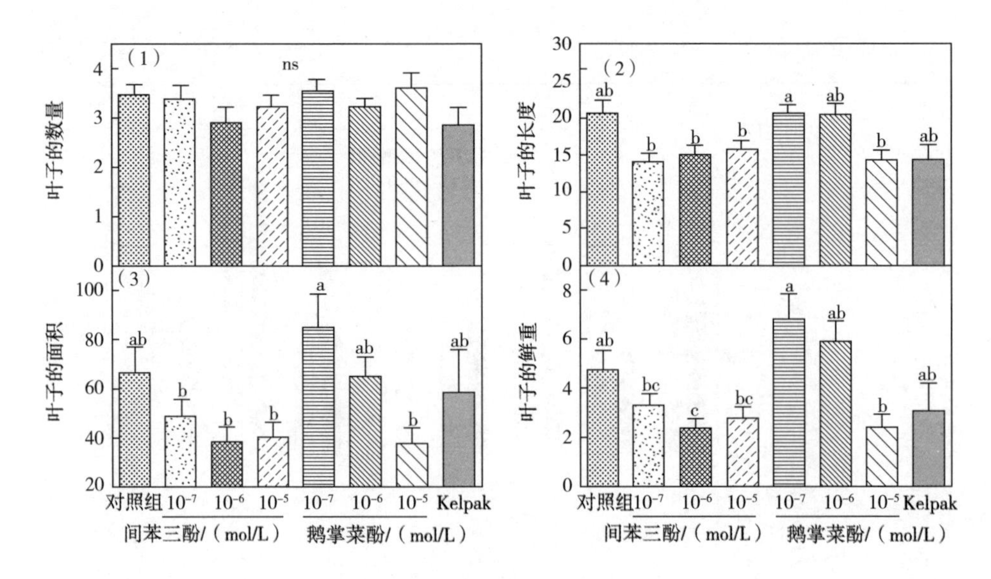

图 6-12 Kelpak 海藻肥、鹅掌菜酚和间苯三酚处理对生长4个月的秋凤梨百合叶子的影响

（1）叶子的数量 （2）叶子的长度 （3）叶子的面积 （4）叶子的鲜重

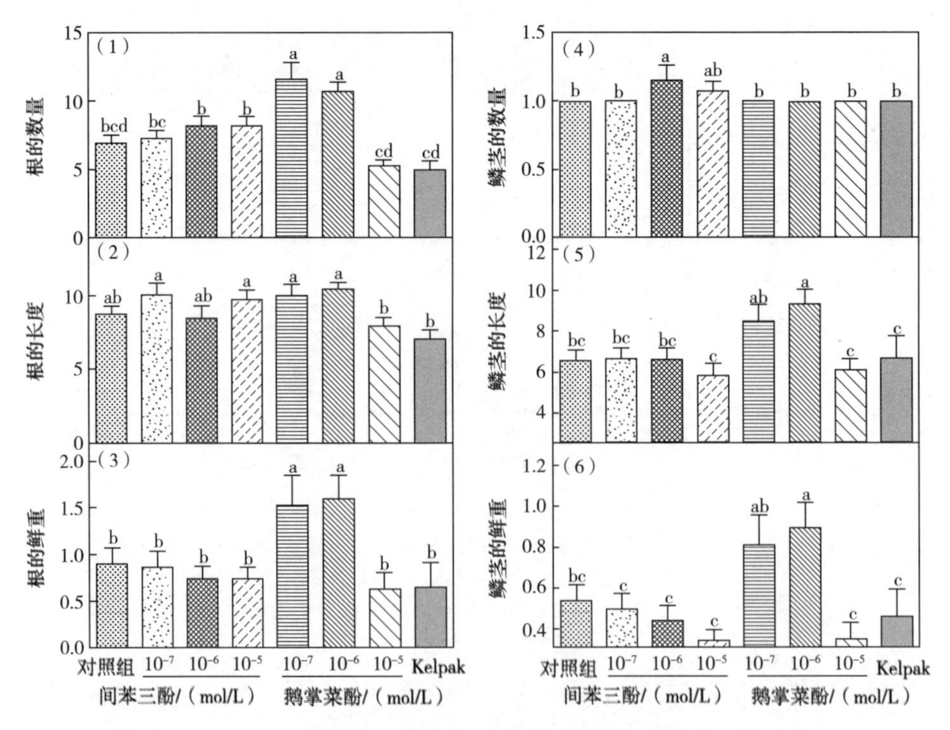

图 6-13 Kelpak 海藻肥、鹅掌菜酚和间苯三酚处理对生长 4 个月的秋凤梨百合根和鳞茎的影响

（1）根的数量 （2）根的长度 （3）根的鲜重 （4）鳞茎的数量 （5）鳞茎的直径 （6）鳞茎的鲜重

芽以及幼苗重量（Rengasamy，2015）。图 6-14 和图 6-15 分别为用浓度为 10^{-5}mol/L 的吲哚丁酸和鹅掌菜酚处理对绿豆幼苗生长以及关键生长指标的影响（Rengasamy，2015）。

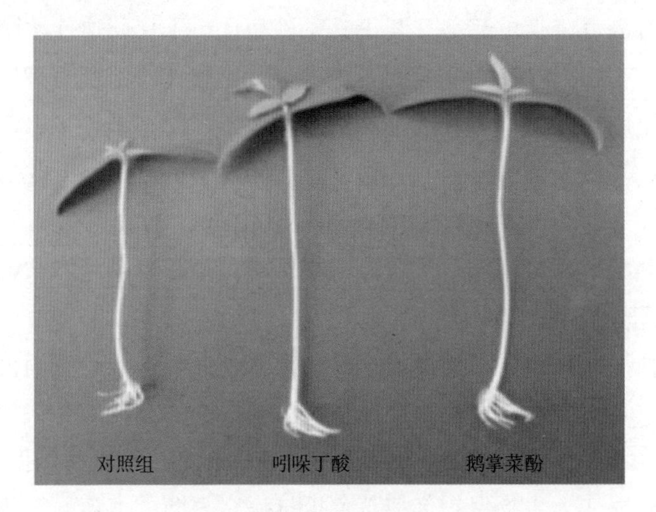

图 6-14　吲哚丁酸和鹅掌菜酚对绿豆幼苗生长的影响

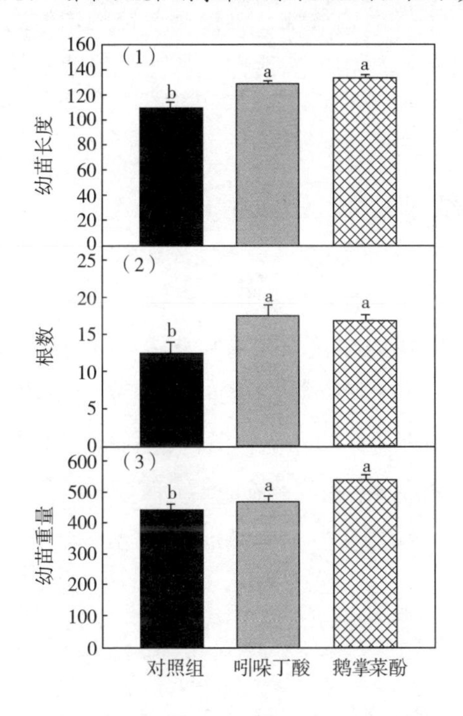

图 6-15　吲哚丁酸和鹅掌菜酚对绿豆幼苗生长关键指标的影响
（1）幼苗长度（2）根数（3）幼苗重量

杨锦等研究了海藻酸（AA）、褐藻多酚（AP）、甘露醇（AM）和甜菜碱（GB）对菜心抗旱胁迫的影响（杨锦，2019）。结果显示干旱胁迫处理明显降低了菜心叶片的相对含水量和叶绿素含量,超氧化物歧化酶（SOD）和过氧化物酶（POD）活性呈现先升高后降低的趋势。与正常条件相比，干旱胁迫使水溶肥处理的菜心生物量降低 51.68%，而海藻肥处理的菜心生物量比水溶肥处理增加 43%，可明显缓解干旱胁迫对菜心生长的抑制作用。在干旱胁迫条件下，海藻肥中添加外源海藻酸、褐藻多酚、甘露醇和甜菜碱均能显著提高菜心叶片的相对含水量和叶绿素含量，提高超氧化物歧化酶和过氧化物酶 POD 活性，增加菜心生物量，其中海藻酸、褐藻多酚、甘露醇、甜菜碱对菜心鲜质量增长的贡献率分别为 24.65%、12.94%、11.80%、11.20%。

褐藻多酚还具有果蔬保鲜功效，在农业生产中有重要的应用价值。以草莓为例，随着对合成农药监管的日益严格，海藻提取物正成为替代化学品、保护农产品的有效解决方案（Righini，2018），一方面作为生物刺激剂促进草莓生长，另一方面也可以作为生物保护剂使草莓抵抗病原真菌。李会丽等的研究结果显示褐藻多酚不但具有直接抗菌活性，可控制草莓的采后腐烂，而且还能诱导草莓的采后抗病性，提高抗病相关酶活性，从而降低草莓果实的腐烂，保持草莓品质（李会丽，2012）。

第五节　小结

褐藻多酚是海洋褐藻特有的一种代谢产物，是一类以间苯三酚为单体通过不同连接方式聚合后形成的在化学结构和分子质量分布上有很大变化的多酚类化合物。自 1847 年德国藻类学家 Nageli 发现褐藻多酚以来，这种结构独特的海洋产物展示出优异的理化性能和生物活性，其抑菌、抗病毒、抗凝血、降血脂、抗肿瘤、抗氧化等多种优异性能已经在食品、医学、日化、农业等领域得到应用。褐藻多酚独特的结构和性能在生物刺激剂领域已经得到广泛应用，具有广阔的发展前景。

参考文献

[1] Åberg P. A demographic study of two populations of the seaweed *Ascophyllum nodosum* [J]. Ecology，1998，73: 1473-1487.

[2] Alain-Michel B. Evolution and current status of research in phenolic compounds [J]. Phytochemistry，2007，68: 2722-2735.

[3] Aremu A O，Masondo N A，Rengasamy K R R，et al. Physiological role of phenolic biostimulants isolated from brown seaweed *Ecklonia maxima* on plant growth and development [J]. Planta，2015，241: 1313-1324.

[4] Arnold T M，Targett N M，Tanner C E，et al. Evidence for methyl jasmonate-induced phlorotannin production in *Fucus vesiculosus* (Phaeophyceae) [J]. J Phycol，2001，37: 1026-1029.

[5] Arnold T M，Tanner C E，Hatch W I. Phenotypic variation in polyphenolic content of the tropical brown alga *Lobophora variegata* as a function of nitrogen availability [J]. Mar Ecol Prog Ser，1995，123: 177-183.

[6] Berthold G. Beitrage zur morpholgie und physiologie der meeresalgen [J]. Jahrb Wiss Bot，1882，13: 569-717.

[7] Blanchette C A. Size and survival of intertidal plants in response to wave action: A case study with focus gardneri [J]. Ecology，1997，78: 1563-1578.

[8] Bryant J P，Kuropat J P，Cooper S M，et al. Resource availability hypothesis of plant antiherbivore defence tested in South African savanna ecosystem [J]. Nature，1989，340: 227-228.

[9] Carlson D J，Carlson M L. Reassessment of exudation by fucoid macroalgae [J]. Limnol Oceanogr，1984，29: 1077-1087.

[10] Carlson L. Seasonal variation in growth，reproduction and nitrogen content of Fucus vesiculosus L. in the öresund，Southern Sweden [J]. Bot Mar，1991，34: 447-453.

[11] Chapman A R O，Craigie J S. Seasonal growth in *Laminaria longicruris*: relations with dissolved inorganic nutrients and internal reserves of nitrogen [J]. Mar Biol，1977，40: 197-205.

[12] Chen A Y，Chen Y C. A review of the dietary flavonoid，kaempferol on human health and cancer chemoprevention [J]. Food Chem，2013，138: 2099-2107.

[13] Cheynier V，Comte G，Davies K M，et al. Plant phenolics: recent advances on their biosynthesis，genetics，and ecophysiology [J]. Plant Physiol Biochem，2013，72: 1-20.

[14] Cronin G，Hay M E. Effects of light and nutrient availability on the growth，secondary chemistry and resistance to herbivory of two brown seaweeds [J]. Oikos，1996，77: 93-106.

[15] Deikman J，Hammer P E. Induction of anthocyanin accumulation by cytokinins in *Arabidopsis thaliana* [J]. Plant Physiol，1995，108: 47-57.

[16] De Klerk G J，Guan H，Huisman P，et al. Effects of phenolic compounds on adventitious root formation and oxidative decarboxylation of applied indoleacetic acid in Malus 'Jork 9' [J]. Plant Growth Regul，2011，63: 175-185.

[17] Di Filippo-Herrera D A, Munoz-Ochoa M, Hernandez-Herrera R M, et al. Biostimulant activity of individual and blended seaweed extracts on the germination and growth of the mung bean [J]. Journal of Applied Phycology, 2019, 31: 2025-2037.

[18] Fukuyama Y, Miura I, Kinjyo Z, et al. Eckols, novel phlorotannins with a dibenzo-*p*-dioxin skeltone possessing inhibitory effects on α 2 -macroglobulin from the brown alga *Ecklonia kurome* OKA-MURA [J]. Chem Lett, 1985, 6: 739-742.

[19] Fukuyama Y, Kodama M, Miura I, et al. Structure of an anti-plasmin inhibitor, eckol, isolated from the brown alga *Ecklonia kurome* OKAMURA and inhibitory activities of its derivatives on plasma plasmin inhibitors [J]. Chem Pharm Bull, 1989, 37: 349-353.

[20] Fukuyama Y, Kodama M, Miura I, et al. Anti-plasmin inhibitor. V. Structures of novel dimeric eckols isolated from the brown alga *Ecklonia kurome* OKAMURA [J]. Chem Pharm Bull, 1990, 37: 2438-2440.

[21] Fukuyama Y, Kodama M, Miura I, et al. Anti-plasmin inhibitor. VI. Structure of phlorofucoeckol A, a novel phlorotannin with both dibenzo-1, 4-dioxin and dibenzofuran elements from *Ecklonia kurome* OKAMURA [J]. Chem Pharm Bull, 1990, 38: 133-135.

[22] Gager L, Connan S, Molla M, et al. Active phlorotannins from seven brown seaweeds commercially harvested in Brittany (France) detected by ^{1}H NMR and in vitro assays: Temporal variation and potential valorization in cosmetic applications [J]. J Appl Phycol, 2020, 18: 1-12.

[23] Gaspar T, Kevers C, Penel C, et al. Plant hormones and plant growth regulators in plant tissue culture [J]. In Vitro Cell Dev Biol Plant, 1996, 32: 272-289.

[24] Getachew A T, Jacobsen C, Holdt Susan L. Emerging technologies for the extraction of marine phenolics: opportunities and challenges [J]. Marine Drugs, 2020, 18: 389-410.

[25] Glombitza K W, Keusgen M, Hauperich S. Fucophlorethols from the brown algae *Sargassum spinuligerum* and *Cystophora torulosa* [J]. Phytochemistry, 1997, 46: 1417-1422.

[26] Glombitza K W, Schmidt A. Trihydroxyphlorethols from the brown alga *Carpophyllum angustifolium* [J]. Phytochemistry, 1999, 51: 1095-1100.

[27] Gomez I, Huovinen P. Brown algal phlorotannins: An overview of their functional roles. In Antarctic Seaweeds [M]. Cham: Springer International Publishing, 2020.

[28] Gulcin I. Antioxidant activity of food constituents: an overview [J]. Arch Toxicol, 2012, 86: 345-391.

[29] Hammerstrom K, Dethier M N, Duggins D O. Rapid phlorotannin induction and relaxation in five Washington kelps [J]. Mar Ecol Prog Ser, 1998, 165: 293-305.

[30] Hanisak M D. The nitrogen relationships of marine macroalgae. In Carpenter E J, Capone D G(eds), Nitrogen in the Marine Environment [M]. New York: Academic Press, 1983.

[31] Huang S M, Shigetomi N, Tanaka N, et al. Preparation and functional evaluation of plant polyphenol-bean protein complex [J]. Nippon Shokuhin Kagaku Kogaku Kaishi, 2004, 51: 626-632.

[32] Ilvessalo H, Tuomi J. Nutrient availability and accumulation of phenolic compounds in the brown alga *Fucus vesiculosus* [J]. Mar Biol, 1989, 101: 115-119.

[33] Ishimaru K, Nonaka G. Rapid purification of catechins using soybean protein [J]. Nippon Shokuhin Kagaku Kogaku Kaihi, 2001, 48: 664-670.

[34] Jacobsen C, Sorensen A D M, Holdt S L, et al. Source, extraction, characterization, and applications of novel antioxidants from seaweed [J]. Annu Rev Food Sci Technol, 2019, 10: 541-568.

[35] Jennings J, Steinberg P D. In situ exudation of phlorotannins by the sublittoral kelp *Ecklonia radiate* [J]. Mar Biol, 1994, 121: 349-354.

[36] Jimenez-Escrig A, Gomez-Ordonez E, Ruperez P. Brown and red seaweeds as potential sources of antioxidant nutraceuticals [J]. J Appl Phycol, 2012, 24: 1123-1132.

[37] Kannan R R R, Aderogba M A, Ndhlala A R, et al. Acetylcholinesterase inhibitory activity of phlorotannins isolated from the brown alga, *Ecklonia maxima*(Osbeck)Papenfuss [J]. Food Res Int, 2013, 54: 1250-1254.

[38] Karban R, Baldwin I T. Induced Responses to Herbivory [M]. Chicago: The University of Chicago Press, 1997.

[39] Kim K C, Piao M J, Zheng J, et al. Fucodiphlorethol G purified from *Ecklonia cava* suppresses ultraviolet B radiation-induced oxidative stress and cellular damage [J]. Biomolecules and Therapeutics, 2014, 22: 301-307.

[40] Kirke D A, Rai D K, Smyth T J, et al. An assessment of temporal variation in the low molecular weight phlorotannin profiles in four intertidal brown macroalgae [J]. Algal Res, 2019, 41: 101550.

[41] Kita N, Fujimotol K, Nakajima I, et al. Screening test for deodorizing substances from marine algae and identification of phlorotannins as the effective ingredients in *Eisenia bicyclis* [J]. Journal of Applied Phycology, 1990, 2: 155-162.

[42] Korasick D A, Enders T A, Strader L C. Auxin biosynthesis and storage forms [J]. J Exp Bot, 2013, 64: 2541-2555.

[43] Koricheva J, Larsson S, Haukioja E, et al. Regulation of woody plant secondary metabolism by resource availability: hypothesis testing by means of meta-analysis [J]. Oikos, 1998, 83: 212-226.
[44] Kumar N, Pruthi V. Potential applications of ferulic acid from natural sources [J]. Biotechnol Rep, 2014, 4: 86-93.
[45] Lau S C K, Qian P Y. Phlorotannins and related compounds as larval settlement inhibitors of the tube-building polychaete *Hydroides elegans* [J]. Mar Ecol Prog Ser, 1997, 159: 219-227.
[46] Lazo L, Markham J H, Chapman A R O. Herbivory and harvesting: effects on sexual recruitment and vegetative modules of Ascophyllum nodosum [J]. Ophelia, 1994, 40: 95-113.
[47] Li Y X, Wijesekara I, Li Y, et al. Phlorotannins as bioactive agents from brown algae [J]. Process Biochemistry, 2011, 46 (12): 2219-2224.
[48] Li Y, Qian Z, Ryu B, et al. Chemical components and its antioxidant properties in vitro: an edible marine brown alga, *Ecklonia cava* [J]. Bioorganic & Medicinal Chemistry, 2009, 17 (5): 1963-1973.
[49] Ljung K. Auxin metabolism and homeostasis during plant development [J]. Development, 2013, 140: 943-950.
[50] Lowell R B, Markham J H, Mann K. Herbivore-like damage induces increased strength and toughness in a seaweed [J]. Proc R Soc Lond B Biol Sci, 1991, 243: 31-38.
[51] Machu L, Misurcova L, Vavra Ambrozova J, et al. Phenolic content and antioxidant capacity in algal food products [J]. Molecules, 2015, 20: 1118-1133.
[52] Marinho G S, Sorensen A D M, Safafar H, et al. Antioxidant content and activity of the seaweed *Saccharina latissima*: A seasonal perspective [J]. J Appl Phycol, 2019, 31: 1343-1354.
[53] Martinez J H I, Castaneda H G T. Preparation and chromatographic analysis of phlorotannins [J]. Journal of Chromatographic Science, 2013, 51: 825-838.
[54] Masondo N A, Aremu A O, Kulkarni M G, et al. Elucidating the role of Kelpak® on the growth, phytohormone composition, and phenolic acids in macronutrient-stressed *Ceratotheca triloba* [J]. Journal of Applied Phycology, 2019, 31: 2687-2697.
[55] Masondo N A, Finnie J F, Van Staden J. Pharmacological potential and conservation prospect of the genus Eucomis (Hyacinthaceae) endemic to southern Africa [J]. J Ethnopharmacol, 2014, 151: 44-53.
[56] Moyo M, Amoo S O, Aremu A O, et al. Plant regeneration and biochemical accumulation of hydroxybenzoic and hydroxycinnamic acid derivatives in Hypoxis hemerocallidea organ and callus cultures [J]. Plant Sci, 2014, 227:

157-164.

[57] Nair D, Vanuopadath M, Balasubramanian A, et al. Phlorotannins from *Padina tetrastromatica*: structural characterization and functional studies [J]. Journal of Applied Phycology, 2019, 31: 3131-3141.

[58] Nakamura T, Nagayama K, Uchida K, et al. Antioxidant activity of phlorotannins isolated from the brown alga *Eisenia bicyclis* [J]. Fisheries Sci, 1996, 62: 923-926.

[59] Nakayama Y, Takahashi M, Fukuyama Y, et al. An anti-plasmin inhibitor, eckol, isolated from the brown alga *Ecklonia kurome* OKAMURA [J]. Agric Biol Chem, 1989, 63: 3025-3030.

[60] Parys S, Rosenbaum A, Kehraus S, et al. Evaluation of quantitative methods for the determination of polyphenols in algal extracts [J]. J Nat Prod, 2007, 70: 1865-1870.

[61] Pavarini D P, Pavarini S P, Niehues M, et al. Exogenous influences on plant secondary metabolite levels [J]. Anim Feed Sci Technol, 2012, 176: 5-16.

[62] Pavia H, Toth G B. Influence of light and nitrogen on the phlorotannin content of the brown seaweeds *Ascophyllum nodosum* and *Fucus vesiculosus* [J]. Hydrobiologia, 2000, 440: 299-305.

[63] Pavia H, Cervin G, Lindgren A, et al. Effects of UV-B radiation and simulated herbivory on phlorotannins in the brown alga *Ascophyllum nodosum* [J]. Mar Ecol Prog Ser, 1997, 157: 139-146.

[64] Pavia H, Toth G, Åberg P. Trade-offs between phlorotannin production and annual growth in natural populations of the brown seaweed *Ascophyllum nodosum* [J]. J Ecol, 1999, 87: 761-771.

[65] Pavia H, Brock E. Extrinsic factors influencing phlorotannin production in the brown seaweed *Ascophyllum nodosum* [J]. Mar Ecol Prog Ser, 2000, 193: 285-294.

[66] Peckol P, Krane J M, Yates J L. Interactive effects of inducible defense and resource availability on phlorotannins in the North Atlantic brown alga *Fucus vesiculosus* [J]. Mar Ecol Prog Ser, 1996, 138: 209-217.

[67] Pedersen A. Studies on phenol content and heavy metal uptake in fucoids [J]. Hydrobiologia, 1984, 116/117: 498-504.

[68] Peer W A, Murphy A S. Flavonoids and auxin transport: modulators or regulators? [J]. Trends Plant Sci, 2007, 12: 556-563.

[69] Ragan M A, Glombitza K W. Phlorotannins, brown algal polyphenols [J]. Prog Phycol Res, 1986, 4: 129-241.

[70] Ragan M A. Physode and the phenolic compounds of brown algae: Composition and significance of physode in vivo [J]. Bot Mar, 1976, 19: 145-154.

[71] Rajauria G, Foley B, Abu-Ghannam N. Identification and characterization

of phenolic antioxidant compounds from brown Irish seaweed *Himanthalia elongata* using LC-DAD–ESI-MS/MS [J]. Innov Food Sci Emerg Technol，2016，37: 261-268.

[72] Reichardt P B，Chapin F S，Bryant J P，et al. Carbon/nutrient balance as a predictor of plant defense in Alaskan balsam poplar: potential importance of metabolic turnover [J]. Oecologia，1991，88: 401-406.

[73] Rengasamy K R R，Kulkarni M G，Stirk W A，et al. Advances in algal drug research with emphasis on enzyme inhibitors [J]. Biotechnol Adv，2014，32: 1364-1381.

[74] Rengasamy K R R，Kulkarni M G，Stirk W A，et al. Eckol - a new plant growth stimulant from the brown seaweed *Ecklonia maxima* [J]. J Appl Phycol，2015，27: 581-587.

[75] Righini H，Roberti R，Baraldi E，et al. Use of algae in strawberry management [J]. Journal of Applied Phycology，2018，30: 3551-3564.

[76] Sabeena Farvin K H，Jacobsen C. Phenolic compounds and antioxidant activities of selected species of seaweeds from Danish coast [J]. Food Chem，2013，138: 1670-1681.

[77] Sailler B，Glombitza K W. Phlorethol and fucophlorethol from the brown alga *Cystophora retroflexa* [J]. Phytochem，1999，50: 869-881.

[78] Sandsdalen E，Haug T，Stensvag K，et al. The antibacterial effect of a polyhydroxylated fucophlorethol from the marine brown alga *Fucus vesiculosus* [J]. World Journal of Microbiology and Biotechnology，2003，19: 777-782.

[79] Schoenwaelder M E A，Clayton M N. Secretion of phenolic substances into the zygote wall and cell plate in embryos of Hormosira and Acrocarpia（Fucales，Phaeophyceae）[J]. J Phycol，1998，34: 969-980.

[80] Shibata T，Yamaguchi K，Nagayama K，et al. Inhibitory activity of brown algal phlorotannins against glycosidases from the viscera of the turban shell Turbo cornutus [J]. Eur J Phycol，2002，37: 493-500.

[81] Shibata T，Kawaguchi S，Hama Y，et al. Local and chemical distribution of phlorotannins in brown algae [J]. Journal of Applied Phycology，2004，16: 291-296.

[82] Shibata T，Ishimaru K，Kawaguchi S，et al. Antioxidant activities of phlorotannins isolated from Japanese Laminariaceae [J]. J Appl Phycol，2008，20: 705-711.

[83] Sieburth J M，Conover T J. Sargassum tannin，an antibiotic which retards fouling [J]. Nature，1965，208: 52-53.

[84] Sieburth J M. Studies on algal substances in the sea. Ⅲ. The production of extracellular organic matter by littoral marine algae [J]. J Exp Mar Biol Ecol，1969，3: 290-309.

[85] Steevensz A J, MacKinnon S L, Hankinson R, et al. Profiling phlorotannins in brown macroalgae by liquid chromatography-high resolution mass spectrometry [J]. Phytochem Anal, 2012, 23: 547-553.

[86] Stengel D B, Dring M J. Morphology and in situ growth rates of *Ascophyllum nodosum* (Phaeophyta) from different shore levels and responses of plants to vertical transplantation [J]. Eur J Phycol, 1997, 32: 193-202.

[87] Stern J L, Hagerman A E, Steinberg P D, et al. Phlorotannin-protein interactions [J]. Journal of Chemical Ecology, 1996, 22 (10) : 1877-1899.

[88] Taniguchi K, Kurata K, Suzuki M, et al. Chemical defense mechanism of the brown alga *Eisenia bicyclis* against marine herbivores [J]. Nippon Suisan Gakkaishi, 1992, 58: 571-575.

[89] Taniguchi K, Kurata K, Suzuki M. Feeding-deterrent activity of some laminariaceous brown algae against the Ezo-abalone (BCP91-IV-D-5) [J]. Nippon Suisan Gakkaishi, 1992, 58: 577-581.

[90] Targett N, Arnold T M. Predicting the effects of brown algal phlorotannins on marine herbivores in tropical and temperate oceans [J]. J Phycol, 1998, 36: 195-205.

[91] Targett N M, Boettcher A A, Targett T E, et al. Tropical marine herbivore assimilation of phenolic-rich plants [J]. Oecologia, 1995, 103: 170-179.

[92] Teixeira da Silva J, Dobranszki J, Ross S. Phloroglucinol in plant tissue culture [J]. In Vitro Cell Dev Biol Plant, 2013, 49: 1-16.

[93] Tierney M S, Soler-Vila A, Rai D K, et al. UPLC-MS profiling of low molecular weight phlorotannin polymers in *Ascophyllum nodosum*, *Pelvetia canaliculata* and *Fucus spiralis* [J]. Metabolomics, 2014, 10: 524-535.

[94] Toth G B, Pavia H. Water-borne cues induce chemical defense in marine algal (*Ascophyllum nodosum*) [J]. Proc Natl Acad Sci USA, 2000, 97: 14418-14420.

[95] Toth G B, Pavia H. Removal of dissolved brown algal phlorotannins using insoluble polyvinylpolypyrrolidone (pvpp) [J]. Journal of Chemical Ecology, 2001, 27 (9) : 1899-1910.

[96] Tugwell S, Branch G M. Differential polyphenolic distribution among tissues in the kelps *Ecklonia maxima*, *Laminaria pallida* and *Macrocystis augustifolia* in relation to plant-defense theory [J]. J Exp Mar Biol Ecol, 1989, 129: 219-230.

[97] Van Alstyne K L, McCarthy J J, Hustead C L, et al. Geographic variation in polyphenolic levels of Northeastern Pacific kelps and rockweeds [J]. Mar Biol, 1999, 133: 371-379.

[98] Van Alstyne K L, McCarthy J J, Hustead C L, et al. Phlorotannin allocation among tissues of northeastern pacific kelps and rockweeds [J]. J Phycol, 1999, 35: 483-492.

[99] Van Alstyne K L. Effects of wounding by the herbivorous snails *Littorina sitkana* and L. scutlata (Mollusca) on the growth and reproduction of the intertidal alga *Fucus distichus* (Phaeophyta) [J]. J Phycol, 1990, 26: 412-416.

[100] Wang T, Jonsdottir R, Olafsdottir G. Total phenolic compounds, radical scavenging and metal chelation of extracts from Icelandic seaweeds [J]. Food Chem, 2009, 116: 240-248.

[101] Williams G A. The comparative ecology of the flat peri-winkles *Littorina obtusata* (L.) and *L. mariae* Sacchi et Rastelli [J]. Field Studies, 1990, 7: 469-482.

[102] Wilson P J, Van Staden J. Rhizocaline, rooting co-factors, and the concept of promoters and inhibitors of adventitious rooting-a review [J]. Ann Bot, 1990, 66: 479-490.

[103] Wu H C, Du Toit E S, Reinhardt C F, et al. The phenolic, 3, 4-dihydroxybenzoic acid, is an endogenous regulator of rooting in *Protea cynaroides* [J]. Plant Growth Regul, 2007, 52: 207-215.

[104] Yates J L, Peckol P. Effects of nutrient availability and herbivory on polyphenolics in the seaweed *Fucus vesiculosus* [J]. Ecology, 1993, 74: 1757-1766.

[105] Yoshie Y, Wang W, Petillo D, et al. Distribution of catechins in Japanese seaweeds [J]. Fish Sci, 2000, 66: 998-1000.

[106] 陈雨晴，吕峰.海藻多酚生物活性、改性及应用研究进展[J].渔业研究，2018，40（3）：234-241.

[107] 石碧，狄莹. 植物多酚[M]. 北京：科学出版社，2002.

[108] 宋立江，狄莹，石碧. 植物多酚研究与利用的意义及发展趋势[J].化学进展，2000，12（2）：161-170.

[109] 王旗，刘恩岐.植物多酚的研究现状[J].山西农业科学，2009，37（1）：92-94.

[110] 谢孟峡.植物多酚类药物分子与人血清白蛋白相互识别及作用的分子机理研究[D].北京：北京师范大学，2006.

[111] 张力平.植物多酚的研究现状及发展前景[J].林业科学，2005，41（6）：157-162.

[112] 严小军. 褐藻多酚的组成结构特征及其与多糖相互作用的研究[D]. 青岛中国科学院海洋研究所，1994.

[113] 许亚如. 褐藻多酚的抗氧化活性研究[D].宁波：宁波大学，2014.

[114] 袁圣亮，段智红，吕应年，等. 海藻多酚类化合物及其抗氧化活性研究进展[J].食品与发酵工业，2019，45（5）：274-280.

[115] 秦绪龙，万升标，江涛. Eckol类褐藻多酚的研究进展[J]. 海洋湖沼通报，2007，增刊：176-181.

[116] 陈予敏，严小军，范晓.褐藻多酚的结构单元及生成机理[J].海洋与湖

沼，1997，28（3）：225-232.
[117] 刘刚，谢红国，包德才，等.海藻酸钠中多酚类物质的检测与去除研究[J].功能材料，2008，9（39）：1567-1573.
[118] 启航，蒋迪，时逸馨，等. 一种快速检测含褐藻多酚的肌原纤维蛋白在UVA辐照过程中品质变化的方法[P].中国发明专利，201910500835.6，2019.
[119] 杨锦，尹媛红，沈宏. 海藻功能物质对菜心抗旱胁迫的影响[J].磷肥与复肥，2019，34（3）：34-42.
[120] 李会丽，黄文芊，刘尊英. 海藻多酚处理对采后草莓腐烂与贮藏品质的影响[J].农产品加工学刊，2012，11：61-64.

第七章　其他海藻活性物质在生物刺激剂中的应用

第一节　引言

海藻提取物的组成非常复杂，含有种类丰富的植物生长刺激素（Williams，1981；Crouch，1993）。除了多糖、多酚等成分，海藻肥还含有海藻生物体中的各种内源激素，其中细胞分裂素包括反玉米素、反玉米素核苷以及这两种物质的各种二氢化衍生物（Stirk，1997）。海藻提取物中也含有芳香族细胞分裂素苄基氨基嘌呤（Stirk，2003）。Stirk 等在 Kelpak 海藻肥中发现植物激素——油菜素甾醇，在 Seasol 海藻提取物发现植物激素——独角金内酯（Stirk，2014）。这些海藻活性物质对海藻肥在应用过程中产生的抗逆、提高植物免疫力等功效起到重要作用（Divi，2009；Belkhadir，2012；Marzec，2013）。

图 7-1 显示植物的生长阶段及其需要的各种生物活性物质。海藻含有的细胞分裂素、生长素、赤霉素、脱落酸以及大量金属元素在维持植物激素水平、促进植物生长等过程中起重要作用。

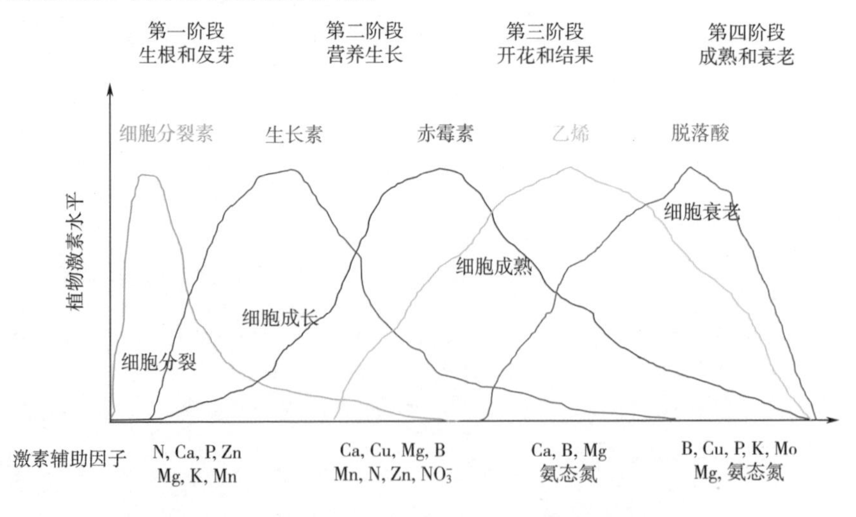

图 7-1　植物的生长阶段及其需要的各种生物活性物质

第二节　具有生物刺激作用的海藻活性物质

海洋中的藻类从微藻的几微米到巨藻的200~300m有很大的变化，作为一种海洋生物，其基本组成单位为植物细胞，其中最小的海洋浮游藻的藻体仅由一个细胞组成，因此也称为海洋单细胞藻，是体内含有叶绿素、能进行光合作用并生产有机物的自养型生物。作为海洋中有机物的最重要初级生产者，浮游藻是养殖鱼、虾、贝的饵料，其藻体直径一般只有千分之几毫米，在显微镜下显示各种独特的形状，既有单细胞，也有单细胞结合起来的纺锤形、扇形、星形、椭圆形、卵形、圆柱形、树枝状等各种群体性状。作为一种光能自养型单细胞生物，海洋浮游藻能有效利用光能将H、O、CO_2和无机盐转化为有机物，是海洋生物资源的重要组成部分，在海洋生态系统的物质循环和能量流动中起着极其重要的作用。

一、海藻生物体的主要成分

与浮游藻不同，褐藻、红藻、绿藻等海洋大型藻类具有更复杂的植物结构，含有根、茎、叶等基本的植物组织。作为多细胞植物，海洋大型藻类的细胞外基质为植物体提供其生存所需要的强度，包含海藻酸、卡拉胶、琼胶等结构成分。海藻的植物细胞含有细胞壁、原生质体、后含物、生理活性物质等成分，是海藻源生物活性物质的基本组成。图7-2显示海藻生物体的主要成分，它们在海藻内相互结合，形成一个独特的生命体。

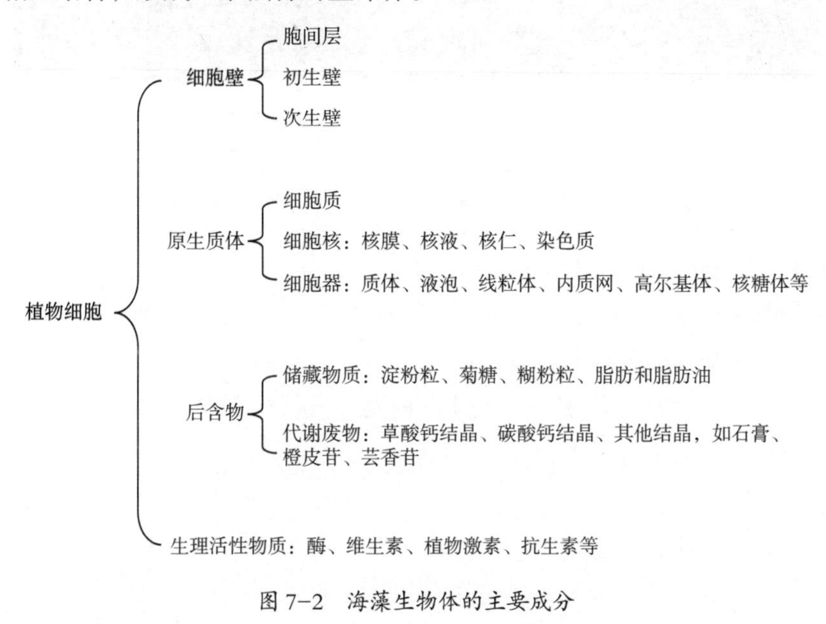

图7-2　海藻生物体的主要成分

海藻的光合效率高于陆生植物，其生长过程不受水的限制也很少受温度的限制，因此是获得低成本生物质资源的一个重要渠道（Anastasakis，2011）。海藻的主要成分不同于陆地生物质中的纤维素、半纤维素、木质素等，它们含有丰富的多糖、脂肪酸、蛋白质、维生素和矿物质元素，在食品、化妆品、制药和医学领域有重要的应用价值（O'Sullivan，2010; Lordan，2011），具有抗肿瘤（Hmelkov，2018）、抗病毒（Hardouin，2014；Alboofetileh，2019）、抗菌（Puspita，2017）、抗炎（Lee，2012）、抗氧化（Casas，2019; Florez-Fernandez，2019）、抗糖尿病（Ren，2017）等生物活性，可用于膳食益生元、功能性食品补充剂（Wells，2017）、饲料和肥料补充剂（Michalak，2016）、药物缓控释放等众多领域（Pugazhendhi，2019）。

图 7-3 为海藻的显微结构和活性成分分布示意图。

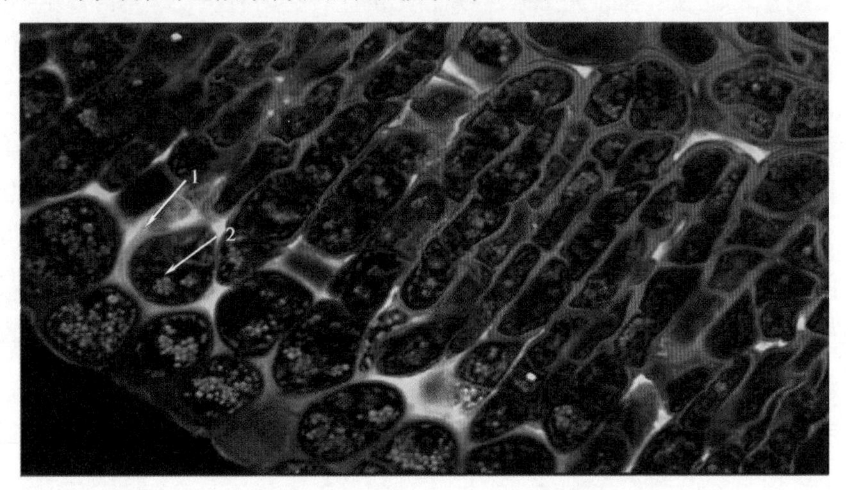

图 7–3 海藻的显微结构和活性成分分布示意图

1—海藻细胞壁：海藻酸、卡拉胶、琼胶、岩藻多糖、纤维素等生物高分子

2—海藻细胞质：褐藻多酚、褐藻淀粉、甘露醇、氨基酸、植物激素等

海藻中的生物活性物质主要包括以下几类。

1. 多糖类

海藻细胞壁、细胞外基质及细胞质中均含有各种多糖类物质，具有优异的理化特性和生物活性。传统中药把几种褐藻烹煮后用于预防和治疗癌症，其中热水提取物的主要成分是多糖类化合物。

2. 蛋白质

海藻含有特殊的亲糖蛋白，对特定糖类有亲和性而与之非共价结合。亲糖蛋白和细胞膜糖分子结合后会造成细胞沉降现象，因此是一种凝集素。基于其辨识糖类的特性，亲糖蛋白在生物的防御、生长、生殖、营养储藏及生物共生上扮演重要角色。

3. 氨基酸

褐藻、红藻、绿藻类的海藻均含有丰富的蛋白质和氨基酸，其中包含二十余种人体必需的氨基酸，大部分种类的海藻都有含硫氨基酸，如牛磺酸、甲硫氨酸、胱氨酸及其衍生物。

4. 不饱和脂肪酸

不饱和脂肪酸是构成体内脂肪的一种脂肪酸，是人体不可缺少的脂肪酸。根据双键个数的不同，不饱和脂肪酸可分为单不饱和脂肪酸和多不饱和脂肪酸两种。食物脂肪中单不饱和脂肪酸有油酸等，多不饱和脂肪酸有亚油酸、亚麻酸、花生四烯酸等。根据双键的位置及功能又可以将多不饱和脂肪酸分为 ω-6 系列和 ω-3 系列。亚油酸和花生四烯酸属 ω-6 系列，亚麻酸、二十二碳六烯酸（DHA）、二十碳五烯酸（EPA）属 ω-3 系列。海带、紫菜等海藻植物含有多种不饱和脂肪酸。

5. 多酚类

酚类化合物包含很多种具有多酚结构的物质。根据其含有的酚环的数量以及酚环之间的连接方式，主要的多酚类化合物可分为黄酮类、酚酸类、单宁酸类、二苯基乙烯类、木酚素类等（Ignat，2011）。海藻含有一系列多酚类化合物，包括褐藻多酚类、黄酮类、酚酸类和卤代酚类（袁圣亮，2019），是海藻抗氧化、保湿防御机制的重要组成部分，其中褐藻多酚是间苯三酚经过生物聚合后生成的一类酚类化合物，是一种亲水性很强，分子质量在 126~650ku 的生物活性物质（Li，2011）。

6. 色素类

海藻共分 10 个门，各种藻类含有的独特的色素类化合物赋予其特殊的外观色泽，其中蓝藻门色质区主要由类囊体及其有关结构、藻胆体和糖元颗粒等组成，主要有叶绿素 a、藻胆素、胡萝卜素、类胡萝卜素等光合色素。另外，还含有两种蓝藻类特有的色素，即蓝藻藻蓝蛋白和蓝藻藻红蛋白；红藻门藻体含有叶绿素 a、叶绿素 d、叶黄素和胡萝卜素，以及大量的藻红蛋白和藻蓝蛋白，常因各类色素含量的不同，使藻体出现鲜红或粉红、紫、紫红或暗紫红色等不同的颜色；隐藻门的光合作用色素有叶绿素 a、叶绿素 c、β- 胡萝卜素等；甲藻门光合色素为叶绿素 a 和叶绿素 c、β- 胡萝卜素、叶黄素类以及硅甲藻素、甲藻黄素、新叶黄素和甲藻特有的多甲藻素，由于黄色色素类的含量比叶绿素含量大 4 倍，因此常呈黄绿色、橙黄色或褐色；金藻门类的光合色素有叶绿素 a 和叶绿素 c、β- 胡萝卜素和墨角藻黄素等几种叶黄素，其叶绿素含量少，胡萝卜素和叶黄素含量较多，因此载色体呈黄绿色、橙黄色或褐黄色；黄藻门类色素体呈黄绿色，光合色素的主要成分是叶绿素 a、叶绿素 c 和叶绿素 e、β- 胡萝卜素和叶黄素，其中叶黄素主要是硅甲黄素，没有金藻和褐藻含有的墨角藻黄素；硅藻门的光合作用色素主要有叶绿素 a、叶绿素 c1、叶绿素 c2 及 β- 胡萝卜素、岩藻黄素、硅藻黄素等，色素体呈黄绿色或黄褐色，形状有粒状、片状、叶状、分枝状或星状等；褐藻门的细胞内含有叶绿素 a、叶绿素 c、胡萝卜素、墨角藻黄素和大量的叶黄素，藻体的颜色因所含各种色素的比例不同而变化较大，有黄褐色、深褐色。

7. 维生素

海藻含有多种维生素，主要有维生素 B_{12}、维生素 C 及维生素 E、生物素及烟碱酸等。

8. 无机元素

海水含有 45 种以上的无机元素，生长在海水中的海藻每天吸收无机元素作为营养成分，因此比陆地植物含有更多种及更多量的无机元素。

海藻含有丰富的生物活性物质，自 1811 年法国科学家科特瓦从褐藻中发现碘以来的 200 多年中，全球各地不同种类的海藻为人类社会提供了大量海洋源天然产物。自 1975 年以来，毒素、副产品和化学生态学成为海洋水产天然产物的三个主要研究领域，其中有超过 15000 种新化合物被化学测定。在生物制品方面，藻类是一个有希望提供新的生物活性物质的群体（Singh，2005；Blunt，2005）。为了在竞争环境中生存，淡水和海洋藻类进化出了各自的防御体系及相关的各种代谢产物（Barros，2005；Mayer，2004；Dos Santos，2005）。图 7-4 显示海藻中一些代谢产物的生物合成途径。

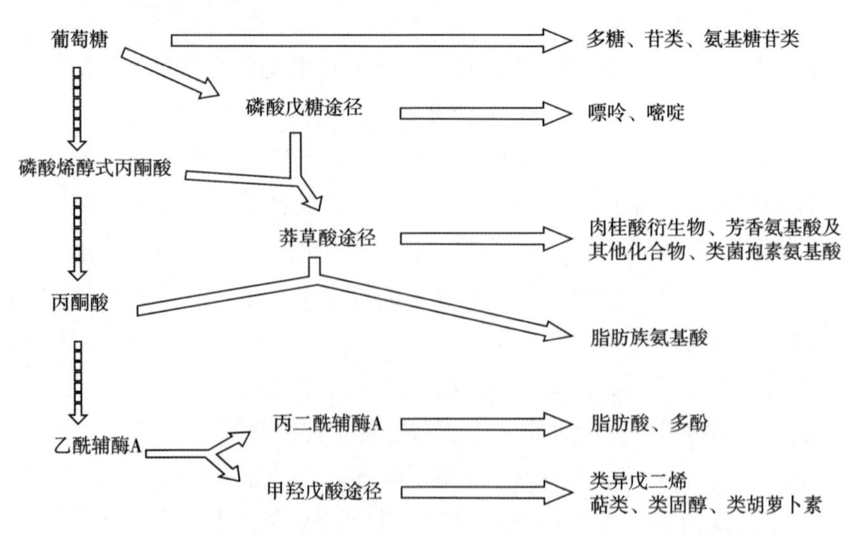

图 7-4　海藻中一些代谢产物的生物合成途径（Pereira，2020）

图 7-5 显示海藻植物激素的结构，其中脱落酸是一种关键的胁迫激素，参与多种植物胁迫应答反应，特别是非生物胁迫反应。吲哚乙酸除了在多种基本的生命过程中发挥重要作用，还参与根的生长和发育，茉莉酸类物质被认为是植物抗病防卫反应的内源及中间信号分子。

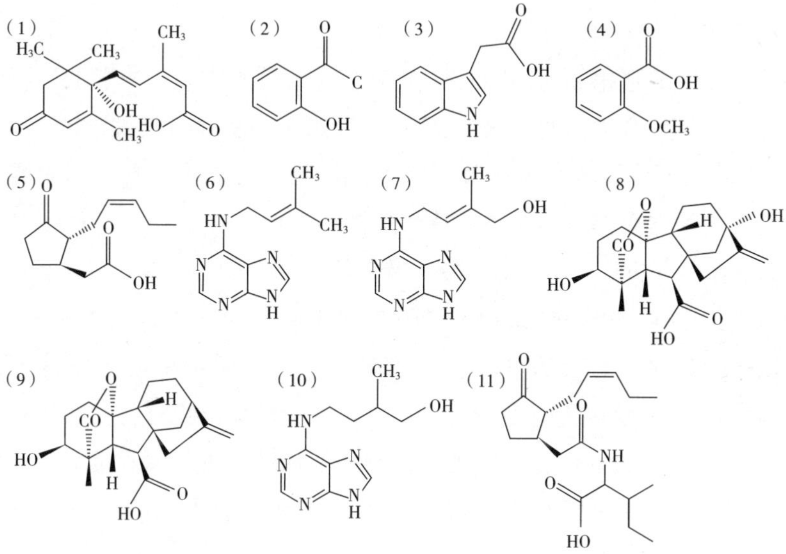

图 7-5　海藻植物激素的结构（Mori，2017；Pereira，2020）
（1）脱落酸（Abscisic acid，ABA）（2）水杨酸（Salicylic acid）（3）吲哚乙酸（Indole-3-acetic acid，IAA）（4）水杨酸甲醚（Ortho-anisic acid）（5）茉莉酸（Jasmonic acid）（6）异戊烯腺嘌呤（Isopentenyladenine）（7）反玉米素（Trans-zeatin）（8）赤霉素 A1（Gibberellin A1）（9）赤霉素 A4（Gibberellin A4）（10）二氢玉米素（Dihydrozeatin）；（11）茉莉酮基 - 亮氨酸（Jasmonoyl-leucine）

二、具有生物刺激作用的海藻活性物质

海藻含有丰富的生长素和生长素类物质，每克干重的泡叶藻提取物中的吲哚乙酸（IAA）含量高达 50mg（Kingman，1982）。极大昆布提取物对绿豆根系生长显示出的促进作用与生长素产生的影响一致，气相色谱和质谱的测试结果显示其含有吲哚类化合物。在紫菜等其他种类的海藻中也存在生长素，其含量较褐藻中的低（Zhang，1993）。在高等植物中，吲哚乙酸与羧基、聚糖、氨基酸、多肽等形成缀合物，只有在水解后才转化为自由的吲哚乙酸而产生活性（Bartel，1997）。

泡叶藻提取物中含有各种甜菜碱、类甜菜碱物质（Blunden，1986）。在植物中，甜菜碱起到缓解盐度和干旱胁迫下的渗透胁迫。用海藻肥处理植物后，叶子中的叶绿素含量得到加强，其原因是在甜菜碱作用下，叶绿素的降解有所下降（Whapham，1993）。叶绿素含量的改善导致产量的增加与海藻肥中的甜菜碱密切相关，有报道指出甜菜碱在低浓度下起到氮源的作用，在高浓度下起到渗透剂的作用（Naidu，1987）。

与很多真核细胞相似，甾醇是海藻中一类重要的脂质。一般的植物细胞含有一系列甾醇类化合物，如谷甾醇、豆固醇、二四亚甲基胆固醇、胆固醇等（Nabil，1996）。绿藻主要含有麦角固醇和亚甲基胆固醇，红藻主要含有胆固醇及其衍生物，褐藻主要含有墨角藻甾醇及其衍生物。

海藻含有丰富的矿物质、氨基酸、维生素、生长素、细胞分裂素、赤霉素等生物刺激素（Stirk，1997；Baloch，2013；Allen，2001；Senn，1987；Sharma，2014；Khan，2009；Zhang，1997），在农业生产中有重要的应用价值，可以有效改善作物的产量和质量（Tawfeeq，2016），提高植物对各种非生物胁迫的耐受性，增强植物的生长、植物化学成分和植物叶片的抗氧化能力（Elansary，2016），有助于减少化肥和杀虫剂的使用，实现农业生产的绿色可持续发展（Rengasamy，2016；Battacharyya，2015）。

第三节　海藻活性物质在生物刺激剂中的应用

作为一种海洋植物，海藻生物体内含有细胞分裂素、生长素、赤霉素、多胺、茉莉酸（脂氧化物）、甜菜碱、油菜素甾醇、乙烯、信号肽、脱落酸等大量具有生物刺激作用的海藻活性物质，这些海藻源生物刺激素是海藻类肥料的主要活性成分。表7-1总结了海藻源生物刺激素及其对植物生长的刺激作用（Dmytryk，2018）。

表7-1　海藻源生物刺激素及其对植物生长的刺激作用

类别	来源	对植物生长的影响
细胞分裂素	褐藻类的泡叶藻、囊叶藻、昆布、墨角藻、巨藻、马尾藻、裙带菜；红藻类的紫菜；微藻类的小球藻、衣藻、硬球菌、黏着菌、视野真菌；蓝藻类的眉藻；裸藻类的眼虫属	促进细胞分裂和形态发生、促进蛋白质合成、诱导侧芽生成、促进叶片扩张（细胞增大）、控制细胞周期（刺激叶绿素合成、促进叶绿体成熟、延缓叶片衰老）、扩大气孔

续表

类别	来源	对植物生长的影响
生长素	褐藻类的泡叶藻、昆布、墨角藻、海带、巨藻、海囊藻、马尾藻、裙带菜；绿藻类的蕨藻、刚毛藻、石莼；红藻类的葡萄藻、紫菜；微藻类的小球藻	诱导伸长生长、促进根的形成和生长、参与韧皮部分化、诱导顶端优势、诱导生物向性反应
赤霉素	褐藻类的囊叶藻、昆布、墨角藻、幅叶藻、马尾藻；绿藻类的蕨藻和石莼；红藻类的紫菜	诱导 α- 淀粉酶激活和种子萌发、增强植物茎的伸长
多胺	褐藻类的网地藻；红藻类的石花菜、蜈蚣藻；绿藻类的石莼；微藻类的小球藻；裸藻类的眼虫藻	影响RNA和DNA构象状态的稳定性、参与生长、细胞分裂和正常发育、赋予各种细胞膜稳定性
茉莉酸（脂氧化物）	褐藻类的墨角藻；红藻类的石花菜；微藻类的小球藻；蓝藻类的节螺藻；裸藻类的眼虫藻	诱导防御和应激反应、刺激蛋白酶抑制剂的合成、促进块茎的形成和衰老、抑制生长和种子发芽
甜菜碱	褐藻类的泡叶藻、墨角藻、海带	甲基给体的作用、在低浓度时起到氮源的作用、在高浓度时起到渗透调节作用、诱导抗逆（干旱、高盐度、高温、霜冻）、诱导干旱和盐碱胁迫导致的渗透胁迫抗性、诱导发病机制中的防御反应、参与减缓叶绿素的降解
油菜素固醇	绿藻类的水网藻	参与细胞分裂和伸长生长、促进乙烯生成、抑制根系生长
乙烯	褐藻类的昆布	诱导衰老、诱导防御反应
信号肽	褐藻类的裙带菜；红藻类的海绵藻、紫菜；微藻类的小球藻、舟形藻、巴夫藻；蓝藻类的节螺藻	诱导防御反应、参与自我不相容识别
脱落酸	褐藻类的泡叶藻、海带；绿藻类的石莼；微藻类的小球藻、杜氏盐藻、雨生红球藻	通过诱导蛋白质合成和气孔关闭提高抗旱性、诱导蛋白质在种子中的贮藏、诱导种子休眠、诱导蛋白酶抑制剂基因转录、抑制芽生长

海藻提取物长期以来一直被用作生物肥料、生物刺激剂和土壤调节剂（Selvam，2013；Nayar，2014；Sharma，2014；Hamed，2018），并且能通过诱导抗性保护植物（Stadnik，2014；Trouvelot，2014）。用海藻提取物处理植物可以改善种子萌发、促进生长和提高产量（Santos，2016；Vijayanand，2014）。

一些含有鼠李糖、岩藻糖的海藻多糖可作为激发子激活植物的防御机制，提高宿主植物的抗病能力（Klarzynski，2003；Paulert，2010；Vijayanand，2014）。

自然界中，植物不断与病原微生物接触，但是植物缺乏哺乳动物拥有的免疫系统，它们依赖于先天免疫，基于来自感染部位的系统信号，发展出一系列复杂的识别和防御反应来保护自己免受微生物病原体的侵害（Jones，2006；Jung，2009）。植物与生俱来的应对病原体的能力对其生存至关重要，可通过激活转录和生化途径应对外来攻击，防止病原体造成的进一步破坏（Nurnberger，2002），其中涉及大量基因的表达以及不同的蛋白质和信号分子（Lemaitre-Guillier，2017）。

植物在细胞表面通过感应诱导剂或信号分子（称为激发子）进行识别后，能通过激活免疫机制保护自己（Trouvelot，2014）。首先，植物免疫系统使用跨膜模式识别受体（PRRs）来响应与微生物相关的分子模式（Jones，2006），其中诱导植物产生免疫反应的信号分子包括蛋白质、多肽、碳水化合物、脂类等物质（Nurnberger，2002）。第二，植物免疫系统利用核苷酸结合（NB）和富含亮氨酸重复（LRR）蛋白在细胞内发挥作用（Jones，2006），其分子基础与昆虫和动物先天免疫的分子基础有相似之处（Berri，2017；Cosse，2009）。植物对病原体的防御和抗氧化是一种古老的机制，其中激发子在此过程中起重要作用（Aziz，2007；Trouvelot，2008）。激发子属于不同的分子家族，包括蛋白质、碳水化合物和脂类（Varnier，2009）。当碳水化合物被喷洒到叶片表面时，它们必须穿过疏水角质层到达表皮或保卫细胞后被跨膜模式识别受体（PRRs）感知并触发信号和防御反应，产生免疫反应（Trouvelot，2014）。细菌、卵菌、真菌等微生物在叶圈中分泌酶，可以通过水解生成激发剂活性寡糖，从而诱导植物的防御信号和反应（Ferreira，2007；Sels，2008）。

除了角质层和细胞壁中坚硬的木质素沉积物形成的结构屏障及其含有的抗菌成分构成的第一道防线阻止大多数微生物的入侵，植物还具有可诱导的防御机制，这些防御机制在病原体攻击时被激活，包括活性氧（ROS）的产生、植物抗毒素和酚类化合物等次级代谢产物的积累、过敏反应和多种致病相关蛋白的产生（Vera，2011）。植物诱导防御的第一道防线是所谓的氧化爆发，在对病原体的早期反应过程中迅速和短暂地产生大量的ROS，如超氧化物和过氧化氢（Wojtaszek，1997），其中活性氧是敏感的指标（Melcher，2016），而H_2O_2在抗病原体抗性反应中起关键作用（Aziz，2003），参与植物抗毒素的产生、脂质过氧化和防御相关基因的表达（Gauthier，2014）。通过 H_2O_2 可以检测出新的生物活性物质的激发剂和引物，也可以用来了解衍生物的结构 - 功能相关性（Melcher,2016）。在氧化爆发的几小时内,植物体内会发生一系列代谢改变,包括：①刺激苯丙素和脂肪酸途径；②产生防御特异性化学信使，如水杨酸或茉莉酸酯；③具有抗菌活性成分的积累，如植物抗生素和 PR 蛋白（Gozzo，2013）。

植物防御反应的许多激发因子是寡糖（Delattre，2005），其生物活性依赖于聚合度、特定的糖序列和取代模式。海藻中获取的寡糖可以模拟病原体的攻击（Potin，1999；Quintana-Rodriguez，2018；Fritig，1998）。有证据表明，海藻多糖是植物防御反应的寡聚物和激发物的来源，能增强植物对病原体的抗性（Vera，2011）。用这类非特异性激发子模拟病原体的攻击，可以给植物提供有效的保护。

寡糖可以由糖基转移酶或化学过程合成，或由多糖经化学（酸）水解、物理水解（如微波辐照、热解聚）或酶水解（如海洋细菌）获得（Courtois，2009；Delattre，2005）。海藻酸盐寡糖、卡拉胶寡糖、石莼聚糖寡糖、褐藻淀粉寡糖等海藻寡糖是激发子，可诱导早期和晚期的防御反应（Aziz，2007），其中早期反应包括细胞外培养基碱化和释放 ROS 作为次级信使以及丝裂原活化蛋白激酶（MAPKs）的磷酸化级联被激活，从而诱导防御基因的表达，导致 PAL 的诱导、水杨酸和 PR 蛋白的积累（Shetty，2009）。这些防御反应受到水杨酸、茉莉酸和乙烯等植物激素的调控。此外，寡糖处理的植物可以产生系统获得性抗性。在烟草植物中，卡拉胶通过激活 PAL 活性和苯丙素类化合物积累，诱导了对病毒（烟草花叶病毒，TMV）、真菌（灰霉病菌）和细菌（胡萝卜果胶菌）感染的保护（Vera，2012；Patier，1995）。

海藻寡糖诱导植物天然防御反应的能力受多种因素的影响，特别是单糖组成、硫酸盐含量以及寡糖的聚合度（Li，2008；El Modafar，2012）。寡糖在聚合度 5~12 表现出高激活子活性，而在聚合度高于 20 时是植物防御机制的激发因子（Varnier，2009）。石莼聚糖、岩藻多糖、褐藻淀粉、海藻酸盐、卡拉胶等海藻多糖和寡糖在植物免疫系统和植物保护中起重要作用（Jaulneau，2010）。

第四节 海藻中的金属离子及其生物刺激作用

在褐藻细胞壁中，海藻酸主要以海藻酸钙、镁、钾等形式存在，其在藻体表层主要以钙盐形式存在，而在藻体内部肉质部分主要以钾、钠、镁盐等形式存在。由于褐藻等海藻生长在海水这种富含金属离子的环境中，其在生长过程中富集了海水中的各种元素。表 7-2 为巨藻中各种组分的含量。

表 7-2　巨藻中各种组分的含量

成分	含量
水分	10%~11%
灰分	33%~35%
蛋白质	5%~6%
粗纤维（纤维素）	6%~7%
脂肪	1%~1.2%
海藻酸和其他碳水化合物	39.8%~45%
钾	9.5%
钠	5.5%
钙	2.0%
锶	0.7%
镁	0.7%
铁	0.08%
铝	0.025%
锂	0.01%
铷	0.001%
铜	0.003%
铬	0.0003%
锰	0.0001%
银	0.0001%
钒	0.0001%
铅	0.0001%
氯	11%
硫	1.0%
氮	0.9%
磷	0.29%
碘	0.13%
硼	0.008%
溴	0.0002%

氮、磷、钾等大、中、微量元素是植物生长的重要营养物，表 7-3 为植物生长必需的 14 种元素及其作用。

表 7-3 植物生长必需的 14 种元素及其作用

元素类别	在植物生长中作用
氮	氮是氨基酸的重要组成部分，用于合成蛋白质、核酸和叶绿素，对植物的代谢、生长和健康至关重要
磷	磷对能量储存、转移和膜的完整性至关重要，在生长初期尤其重要，可促进分蘖、根系发育、早花、早熟
钾	钾在酶的激活、蒸腾和同化物运输中起主要作用，帮助植物在干旱时保持水分、增强细胞壁强度、降低对疾病和昆虫的易感性
氯	氯在光合作用中发挥作用，是渗透和离子平衡所必需的，可帮助减少水分流失，增强抗病能力
铜	铜在氮和激素代谢中起关键作用，许多酶的激活需要铜，叶绿素和种子的生成也需要铜。缺铜导致作物歉收，增加对麦角等疾病的易感性
铁	铁是叶绿素的一个重要成分，也是细胞分裂的催化剂，许多植物利用铁发挥酶的功能。缺铁导致叶子变黄，果实质量和数量都变差
钼	钼把硝酸盐还原成可用的形式，用于生物固氮，缺钼的植物不能从空气中固定氮用于制造蛋白质，阻碍植物的正常生长
锰	锰在光合作用、酶的激活中起关键作用，缺锰导致机体对病原菌的抗性减弱，丧失对干旱和热胁迫的耐受能力
硫	硫有助于产生叶绿素所需的氨基酸、蛋白质和维生素，有助于植物生长和种子生成，改善冬季的抗寒性，帮助植物抵御疾病
镁	镁是合成叶绿素的关键，可以减少作物因暴露在阳光和高温下产生的压力
硼	硼是碳水化合物代谢运输、木质化、核苷合成、呼吸作用和花粉活力所必需的，在细胞壁和植物代谢中起重要作用，帮助植物抵御疾病
镍	镍在种子萌发、光能合成、酶功能和氮代谢中起重要作用，对植物生长、抗氧化和抗胁迫起重要作用
锌	锌参与叶绿素合成，是激活酶和植物免疫反应所需的，对提高植物抗病虫害有重要意义
钙	钙是维持生物膜所必需的，作为酶激活剂有助于细胞壁稳定、渗透调节和阳离子 - 阴离子平衡，在抗旱、热、冷等非生物胁迫中发挥重要作用

海藻含有 40 多种元素，在海藻肥中，与各种金属离子共同存在的其他成分如下所示。

（1）海藻的水溶性成分　甘露醇、多酚、岩藻多糖。

（2）蛋白质的水解产物　氨基酸、寡肽。

（3）海藻酸盐及其水解产物　海藻酸钠、寡糖、乳酸、甲酸、醋酸等一元羧酸、糖精酸、五羧酸、四羧酸、苹果酸、琥珀酸、草酸等二羧酸。

（4）海藻的内源激素　生长素、细胞分裂素等。

这些海藻活性物质中的羧酸基、氨基、羟基等基团对铜、锌等金属离子均有螯合作用，可以促进植物对金属离子的吸附和吸收利用，有效提高肥效。表 7-4 显示以泡叶藻为原料生产的海藻肥（Acadian）的主要成分。

表 7-4　以泡叶藻为原料生产的海藻肥（Acadian）的主要成分（Pereira，2020）

成分	含量
有机质	13.00%~16.00%
总氮（N）	0.30%~0.60%
有效磷（P_2O_5）	< 0.1%
可溶性钾（K_2O）	5.00%~7.00%
硫（S）	0.30%~0.60%
镁（Mg）	0.05%~0.10%
钙（Ca）	0.10%~0.20%
钠（Na）	1.00%~1.50%
铁（Fe）	30%~80×10^{-4}%
铜（Cu）	1%~5×10^{-4}%
锌（Zn）	5%~15×10^{-4}%
锰（Mn）	1%~5×10^{-4}%
硼（B）	20%~50×10^{-4}%
碳水化合物	甘露醇、海藻酸、褐藻淀粉
氨基酸	1.01%
谷氨酸	0.20%
天冬氨酸	0.14%
亮氨酸	0.09%
丙氨酸	0.08%
异亮氨酸	0.07%
苯丙氨酸	0.07%

续表

成分	含量
脯氨酸	0.07%
缬氨酸	0.07%
甘氨酸	0.06%
酪氨酸	0.06%
赖氨酸	0.05%
甲硫氨酸	0.03%
色氨酸	0.02%

第五节　小结

海藻含有丰富的具有生物刺激作用的海藻活性物质。以海洋中大型海藻为原料加工制备的海藻类肥料具有绿色、高效、安全、环保等特点，符合国际绿色生态农业的发展要求，对提升我国农产品的国际竞争力具有重要意义。作为一种天然生物制剂，海藻肥可与“植物—土壤”生态系统和谐作用，促进植物自然、健康生长，增加农作物产量、提升农产品品质。海藻肥的快速发展推动了肥料产业又一次新技术革命，将打造农业生产领域的一个新增长点。

参考文献

[1] Alboofetileh M，Rezaei M，Tabarsa M，et al. Effect of different non-conventional extraction methods on the antibacterial and antiviral activity of fucoidans extracted from Nizamuddinia zanardinii [J]. Int J Biol Macromol，2019，124: 131-137.

[2] Allen V G，Pond K R，Saker K E，et al. Tasco: influence of a brown seaweed on antioxidants in forages and livestock-a review [J]. J Anim Sci，2001，79: 21-31.

[3] Anastasakis K，Ross A B，Jones J M. Pyrolysis behavior of the main carbohydrates of brown macro-algae [J]. Fuel，2011，90: 598-607.

[4] Aziz A，Gauthier A，Bezier B，et al. Elicitor and resistance-inducing activities of beta-1,4 cellodextrins in grapevine，comparison with beta-1,3 glucans and alpha-1,4 oligogalacturonides [J]. J Exp Bot，2007，58: 1463-1472.

[5] Aziz A，Poinssot B，Daire X，et al. Laminarin elicits defense responses in grapevine and induces protection against *Botrytis cinerea* and *Plasmopara*

viticola [J]. Mol Plant Microbe Interact，2003，16: 1118-1128.
[6] Baloch G N，Tariq S，Ehteshamul-Haque S，et al. Management of root diseases of eggplant and watermelon with the application of asafoetida and seaweeds [J]. J Appl Bot Food Qual，2013，86: 138-142.
[7] Barros M P，Pinto E，Sigaud-Kutner T C S，et al. Rhythmicity and oxidative/nitrosative stress in algae [J]. Biol Rhythm Res，2005，36 (1-2): 67-82.
[8] Bartel B. Auxin biosynthesis [J]. Annu Rev Plant Physiol Plant Mol Biol，1997，48: 51-66.
[9] Battacharyya D，Babgohari M Z，Rathor P，et al. Seaweed extracts as biostimulants in horticulture [J]. Sci Hortic，2015，196: 39-48.
[10] Belkhadir Y，Jaillais Y，Epple P，et al. Brassinosteroids modulate the efficiency of plant immune responses to microbe-associated molecular patterns [J]. Proc Natl Acad Sci USA，2012，109: 297-302.
[11] Berri M，Olivier M，Holbert S，et al. Ulvan from *Ulva armoricana* (Chlorophyta) activates the PI3K/Akt signalling pathway via TLR4 to induce intestinal cytokine production [J]. Algal Res，2017，28: 39-47.
[12] Blunden G，Cripps A L，Gordon S M，et al. The characterization and quantitative estimation of betaines in commercial seaweed extracts [J]. Bot Mar，1986，29: 155-160.
[13] Blunt J W，Copp B R，Munro M H G. Marine natural products [J]. Nat Prod Rep，2005，22 (1) : 15-61.
[14] Casas M P，Conde E，Dominguez H，et al. Ecofriendly extraction of bioactive fractions from *Sargassum muticum* [J]. Process Biochem，2019，79: 166-173.
[15] Cosse A，Potin P，Leblanc C. Patterns of gene expression induced by oligoguluronates reveal conserved and environment-specific molecular defense responses in the brown alga *Laminaria digitata* [J]. New Phytol，2009，182: 239-250.
[16] Courtois J. Oligosaccharides from land plants and algae: production and application in therapeutics and biotechnology [J]. Curr Opin Microbiol，2009，12: 261-273.
[17] Crouch I J，van Staden J. Evidence for the presence of plant growth regulators in commercial seaweed products [J]. Plant Growth Regul，1993，13: 21-29.
[18] Delattre C，Michaud P，Courtois B，et al. Oligosaccharides engineering from plants and algae application in biotechnology and therapeutics [J]. Minerva Biotecnol，2005，17: 107-117.
[19] Divi U K，Krishna P. Brassinosteroid: a biotechnological target for enhancing crop yield and stress tolerance [J]. New Biotechnol，2009，26: 131-136.

[20] Dmytryk A，Chojnacka K. Algae as fertilizers，biostimulants and regulators of plant growth. In Chojnacka K，et al (eds)，Algae Biomass: Characteristics and Applications，Developments in Applied Phycology 8 [M]. Berlin Germany：Springer International Publishing AG，part of Springer Nature，2018.

[21] Dos Santos M D，Guaratini T，Lopes J L C，et al. Plant cell and microalgae culture. In: Taft C A (ed) Modern Biotechnology in Medicinal Chemistry and Industry [M]. Kerala，India: Research Signpost，2005.

[22] Elansary H O，Skalicka-Wozniak K，King I W. Enhancing stress growth traits as well as phytochemical and antioxidant contents of Spiraea and Pittosporum under seaweed extract treatments [J]. Plant Physiol Biochem，2016，105: 310-320.

[23] El Modafar C，Elgadda M，El Boutachfaiti R，et al. Induction of natural defense accompanied by salicylic acid-dependent systemic acquired resistance in tomato seedlings in response to bio-elicitors isolated from green algae [J]. Sci Hortic，2012，138: 55-63.

[24] Ferreira R B，Monteiro S，Freitas R，et al. The role of plant defense proteins in fungal pathogenesis [J]. Mol Plant Pathol，2007，8: 677-700.

[25] Florez-Fernandez N，Torres M D，Gonzalez-Munoz M J，et al. Recovery of bioactive and gelling extracts from edible brown seaweed *Laminaria ochroleuca* by non-isothermal autohydrolysis [J]. Food Chem，2019，277: 353-361.

[26] Fritig B，Heitz T，Legrand M. Antimicrobial proteins in induced plant defense [J]. Curr Opin Immunol，1998，10: 16-22.

[27] Gauthier A，Trouvelot S，Kelloniemi J，et al. The sulfated laminarin triggers a stress transcriptome before priming the SA- and ROS-dependent defenses during grapevine's induced resistance against Plasmopara viticola [J]. PLoS One，2014，9: e88145.

[28] Gozzo F，Faoro F. Systemic acquired resistance (50 years after discovery)：moving from the lab to the field [J]. J Agric Food Chem，2013，61: 12473-12491.

[29] Hamed S M，El-Rhman A A A，Abdel-Raouf N，et al. Role of marine macroalgae in plant protection and improvement for sustainable agriculture technology [J]. J Basic Appl Sci，2018，7: 104-110.

[30] Hardouin K，Burlot A S，Umami A，et al. Biochemical and antiviral activities of enzymatic hydrolysates from different invasive French seaweeds [J]. J Appl Phycol，2014，26: 1029-1042.

[31] Hmelkov A B，Zvyagintseva T N，Shevchenko N M，et al. Ultrasound-assisted extraction of polysaccharides from brown alga Fucus evanescens. Structure and biological activity of the new fucoidan fractions [J]. J Appl Phycol，2018，30: 2039-2046.

[32] Ignat I, Volf I, Popa V I. A critical review of methods for characterization of polyphenolic compounds in fruits and vegetables [J]. Food Chem, 2011, 126: 1821-1835.

[33] Jaulneau V, Lafitte C, Jacquet C, et al. Ulvan, a sulfated polysaccharide from green algae, activates plant immunity through the jasmonic acid signaling pathway [J]. J Biomed Biotechnol, 2010, 2: 1-11.

[34] Jones J D G, Dangl J. The plant immune system [J]. Nature, 2006, 444: 323-329.

[35] Jung H W, Tschaplinski T J, Wang L, et al. Priming in systemic plant immunity [J]. Science, 2009, 324: 89-91.

[36] Khan W, Rayirath U P, Subramanian S, et al. Seaweed extracts as biostimulants of plant growth and development [J]. J Plant Growth Regul, 2009, 28: 386-399.

[37] Kingman A R, Moore J. Isolation, purification and quantification of several growth regulating substances in *Ascophyllum nodosum* (Phaeophyta) [J]. Bot Mar, 1982, 25: 149-153.

[38] Klarzynski O, Descamps V, Plesse B, et al. Sulfated fucan oligosaccharides elicit defense responses in tobacco and local and systemic resistance against tobacco mosaic virus [J]. MPMI, 2003, 16: 115-122.

[39] Lee S H, Ko C I, Ahn G, et al. Molecular characteristics and anti-inflammatory activity of the fucoidan extracted from *Ecklonia cava* [J]. Carbohydr Polym, 2012, 89: 599-606.

[40] Lemaitre-Guillier C, Hovasse A, Schaeffer-Reiss C, et al. Proteomics towards the understanding of elicitor induced resistance of grapevine against downy mildew [J]. J Proteomics, 2017, 156: 113-125.

[41] Li Y X, Wijesekara I, Li Y, et al. Phlorotannins as bioactive agents from brown algae [J]. Process Biochem, 2011, 46 (12) : 2219-2224.

[42] Li B, Lu F, Wei X, et al. Fucoidan: structure and bioactivity [J]. Molecules, 2008, 13: 1671-1695.

[43] Lordan S, Ross R P, Stanton C. Marine bioactives as functional food ingredients: potential to reduce the incidence of chronic diseases [J]. Mar Drugs, 2011, 9: 1056-1100.

[44] Marzec M, Muszynska A, Gruszka D. The role of strigolactones in nutrient-stress responses in plants [J]. Int J Mol Sci, 2013, 14: 9286-9304.

[45] Mayer A M S, Hamann M T. Marine pharmacology in 2000: marine compounds with antibacterial, anticoagulant, antifungal, anti-inflammatory, antimalarial, antiplatelet, antituberculosis, and antiviral activities; affecting the cardiovascular, immune, and nervous system and other miscellaneous mechanisms of action [J]. Mar Biotechnol, 2004, 6 (1) : 37-52.

[46] Melcher R L J, Moerschbacher B M. An improved microtiter plate assay to monitor the oxidative burst in monocot and dicot plant cell suspension cultures [J]. Plant Methods, 2016, 12: 1-11.
[47] Michalak I, Chojnacka K, Dmytryk A, et al. Evaluation of supercritical extracts of algae as biostimulants of plant growth in field trials [J]. Front Plant Sci, 2016, 7: 1591-1597.
[48] Mori I C, Ikeda Y, Matsuura T, et al. Phytohormones in red seaweeds: a technical review of methods for analysis and a consideration of genomic data [J]. Bot Mar, 2017, 60 (2) : 153-170.
[49] Nabil S, Cosson J. Seasonal variations in sterol composition of *Delesseria sanguinea* (Ceramiales, Rhodophyta) [J]. Hydrobiologia, 1996, 326 (327): 511-514.
[50] Naidu B P, Jones G P, Paleg L G, et al. Proline analogues in Melaleuca species: response of Melaleuca lanceolata and M. uncinata to water stress and salinity [J]. Aust J Plant Physiol, 1987, 14: 669-677.
[51] Nayar S, Bott K. Current status of global cultivated seaweed production and market [J]. World Aquacult, 2014, 45: 32-37.
[52] Nurnberger T, Brunner F. Innate immunity in plants and animals: emerging parallels between the recognition of general elicitor and pathogen associated molecular patterns [J]. Curr Opin Plant Biol, 2002, 5: 1-7.
[53] O′Sullivan L, Murphy B, McLoughlin P, et al. Prebiotics from marine macro-algae for human and animal health applications [J]. Mar Drugs, 2010, 8: 2038-2064.
[54] Patier P, Potin P, Rochas C, et al. Free or silica-bound oligo kappa-carrageenans elicit laminarinase activity in Rubus cells and protoplasts [J]. Plant Sci, 1995, 110: 27-35.
[55] Paulert R, Ebbinghaus D, Urlass C, et al. Priming of the oxidative burst in rice and wheat cell cultures by ulvan, a polysaccharide from green macroalgae, and enhanced resistance against powdery mildew in wheat and barley plants [J]. Plant Pathology, 2010, 59: 634-642.
[56] Pereira L, Bahcevandziev K, Joshi N H. Seaweeds as plant fertilizer, agricultural biostimulants and animal fodder [M]. Boca Raton: CRC Press, 2020.
[57] Potin P, Bouarab K, Kupper F, et al. Oligosaccharide recognition signals and defense reactions in marine plant-microbe interactions [J]. Curr Opin Microbiol, 1999, 2: 276-283.
[58] Pugazhendhi A, Prabhu R, Muruganantham K, et al. Anticancer, antimicrobial and photocatalytic activities of green synthesized magnesium oxide nanoparticles (MgONPs) using aqueous extract of Sargassum wightii [J].

J Photochem Photobiol B，2019，190: 86-97.
[59] Puspita M，Deniel M，Widowati I，et al. Total phenolic content and biological activities of enzymatic extracts from *Sargassum muticum*（Yendo）Fensholt [J]. J Appl Phycol，2017，29: 2521-2537.
[60] Ren B，Chen C，Li C，et al. Optimization of microwave-assisted extraction of *Sargassum thunbergii* polysaccharides and its antioxidant and hypoglycemic activities [J]. Carbohydr Polym，2017，173: 192-201.
[61] Rengasamy K R R，Kulkarni M G，Pendota S C，et al. Enhancing growth，phytochemical constituents and aphid resistance capacity in cabbage with foliar application of eckol-a biologically active phenolic molecule from brown seaweed [J]. New Biotechnol，2016，33: 273-279.
[62] Santos P H Q P. Biotechnological evaluation of seaweeds as bio-fertilizer [D]. Portugal：University of Coimbra，2016.
[63] Sels J，Mathys J，De Coninck B M A，et al. Plant pathogenesis-related（PR）proteins: a focus on PR peptides [J]. Plant Physiol Biochem，2008，46: 941-950.
[64] Selvam G G，Sivakumar K. Effect of foliar spray from seaweed liquid fertilizer of Ulva reticulate（Forsk.）on Vigna mungo L. and their elemental composition using SEM-energy dispersive spectroscopic analysis [J]. Asian Pac J Reprod，2013，2: 119-125.
[65] Senn T L. Seaweed and Plant Growth [M]. Clemson，SC: Clemson University，1987.
[66] Sharma H S S，Fleming C，Selby C，et al. Plant biostimulants: a review on the processing of macroalgae and use of extracts for crop management to reduce abiotic and biotic stresses [J]. J Appl Phycol，2014，26: 465-490.
[67] Shetty N P，Jensen J D，Knudsen A，et al. Effects of β-1，3-glucan from Septoria tritici on structural defense responses in wheat [J]. J Exp Bot，2009，60: 4287-4300.
[68] Singh S，Kate B N，Banerjee U C. Bioactive compounds from cyanobacteria and microalgae: an overview [J]. Crit Rev Biotechnol，2005，25（3）: 73-95.
[69] Stadnik M J，de Freitas M B. Algal polysaccharides as source of plant resistance inducers [J]. Trop Plant Pathol，2014，39: 111-118.
[70] Stirk W A，van Staden J. Isolation and identification of cytokinins in a new commercial seaweed product made from *Fucus serratus* L [J]. J Appl Phycol，1997，9: 327-330.
[71] Stirk W A，Novak M S，van Staden J. Cytokinins in macroalgae [J]. Plant Growth Regul，2003，41: 13-24.
[72] Stirk W A，Tarkowska D，Turecova V，et al. Abscisic acid，gibberellins and brassinosteroids in Kelpak®，a commercial seaweed extract made from

Ecklonia maxima [J]. J Appl Phycol，2014，26: 561-567.

[73] Stirk W A，van Staden J J. Comparison of cytokinin- and auxin-like activity in some commercially used seaweed extracts [J]. Appl Phycol，1997，8: 503-508.

[74] Tawfeeq A，Culham A，Davis F，et al. Does fertilizer type and method of application cause significant differences in essential oil yield and composition in rosemary（*Rosmarinus officinalis* L.）? [J]. Ind Crops Prod，2016，88: 17-22.

[75] Trouvelot S，Heloir M C，Poinssot B，et al. Carbohydrates in plant immunity and plant protection: roles and potential application as foliar sprays [J]. Front Plant Sci，2014，5: 1-14.

[76] Trouvelot S，Varnier A L，Allegre M，et al. A β-1，3 glucan sulfate induces resistance in grapevine against Plasmopara viticola through priming of defense responses，including HR-like cell death [J]. MPMI，2008，21: 232-243.

[77] Quintana-Rodriguez E，Duran-Flores D，Heil M，et al. Damage-associated molecular patterns（DAMPs）as future plant vaccines that protect crops from pests [J]. Sci Hortic，2018，237: 207-220.

[78] Varnier A L，Sanchez L，Vatsa P，et al. Bacterial rhamnolipids are novel MAMPs conferring resistance to Botrytis cinerea in grapevine [J]. Plant Cell Environ，2009，32: 178-193.

[79] Vera J，Castro J，Gonzalez A，et al. Seaweed polysaccharides and derived oligosaccharides stimulate defense responses and protection against pathogens in plants [J]. Mar Drugs，2011，9: 2514-2525.

[80] Vera J，Castro J，Contreras R A，et al. Oligo-carrageenans induce a long-term and broad-range protection against pathogens in tobacco plants（var. Xanthi）[J]. Physiol Mol Plant Pathol，2012，79: 31-39.

[81] Vijayanand N，Ramya S S，Rathinavel S. Potential of liquid extracts of *Sargassum wightii* on growth，biochemical and yield parameters of cluster bean plant [J]. Asian Pac J Reprod，2014，3: 150-155.

[82] Wells M L，Potin P，Craigie J S，et al. Algae as nutritional and functional food sources: revisiting our understanding [J]. J Appl Phycol，2017，29: 949-982.

[83] Whapham C A，Blunden G，Jenkins T，et al. Significance of betaines in the increased chlorophyll content of plants treated with seaweed extract [J]. J Appl Phycol，1993，5: 231-234.

[84] Williams D C，Brain K R，Blunden G，et al. Plant growth regulatory substances in commercial seaweed extracts [J]. Proc Int Seaweed Symp，1981，8: 760-763.

[85] Wojtaszek P. Oxidative burst: an early plant response to pathogen infection [J]. Biochem J，1997，322: 681-692.

[86] Zhang W，Yamane H，Chapman D J. The phytohormone profile of the red alga

Porphyra perforate [J]. Bot Mar，1993，36: 257-266.
[87] Zhang X. Influence of plant growth regulators on turf grass growth，antioxidant status，and drought tolerance [D]. Virginia.Virginia Polytechnic Institute and State University，1997.
[88] 袁圣亮，段智红，吕应年，等. 海藻多酚类化合物及其抗氧化活性研究进展[J].食品与发酵工业，2019，45（5）：274-281.

第八章　海藻肥在农业生产中的应用

第一节　引言

以海藻酸、褐藻多酚、岩藻多糖等海藻源生物刺激剂为主要活性成分的海藻类肥料是通过物理、化学、生物等先进技术使海藻细胞壁破碎，内含物释放后浓缩形成的海藻精华，含有海藻中丰富的矿物质和微量元素成分以及海藻多糖、蛋白质、氨基酸、多酚化合物和大量植物生长调节因子，如细胞分裂素、生长素、脱落酸、赤霉素、甜菜碱、多胺、异戊烯腺嘌呤及其衍生物、吲哚乙酸、吲哚化合物等，是一种集营养成分、抗生物质、纯天然生物刺激剂于一体的特种生物肥料，其中海藻酸是海藻肥的一个主要活性成分，在促进植物生长过程中起重要作用。海藻类肥料可作为植物生长诱抗剂、土壤改良剂、天然有机肥等，与传统化肥相比显示出明显的优势。表 8-1 比较了海藻肥与普通化肥的各种应用功效。

表 8-1　海藻肥与普通化肥应用功效的比较

海藻肥	普通化肥
纯天然原料，无污染源	高耗水、高耗能的化工产品
全面的易于植物吸收的植物源营养	单一的营养成分难以达到均衡供给
含有天然植物生长调节剂	无植物源生长调节剂
速溶、全溶	溶解速度慢、不全溶
适用于水肥一体化	不适用于水肥一体化
改善土壤、提升植物生长环境	引起土壤碱化及板结、恶化土壤

我国是农业生产大国，也是化肥生产和使用大国，2013 年化肥生产量为 7073 万 t、农用化肥施用量为 5912 万 t，平均亩施肥量为 21.9kg，远高于世界

平均水平的8kg/亩，是美国的2.6倍、欧盟的2.5倍。长期过量施肥不仅导致农业生产成本增加、资源浪费，还对土壤物理结构、化学组成、酸碱度、微生物资源等产生负面影响，土壤衰退现象严重，引发的食品安全、环境安全、生态安全等问题越来越突出（崔德杰，2016；张宗俭，2015）。在这个背景下，人们对肥料提出了更多、更高的要求，具有多功能、绿色、环保特性的新型肥料应运而生，成为发展高效、绿色、可持续农业的必然产物，对农产品从注重数量向数量和质量并重的观念转变、改变农民耕作模式和施肥习惯、缓解土壤的承受能力起到重要的促进作用。

第二节　海藻肥在农业生产中的应用

海藻肥在大田作物、油料作物、蔬菜、果树等农作物的生长发育过程中均有广泛应用，在种子引发、土壤施肥、叶面施肥、无土生产、促进作物生长发育、控制线虫等农业生产的各个环节有优良的应用功效。在20世纪60年代进行的对草坪草等单子叶植物生长的研究中，生长素、细胞分裂素、赤霉素、乙烯、脱落酸等植物生长调节剂被认为在植物生长中起主要作用，而不是传统的植物营养成分（Goatley，1990）。土壤的低湿度、热、干旱等非生物胁迫因素在经过海藻源生物刺激剂处理后得到缓和（Zhang，1999；Zhang，2000，Zhang，2002）。在受干旱影响的本特草上使用海藻提取物可以使草根质量提高68%、叶片生育酚含量提高110%、玉米素核苷提高38%（Zhang，2004）。草皮上的研究也显示海藻肥在降低线虫和真菌病原体中起作用（Fleming，2006；Zhang，2003）。

一、改善土壤

图8-1显示植物生长的周期和要素，其中良好的土壤是植物生长的基础。农业生产中经常使用堆肥、堆肥茶、腐植质、海藻提取物、生物接种剂等有机物改善土壤（Welke，2005），这些肥料中的营养成分一般不会马上被植物吸收，而是需要在土壤微生物的作用下使其矿物质化后对土壤产生活性。Haslam等研究了在土壤中加入切断的掌状海带对土壤孔隙体积和孔隙大小分布、土壤稳定性、土壤微生物的生物量和生物活性（Haslam，1996）。结果显示在每千克土壤中加入8.2~16.4g海藻的3个月后，土壤的总孔隙容积有显著提升，土壤团聚体稳定性、土壤生物质的量、呼吸率也在加入海藻后有很大提升。在西班牙进行的一项试验中发现土壤中施海藻肥后马铃薯产量从对照组的每公顷5.5t增加到11.8t（Lopez-

Mosquera，1997）。Eyras 等（Eyras，2008）在每平方米土壤中加入 5~10kg 海藻堆肥后发现番茄产量、作物的抗真菌和抗细菌性能均有提高。

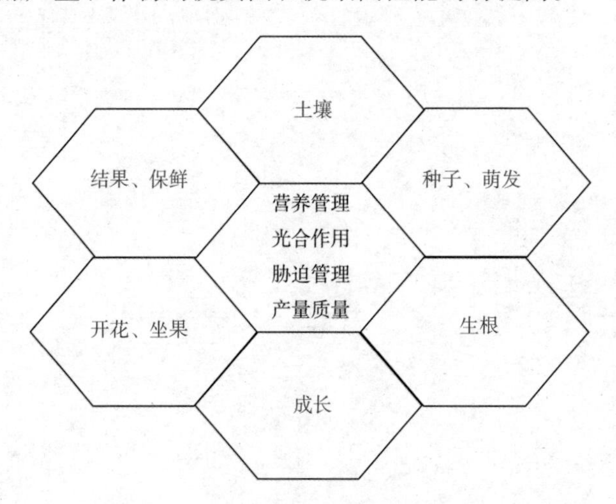

图 8-1 植物生长的周期和要素

（一）治理土壤的退化及污染

图 8-2 为土壤示意图。土壤是人类生存的基本资源，是所有农业生态系统的基底或基础，也是人类生活的承载空间。万物土中生，食以土为本。近年来不合理的施肥导致化肥与农药大量在土壤和水体中残留，尤其是人们有意无意地向土壤加入不利于作物健康生长的各种有害元素，直接导致土壤污染，不但通过土壤间接污染水体，还通过发出的气体破坏大气层组织，对与人们生活息息相关的农产品也造成污染，形成人类健康的一大危害源。

海藻肥是天然的土壤调节剂，施用海藻肥不但能螯合土壤中的重金属离子、减轻污染，还能促进土壤团粒结构的形成、直接或间接增加土壤有机质。海藻肥中富含的维生素等有机物质和多种微量元素能激活土壤中多种微生物、增加土壤生物活动量，从而加速养分释放，使土壤养分有效化。

土壤恶化的一个共同特点是团粒结构的不断减少。团粒结构是全球公认的最佳土壤结构，是由若干土壤单粒黏结在一起形成团聚体的一种土壤结构，其中单粒间形成小孔隙、团聚体间形成大孔隙，因此既能保持水分，又能保持通气，既是土壤的小水库，也是土壤小肥料库，能保证植物根的良好生长。海藻酸盐具有凝胶特性，可促进土壤团粒结构形成，稳定土壤胶体特征，优化土壤水、肥、气、热体系，提高土壤物理肥力。

图 8-2　土壤示意图

（二）治理土壤酸化、盐渍化

通过改善土壤的持水性、促进土壤中有益微生物的生长等作用机制，海藻肥可以改善土壤健康，其所含的海藻酸盐、岩藻多糖等海藻多糖的亲水、凝胶、螯合重金属离子等特性在改善土壤性能中有重要价值（Cardozo，2007；Rioux，2007；Lewis，1988）。海藻酸盐在与土壤中的金属离子结合后形成的高分子量凝胶复合物可以吸收水分、膨化、保持土壤水分、改善团粒结构，由此得到更好的土壤通气性以及土壤微孔的毛细管效应，从而刺激植物根系生长、提高土壤微生物活性（Eyras，1998；Gandhiyappan，2001；Moore，2004）。海藻及单细胞藻类的阴离子性质对受重金属离子污染的土壤的修复有重要应用价值（Metting，1988；Blunden，1991）。

（三）促进土壤有益微生物活动

根际微生物（Rhizosphere microbe）是在植物根系直接影响的土壤范围内生长繁殖的微生物，包括细菌、放线菌、真菌、藻类和原生动物等，可以在植物 - 土壤 - 微生物的代谢物循环中起催化剂作用。研究表明，海藻及其提取物可促进土壤有益微生物生长、刺激其分泌土壤改良剂、改善根际环境，从而促进作物生长。丛枝菌根真菌（Arbuscular mycorrhizal fungi，简称 AMF）是一类广泛分布于林地土壤中的真菌类群，能与 80% 以上的陆地植物形成丛枝菌根（Arbuscular mycorrhizal，简称 AM）。AM 可以改善宿主植物对磷、锌、钙等多种矿物质元素和水分的吸收利用，提高植物激素的产生，促进宿主植物的生长。

多种海藻提取物是丛枝菌根真菌的生长调节剂，应用于土壤可引发土壤中有益微生物的生长，通过它们分泌出土壤调节物质，改善土壤性质，并进一步促进有益真菌的生长（Ishii，2000）。褐藻中提取的海藻酸在酶解后得到的寡糖可以明显刺激菌根及菌丝生长和延长，引发它们对三叶橙苗的传染性，促进真菌生长。Kuwada 等的研究结果显示褐藻的甲醇提取物对菌丝生长和根系生长有促进作用（Kuwada，2006）。褐藻的乙醇提取物在活体试验中可促进丛枝菌根真菌菌丝生长，诱导 AM 对柑橘的侵染。在柑橘园中喷施含有海藻提取物的液体肥料，丛枝菌根真菌孢子量比对照增加 21%，其侵染率提高 27%。也有研究表明，根施红藻和绿藻的甲醇提取物可显著促进番木瓜和西番莲果根际菌根菌的生长与发育，与褐藻相似，红藻和绿藻中都含有丛枝菌根真菌生长调节剂，在高等植物根际菌发育中起重要作用（王杰，2011）。

（四）治理修复土壤重金属污染

近年来，土壤的重金属污染成为一个日益严重的环保问题，其中污染土壤的重金属主要包括汞（Hg）、镉（Cd）、铅（Pb）、铬（Cr）和类金属砷（As）等生物毒性显著的元素，以及有一定毒性的锌（Zn）、铜（Cu）、镍（Ni）等元素。土壤中的重金属主要来源于农药、废水、污泥、大气沉降等，如汞主要来自含汞废水，砷来自农业生产中的杀虫剂、杀菌剂、杀鼠剂、除草剂等。重金属污染可引起植物生理功能紊乱、营养失调，汞、砷能减弱和抑制土壤中硝化、氨化细菌活动，影响氮素供应。重金属污染物在土壤中的移动性很小，不易随水淋滤、不为微生物降解，通过食物链进入人体后的潜在危害极大，因此防治土壤的重金属污染势在必行。

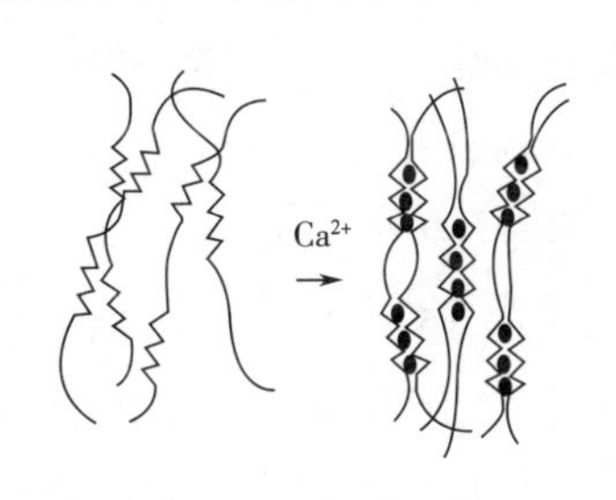

图 8-3　海藻酸与 Ca^{2+} 结合后形成“鸡蛋盒”状的凝胶态交联结构

海藻酸是一种高分子羧酸，可以吸附土壤中的金属阳离子后形成海藻酸盐。如图 8-3

所示，海藻酸的主要吸附点是分子链外侧的羧酸基团，其对重金属离子的吸附顺序为：$Pb^{2+}>Cu^{2+}>Cd^{2+}>Ba^{2+}>Sr^{2+}>Ca^{2+}>Co^{2+}>Ni^{2+}>Mn^{2+}>Mg^{2+}$。土壤中的$Hg^{2+}$、$Cd^{2+}$、$Pb^{2+}$、$Cr^{3+}$、$Zn^{2+}$、$Cu^{2+}$、$Ni^{2+}$等二价或多价金属离子与海藻酸结合后形成的海藻酸盐不溶于水，是一种有很强亲水性的高分子复合物，一方面使重金属离子失去活性，另一方面该复合物可吸收水分、膨胀，以保持土壤水分并改善土壤块状结构，有利于土壤气孔换气和毛细管活性，反过来刺激植株根系的生长和发育及增强土壤微生物的活性。除了海藻酸，海藻及单细胞藻类的聚阴离子特性对土壤的修复尤其是对重金属污染的土壤的修复有重要价值。

二、促进种子引发

种子引发是控制种子缓慢吸收水分，并使种子萌发状态停留在吸胀第二阶段的播前种子处理技术。世界各地的干旱区一般在播种前把种子浸泡18~24h以使禾谷类作物的发芽有个良好的开端，这种种子引发技术可以采用低浓度的海藻生物刺激剂实施。研究显示用百万分率（mg/L）浓度的海藻提取液浸泡种子可以增强幼苗活力、提高叶绿素含量、减少有害的种子微生物、提高植物防御酶的水平，同时使花椒、大麦、牛豌豆、玉米、胡椒、高粱、草、小麦等种子更快发芽（Sivasankari，2006；Demir，2006；Raghavendra，2007；Farooq，2008；Moller，1999；Kumar，2011；Matysiak，2011）。王强等将番茄种子经液体海藻肥（稀释1/500）浸种12h后，发芽比对照加快2~3d，并且发芽率高、出芽整齐（王强，2003）。

三、促进根系强大，增强水分和养分的吸收

植物的初始发育在生物刺激剂的积极影响下可以提高种子发芽率和幼苗活力，为其后续发展奠定基础。有研究报道，泡叶藻的有机成分通过诱导赤霉素非依赖性淀粉酶活性促进大麦种子萌发，与赤霉素依赖性淀粉酶产生协同作用（Rayorath，2008）。赤霉素通过诱导淀粉酶等酶的合成促进单子叶植物种子的萌发，其中淀粉酶将淀粉转化为糖，为胚乳向胚轴的发育提供能量（Taiz，2018）。把豆种子浸泡在浓度为0.8mL/L的泡叶藻提取液中5、10、15、20min后，种植6d后与对照组相比其出芽率更高（Carvalho，2013）。用肠浒苔为原料制备的海藻提取液可以使大豆的出芽率提高80%，并且与对照组相比还可以改善根与芽的碳水化合物、蛋白质、氨基酸以及叶绿素、类胡萝卜素等色素的含量（Mathur，2015）。海藻提取物处理提高了

大豆幼苗的枝条和根系生物量，根系长度也有所增加。大量证据表明，多糖或其组分是增加种子萌发的主要参与者（Goni，2016；de Borba，2019）。例如，硫酸酯化的石莼聚糖与普通蚕豆种子出苗率的提高有关。在另一种豆科植物（*Cyamopsis tetragonoloba*）中，施用绿藻提取物（0.5%~5%）可使种子萌发率提高 30%（Balakrishnan，2007）。Ghaderiardakani 等（Ghaderiardakani，2018）的研究显示，石莼提取物在拟南芥（*Arabidopsis thaliana*）种子处理中可能通过作用于脱落酸、乙烯和细胞分裂素代谢改变萌发。海藻提取液也提高了豇豆种子的发芽率（Kavipriya，2011）。一般来说，在 0.3%~0.5% 的最有效浓度范围内，用海藻提取液处理的种子萌发率可以达到 80%~100%，而对照组一般为 70%。

海藻肥可以促进植物根系增长和发展，其对根系增长的刺激作用在植物生长的早期尤为明显（Jeannin，1991；Aldworth，1987；Crouch，1992）。在用海藻肥处理麦子后发现，根与芽的干重质量比有所上升，显示海藻肥中的活性成分对根系发育有重要影响（Nelson，1986），而在灰化后海藻肥失去了其对根系生长的刺激作用，说明其活性成分是有机物（Finnie，1985）。海藻肥对根系生长的促进作用在基肥和叶面施肥中都可以观察到（Biddington，1983）。实际应用中，海藻提取物的浓度是一个关键因素，Finnie 等的研究结果显示，按照海藻提取物∶水 =1∶100 的高浓度处理番茄植物时，其对根系生长有抑制作用，浓度降低到 1∶600 时产生刺激作用（Finnie，1985）。

图 8-4 显示生物刺激剂促进生根的效果图。一般来说，生物刺激剂可以通过改善侧根生成促进根系发展（Atzmon，1994），其中主要的活性成分是海藻提取物中的内源生长素（Crouch，1992）。海藻肥可以改善根系的营养吸收，使根系有更好的水分和营养吸收效率，从而强化植物的增长和活力（Crouch，1990）。研究表明，海藻提取物在玉米、甘蓝、番茄、万寿菊等作物上均表现出良好的促根系生长、增加幼苗根系数量、增强根系活力、减少机械损伤等效果。经海藻提取物处理后，小麦的根茎干重比有所提高，显示海藻中含有对小麦根系发育有促进作用的物质。图 8-5 显示施用海藻肥的小麦与普通小麦根系的比较。

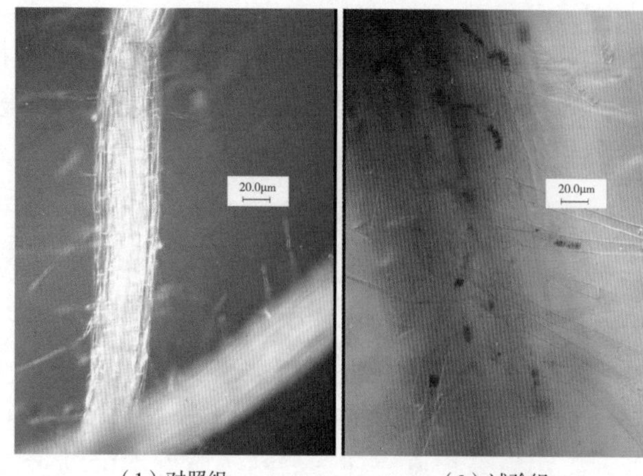

（1）对照组　　　　　　　　（2）试验组

图 8-4　生物刺激剂促进生根的效果图

（1）施用海藻肥小麦　　　　　　　　（2）普通小麦

图 8-5　施用海藻肥的小麦与普通小麦根系的比较

四、促进作物生长

（一）促进茎叶生长，控制过度营养生长

旺盛的幼苗能更好抵抗环境挑战，带来更高的产量。海藻提取物中的多糖与幼苗生长密切相关，富含多糖的海藻提取物在体外环境中有促进生长的作用。与未处理的对照组相比，红藻提取液改善了生菜幼苗根的生长（Torres，2018）。海藻提取物对幼苗发育有积极作用，处理后幼苗的主根和地上部分的长度分别增加了 105% 和 106%，侧根数量增加了 123%，幼苗的鲜重和干重分别增加了 93% 和 85%（Balakrishnan，2007）。胡萝卜幼苗在含海藻提取物的溶液中浸泡 12h 后，根长明显增加（Kanmaz，2018）。0.1% 以下的石莼提取物可

促进拟南芥幼苗的根生长，抑制侧根的形成（Ghaderiardakani，2018），这个结果与应用生长素产生的效果相似（Rayorath，2008）。

海藻提取物也能促进植物的无性繁殖，在甘薯根尖扦插中，与未处理的植物相比，海藻提取物能增加根和叶的鲜重（Neumann，2017）。使用海藻提取液也有利于光番荔枝砧木的生产，可增加茎粗、叶数、茎高和根干重。在两种不同基质上培养的微繁殖桉树扦插苗，移栽前后分别用海藻提取液（0.5、1.0、1.5 或 2.0mL/L）进行灌溉。根据溶液浓度、施用频率、基质组成和同种植物基因型的不同，海藻依赖型产品的使用对根系生长和生物量有正面或负面影响。在另一项研究中，Szabo 等评估了山楂砧木扦插的产量，结果显示叶面喷施海藻提取液使产量显著提高（Szabo，2009）。在松幼苗中，叶面喷施海藻提取物可促进枝条生长（长度和生物量），土壤灌溉可促进根系生长（Atzmon，1994）。

（二）促进叶绿素形成，提高光合作用效率

海藻提取物可以强化植物中叶绿素的含量（Blunden，1997）。用低浓度的泡叶藻提取物在番茄土壤或叶面施肥即可提高叶子中叶绿素含量，这个含量的提高是由于甜菜碱降低了叶绿素的降解（Whapham，1993）。尽管海藻肥中含有不同的矿物质成分，但它不能提供植物生长需要的所有营养成分，因此其主要功效在于改善植物根系及叶子吸收营养成分的能力（Schmidt，2003；Vernieri，2005；Mancuso，2006）。

海藻酸钠寡糖是海藻酸钠在裂解酶作用下降解生成的一种低分子质量寡糖，具有调控植物生长、发育、繁殖和激活植物防御反应等功效。研究表明，叶面喷施 0.5mg/g 海藻酸钠寡糖可显著促进烟草幼苗株高，增加叶面积，还能增加叶片叶绿素的含量。海藻酸钠寡糖通过调节烟草叶片的气孔导度，影响胞间 CO_2 浓度，进而促进光合速率的提高和植株生长。图 8-6 显示海藻肥强化叶绿素的效果图。

（1）对照组　　（2）试验组

图 8-6　海藻肥强化叶绿素的效果图

海藻提取物中的甘氨酸 - 甜菜碱可延长离体条件下叶绿体光合作用活性，通过抑制叶绿素降解，增强光合作用。Blunden 等报道了用泡叶藻提取物进行土壤浇灌后，矮秆法国豆、大麦、玉米和小麦的叶绿素含量均有增加（Blunden，1986）。王强等发现苗期及花前期同时喷施液体海藻肥可明显提高番茄中叶绿素含量，施用时以稀释 300 倍效果最佳（王强，2003）。在澳大利亚的一项研究中，以海洋巨藻为原料制备的海藻肥显著增加了西蓝花幼苗的叶数、茎直径和叶面积，与对照组相比分别增加了 6%、10% 和 9%（Arioli，2015）。

泡叶藻提取物含有甜菜碱及其各种衍生物（Blunden，1986）。为了验证植物中叶绿素含量的增加与施用甜菜碱相关，有研究用已知的甜菜碱混合物处理作物（Blunden，1997），结果显示用海藻肥处理及用甜菜碱处理的农作物中叶绿素含量相似，63d 和 69d 后，用海藻肥的植物中叶绿素含量分别为 27.70 和 26.48（SPAD）（叶绿素仪，Soil and plant analyzer development），而用甜菜碱的分别为 27.30 和 23.60（SPAD），两组与对照组相比均有较大的提升。该结果说明使用海藻肥可以增加叶绿素含量的原因可能是其中的甜菜碱活性成分（Blunden，1997）。

（三）诱导作物抗非生物胁迫

非生物胁迫是不利于植物生存和生长发育甚至导致伤害、破坏和死亡的环境因素，包括低温、高温、干旱、盐渍、水淹、过量光、紫外线辐射、矿质营养亏缺、氧气缺乏、大风、伤害以及空气、土壤或水体污染，如重金属、农药、臭氧、二氧化硫污染等（Zhang，1997；Schroeder，2001；Semenov，2011；Burchett，1998）。图 8-7 显示植物生长中几个主要的非生物胁迫因素。

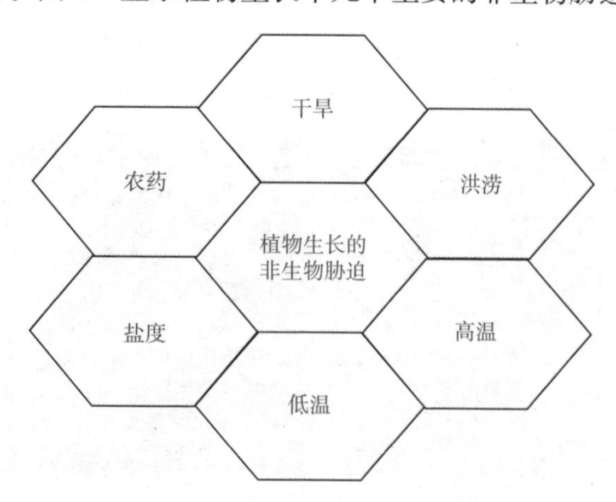

图 8-7　植物生长中几个主要的非生物胁迫因素

1. 干旱

在干旱胁迫下，经泡叶藻提取液处理的拟南芥与未经处理的拟南芥相比具有较高的叶片含水量，其存活率仅受轻微影响（Santaniello，2017），这是由于海藻提取物诱导了部分气孔关闭，使水分利用效率提高、光合性能较好。海藻提取液对干旱胁迫下植物的恢复也有一定的促进作用。Shukla 等报道在干旱条件下，用泡叶藻提取物处理的大豆植株具有更高的适应性，通过气孔导度和叶片含水量的差异测量显示出更好的植物水分管理（Shukla，2018）。Martynenko 等的研究显示，泡叶藻提取物处理可提高大豆的耐旱性，这种应用功效与降低叶片温度和改善气孔导度有关（Martynenko，2016）。在嫁接的橘子植株中，土壤灌溉或用含有海藻提取物的溶液（5~10mL/L）叶面喷施可以减轻干旱胁迫的副作用（Spann，2011）。在禾本科植物上应用海藻肥可观察到与增强耐旱性有关的代谢产物的变化（Zhang，1999；Zhang，2004）。在草坪草上隔 6d 洒水后，使用浓度为 7mL/L 的泡叶藻提取液喷洒可以提高草坪质量，叶片光化学效率，根长和干质量，总非结构碳水化合物、钾、钙和脯氨酸浓度，也提高了抗氧化防御机制中的过氧化氢酶（CAT）、超氧化物歧化酶（SOD）、抗坏血酸盐过氧化物酶（APX）等的活性（Elansary，2017）。图 8-8 显示海藻肥改善干旱和盐胁迫的效果图。

（1）干旱胁迫

（2）盐胁迫

图 8-8　海藻肥改善干旱和盐胁迫的效果图

Zhang 等开展实验以证实泡叶藻提取物对本特草（Creeping bentgrass）的耐旱性。在受干旱的植物上用腐植酸和海藻提取物的混合物处理后，根重增加了21%~68%、叶片生育酚增加 110%、内源性玉米素核苷增加 38%。对泡叶藻中的内源性玉米素核苷和异戊烯基腺苷等细胞分裂素的系统分析显示出海藻提取物中有大量的细胞分裂素，灰化后的海藻提取物失去了促进植物生长的功效，说明其活性物质主要是有机成分（Zhang，2004）。

孙锦等通过研究番茄幼株干重 / 鲜重比、离体叶片脱水速率以及叶片总叶绿素和脯氨酸的含量，证实海藻肥可增强番茄的抗旱能力，且脯氨酸含量越高，抗旱能力越强。同时，海藻提取物中的可溶性海藻多糖可增大细胞质的黏度、提高其弹性，使细胞液浓度增大、水分的吸收能量和保水能力提高，并保持水解酶、蛋白酶和酯酶的稳定性，从而使质膜结构免受破坏，进而提高植株的抗旱性（孙锦，2005）。甜菜碱、脯氨酸等季铵分子作为主要的渗透调节剂在植物抗胁迫中起重要作用，游离脯氨酸在细胞内的积累对于降低细胞内溶质的渗透压、均衡原生质体内外的渗透强度、维持细胞内酶的结构和构象、减少细胞内可溶性蛋白质的沉淀具有重要作用（李广敏，2001）。海藻肥中甜菜碱的存在可以诱导脯氨酸含量的提高，从而提高作物的抗逆性（张士功，1998）。

2. 高温

高温会使植物脱水、降低产量，甚至死亡。在受到热胁迫（35/25℃，白天 / 晚上）的叶面上施用海藻提取液可以减少植物质量损失，其中一个原因是受处理植株的活根数量比未处理植株高（Zhang，2008）。海藻提取物可以有效改善细胞分裂素、生长素、赤霉素等激素的代谢，提高植物在高温胁迫下的抗氧化能力。在大豆叶片上应用泡叶藻提取液也可以缓解高温胁迫（Martynenko，2016）。

3. 低温

大量研究表明，应用海藻提取液可以缓解低温对植物的影响（Rayirath，2009；Nair，2012；Masondo，2018；Mancuso，2006）。以已烷、乙酸乙酯和氯仿为溶剂提取的海藻提取液可以改善植物在 -10~0℃的耐受性，降低死亡率（Rayirath，2009），这种应用功效与叶绿素代谢基因和具有低温保护活性的基质蛋白表达的改变有关，也与脯氨酸合成基因表达的增加和脯氨酸分解代谢基因表达的减少相关（Nair，2012）。

Demir 等在最适温度（25℃）和次最适温度（15℃）下，研究了海藻提取物对番茄、辣椒和茄子种子萌发的影响（Demir，2006）。在理想温度下，用提取物处理比未处理的辣椒种子和茄子种子的发芽率分别提高 10.4% 和 18.7%。在冷胁迫下，海藻提取物使辣椒和茄子的发芽率分别提高了 10.6%~48.6% 和 7.1%~16.7%。施用海藻提取物不影响番茄种子的萌发，表明植物的反应取决于植物种类。

低温、干旱等非生物逆境会影响作物正常生长，降低其产量（Wang，2003）。大部分非生物逆境都是通过改变作物细胞的渗透压引起的，如氧化胁迫导致超氧化物阴离子、过氧化氢等活性氧的积累，这些物质破坏 DNA、脂类、蛋白质等细胞成分，引起异常细胞信号（Mittler，2002；Arora，2002）。海藻肥提高作物抗逆性能与细胞分裂素相关。细胞分裂素可以通过直接清除、阻止活性氧的形成以及抑制黄嘌呤氧化等方式抵抗逆境。活性氧含量是盐害、紫外线、极限温度等许多非生物逆境对作物影响的指标之一，使用海藻提取液后，作物体内超氧化歧化酶、谷胱甘肽还原酶和抗坏血酸过氧化物酶的活性增加，因此提高了抗逆能力。细胞分裂素通过直接清除自由基或避免活性氧类生成而减轻压力诱导产生的自由基（McKersie，1994；Fike，2001），例如海藻提取物对本特草的耐热性主要归功于其含有的细胞分裂素（Ervin，2004；Zhang，2008）。活性氧类是盐度、臭氧暴露、紫外线照射、低温、高温、干旱等非生物逆境下的主要因素（Hodges，2001）。在草坪上使用泡叶藻提取物增加了可以清除超氧化物的抗氧化剂超氧化物歧化酶的活性，高羊茅在用泡叶藻提取物处理后的三年内超氧化物歧化酶活性平均提高 30%（Zhang，1997）。

4. 辐射

在连续用 UV-B 辐照的第 12d，将含有腐植酸的海藻提取物处理早熟禾（Kentucky bluegrass）后，其光合效率较对照组提高了 41%~50%（Ervin，2004）。即使在连续辐照 42d 后，用含有海藻提取物和腐植酸混合物处理的植物的生长状态也优于对照组，其中的原因可能是叶绿素、类胡萝卜素和花青素的增加，以及抗氧化酶的改善。

5. 盐度

全球范围内盐渍化土壤的面积在不断增加，因此有必要制定减少土壤盐渍化对作物生长和产量影响的措施，其中海藻提取物可以缓解盐渍化对作物生长的影响（Al-Ghamdia，2018）。Elansary 等的研究显示，在受到高盐度（49.7dS/m）的草坪上喷洒浓度为 7mL/L 的泡叶藻提取液可以提高草坪质量、叶片光化学效率、根长和干质量、总非结构碳水化合物、K、Ca 和脯氨酸浓度，并增强抗氧化能力、减少活性氧产生（Elansary，2017）。Aziz 等的研究显示，施用两种剂量的泡叶藻提取物后，三色苋在盐胁迫（1000、2000 和 3000mg/L 的 NaCl）下的生长状况得到改善。在各种盐浓度下，用浓度为 3mL/L 的泡叶藻提取物处理的植物叶片、茎和根的鲜生物量和干生物量均高于对照组（Aziz，2011）。

6. 养分失衡

当生菜在缺钾水培条件下生长时，与未处理的低钾溶液相比，施用海藻提取液可以提高叶片荧光、根长、鲜重和植株生物量（Chrysargyris，2018；Schiattone，2018）。在适当的施氮条件下，使用海藻提取物对小麦也有很好的效果，可促进养分的吸收（Stamatiadis，2015）。但在缺氮条件下，施用海藻提取物的效果不显著。对于高尔夫球场中使用的禾谷类植物，无论土壤施肥是低或高，在用海藻提取物处理后其光合活性、根生物量等指标都有提高（Zhang，2002；Mansori，2015）。

（四）诱导作物抗生物胁迫机制，提高抗病性和免疫力

海藻提取物具有防治植物病虫害的功效（Manilal，2009；Jimenez，2011；Mathur，2015；de Borba，2019），可诱导作物抗生物胁迫，提高抗病性和免疫力。

1. 抗病害

在全球各地，虽然只有少数昆虫被列为害虫，但它们却破坏了 10%~14% 的粮食供应（Bende，2015；Boyer，2012），并传播各种人类和动物疾病（Smith，2013；Tedford，2004；Windley，2012）。除了转基因作物和生物防治等技术手段，化学杀虫剂仍然是防治害虫的主要方法（Smith，2013），但是抗杀虫剂物种的发生率在不断增加，过多使用杀虫剂也可能对人类健康造成危害（Bates，2005；Tedford，2004；Koureas，2012）。海藻含有丰富的生物活性物质，其中硫酸多糖具有杀虫特性（Paulert，2009），褐藻淀粉、卡拉胶、岩藻多糖等可作为农业领域害虫防治的替代手段（Aziz，2003；Cluzet，2004；Klarzynski，2003；Mercier，2001）。

体外实验表明，褐藻的乙醇提取物对丁香假单胞菌的生长有 40%~60% 的抑制作用（Jimenez，2011），巨藻的水和乙醇提取物也可以使丁香假单胞菌的生长降低 50%。石莼的提取物延缓了尖孢镰刀菌典型症状的发生。用泡叶藻提取物处理种子 24h 后，在 MS 培养基和幼苗内发现细菌数量减少，其原因可能是海藻提取物介导的氧化爆发（Cook，2018）。Peres 等的研究显示，在 20 种被测试的海藻中，每一种海藻的提取物都能有效抑制番茄炭疽菌的生长，但

都不能抑制黄曲霉（真菌）的生长（Peres，2012）。在对海藻的种类、提取介质、浓度、季节等因素的研究中发现，雷松藻的乙醇提取物可以把灰霉对番茄叶的伤害降低 72%~95%。在同一项研究中，南极公牛藻的水或乙醇提取物均使烟草花叶病毒在烟叶中造成的叶片损伤的数量和大小降低 95%（Bennamara，1999）。叶面喷施泡叶藻提取物也可以降低根生链格孢和灰霉对胡萝卜造成的伤害（Jayaraj，2008），其作用机理涉及几丁质酶、过氧化物酶、多酚氧化酶、苯丙氨酸解氨酶、脂氧合酶等酶活性的增加以及 *PR-1*、*NPR-1*、*PR-5* 等基因的表达。Jayaraman 等的研究显示，在黄瓜上叶面和土壤灌溉中使用泡叶藻提取物降低了黄瓜链孢菌（70%）、扁桃腐菌（47%）、尖孢镰刀菌（46%）和灰霉病孢（88%）的发病水平，其作用机理与几丁质酶、过氧化物酶、多酚氧化酶、苯丙氨酸解氨酶和脂氧合酶的活性变化以及 *LOX*、*PO*、*PAL* 基因的表达相关（Jayaraman，2010）。此外有研究显示褐藻淀粉能诱导葡萄的植物防御系统，调节 *CHIT1b*、*CHIT4c*、*GLU1*、*PIN*、*LOX*、*PAL* 等与几丁质酶和葡聚糖酶合成以及植物抗毒素相关的基因表达，减缓灰霉和白癜风对作物的感染（Aziz，2007）。

2. 抗虫害

根结线虫是分布最广、危害最重的植物寄生线虫，已引起世界各国的关注，也是当前中国最重要的农作物病原线虫之一，已报道的有 80 多种，其中最常见的有南方根结线虫、花生根结线虫、爪哇根结线虫及北方根结线虫。根结线虫可使蔬菜、花生、大豆、烟草、甘蔗、柑橘、甘薯、小麦、水麻类等作物受到不同程度的危害，给农业生产造成的损失很大，如花生根结线虫一般使花生减产 30%~40%，重则减产 70%~80%；烟草根结线虫一般使烟草减产 30%~40%，重则减产 60%~80%；大豆孢囊线虫严重的地方能使大豆减产 70%~80%。尽管目前化学农药可以有效控制线虫的危害，随着环保理念的进步，必将减少化学农药的使用，对根结线虫病进行系统的研究势在必行（文廷刚，2008）。

海藻提取物可以强化植物对病虫害的防御功能（Allen，2001）。除了影响植物的生理和代谢，海藻肥也可以通过影响根际微生物群落促进植物健康生长。海藻肥对土壤中的线虫有影响，用海藻肥处理植物造成线虫感染下降（Wu，1997；Crouch，1993）。Allen 等的研究结果显示，海藻提取物可诱导植株增强抵抗病虫危害的能力，还可影响植株土壤微生物生长环境，改变植株生理生化指标及细胞新陈代谢，促进植株健壮生长（Allen，2001）。

大量研究结果显示海藻肥对受线虫攻击的作物生长有益。Featonby-Smith

等报道了海藻肥应用于番茄作物后降低了根结感染（Featonby-Smith，1983）。Crouch 等在研究海藻提取物对番茄根结感染的影响时得到了类似的结果（Crouch，1993）。Wu 等显示了在土壤中使用生物刺激素可以减少根结线虫对番茄根系的侵犯（Wu，1997）。针对线虫感染，在土壤中灌溉海藻肥可以提高大麦产量以及番茄成熟度（Crouch，1992），其作用机理可能是抑制线虫孵化、对线虫的毒性、降低线虫的渗透、抑制线虫在根中的扩展等（Martin，2007）。干的海藻提取物应用于土壤改良后，可以使番茄上根结线虫及根腐真菌明显下降（Sultana，2009）。De Waele 等的研究表明，用海藻提取物处理玉米根，可使线虫繁殖率降低 47%~63%（De Waele，1988）。

在土壤中灌施泡叶藻和极大昆布提取物可以减少爪哇根结线虫、南方根结线虫等根结线虫的侵害（Wu，1997；Crouch，1993），其中甜菜碱是导致这些结果的主要活性化合物，萜类化合物也被认为是具有杀线虫的活性物质（Abid，1997）。海藻提取物控制线虫数量的机制之一是通过减少雌性生殖力（Whapham，1994）。海藻类产品对线虫的影响也可能是间接的，或者通过植物反应（Wu，1996）和拮抗生物对线虫的促进作用（Becker，1988）。试验结果显示，在浓度为 1.23 和 1.25 mg/mL 时，褐藻和红藻提取液均使线虫的数量下降 50%（Manilal，2009）。其他几种海藻提取液在浓度为 2~4mg/mL 时可以使线虫的数量下降 31%~100%。

海藻提取物在害虫防治方面有潜在的应用前景。红藻和褐藻提取物都可以减少致倦库蚊幼虫的数量（Devi，1997）。海藻的乙醇提取物对埃及伊蚊表现出杀幼虫活性，其中皂苷和萜类化合物是潜在的生物活性物质（Ravikumar，2011）。含有皂苷、类黄酮、生物碱、蛋白质、多糖等活性物质的绿藻提取物对斯氏按蚊、埃及伊蚊和致倦库蚊均有杀幼虫活性（Ali，2013）。

除了杀蚊子幼虫，海藻提取物还具有杀螨功效。植食性螨类主要有叶螨（俗称红蜘蛛）、瘿螨、粉螨、跗线螨、蒲螨、矮蒲螨、叶爪螨、薄口螨、根螨、甲螨等种类，以刺吸或咀嚼危害植物，绝大多数是人类生产活动的破坏者。叶螨是世界性五大害虫（实蝇、桃蚜、二化螟、盾蚧、叶螨）之一，它们吸食植物叶绿素，造成退绿斑点，引起叶片黄化、脱落。植食性螨类具有个体小、繁殖快、发育历期短、行动范围小、适应性强、突变率高和易发生抗药性等特点，是公认的最难防治的有害生物群落。近 40 多年来，由于人类在害虫防治措施上一度采用单一的化学药剂防治，使得叶螨由次要害虫上升为主要害虫，目前叶螨问题已成为农林生产的突出问题。非专一性杀螨剂的频繁使用，加重了螨类对作物造成的损失,在杀螨的同时也消灭了螨类天敌,许多次要害虫的数量有所上升,也造成了环境污染，对人类的生存环境提出了挑战。图 8-9 显示叶螨等农作物上常见的害虫。

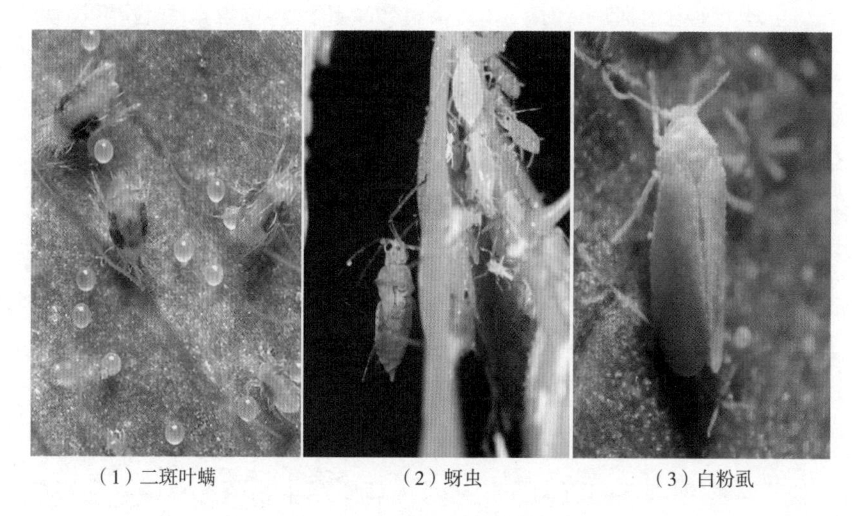

（1）二斑叶螨　　（2）蚜虫　　（3）白粉虱

图 8-9　农作物上常见的害虫

海藻提取物中的海藻酸钠水溶液具有一定的黏结性和成膜性，干燥失水后能形成一种柔软、坚韧不透气的薄膜，能粘沾并窒息螨类，抑制螨类与外界的能量交换，达到杀螨的目的，已有研究证明海藻提取物中含有的金属螯合物可以减少红螨的数量。据报道，海藻提取物应用到草莓上可以显著降低二斑叶螨的数量。将海藻提取物喷施于苹果树上可减少红蜘蛛的数量，作为杀螨剂控制害螨。高金城等的研究也表明，海藻酸钠是理想的茶树杀螨剂（高金诚，1987）。

除了植食性螨类，刺吸式害虫是农作物害虫中另一个较大的类群。它们种类多，具有体形小、繁殖快、后代数量大、世代历期短等特点，发生初期往往受害状不明显，易被人们忽视，常群居于嫩枝、叶、芽、花蕾、果上，汲取植物汁液，掠夺其营养，造成枝叶及花卷曲，甚至整株枯萎或死亡。同时诱发煤污病，有时害虫本身是病毒病的传播媒介，给农产品的品质和产量带来巨大的不利影响。当前大部分农户主要采用化学农药进行防治，不仅导致农产品残留污染严重，还造成农业生态环境日趋恶化等诸多负面影响（周晓静，2017）。

研究发现，海藻中的一些化合物对刺吸式害虫有明显的抑制作用。海藻提取物中含多卤化单萜类化合物，这类化合物可作用于刺吸式害虫的神经系统，因此用海藻提取物处理过的植株可以避免蚜虫和其他刺吸式害虫的危害。赵鲁在桃园喷洒海藻提取物后对红壁虱幼虫数量进行调查，结果显示对照区内时有出现，试验区则未出现，将海藻提取物叶面喷洒或施用到土壤上均发现有驱除蚜虫等害虫的效果（赵鲁，2008）。红藻类海头红的提取物对烟草天蛾、夜蛾和蚊子幼虫均有很强的抑杀作用,且其杀虫效果超过沙蚕毒素类的巴丹(保万魁，2008）。王强的研究表明海藻提取物对温室栽培的黄瓜、甘蔗、香蕉、大头菜、草莓、烟草、韭菜等作物有防虫效果（王强，2003）。

3. 抗真菌

由微生物引起的植物病害的发生是导致生产力下降、产品质量下降、部分或全部损失的主要原因之一，甚至可能使某些地区不适于耕种。全球范围内，植物病原体造成的损失估计为20%（Rommens，2000）。为了控制植物病害以及减少农产品质量和产量的损失，大量农用化学品被应用于农业生产领域（Lopes，2005）。目前，杀菌剂是有效控制植物病害的重要手段，然而这些农药的高频率使用经常导致对其活性产生耐药性病原体的出现。海藻提取物可用于处理或控制细菌和真菌，其在对抗病原微生物的过程中有独特的应用潜力。在生物的进化过程中，动物和植物为了在不同环境中生存发展出了不同的自我防御策略，其中在海藻等海洋生物中进化出了很多种类的化合物和分泌物，使它们能适应侵食等生物压力。这些海藻活性物质的产生与真菌、细菌和其他藻类的生态竞争有关，因此具有天然的抗细菌、抗真菌活性（Perez，2016；Singh，2015；El-Amraoui，2014；Zheng，2005）。海藻活性物质的抗菌、杀虫、生物刺激、植物保护等多种生物活性已经被广泛应用于农业生产（Aziz，2003；Delattre，2005；Chandia，2008；Paulert，2009），其中在对抗真菌过程中也有特殊的应用价值（Machado，2014；Perry，1991；Subsiha，2005）。具有抗菌活性的海藻活性物质包括海藻酸盐、卡拉胶、半乳糖、岩藻多糖、石莼聚糖等多糖，脂肪酸、甾醇、间苯三酚、*β*-胡萝卜素、岩藻黄素等脂质，以及萜类物质、酚类化合物、色素、蛋白质、生物碱、卤代化合物等。萜类化合物的作用是破坏真菌的细胞器、抑制酶的分泌，并破坏真菌的形态（Martinez，2014），酚类化合物可以干扰蛋白质的合成和折叠，导致蛋白质失活（Elansary，2016）。此外，抗菌肽可以作用于细胞膜或特定的细胞途径（Santos-Filho，2015）。在提取过程中,溶剂的溶解度和极性影响提取物的抗菌活性,目前常用的溶剂包括水、丙酮、氯仿、二氯甲烷、乙醚、甲醇和乙醇（Salvador，2007；Zerrifi，2018）。

4. 抗病原菌

海藻活性物质能激发作物自身的抗细菌、真菌和病毒的能力，减少农药的使用量。农业生产中发现：

（1）施用海藻肥能提高植物对烟草花叶病毒的抗病毒能力。

（2）在卷心菜上使用海藻提取液抑制了终极腐霉菌的生长。

（3）叶面喷施泡叶藻提取液减少了辣椒疫霉菌感染。

（4）海藻肥降低番茄灰霉病发病率。

（5）海藻肥减轻水稻瘟枯病病情。

（6）海藻肥对秋季大白菜软腐病和霜霉病有明显的抗病效果。

研究表明，海藻提取物在病原菌防治方面具有重要作用。植株可通过分子信号激发子的诱导产生系统获得抗性（SAR），抵抗病原菌的侵染危害，其中的诱导剂包括多糖、寡糖、多肽、蛋白质、脂类物质等一系列物质，这些物质均可在侵染病原菌细胞壁中发现。许多海藻多糖具有激发子特性，如从褐藻中提取分离后得到的一些硫酸酯多糖可诱导苜蓿和烟草多重防御反应的产生，叶面喷施墨角藻提取物可显著减少由辣椒疫霉病菌引起的辣椒疫霉病及葡萄霜霉病菌引起的葡萄霜霉病的发生。

近年来，随着气候、种植结构的变化，农作物细菌性病害的发生及其造成的损失逐年加重，在一些地区成为严重影响农业生产的主要病害。细菌性病害引起农作物腐烂、萎蔫、褪色、斑点等症状，严重影响产量和品质，给农户造成重大经济损失（陈亮，2010）。

海藻活性物质在防治农作物细菌性病害方面有其独特的性能。林雄平的研究表明，海藻的乙醇提取物对于引发甘薯薯瘟病（细菌性枯萎病）的青枯假单孢杆菌有较强的抗菌活性（林雄平，2005）。海藻提取物喷洒棉花幼苗后，表现出了较强的抗细菌侵袭能力,种子萌发前用马尾藻提取物的水性制剂按 1 : 500 溶液浸泡 12h，受野油菜黄单胞菌侵染的棉花幼苗会对细菌病原体产生非常大的抗性（Raghavendra，2007）。

在植物传染的病害中，真菌性病害的种类最多，占全部植物病害的70%~80%。植物的真菌性病害在我国属广泛分布病害，不仅在田间产生危害，还由于其潜伏侵染特性，危害果实，可使产量降低，果实失去商品价值。常见的真菌病害有腐烂病、炭疽病、轮纹病、白粉病、黑点病、干腐病等（邓振山，2006）。涂勇的研究表明海藻中的活性物质可以有效降低豇豆锈病、白粉病的发生，对大白菜黑斑病、马铃薯晚疫病、芒果炭疽病等都有一定的抑制作用（涂勇，2005）。

除了细菌和真菌，植物病毒对寄主植物的危害素有“植物癌症”之称，病毒在侵染寄主后不仅与寄主争夺植物生长所必需的营养成分，还破坏植物的养分输导，改变寄主植物的代谢平衡和酶的活性，如多酚氧化酶和过氧化物同工酶的活性在病毒侵染后受到影响，植物的光合作用受到抑制，使植物生长困难，产生畸形、黄化等症状，严重时造成寄主植物死亡（邱德文，1996）。

近年来的研究发现，海藻提取物在预防和抵抗作物病毒性病害方面有明显效果。例如，海藻酸能通过提高烟叶中的POD、SOD活性，降低超氧阴离子含量，提高烟叶的抗氧化能力，并通过促进烟叶中 *PR-1a* 基因和N基因的表达，提高烟叶的抗病能力。陈芊伊等的研究表明海藻酸能有效钝化烟草花叶病毒（TMV）并抑制其复制增殖，钝化率可达到66.67%，复制增殖的抑制率可达34.67%（陈芊伊，2016）。郭晓冬等的研究表明海藻提取物对番茄CMV病毒具有较好的体外钝化效果，可明显降低感病番茄植株的病毒含量，降低病毒对叶绿体的伤害（郭晓冬，2006）。

植物在防御病原体入侵的过程中涉及信号分子的感知，如寡糖、肽、蛋白质、脂质等病原体细胞壁中的很多成分（Boller，1995）。海藻提取物中的多种多糖成分是植物防御疾病过程中的有效诱导因子（Kloareg，1988）。研究显示，在卷心菜上使用海藻提取物可以刺激对严重真菌病原体有抗性的微生物的生长和活性（Dixon，2002）。此外，海藻富含具有抗菌作用的多酚（Zhang，2006）。泡叶藻提取物与腐植酸一起应用在本特草上可以增加超氧化物歧化酶的活性，明显减少币斑病。研究显示石莼提取物可诱导 *PR-10* 基因的表达，该基因属于对病毒攻击有抵抗作用的病程相关基因（van Loon，2006）。用海藻提取物处理紫花苜蓿后增加了其对炭疽菌属的抵抗性，进一步研究显示海藻提取物引起152种基因的上调，其中主要涉及植物防御基因，如与植物抗毒素、致病相关蛋白、细胞壁蛋白质、氧脂素途径相关的基因（Cluzet，2004）。

20世纪80年代后，在对海藻等海洋生物的化学生态学研究过程中发现了大量海洋生物代谢物，已经分离出的有15000多种（Hay，2014；Cardozo，2007）。尽管有机合成已经成为制备新化合物的主要途径，源于海藻等海洋生物的天然产物仍然具有吸引力，它们可以提供新的碳骨架和结构独特的官能团。对海洋大型海藻防治植物病虫害的研究表明，褐藻、红藻、绿藻等海藻中存在的大量海藻活性物质在农业生产领域有重要的应用价值（Hamed，2018；Ncama，2019；Mohy El-Din，2018；Balina，2017；Lewis，2016；Cian，2014；De Corato，2018）。表 8-2 总结了开发海藻源植物病害防控产品的挑战和机遇。

表 8-2　开发海藻源植物病害防控产品的挑战和机遇

挑战	机遇
实现生物质标准化	传统农药的替代或补充
发现具有不同作用机制的新分子	发现具有不同作用机制的新分子
标准化的提取	环保杀虫剂和杀菌剂
标准化的化验	整合不同的生物经济部门（如农业、渔业、制药）
毒性与安全性	海藻类产品作为有机农业的刺激剂
副作用	与按需研发的公司进行创业和合作发展
实验室和温室结果相对于田间条件的可重复性	制定或采用以海藻为基础的产品的研究和开发的标准化指南和立法（政府监管机构）
传播科学知识	生物可降解产品和循环方法学
开发应用技术	通过能力建设实现全社会创新
产品在环境条件下的长期稳定性	

五、保花、保果

1984 年南非开普敦大学的园艺学家用不同种类的花做试验，证明海藻肥不仅能明显增加花芽数目（增加率达 30%~60%），且能使花期显著提前。海藻提取物具有刺激作物提前开花、提高植株坐果率的作用。例如，番茄幼苗经海藻提取物处理后较对照花期提前，且该种反应被认为非应激反应。许多作物的产量与成熟期的花数量有关。花期的开始与发展以及形成花的数量与作物发育阶段有关。海藻提取物可通过启动健康植株的生长，刺激花开。喷施过海藻提取物的作物产量增加，被认为与提取物中的细胞分裂素等植物生长调节剂有关。植物营养器官中的细胞分裂素与营养成分有关，而生殖器官中的细胞分裂素与营养物质的运输有关。在细胞分裂素的刺激下，果实可增加发育植株中营养物质的转移，将其储存起来，光合产物可从根、枝干、幼叶等营养部分向发育果实移动，用于果实的生长（秦益民，2018）。

第三节　海藻肥的应用方法

海藻类肥料是一种植物生长调节剂，产品包括很多种类，例如青岛明月蓝海生物科技有限公司有海藻有机肥、海藻叶面肥、海藻有机无机复混肥、海藻冲施肥、海藻掺混肥和海藻微生物菌肥等六大系列 100 多个品种。海藻肥的应用效果与作物种类、品种、生长发育状况、环境条件（气候、温湿度、光照、土壤水肥供给等）、使用方法、使用时期等多种因素相关。使用过程中应该根据在每个作物上不同的使用目的，明确使用的浓度、时间段、采用何种处理方法，根据具体情况确定用量、用法、浓度等指标（崔德杰，2016）。

一、叶面肥的施用方法

在葡萄藤、西瓜、草莓、苹果、番茄、菠菜、秋葵、洋葱、豆子、辣椒、胡萝卜、马铃薯、小麦、玉米、大麦、大米、草叶等众多的农作物上叶面施用海藻肥均有良好的效果。大量农业生产实践证明用低浓度的海藻提取液处理作物后可比对照组产生更好的植物生长、更多的产率、更丰富的矿物质成分及生化组分，同时减少真菌病害（Zhang，2008；Jayaraj，2008；Uppal，2008；Zodape，2011；El Modafar，2012；Shah，2013）。大量研究显示在作物上喷施海藻提取的植物生长刺激剂可以增加叶子中叶绿素含量、提高产量、改善水果或块茎的萌生（Blunden，1977；Dwelle，1984；Kuisma，1989；Whapham，1993；Blunden，1997；Basak，2008；Abdel-Mawgoud，2010；Spinelli，2010；Khan，2012）。

1. 选择适宜的叶面肥

在叶面肥的应用中，首先应该根据作物的生长发育及营养状况选择适宜种类的叶面肥。例如在作物生长初期，为促进其生长发育应选择调节型叶面肥；若作物营养缺乏或生长后期根系吸收能力衰退，应选择营养型叶面肥。

2. 喷施浓度要合适

在一定浓度范围内，养分进入叶片的速度和数量随溶液浓度的增加而增加，但是如果浓度过高易发生肥害，尤其是微量元素型叶面肥，作物从缺乏到过量之间的临界范围很窄。含有生长调节剂的叶面肥，更应严格按浓度要求进行喷施，以防调控不当造成危害，影响产量。此外，不同作物对不同肥料具有不同的浓度要求，实际应用中需要结合作物及其不同生长阶段的情况进行具体分析后选择适宜的喷施浓度。

3. 喷施时间要适宜

叶面施肥时叶片吸收养分的数量与溶液湿润叶片的时间长短有关。湿润时间越长，叶片吸收养分越多，效果越好。一般情况下保持叶片湿润时间在30~60min为宜，因此叶面施肥最好在傍晚无风的天气进行。在有露水的早晨喷施叶面肥，会降低溶液的浓度，影响施肥效果。雨天或雨前不能进行叶面施肥，因为养分易被雨水淋失，起不到应有的作用，若喷后3h遇雨，待晴天时需要补喷一次，但浓度要适当降低。

4. 喷施要均匀、细致、周到

叶面施肥要求雾滴细小、喷施均匀，尤其要注意喷洒作物生长旺盛的上部叶片和叶的背面，因为新叶比老叶、叶片背面吸收养分的速度快、吸收能力强。

5. 喷施次数不应过少且应有间隔

作物叶面施肥的浓度一般都较低，每次的吸收量也很少，与作物的需求量相比要低得多。因此，叶面施肥的次数一般不应少于两次。对于在作物体内移动性小或不移动的养分（铁、硼、钙、锌等），更应注意适当增加喷施次数。在喷施含植物生长调节剂的叶面肥时，要有间隔，间隔期至少7d，但喷施次数不宜过多，防止因调控不当造成危害，影响产量。

6. 混用要得当

叶面施肥时将两种或两种以上的叶面肥混合或将叶面肥与杀虫剂、杀菌剂混合喷施，可节省喷施时间和用工成本，其增产和抗病效果也会更加显著。但叶面肥混合后必须无不良反应或不降低肥效，否则达不到混用目的。另外，海藻叶面肥混用时要注意溶液的浓度和酸碱度，一般情况下溶液pH在7左右有利于叶片吸收。

二、冲施肥的施用方法

1. 选择正确的肥料品种

需要根据土壤情况和不同作物在不同阶段的需肥特点选择冲施肥，如在缺氮土壤上种植需氮较多的绿叶类蔬菜时，可选用高氮型冲施肥；若缺多种元素时，可选择复合型冲施肥。

2. 使用方法要得当

施用冲施肥前，应先把固体的肥料用水溶解，制成母液，然后再兑水冲施。对于一些浅耕性蔬菜等作物，或不便土壤施肥时，可将配制好的肥料随水冲施，冲施过程中要控制好水量，确保养分在地里分布均匀。

3. 肥料用量和使用浓度要合理

用量过大、浓度过高，易产生氨气、硫化氢等有毒有害气体，引起作物中毒，而且不能以大水带肥，以免水分过多，造成土壤通气不良而引起植物烂根和沤根。如果在使用冲施肥时将固体冲施肥撒入田内后浇水冲施，会造成肥料分布不匀，使浓度过高的地方作物受肥害，出现烧苗现象，而浓度过低的地方不能满足作物的生长需要。

4. 存放需得当

含微生物制剂类型的复合型冲施肥，宜保存阴凉处，避免阳光暴晒和过度潮热，不可与杀菌剂混用。如果结块，可继续使用，不影响肥效。

三、微生物肥料的施用方法

1. 育苗

采用盘式或床式育秧时，可将海藻微生物肥料拌入育秧土中堆置 3d，再装入育苗盘。营养钵育苗时，先将海藻微生物肥料均匀拌入育苗土中，再装入营养钵育苗。因育苗多在温室或塑料棚中进行，温湿度条件比较好，易于微生物繁殖生长，用量可比田间基肥小一些。

2. 基肥（底肥）

海藻微生物肥料用量少，单施不易施匀，覆土之前易受阳光照射影响效果，有风天又会发生被风吹跑的问题。因此，用作基肥时，在施用有机肥条件下，应将海藻微生物肥料与有机肥按（1~1.5）∶500 的比例混匀，用水喷湿后遮盖，堆腐 3~5d，中间翻堆一次后施用。施用时要均匀施于垄沟内，然后起垄；如不施用有机肥，以 1kg 海藻微生物肥料拌 30~50kg 稍湿润的细土，均匀施于垄沟内，然后即起垄覆土。在水田或旱田也可均匀撒施于地表，然后立即耙入土中，不能长时间暴露在阳光下暴晒。

3. 种肥

在施用有机肥或化肥作基肥的基础上，用海藻微生物肥料作种肥，或埯播作物作种肥使用，刨埯后将拌有细土的海藻微生物肥料施于埯中，再点种；机播时可将拌有细土或有机肥的海藻微生物肥料放入施肥箱中，使开沟、施肥、播种、覆土、镇压等作业一次性完成。施用海藻微生物肥料作种肥，要注意与化肥分开用。

4. 拌种

先将种子表面用水喷湿，然后将种子放入海藻微生物肥料中搅拌，使种子表面均匀黏满肥料后，在阴凉通风处稍阴干即可播种。拌种后不要放置在阳光下暴晒，也不要放置过长时间。拌种用肥量与种子大小有关，烟草等小粒种子，每千克种子 50~100g 即可，大粒种子需要量要多一些。拌有海藻微生物肥料的种子播种后也要立即覆土，防止阳光中紫外线杀伤肥料中微生物。

5. 蘸根

对于液体海藻微生物肥料，用水将其稀释到合适浓度，然后将幼苗根系在肥料中蘸一蘸即可进行栽植；对于固体海藻微生物肥料，先将生物菌肥加一些细土，再兑适量水搅拌成糊状泥浆，移栽时，将作物苗木的根部在泥浆中蘸一蘸，根部粘满海藻微生物肥料泥浆后，再移栽。移栽完之后，将剩余泥浆加水稀释后浇灌在根部，相当于移栽后的浇水。水渗下后覆土。

6. 冲施与喷施

将液体海藻微生物肥料与海藻冲施肥稀释到合适浓度，共同进行冲施，在补充作物营养的同时，起到防治土传性病害，提高肥料利用率的作用。将液体海藻微生物肥料与海藻叶面肥、杀虫剂等共同喷施叶面，一次施肥可起到多重效果。需要注意的是，海藻微生物肥料不能与杀菌剂共用。

四、无土栽培

无土栽培是近几十年来发展起来的一种作物栽培新技术，在这种生产方法中，作物不是栽培在土壤中，而是种植在溶有营养物质的水溶液里，或在某种栽培基质中，用营养液进行作物栽培。只要有一定的栽培设备和有一定的管理措施，作物就能正常生长并获得高产。由于不使用天然土壤，而用营养液浇灌来栽培作物，故被称为无土栽培，其特点是以人工创造的作物根系生长环境取代土壤环境，不仅满足作物对养分、水分、空气等条件的需要，而且对这些条件要求加以控制调节，以促进作物更好生长。海藻肥含有植物生长需要的各种微量元素和营养成分，可为无土栽培植物提供其生长所需的营养（Shekhar Sharma，2014）。

第四节　小结

随着我国经济的高速发展、人民生活水平的不断提高，食品质量与食品安全日趋成为人们关注的焦点。海藻肥具有绿色、高效、安全、环保等特点，符合国际有机食品的要求，对提升我国农产品的国际竞争力具有重要意义。海藻肥具有“多种功效合一”的特点，效果显著。作为一种天然生物制剂，海藻肥可与“植物 - 土壤”生态系统和谐作用，还原土壤的最佳状态，促进植物自然、健康生长。当前海藻肥的快速发展推动了我国肥料产业的又一次新技术革命，将打造农业经济中一个新的增长点。

参考文献

[1] Abdel-Mawgoud A M R，Tantaway A S，Hafez M M，et al. Seaweed extract improves growth，yield and quality of different watermelon hybrids [J]. Res J Agri Biol Sc，2010，6: 161-168.

[2] Abid M，Sultana V，Zaik M J，et al. Nematicidal properties of *Stoechospermum marginatum*，a seaweed [J]. Pakistan J Phytopathol，1997，9: 143-147.

[3] Aldworth S J，van Staden J. The effect of seaweed concentrate on seedling transplants [J]. S Afr J Bot，1987，53: 187-189.

[4] Al-Ghamdia A A，Elansary H O. Synergetic effects of 5-aminolevulinic acid and *Ascophyllum nodosum* seaweed extracts on *Asparagus phenolics* and stress related genes under saline irrigation [J]. Plant Physiol Biochem，2018，129: 273-284.

[5] Ali M Y S，Ravikumar S，Beula J M. Mosquito larvicidal activity of seaweeds extracts against *Anopheles stephensi*，*Aedes aegypti* and *Culex quinquefasciatus* [J]. Asian Pac J Trop Dis，2013，3: 196-201.

[6] Allen V G，Pond K R，Saker K E，et al. Tasco: influence of a brown seaweed on antioxidants in forages and livestock-a review [J]. J Anim Sci，2001，79（E Suppl）: E21-E31.

[7] Allen V G，Pond K R，Saker K E，et al. Tasco-Forage: III. Influence of a seaweed extract on performance，monocyte immune cell response，and carcass characteristics of feedlot-finished steers [J]. J Anim Sci，2001，79: 1032-1040.

[8] Arioli T，Mattner S W，Winberg P C. Applications of seaweed extracts in Australian agriculture: past，present and future [J]. Journal of Applied Phycology，2015，27（5）: 2007-2015.

[9] Arora A，Sairam R K，Srivastava G C. Oxidative stress and antioxidative systems in plants [J]. Curr Sci，2002，82: 1227-1238.

[10] Atzmon N，van Staden J. The effect of seaweed concentrate on the growth of Pinus pinea seedlings [J]. New For，1994，8: 279-288.

[11] Aziz N G A，Mahgoub M H，Siam H S. Growth，flowering and chemical constituents performance of *Amaranthus tricolor* plants as influenced by seaweed（*Ascophyllum nodosum*）extract application under salt stress conditions [J]. J Appl Sci Res，2011，7: 1472-1484.

[12] Aziz A, Poinssot B, Daire X, et al. Laminarin elicits defense responses in grapevine and induces protection against *Botrytis cinerea* and *Plasmopara viticola* [J]. Mol Plant-Microbe Interact, 2003, 16: 1118-1128.

[13] Aziz A, Gauthier A, Bezier A, et al. Elicitor and resistance-inducing activities of β-1, 4 cellodextrins in grapevine, comparison with β-1, 3 glucans and α-1, 4 oligogalacturonides [J]. J Exp Bot, 2007, 58: 1463-1472.

[14] Balakrishnan C P, Kumar V, Mohan V R, et al. Study on the effect of crude seaweed extracts on seedling growth and biochemical parameters in *Cyamopsis tetragonoloba* (L.) Taub [J]. Plant Arch, 2007, 7: 563-567.

[15] Balina K, Romagnoli F, Blumberga D. Seaweed biorefinery concept for sustainable use of marine resources [J]. Energy Procedia, 2017, 128: 504-511.

[16] Basak A. Effect of preharvest treatment with seaweed products, Kelpak and Goemar BM 86 on fruit quality in apple [J]. Int J Fruit Sci, 2008, 8: 1-14.

[17] Bates S L, Zhao J Z, Roush R T, et al. Insect resistance management in GM crops: past, present and future [J]. Nat Biotechnol, 2005, 23: 57-62.

[18] Becker J O, Zavaletamejia E, Colbert S F, et al. Effects of rhizobacteria on rootknot nematodes and gall formation [J]. Phytopathology, 1988, 78: 1466-1469.

[19] Bende N S, Dziemborowicz S, Herzig V, et al. The insecticidal spider toxin SFI1 is a knottin peptide that blocks the pore of insect voltage-gated sodium channels via a large β-hairpin loop [J]. FEBS J, 2015, 282: 904-920.

[20] Bennamara A, Abourrichea A, Berradaa M, et al. Methoxybifurcarenone: an antifungal and antibacterial meroditerpenoid from the brown alga *Cystoseira tamariscifolia* [J]. Phytochemistry, 1999, 52: 37-40.

[21] Biddington N L, Dearman A S. The involvement of the root apex and cytokinins in the control of lateral root emergence in lettuce seedlings [J]. Plant Growth Regul, 1983, 1: 183-193.

[22] Blunden G. Agricultural uses of seaweeds and seaweed extracts. In: Guiry M D, Blunden G (eds) Seaweed Resources in Europe. Uses and Potential [M]. Chichester: Wiley, 1991.

[23] Blunden G, Jenkins T, Liu Y. Enhanced leaf chlorophyll levels in plants treated with seaweed extract [J]. J Appl Phycol, 1997, 8: 535-543.

[24] Blunden G, Cripps A L, Gordon S M, et al. The characterization and quantitative estimation of betaines in commercial seaweed extracts [J]. Bot Mar, 1986, 24: 155-160.

[25] Blunden G, Wildgoose P B. Effects of aqueous seaweed extract and kinetin on potato yields [J]. J Sci Food Agr, 1977, 28: 121-125.

[26] Boller T. Chemoperception of microbial signals in plant cells [J]. Annu Rev Plant Physiol Plant Mol Biol, 1995, 46: 189-214.

[27] Boyer S, Zhang H, Lemperiere G. A review of control methods and resistance mechanisms in stored-product insects [J]. Bull Entomol Res, 2012, 102: 213-229.

[28] Burchett S, Fuller M P, Jellings A J. Application of seaweed extract improves winter hardiness of winter barley cv Igri [C]. The Society for Experimental Biology, Annual Meeting, York University, 1998.

[29] Cardozo K H M, Guaratini T, Barros M P. Metabolites from algae with economical impact [J]. Comp Biochem Physiol C Toxicol Pharmacol, 2007, 146: 60-78.

[30] Carvalho M E A, Castro P R C, Novembre A D L C, et al. Seaweed extract improves the vigor and provides the rapid emergence of dry bean seeds [J]. Am Eurasian J Agric Environ Sci, 2013, 13: 1104-1107.

[31] Chandia N P, Matsuhiro B. Characterization of a fucoidan from Lessonia vadosa (Phaeophyta) and its anticoagulant and elicitor properties [J]. Int J Biol Macromol, 2008, 42: 235-240.

[32] Chrysargyris A, Xylia P, Anastasiou M, et al. Effects of Ascophyllum nodosum seaweed extracts on lettuce growth, physiology and fresh cut salad storage under potassium deficiency [J]. J Sci Food Agric, 2018, 98: 5861-5872.

[33] Cian R E, Salgado P R, Drago S R, et al. Development of naturally activated edible films with antioxidant properties prepared from red seaweed *Porphyra columbina* biopolymers [J]. Food Chem, 2014, 146: 6-14.

[34] Cluzet S, Torregrossa C, Jacquet C, et al. Gene expression profiling and protection of *Medicago truncatula* against a fungal infection in response to an elicitor from green algae *Ulva* spp.[J]. Plant Cell Environ, 2004, 27: 917-928.

[35] Cook J, Zhang J, Norrie J, et al. Seaweed extract (Stella Maris®) activates innate immune responses in *Arabidopsis thaliana* and protects host against bacterial pathogens [J]. Mar Drugs, 2018, 16: 221-225.

[36] Crouch I J, van Staden J. Effect of seaweed concentrate on the establishment and yield of greenhouse tomato plants [J]. J Appl Phycol, 1992, 4: 291-296.

[37] Crouch I J, Smith M T, van Staden J, et al. Identification of auxins in a commercial seaweed concentrates [J]. J Plant Physiol, 1992, 139: 590-594.

[38] Crouch I J, Beckett R P, van Staden J. Effect of seaweed concentrate on the growth and mineral nutrition of nutrient stressed lettuce [J]. J Appl Phycol, 1990, 2: 269-272.

[39] Crouch I J, van Staden J. Effect of seaweed concentrate from *Ecklonia maxima* (Osbeck) Papenfuss on *Meloidogyne incognita* infestation on tomato [J]. J Appl Phycol, 1993, 5: 37-43.

[40] de Borba M C, de Freitas M B, Stadnik M J. Ulvan enhances seedling

emergence and controls *Fusarium oxysporum* f. sp. phaseoli on common bean（*Phaseolus vulgaris* L.）[J]. Crop Protec，2019，118: 66-71.

[41] De Corato U，Salimbeni R，De Pretis A，et al. Use of alginate for extending shelf life in a lyophilized yeast-based formulate in controlling green mould disease on citrus fruit under postharvest condition [J]. J Food Pack Shelf Life，2018，15: 76-86.

[42] Delattre C，Michaud P，Courtois B，et al. Oligosaccharides engineering from plants and algae applications in biotechnology and therapeutics [J]. Minerva Biotechnol，2005，17: 107-117.

[43] Demir N，Dural B，Yldrm K. Effect of seaweed suspensions on seed germination of tomato，pepper and aubergine [J]. J Biol Sci，2006，6: 1130-1133.

[44] Devi P，Solimabi W，D'Souza L，et al. Toxic effects of coastal and marine plant extracts on mosquito larvae [J]. Bot Mar，1997，40: 533-553.

[45] De Waele D，McDonald A H，De Waele E. Influence of seaweed concentrate on the reproduction of *Pratylenchus zeae*（Nematoda）on maize [J]. Nematologica，1988，34: 71-77.

[46] Dwelle R B，Hurley P J. The effects of foliar application of cytokinins on potato yields in southeastern Idaho [J]. Am Potato J，1984，61: 293-299.

[47] Dixon G R，Walsh U F. Suppressing Pythium ultimum induced damping-off in cabbage seedlings by biostimulation with proprietary liquid seaweed extracts managing soil-borne pathogens: a sound rhizosphere to improve productivity in intensive horticultural systems [J]. Proceedings of the XXVIth International Horticultural Congress，Toronto，Canada，2002: 11-17.

[48] El-Amraoui B，El-Amraoui M，Cohen N，et al. Anti-Candida and anti-*Cryptococcus antifungal* produced by marine microorganisms [J]. J Mycol Med，2014，24: 149-153.

[49] Elansary H O，Yessoufou K，Abdel-Hamid A M E，et al. Seaweed extracts enhance Salam turfgrass performance during prolonged irrigation intervals and saline shock [J]. Front Plant Sci，2017，8: 830-834.

[50] Elansary H O，Norrie J，Ali H M，et al. Enhancement *of Calibrachoa growth*，secondary metabolites and bioactivity using seaweed extracts [J]. BMC Complement Altern Med，2016，16: 341-346.

[51] El Modafar C，Elgadda M，El Boutachfaiti R，et al. Induction of natural defence accompanied by salicylic acid-dependant systemic acquired resistance in tomato seedlings in response to bioelicitors isolated from green algae [J]. Sci Hortic Amsterdam，2012，138: 55-63.

[52] Ervin E H，Zhang X，Fike J. Alleviating ultraviolet radiation damage on Poa pratensis: II. Hormone and hormone containing substance treatments [J]. Hortic

Sci，2004，39: 1471-1474.

[53] Eyras M C，Defosse D E，Dellatorre F. Seaweed compost as an amendment for horticultural soils in Patagonia，Argentina [J]. Compost Sci Util，2008，16: 119-124.

[54] Eyras M C，Rostagno C M，Defosse G E. Biological evaluation of seaweed composting [J]. Comp Sci Util，1998，6: 74-81.

[55] Farooq M，Aziz T，Basra S M A，et al. Chilling tolerance in hybrid maize induced by seed treatments with salicylic acid [J]. J Agron Crop Sci，2008，194: 161-168.

[56] Featonby-Smith B C，van Staden J. The effect of seaweed concentrate on the growth of tomato plants in nematode-infested soil [J]. Sci Hortic，1983，20: 137-146.

[57] Fike J H，Allen V G，Schmidt R E，et al. Tasco-Forage: I. Influence of a seaweed extract on antioxidant activity in tall fescue and in ruminants [J]. J Anim Sci，2001，79: 1011-1021.

[58] Finnie J F，van Staden J. Effect of seaweed concentrate and applied hormones on in vitro cultured tomato roots [J]. J Plant Physiol，1985，120: 215-222.

[59] Fleming C C，Turner S J，Hunt M. Management of root knot nematodes in turfgrass using mustard formulations and biostimulants [J]. Com Agri Appl Biol Sci，2006，71: 653-658.

[60] Gandhiyappan K，Perumal P. Growth promoting effect of seaweed liquid fertilizer（*Enteromorpha intestinalis*）on the sesame crop plant [J]. Seaweed Resource Util，2001，23: 23-25.

[61] Ghaderiardakani F，Collas E，Damiano D K，et al. Effects of green seaweed extract on *Arabidopsis* early development suggest roles for hormone signalling in plant responses to algal fertilisers [J]. Sci Rep，2018，9: 1983-1988.

[62] Goatley J M，Schmidt R E. Anti-senescence activity of chemicals applied to Kentucky bluegrass [J]. J Am Soc Hortic Sci，1990，115: 654-656.

[63] Goatley J M，Schmidt R E. Seedling Kentucky bluegrass growth responses to chelated iron and biostimulator materials [J]. Agron J，1990，82: 901-905.

[64] Goni O，Fort A，Quille P，et al. Comparative transcriptome analysis of two Ascophyllum nodosum extract biostimulants: same seaweed but different [J]. J Agric Food Chem，2016，64: 2980-2989.

[65] Hamed S M，Abd El-Rhman A A，Abdel-Raouf N，et al. Role of marine macroalgae in plant protection and improvement for sustainable agriculture technology [J]. Beni-Suef Univ J Appl Sci，2018，7: 104-110.

[66] Haslam S F I，Hopkins D W. Physical and biological effects of kelp（seaweed）added to soil [J]. Appl Soil Ecol，1996，3: 257-261.

[67] Hay M E. Challenges and opportunities in marine chemical ecology [J]. J Chem

Ecol，2014，40: 216-217.

[68] Hodges D M. Chilling effects on active oxygen species and their scavenging systems in plants. In: Basra A（ed）Crop Responses and Adaptations to Temperature Stress [M]. Binghamton，NY: Food Products Press，2001.

[69] Ishii T，Aikawa J，Kirino S，et al. Effects of alginate oligosaccharide and polyamines on hyphal growth of vesicular-arbuscular mycorrhizal fungi and their infectivity of citrus roots. In: Proceedings of the 9th International Society of Citriculture Congress [M]. Orlando，FL，2000.

[70] Jayaraj J，Wan A，Rahman M，et al. Seaweed extract reduces foliar fungal diseases on carrot [J]. Crop Prot，2008，27: 1360-1366.

[71] Jayaraman J，Norrie J，Punja Z K. Commercial extract from the brown seaweed Ascophyllum nodosum reduces fungal diseases in greenhouse cucumber [J]. J Appl Phycol，2010，23: 353-361.

[72] Jeannin I，Lescure J C，Morot-Gaudry J F. The effects of aqueous seaweed sprays on the growth of maize [J]. Bot Mar，1991，34: 469-473.

[73] Jimenez E，Dorta F，Medina C，et al. Anti-phytopathogenic activities of macro-algae extracts [J]. Marine Drugs，2011，9: 739-756.

[74] Kanmaz M G，Ozsan T，Esen O，et al. Effects of different organic extracts on seed germination of some carrot（*Daucus carota* L.）cultivars [J]. Int J Agric Nat Sci，2018，1: 6-9.

[75] Kavipriya R，Dhanalakshmi P K，Jayashree S，et al. Seaweed extract as a biostimulant for legume crop，green gram [J]. J Ecobiotechnol，2011，3: 16-19.

[76] Khan A S，Ahmad B，Jaskani M J，et al. Foliar application of mixture of amino acids and seaweed（*Ascophylum nodosum*）extract improve growth and physicochemical properties of grapes [J]. Int J Agric Biol，2012，14: 383-388.

[77] Klarzynski O，Descamps V，Plesse B，et al. Sulphated fucan oligosaccharides elicit defense responses in tobacco and local and systemic resistance against tobacco mosaic virus [J]. Mol Plant Microbe Interact，2003，16: 1156-1122.

[78] Kloareg B，Quatrano R S. Structure of the cell walls of marine algae and ecophysiological functions of the matrix polysaccharides [J]. Oceanogr Mar Biol Annu Rev，1988，26: 259-315.

[79] Koureas M，Tsakalof A，Tsatsakis A，et al. Systematic review of biomonitoring studies to determine the association between exposure to organophosphorus and pyrethroid insecticides and human health outcomes [J]. Toxicol Lett，2012，210: 155-168.

[80] Kuisma P. The effect of foliar application of seaweed extract on potato [J]. J Agr Sci Finland，1989，61: 371-377.

[81] Kumar G，Sahoo D. Effect of seaweed liquid extract on growth and yield of

Triticum aestivum var. Pusa Gold [J]. J Appl Phycol，2011，23: 251-255.

[82] Kuwada K，Wamocho L S，Utamura M，et al. Effect of red and green algal extracts on hyphal growth of arbuscular fungi，and on mycorrhizal development and growth of papaya and passion fruit [J]. Agron J，2006，98: 1340-1344.

[83] Lewis J G，Stanley N F，Guist G G. Commercial production and applications of algal hydrocolloids. In: Lembi C A，Waaland J R（eds）Algae and Human Affairs [M]. Cambridge: Cambridge University Press，1988.

[84] Lewis K A，Tzilivakis J，Warner D J，et al. An international database for pesticide risk assessments and management [J]. Hum Ecol Risk Assess，2016，22: 1050-1064.

[85] Lopes I，Baird D J，Ribeiro R. Genetically determined resistance to lethal levels of copper by *Daphnia longispina*: association with sublethal response and multiple/co resistance [J]. Environ Toxicol Chem，2005，24: 1414-1419.

[86] Lopez-Mosquera M E，Pazos P. Effects of seaweed on potato yields and soil chemistry [J]. Biol Agric Hortic，1997，14: 199-205.

[87] Machado L P，Matsumoto S T，Jamal C M，et al. Chemical analysis and toxicity of seaweed extracts with inhibitory activity against tropical fruit anthracnose fungi [J]. J Sci Food Agr，2014，94: 1739-1744.

[88] Machado L P，Carvalho L R，Young M C M，et al. Comparative chemical analysis and antifungal activity of Ochtodes secundiramea（Rhodophyta）extracts obtained using different biomass processing methods [J]. J Appl Phycol，2014，26: 2029-2035.

[89] Mancuso S，Azzarello E，Mugnai S，et al. Marine bioactive substances（IPA extract）improve ion fluxes and water stress tolerance in potted *Vitis vinifera* plants [J]. Adv Hortic Sci，2006，20: 156-161.

[90] Manilal A，Sujith S，Kiran G S，et al. Biopotentials of seaweeds collected from southwest coast of India [J]. J Marine Sci Technol，2009，17: 67-73.

[91] Martin T J G，Turner S J，Fleming C C. Management of the potato cyst nematode（*Globodera pallida*）with bio-fumigants/stimulants [J]. Comm Agri Appl Biol Sci，2007，72: 671-675.

[92] Martynenko A，Shotton K，Astatkie T，et al. Thermal imaging of soybean response to drought stress: the effect of *Ascophyllum nodosum* seaweed extract [J]. Springer Plus，2016，5: 1393-1398.

[93] Masondo N A，Kulkarni M G，Finnie J F，et al. Influence of biostimulants-seed-priming on *Ceratotheca triloba* germination and seedling growth under low temperatures，low osmotic potential and salinity stress [J]. Ecotoxicol Environ Saf，2018，147: 43-48.

[94] Mansori M，Chernane H，Latique S，et al. Seaweed extract effect on water deficit and antioxidative mechanisms in bean plants（*Phaseolus vulgaris* L.）[J].

J Appl Phycol，2015，27: 1689-1698.

[95] Martinez A，Rojas N，Garcia L，et al. In vitro activity of terpenes against Candida albicans and ultrastructural alterations [J]. Oral Surg Oral Med Oral Pathol Oral Radiol，2014，118: 553-559.

[96] Mathur C，Rai S，Sase N，et al. Enteromorpha intestinalis derived seaweed liquid fertilizers as prospective biostimulant for *Glycine max* [J]. Braz Arch Biol Technol，2015，58: 813-820.

[97] Matysiak K，Kaczmarek S，Krawczyk R. Influence of seaweed extracts and mixture of humic acid fulvic acids on germination and growth of *Zea mays* L. [J]. Acta Sci Pol Agri，2011，10: 33–45.

[98] McKersie B D，Leshem Y Y. Stress and stress coping in cultivated plants [M]. Dordrecht: Kluwer Academic Publishers，1994.

[99] Mercier L，Lafitte C，Borderies G，et al. The algal polysaccharide carrageenans can act as an elicitor of plant defense [J]. New Phytol，2001，149: 43-51.

[100] Metting B，Rayburn W R，Reynaud P A. Algae and agriculture. In: Lembi C A，Waaland J R（eds）Algae and Human Affairs [M]. Cambridge: Cambridge University Press，1988.

[101] Mittler R. Oxidative stress，antioxidants and stress tolerance [J]. Trends Plant Sci，2002，7: 405-410.

[102] Mohy El-Din S M，Mohyeldin M M. Component analysis and antifungal activity of the compounds extracted from four brown seaweeds with different solvents at different seasons [J]. J Ocean U China，2018，17: 1178-1188.

[103] Moller M，Smith M L. The effects of priming treatments using seaweed suspensions on the water sensitivity of barley（*Hordeum vulgare* L.）caryopses [J]. Ann Appl Biol，1999，135: 515-521.

[104] Moore K K. Using seaweed compost to grow bedding plants [J]. BioCycle，2004，45: 43-44.

[105] Nair P，Kandasamy S，Zhang J，et al. Transcriptional and metabolomic analysis of *Ascophyllum nodosum* mediated freezing tolerance in *Arabidopsis thaliana* [J]. BMC Genomics，2012，13: 643-648.

[106] Ncama K，Mditshwa A，Tesfay S Z，et al. Topical procedures adopted in testing and application of plant-based extracts as bio-fungicides in controlling postharvest decay of fresh produce [J]. Crop Protec，2019，115: 142-151.

[107] Nelson W R，van Staden J. Effect of seaweed concentrate on the growth of wheat [J]. S Afr J Sci，1986，82: 199-200.

[108] Neumann E R，Resende J T V，Camargo L K P，et al. Producao de mudas de batata doce em ambiente protegidocom aplicacao de extrato de Ascophyllum nodosum [J]. Hortic Brasil，2017，35: 490-498.

[109] Paulert R, Talamini V, Cassolato J E F, et al. Effects of sulfated polysaccharide and alcoholic extracts from green seaweed *Ulva fasciata* on anthracnose severity and growth of common bean (*Phaseolus vulgaris* L.) [J]. J Plant Dis Protect, 2009, 116: 263-270.

[110] Peres J C F, Carvalho L R, Gonzalez E, et al. Evaluation of antifungal activity of seaweed extracts [J]. Ciencia e Agrotecnologia, 2012, 36: 294-299.

[111] Perez M J, Falque E, Dominguez H. Antimicrobial action of compounds from marine seaweed [J]. Mar Drugs, 2016, 14: e52.

[112] Perry N B, Blunt J W, Munro W H. A cytotoxic and antifungal 1, 4-naphthoquinone and related compounds from a New Zealand brown algae, Landsburgia quercifolia [J]. J Nat Prod, 1991, 54: 978-985.

[113] Raghavendra V B, Lokesh S, Prakash H S. Dravya, a product of seaweed extract (*Sargassum wightii*), induces resistance in cotton against *Xanthomonas campestris* pv. *Malvacearum* [J]. Phytoparasitica, 2007, 35 (5): 442–449.

[114] Raghavendra V B, Lokesh S, Govindappa M, et al. Dravya as an organic agent for the management of seed-borne fungi of sorghum and its role in the induction of defense enzymes [J]. Pestic Biochem Phys, 2007, 89: 190-197.

[115] Ravikumar S, Ali M S, Beula J M. Mosquito larvicidal efficacy of seaweed extracts against dengue vector of Aedes aegypti [J]. Asian Pacific J Tropical Biomed, 2011, 1: S143-S146.

[116] Rayorath P, Khan W, Palanisamy R, et al. Extracts of the brown seaweed *Ascophyllum nodosum* induce gibberellic acid (GA 3) -independent amylase activity in barley [J]. J Plant Growth Regul, 2008, 27: 370-379.

[117] Rayorath P, Jithesh M N, Farid A, et al. Rapid bioassays to evaluate the plant growth promoting activity of *Ascophyllum nodosum* (L.) Le Jol. using a model plant, *Arabidopsis thaliana* (L.) Heynh [J]. J Appl, Phycol, 2008, 20: 423-429.

[118] Rayirath P, Benkel B, Hodges D M, et al. Lipophilic components of the brown seaweed, *Ascophyllum nodosum*, enhance freezing tolerance in *Arabidopsis thaliana* [J]. Planta, 2009, 230: 135-147.

[119] Rioux L E, Turgeon S L, Beaulieu M. Characterization of polysaccharides extracted from brown seaweeds [J]. Carbohydrate Polym, 2007, 69: 530-537.

[120] Rommens C M, Kishore G M. Exploiting the full potential of disease-resistance genes for agricultural use [J]. Curr Opin Biotechnol, 2000, 11: 120-125.

[121] Salvador N, Garreta A G, Lavelli L, et al. Antimicrobial activity of *Iberian macroalgae* [J]. Sci Mar, 2007, 71: 101-113.

[122] Santaniello A, Scartazza A, Gresta F, et al. *Ascophyllum nodosum* seaweed

extract alleviates drought stress in Arabidopsis by affecting photosynthetic performance and related gene expression [J]. Front Plant Sci，2017，8: 1362-1367.

[123] Santos-Filho N A，Lorenzon E N，Ramos M A，et al. Synthesis and characterization of an antibacterial and non-toxic dimeric peptide derived from the C-terminal region of Bothropstoxin-I [J]. Toxicon，2015，103: 160-168.

[124] Schiattone M I，Leoni B，Cantore V，et al. Effects of irrigation regime，leaf biostimulant application and nitrogen rate on gas exchange parameters of wild rocket [J]. Acta Hortic，2018，(1205) : 371-380.

[125] Schmidt R E，Ervin E H，Zhang X. Questions and answers about biostimulants [J]. Golf Course Manage，2003，71: 91-94.

[126] Schroeder J I，Kwak J M，Allen G J. Guard cell abscisic acid signaling and engineering drought hardiness in plants [J]. Nature，2001，410: 327-330.

[127] Semenov M A，Shewry P R. Modelling predicts that heat stress，not drought，will increase vulnerability of wheat in Europe [J]. Sci Rep UK，2011，1: 66-70.

[128] Shah M T，Zodape S T，Chaudhary D R，et al. Seaweed sap as an alternative to liquid fertilizer for yield and quality improvement of wheat [J]. J Plant Nutr，2013，36: 192-200.

[129] Shekhar Sharma H S，Fleming C，Selby C，et al. Plant biostimulants: a review on the processing of macroalgae and use of extracts for crop management to reduce abiotic and biotic stresses [J]. J Appl Phycol，2014，26: 465-490.

[130] Shukla P S，Shotton K，Norman E，et al. Seaweed extract improve drought tolerance of soybean by regulating stress-response genes [J]. AoB Plant，2018，10:051.

[131] Singh R P，Kumari P，Reddy C R. Antimicrobial compounds from seaweeds-associated bacteria and fungi [J]. Appl Microbiol Biotechnol，2015，99: 1571-1586.

[132] Sivasankari S，Venkatesalu V，Anantharaj M，et al. Effect of seaweed extracts on the growth and biochemical constituents of *Vigna sinensis* [J]. Bioresour Technol，2006，97: 1745-1751.

[133] Smith J J，Herzig V，King G F，et al. The insecticidal potential of venom peptides [J]. Cell Mol Life Sci，2013，70: 3665-3693.

[134] Spann T M，Little H A. Applications of a commercial extract of the brown seaweed *Ascophyllum nodosum* increases drought tolerance in container-grown ‘Hamlin’ sweet orange nursery trees [J]. Hortscience，2011，46: 577-582.

[135] Spinelli F，Fiori G，Noferini M，et al. A novel type of seaweed extract as a natural alternative to the use of iron chelates in strawberry production [J]. Sci

Hortic，2010，25: 263-269.

[136] Stamatiadis S，Evangelou L，Yvin J C，et al. Responses of winter wheat to *Ascophyllum nodosum*（L.）Le Jol. extract application under the effect of N fertilization and water supply [J]. J Appl Phycol，2015，27: 589-600.

[137] Subsiha S，Subramoniam A. Antifungal activities of steroid from *Pallavicinia lyellii*，a liverwort [J]. Indian J Pharmacol，2005，37: 304-308.

[138] Sultana V，Ehteshamul-Haque S，Ara J，et al. Effect of brown seaweeds and pesticides on root rotting fungi and root knot nematode infecting tomato roots [J]. J Appl Bot Food Qual，2009，83: 50-53.

[139] Szabo V，Hrotko K. Preliminary results of biostimulator treatments on Crataegus and Prunus stock plants [J]. Bull UASVM Horticult，2009，66: 223-228.

[140] Taiz L，Zeiger E，Moller I M，et al. Plant Physiology and Development [M]. Oxford: Sinauer Associates，2018.

[141] Tedford H W，Sollod B L，Maggio F，et al. Australian funnel-web spiders: master insecticide chemists [J]. Toxicon，2004，43: 601-618.

[142] Torres P，Novaes P，Ferreira L G，et al. Effects of extracts and isolated molecules of two species of Gracilaria（Gracilariales，Rhodophyta）on early growth of lettuce [J]. Algal Res，2018，32: 142-149.

[143] Uppal A K，El Hadrami A，Adam L R，et al. Biological control of potato Verticillium wilt under controlled and field conditions using selected bacterial antagonists and plant extracts [J]. Biol Control，2008，44: 90-100.

[144] van Loon L C，Rep M，Pieterse C M J. Significance of the inducible defense-related proteins in infected plants [J]. Annu Rev Phytopathol，2006，44: 7.1-7.28.

[145] Vernieri P，Borghesi E，Ferrante A，et al. Application of biostimulants in floating system for improving rocket quality [J]. J Food Agric Environ，2005，3: 86-88.

[146] Wang Z，Pote J，Huang B. Responses of cytokinins，antioxidant enzymes，and lipid peroxidation in shoots of creeping bentgrass to high root-zone temperatures [J]. J Am Soc Hortic Sci，2003，128: 648-655.

[147] Welke S E. The effect of compost extract on the yield of strawberries and severity of *Botrytis cinerea* [J]. J Sustain Agr，2005，25: 57-68.

[148] Whapham C A，Blunden G，Jenkins T，et al. Significance of betaines in the increased chlorophyll content of plants treated with seaweed extract [J]. J Appl Phycol，1993，5: 231-234.

[149] Whapham C A，Jenkins T，Blunden G，et al. The role of seaweed extracts，*Ascophyllum nodosum*，in the reduction in fecundity of *Meloidogyne javanica* [J]. Fundamen Appl Nematol，1994，17: 181-183.

[150] Windley M J, Herzig V, Dziemborowicz S A, et al. Spider-venom peptides as bioinsecticides [J]. Toxins, 2012, 4: 191-227.
[151] Wu Y, Jenkins T, Blunden G, et al. Suppression of fecundity of the rootknot nematode, *Meloidogyne javanica*. in monoxenic cultures of *Arabidopsis thaliana* treated with an alkaline extract of *Ascophyllum nodosum* [J]. J Appl Phycol, 1997, 10: 91-94.
[152] Wu Y, Jenkins T, Blunden G, et al. The role of betaines in alkaline extracts of *Ascophyllum nodosum* in the reduction of *Meloidogyne javanica* and *M. incognita* infestations of tomato plants [J]. Fundamen Appl Nematol, 1997, 20: 99-102.
[153] Wu Y. Biologically active compounds in seaweed extracts [D]. PhD Thesis, University of Portsmouth, Portsmouth, 1996.
[154] Zerrifi S E A, El Khalloufi F, Oudra B, et al. Seaweed bioactive compounds against pathogens and microalgae: potential uses on pharmacology and harmful algae bloom control [J]. Mar Drugs, 2018, 16: e55.
[155] Zhang Q, Zhang J, Shen J, et al. A simple 96-well microplate method for estimation of total polyphenol content in seaweeds [J]. J Appl Phycol, 2006, 18: 445-450.
[156] Zhang X Z, Schmidt R E. Antioxidant response to hormone containing product in Kentucky bluegrass subjected to drought [J]. Crop Sci, 1999, 39: 545-551.
[157] Zhang X Z, Schmidt R E. Hormone containing products' impact on antioxidant status of tall fescue and creeping bentgrass subjected to drought [J]. Crop Sci, 2000, 40: 1344-1349.
[158] Zhang X Z, Schmidt R E. Application of trinexapac-ethyl and propiconazole enhances superoxide dismutase and photochemical activity in creeping bentgrass (*Agrostis stoloniferous* var. palustris) [J]. J Am Soc Hortic Sci, 2000, 125: 47-51.
[159] Zhang X Z, Schmidt R E, Ervin E H, et al. Creeping bentgrass physiological responses to natural plant growth regulators and iron under two regimes [J]. Hortscience, 2002, 37: 898-902.
[160] Zhang X Z, Ervin E H. Cytokinin-containing seaweed and humic acid extracts associated with creeping bentgrass leaf cytokinins and drought resistance [J]. Crop Sci, 2004, 44: 1737-1745.
[161] Zhang X Z, Ervin E H, Schmidt R E. Physiological effects of liquid applications of a seaweed extract and a humic acid on creeping bent grass [J]. J Am Soc Hortic Sci, 2003, 128: 492-496.
[162] Zhang X. Influence of plant growth regulators on turfgrass growth, antioxidant status, and drought tolerance [D]. PhD thesis, Virginia Polytechnic Institute

and State University，Blacksburg，Virginia，1997.
[163] Zhang X，Ervin E H. Impact of seaweed extract-based cytokinins and zeatin riboside on creeping bentgrass heat tolerance [J]. Crop Sci，2008，48: 364-370.
[164] Zheng L，Han X，Chen H，et al. Marine bacteria associated with marine macroorganisms: the potential antimicrobial resources [J]. Ann Microbiol，2005，55: 119-124.
[165] Zodape S T，Gupta A，Bhandari S C，et al. Foliar application of seaweed sap as biostimulant for enhancement of yield and yield quality of tomato（*Lycopersicon esculentum* Mill.）[J]. J Sci Ind Res India，2011，70: 215-219.
[166] 崔德杰，杜志勇. 新型肥料及其应用技术[M]. 北京：化学工业出版社，2016.
[167] 张宗俭，邵振润，束放. 植物生长调节剂科学使用指南[M]. 北京：化学工业出版社，2015.
[168] 王杰. 海藻提取物在农业生产中的应用研究[J].世界农药，2011，33（2）: 21-26.
[169] 邱德文.植物病毒病药物防治的研究现状与展望[A]. 中国化工学会农药专业委员会. 中国化工学会农药专业委员会第八届年会论文集[C]. 中国化工学会农药专业委员会: 1996: 9.
[170] 王强，石伟勇. 海藻肥对番茄生长的影响及其机理研究[J]. 浙江农业科学，2003,（2）: 19-22.
[171] 孙锦，韩丽君，于庆文. 海藻肥对番茄抗旱性的影响[J]. 北方园艺，2005,（3）: 64-66.
[172] 李广敏，关军锋. 作物抗旱生理与节水技术研究[M]. 北京: 气象出版社，2001：64-65.
[173] 张士功，高吉寅，宋景芝，等. 甜菜碱对小麦幼苗生长过程中盐害的缓解作用[J]. 北京农业科学，1998,（3）: 14-18.
[174] 文廷刚，刘凤淮，杜小凤，等. 根结线虫病发生与防治研究进展[J].安徽农学通报，2008,（9）: 183-184.
[175] 高金诚，陈正霖. 褐藻胶的应用[M]. 济南：山东农业知识社，1987.
[176] 周晓静，向臻，强学杰，等. 植物凝集素在抗刺吸式害虫中的研究进展[J].农业科技通讯，2017,（8）: 39-41.
[177] 赵鲁. 海藻提取物与Mn、Zn配施对生菜营养特性的影响[D]. 北京：中国农业科学院，2008.
[178] 保万魁，王旭，封朝晖，等. 海藻提取物在农业生产中的应用[J]. 中国土壤与肥料，2008,（5）: 12-18.
[179] 王强. 海藻液肥生物学效应及其应用机理研究[D]. 杭州：浙江大学，2003.
[180] 陈亮，刘君丽. 农作物细菌性病害发生的新趋势[J]. 农药市场信息，

2010，（20）：50-53.
[181] 林雄平. 六种海藻提取物抗动植物病原菌活性的研究[D].福州：福建师范大学，2005.
[182] 邓振山，赵立恒，王红梅. 苹果常见主要真菌性病害的研究进展[J]. 安徽农业科学，2006，（5）: 932-935.
[183] 涂勇. 新型诱导抗病剂-海藻氨基酸液肥的研究[D]. 雅安：四川农业大学，2005.
[184] 陈芊伊，郭尧，石永春. 海藻酸对烟草花叶病毒的抑制作用研究[J]. 中国农学通报，2016，32（31）: 123-127.
[185] 郭晓冬，孙锦，韩丽君，等. 海藻提取物防治番茄CMV病毒效果及其机理研究[J]. 沈阳农业大学学报，2006，（3）: 313-316.
[186] 秦益民，赵丽丽，申培丽，等.功能性海藻肥[M].北京：中国轻工业出版社，2018.

第九章　基于海洋源蛋白质和氨基酸的生物刺激剂

第一节　引言

蛋白质在动物的骨、软骨、皮肤、腱、韧等结缔组织中起支持、保护、结合以及形成界隔等作用，其中胶原蛋白占哺乳动物体内蛋白质的 1/3 左右，其在许多海洋生物中的含量也非常丰富，一些鱼皮含有高达 80% 以上的胶原蛋白。日本鲈鱼的干基鱼皮、鱼骨、鱼鳍中胶原蛋白含量分别为 51.4%、49.8% 和 41.6%。海洋鱼类在加工过程中会产生鱼皮、鱼骨、鱼鳞等废弃物，一般被直接丢弃或加工成动物饲料和肥料。除了鱼类动物，海洋中的藻类也含有丰富的蛋白质和氨基酸，为海洋源生物刺激剂提供了丰富的原料来源。

第二节　海洋源鱼蛋白

我国水产养殖和水产品加工有几千年的历史。从 1989 年至今，我国水产品总产量已连续保持世界首位，其中 2003 年水产品总产量达到 4706.11 万 t，占全球总产量的 35.7%，是位于第二位的秘鲁的 5 倍多。这些数量巨大的水产品在加工过程中产生大量的副产品，其中鱼类加工产生的下脚料包括鱼头、鱼骨、鱼鳞和内脏，占原料鱼的 40%~55%。这些下脚料以及低值鱼除了含有大量的蛋白质，还含有多种生物活性物质，例如青鳞鱼下脚料粗蛋白可达 58.7%，是鱼肉粗蛋白的 76%，烤鳗下脚料粗蛋白含量为 22.6%；鱼头含有 20% 左右具有补脑功能的脑磷脂，鱼油富含长链不饱和脂肪酸，尤其是被誉为“脑黄金”的二十二碳六烯酸（DHA）和二十碳五烯酸（EPA）。海洋鱼类生物还含有矿物质、钙、磷等大量具有生物刺激作用的活性物质（郑伟，

2006）。

图 9-1 显示细胞外基质中蛋白质的分布，其在生物体中是细胞外基质的主要成分。在鱼等动物的细胞外基质中，胶原蛋白通常由 3 条多肽链构成 3 股螺旋结构（Triple Helix，TH），即 3 条多肽链的每条都左旋形成左手螺旋结构，再以氢键相互咬合形成牢固的右手超螺旋结构，这一区段称为螺旋区段，其最大特征是氨基酸呈现（Gly-X-Y）$_n$ 周期性排列，其中 Gly 为甘氨酸、X 和 Y 为脯氨酸、丙氨酸、羟脯氨酸等氨基酸。螺旋区段的长度为 300nm、直径为 1.5nm。

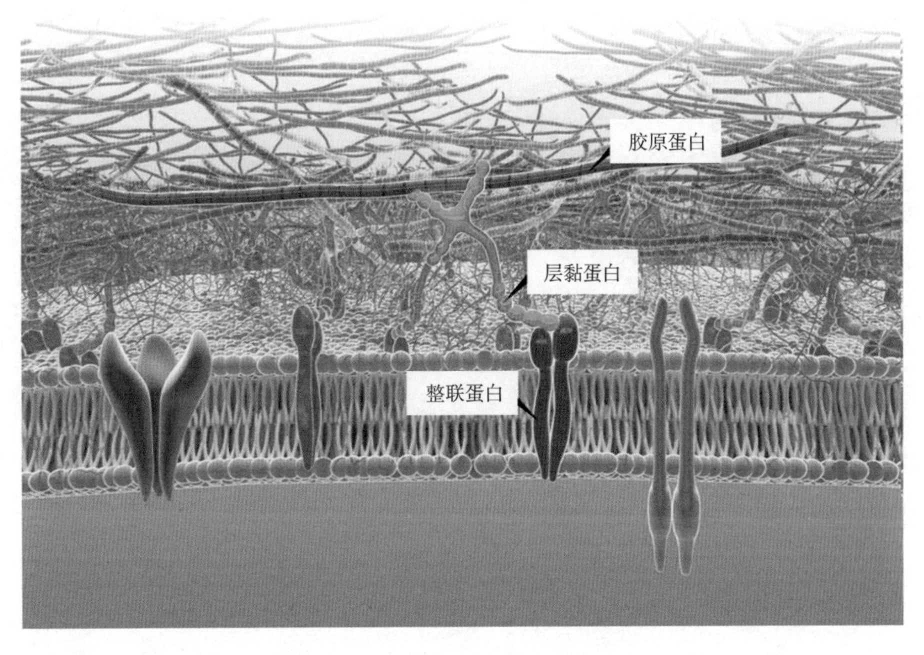

图 9–1　细胞外基质中蛋白质的分布

胶原蛋白的化学结构由遗传性质决定，其含量及组成随生物种类有显著不同，目前脊椎动物中发现的胶原蛋白的类型有 28 种。表 9-1 显示哺乳动物皮肤和鱼皮中胶原蛋白的氨基酸组成。

表 9-1　哺乳动物皮肤和鱼皮中胶原蛋白的氨基酸组成

氨基酸	每 1000 个氨基酸残基中的含量	
	哺乳动物皮肤	鱼皮肤
甘氨酸	329	339
脯氨酸	126	108
丙氨酸	109	114
羟脯氨酸	95	67
谷氨酸	74	76
精氨酸	49	52
天冬氨酸	47	47
丝氨酸	36	46
赖氨酸	29	26
亮氨酸	24	23
缬氨酸	22	21
苏氨酸	19	26
苯丙氨酸	13	14
异亮氨酸	11	11
羟赖氨酸	6	8
甲硫氨酸	6	13
组氨酸	5	7
酪氨酸	3	3
半胱氨酸	1	1
色氨酸	0	0

第三节　海洋源鱼蛋白的制备

海产品加工废弃物中的皮、骨、鳞和鳍等生物质中含量最多的是 I 型胶原蛋白，是一种纤维性胶原。鱼肌肉中存在的主要是 I 型和 V 型胶原蛋白，它们被认为是主要胶原蛋白和次要胶原蛋白。与猪、牛等陆生哺乳动物皮肤中的胶原蛋白相比，鱼皮胶原蛋白的热变性温度较低，这与鱼皮胶原蛋白中脯氨酸和羟脯氨酸含量较陆生哺乳动物低有关，因为胶原蛋白的热稳定性与羟脯氨酸含量呈正相关。脯氨酸和羟脯氨酸起着连结多肽和稳定胶原的三螺旋结构的作用，其含量越低，螺旋结构被破坏的温度就越低。应该指出的是，海洋胶原中蛋氨酸的含量比陆生动物高很多。

在活的动物体内，胶原蛋白在温度等环境因素变化下能维持其立体结构的稳定性，但是在热、pH、酶等外部因素作用下，其分子结构中的氢键、离子键、范德华力等受到不可逆性破坏后，螺旋结构开始解聚，胶原蛋白分子溶解后进入提取介质。根据原料的特点，胶原蛋白的提取方法有热水浸提法、酸法、碱法、盐法、酶法等 5 种，其基本原理都是根据胶原蛋白的特性改变蛋白质所在的外界环境，将胶原蛋白与其他蛋白质分离。实际提取过程中，不同的提取方法往往相互结合。例如在热水提取鱼胶原蛋白的过程中，样品匀浆后用乙酸或柠檬酸溶胀，放在 40~42℃热水中浸提即可得到胶原蛋白水溶液。酸法提取可用甲酸、乙酸、苹果酸、柠檬酸、磷酸等处理原料后，匀浆在低温下用酸浸提，离心后即可得到酸溶性胶原蛋白。用不同浓度的氯化钠可以从欧洲无须鳕，鲑鱼的肌肉及鱼皮中提取盐溶性胶原蛋白，用氯化钾可以从鲍鱼中成功提取胶原蛋白。酶法提取时可以采用胃蛋白酶、木瓜蛋白酶、胰蛋白酶等水解后得到不同酶促溶性的胶原蛋白（名勇，2005；管华诗，2004；陈胜军，2004；陈龙，2008；宋永相，2008；冯晓亮，2001）。

第四节　海藻源蛋白质

海藻是海洋源蛋白质的一个重要来源（Barbarino，2005；Lourenco，2002）。不同种类的海藻中的蛋白质含量有很大变化，一般在褐藻中比较低（3%~15% 干基）、绿藻中偏中等（9%~26% 干基），红藻的蛋白质含量较高，可以达到 47%（Fleurence，2004）。海藻中蛋白质的含量随季节和生长环境也有很大的变化（Smith，1955；Peinado，2014；Rodriguez-Montesinos，2008）。Kumar 等的研究结果显示，海藻中的蛋白质含量在夏末的九月最低，而在春天的三月最高（Kumar，2015）。在对海藻的各个部位进行单独分析测试后，结果显示其蛋白质含量的变化是与整个植物中的变化一致的。从蛋白质含量来看，叶片中的含量与整个海藻基本一致，而躯干中的含量明显低于其他部位。此外，新生叶片中的蛋白质含量明显高于其他部位。

在影响海藻中蛋白质含量的各种因素中，光照强度被认为是最重要的因素。因为秋天和冬天的光照强度低，导致海藻中氮的代谢速度降低，使蛋白质含量升高。影响海藻中蛋白质含量的其他因素包括水温、氮营养元素的浓度、盐度、收获时间、环境等。研究显示海带上外来微生物的定值以及热的刺激对蛋白质含量均有影响（Getachew，2014；Yotsukura，2012）。Fleurence 的研究显示，石莼中蛋白质含量十月为 18%、二月为 24%（Fleurence，1999）。与褐藻不同，在北半球的法国，绿藻中蛋白质含量在春季是最低的（Rouxel，2001）。南非石莼类绿藻中的蛋白质在 15%~23%，随季节和种类有较大变化（Shuuluka，2013；Rouxel，2001）。

红藻门的甘紫菜中的蛋白质含量可以达到 47%（Fujiwara-Arasaki，1984）。与褐藻和绿藻相似，红藻中的蛋白质含量随季节也有较大的变化。Galland-Irmouli 等研究的两种红藻（*G. turuturu* 和 *P. palmata*）在不同季节测试得到的蛋白质含量分别在 27.50%~14.06% 干基和 25.5%~9.7% 干基（Galland-Irmouli，1999；Marinho-Soriano，2006；Denis，2010）。海水中的氮含量及盐度对蛋白质含量有重要影响。例如，大雨之后海水中盐度下降会使海藻的生长放缓，其蛋白质含量随之下降（Baghel，2014；Hong，2007）。红藻中的蛋白质含量也与起光合作用的藻胆蛋白相关，这些蛋白质类色素可以占红藻干基质量的 0.3%（Denis，2010；Galland-Irmouli，1999）。光照强度的变化和海水环境的变化也可以引起海藻中蛋白质含量的变化（Rosen，2000）。此外，培养介质中的氮营养成分及温度与海藻中的蛋白质含量呈现正相关性，而磷含量有负面影响（Mendes，2012；Varela-Álvarez，2007；Oyieke，1993）。总的来说，温度、盐度、光照、水流等环境因素对海藻中的蛋白质含量有影响。表 9-2 总结了文献中报道的海藻中蛋白质的含量。

表 9-2　海藻中蛋白质的含量（Morancais，2016）

海藻的种类	蛋白质含量 /（% 干基）
褐藻	
Analipus japonicas	23.75
Ascophyllum nodosum	3.00~15.00
Cystoseira abies-marina	6.81
Durvillaea antartica	11.60

续表

海藻的种类	蛋白质含量 /（% 干基）
Eisenia bicyclis	13.12
Fucus serratus	17.40
Hizikia fusiforme	11.60
Hypnea charoides	27.20
Hypnea japonica	29.10
Hypnea musciformis	27.13
Hypnea spinella	25.90
Laminaria digitata	8.00~15.90
Laminaria japonica	8.95~15.62
Laminaria sp.	7.50
Sacchoryza polyschides	14.44
Sargassum muticum	16.90~22.10
Sargassum pallidum	10.59
Sargassum sp.	10.25
Sargassum vulgare	13.60
Undaria pinnatifida	11.00~24.00
绿藻	
Cladophora rupestris	29.80
Codium fragile	15.62
Codium tomentosum	18.80
Enteromorpha prolifera	14.30
Fucus spiralis	10.77
Ulva armoricana	18.00~24.00
Ulva compressa	26.62
Ulva lactuca	8.70~32.00
Ulva pertrusa	17.50~26.00
Ulva rigida	11.50~9.50
Ulva rotundata	10.01
红藻	
Ceramium sp.	31.2

续表

海藻的种类	蛋白质含量 /（% 干基）
Chondrus crispus	21.40
Corralina officinalis	6.90
Dumontia contorta	31.70
Gelidium microdon	15.18
Gracilaria bursa-pastoris	30.20
Gracilaria bursa-pastoris	19.70
Gracilaria changgi	6.90
Gracilaria cornea	11.00~1.54
Gracilaria gracilis	31.00~45.00
Grateloupia turuturu	14.06~27.50
Mastocarpus stellatus	25.40
Ochtodes secundiramea	10.10
Osmundea pinnatifida	20.64~27.30
Palmaria palmate	7.00~26.00
Plocamium brasiliense	15.70
Polysiphonia sp.	31.80
Porphyra purpurea	33.20
Porphyra sp.	25.80
Porphyra tenera	33.00~47.00
Pterocladiella capillacea	20.52
Sphaeroccocus coronopifolius	19.56

在用褐藻提取海藻酸钠的过程中，作为主副产品被利用的主要有海藻酸、碘、甘露醇等产品，而果胶、木糖、地衣酸、纤维素、蛋白质等海藻中的其他一些生物质成分则在生产过程中成为废渣。表 9-3 显示提取海藻酸过程中产生的海藻废渣中粗蛋白和粗纤维的含量。

表 9-3 提取海藻酸过程中产生的海藻废渣中粗蛋白和粗纤维的含量（甘纯玑，1994）

样品	粗蛋白 /%	粗纤维 /%
消化后的海带根	13.8	74.7
消化后的海带茎	3.9	45.7
消化后的海带渣	19.8	52.4
放置风化后的海带渣	21.8	71.6
海带漂浮渣	18.9	57.7

从表 9-3 可以看出，消化后的海带渣和鼓泡漂浮分离后的细渣中不但粗纤维含量高，其粗蛋白质的含量也高达 20% 左右。进一步的分析显示，海藻渣中生物必需的微量元素分别达到下列水平：铜 3.21mg/kg、锌 10.43mg/kg、锰 17.10mg/kg、铁 140.90mg/kg、钙 0.43%、镁 0.24%、钾 0.055%、磷 0.030%。这些物质的存在使海藻渣成为一种很好的饲料和肥料资源。

第五节 海藻源蛋白质的提取

一、传统的提取方法

在从海藻中提取蛋白质之前，首先需要考虑的问题是海藻生物质的前处理，例如，其是湿的或干燥状态的、切割的还是完整的、磨细的还是低温处理过的等。样品的前处理对蛋白质的提取有重要影响，在同一个提取工艺中，从完整的海藻中提取出的蛋白质是 7.74g/kg 干海藻，而如果海藻是冷冻后磨细了再提取，蛋白质得率上升到 17.38 g/kg 干海藻（Dumay，2013）。在用水介质提取时，干海藻粉体是常用的原料（Barbarino，2005；Denis，2009；Hilditch，1991）。实际操作时应根据提取工艺选择合适的原料状态。

二、水溶液提取

大多数海藻源蛋白质是亲水性的，因此可以选用水相提取，其中海藻的颗粒应尽可能小，以便提取剂与蛋白质更好地接触，海藻浸泡在水中的时间从 20min 到几天（Niu，2006；Siegelman，1978；Wang，2002）。当海藻的基质被磨碎后，蛋白质可以通过渗透压冲击法提取（Fleurence，1995）。但是这种水相提取法需要的时间比较长，期间蛋白质可能因为光照和酶而降解。为了保留蛋白质的活性和立体结构不受到破坏，提取应该在暗箱、低温（4℃）的条件下在缓冲溶液中进行，其中缓冲溶液可以是磷酸、柠檬酸、盐酸三磷酸酯等。缓冲溶液对提取效率不起大的作用，但是可以保护蛋白质免收 pH 波动带来的影响。在提取液中加入表面活性剂可以提高提取率（Ayala，1992；Selber，2001）。

三、碱性提取

用碱性溶液提取蛋白质是对水溶液提取工艺的改善，可以提取出海藻中蛋白质总量的约 20%（Fujiwara-Arasaki，1984）。如果首先用去离子水提取，然后加入 NaOH 后继续提取，可提取总蛋白质的 36%，但不可能提取出 100% 的蛋白质（Fleurence，1995）。

四、新型提取工艺

传统工艺不能把包含在海藻生物体中的全部蛋白质提取出来，其中的主要原因是提取过程受很高的黏度以及蛋白质与细胞壁及多糖等物质之间很强的离子键合作用的影响。海藻细胞壁是一个多层的，由海藻酸盐、卡拉胶等硫酸酯化或支链化的多糖组成，与蛋白质类物质有很强的相互结合力（Wijesinghe，2013）。为了克服传统工艺的缺点，目前有多种新型提取技术应用于海藻源蛋白质的提取（Kadam，2013；Puri，2012），包括酶辅助提取、超声波辅助提取、微波辅助提取、超临界流体提取等。

1. 酶辅助提取

酶可以通过破坏海藻细胞壁改善海藻源蛋白质的提取。提取过程中在没有光照以及温度得到控制的条件下加入酶，可以更好地使海藻生物质液体化、改善蛋白质的提取（Lahaye，1992）。Fleurence 等的研究结果显示，使用葡萄糖苷酶可以更好地从红藻中提取蛋白质（Fleurence，1995）。由于不同藻类的细胞壁组成有很大变化，提取过程中需要的酶也有不同的要求，需要进行研究确定（Hardouin，2014）。酶辅助提取蛋白质可应用于褐藻、红藻和绿藻（Hahn，2012；Pena-Farfal，2005；Rodrigues，2015）。在褐藻、红藻、绿藻等几种藻类中，由于褐藻细胞的成分更为复杂，其对酶的反应活性不如红藻和绿藻（Jung，2013）。在具体提取过程中，酶的活性受温度、pH 等加工条件的影响。为了使提取工艺最优化，应该合理选用酶的浓度、培养时间、海藻颗粒大小、pH、温度等工艺参数（Wijesinghe，2013；Hahn，2012；Dumay，2013）。总的来说，酶辅助提取可以有效促进蛋白质的释放，是一种环保、无毒、反应条件温和、提取效率高并可应用于大规模生产的技术，但其最大的缺点是酶的成本比较高（Michalak，2014）。

2. 超声波辅助提取

超声波辅助提取已经越来越多地应用于海藻活性物质的提取。为了充分利用超声波的辅助功能，提取工艺可以在一个有循环系统的密闭容器中进行（Faid，1998）。超声波可以通过在海藻生物质内部产生气穴现象后强化物质的迁移（Kadam，2015），空泡运动也可以引发细胞破壁后导致水溶性物质的释放和回收。在超声波辅助工艺中，气穴不断形成和消失，声波被转换成一种对细胞壁有破坏力的机械作用力（Hahn，2012）。研究表明，超声波辅助工艺在不破坏海藻提取物的活性的同时，可以有效改善提取效率（Punin，2006；Morais，2013；Dominguez-Gonzalez，2005）。超声波辅助工艺可以与酶降解等工艺相结合后进一步提高提取效率（Pena-Farfal，2005；Rodrigues，2015）。总的来说，在海藻活性物质的提取过程中，超声波辅助提取的优点包括工艺简单、性价比高、减少溶剂使用量、增加提取率、加快提取速度、对提取目标无选择性等（Michalak，2014）。

3. 微波辅助提取

微波是一种非电离电磁辐射，微波辅助提取的原理是微波把能量转移到溶液中，通过引发基质中水分子的振动，造成氢键的破坏和溶液中离子的迁移（Kadam，2013），使溶剂能更好地渗透到基质中。在密闭容器中，压力上升引起多孔结构的形成，可以进一步促进溶剂的渗透。目前微波辅助提取主要应用于从褐藻中提取岩藻多糖，与传统工艺相比能提高得率、缩短提取时间（Rodriguez-Jasso，2011）。尽管该方法耗能高，但是提取速度快、使用的溶剂少、性价比高、产率高，但不适用于对加热敏感的生物质成分的提取。

4. 超临界流体提取

自然界中的物质一般有固体、液体、气体三种状态，温度和压力的改变使其从一种状态转变成另一种状态。超临界状态是在有足够的压力下，使本来在特定温度下是气体的溶剂维持在液体状态，这样的条件下该溶剂具有液体的密度和气体的黏度，在提取过程中有很强的渗透性。超临界流体萃取也称加压液体萃取或溶剂加速萃取，目前使用的溶剂主要是 CO_2 或水（Castro-Puyana，2013；Meireles，2013）。利用这个技术已经从海藻中提取出多酚和类胡萝卜素等抗氧化物、抗菌和抗病毒化合物等海藻活性物质，蛋白质、多肽、色素等物质也可以通过这种方法提取。

第六节　海藻中的氨基酸

1908 年的一天，东京帝国大学的池田菊苗教授正在自家桌旁，享用一碗柴鱼片黄瓜汤，忽然觉得汤有种特别的鲜味。他用筷子搅了搅汤，发现除平常的原料外，还多加了一些海带。是不是这些海带使得汤特别鲜呢？研究化学的池田菊苗教授分析了海带的成分，并从中提炼出了一种晶体——谷氨酸钠。谷氨酸是一种广泛存在于谷类蛋白质里的氨基酸，由德国化学家 Karl Ritthausen 于 1866 年在小麦面筋中发现。池田菊苗教授发现的谷氨酸钠是海带中的谷氨酸与钠离子结合成的钠盐，是现代味精的主要成分。池田菊苗教授嗅到了商业气息，他给自己的发现申请了专利，并计划量产谷氨酸钠作为调味品，命名为“味之素”，这是现代味精的始祖。虽然最后因为成本和技术原因，没有用海带为原料来实现谷氨酸钠的量产，而是换成了小麦和大豆，但海带作为味精发明的起源，其地位是值得铭记的。

表 9-4 总结了文献中报道的从褐藻、绿藻、红藻中提取出的蛋白质的氨基酸组成，其中的蛋白质是通过水、缓冲液、碱溶液等提取。三大类海藻蛋白质中含有的必需氨基酸（Essential Amino Acid，EAA）基本相似，其中褐藻、绿藻、红藻蛋白质的 EAA 含量分别为 38.9%、38.0% 和 40.4%。不同海藻中的 EAA 含量有一定的变化，例如褐藻中海带属的 EAA 含量为 30.9%（Dawczynski，2007），而裙带菜属的 EAA 含量为 46.4%（Misurcova，2014）。在绿藻中，EAA 的含量在 32.1%~43.8%（Shuuluka，2013；Lourenco，2002）。红藻的蛋白质含量在三大类海藻中是最高的，其 EAA 含量也是最高的（Lourenco，2002；Galland-Irmouli，1999）。

表 9-4　三大类海藻中的氨基酸组成（Morancais，2016）

氨基酸类别	平均值 /（mg/g 蛋白质）		
	褐藻（9 类）	绿藻（11 类）	红藻（16 类）
组氨酸	19.8 ± 5.1	23.3 ± 8.3	20.1 ± 9.7
异亮氨酸	39.0 ± 8.6	38.0 ± 4.5	60.6 ± 22.2
亮氨酸	69.3 ± 16.2	73.6 ± 11.4	71.1 ± 11.7
甲硫氨酸	18.0 ± 11.0	13.1 ± 4.9	13.7 ± 8.2
苯丙氨酸	44.6 ± 9.9	50.6 ± 10.4	50.9 ± 11.5

续表

氨基酸类别	平均值 /（mg/g 蛋白质）		
	褐藻（9 类）	绿藻（11 类）	红藻（16 类）
苏氨酸	46.6 ± 8.3	51.1 ± 8.3	50.3 ± 8.6
缬氨酸	50.7 ± 9.4	63.8 ± 10.7	55.3 ± 11.4
赖氨酸	44.2 ± 10.8	53.4 ± 14.3	60.9 ± 20.9
天冬氨酸	103.1 ± 22.9	115.3 ± 27.1	125.4 ± 26.9
丝氨酸	43.5 ± 12.1	57.5 ± 4.7	47.5 ± 13.8
谷氨酸	152.6 ± 48.2	116.7 ± 28.1	119.0 ± 36.4
脯氨酸	39.3 ± 9.2	54.0 ± 15.0	43.4 ± 12.3
甘氨酸	33.7 ± 26.5	70.9 ± 15.0	61.4 ± 21.4
丙氨酸	64.4 ± 14.4	87.7 ± 27.3	67.1 ± 12.0
半胱氨酸	21.5 ± 22.2	2.5 ± 4.5	10.4 ± 13.1
酪氨酸	21.9 ± 4.9	38.1 ± 33.1	28.4 ± 5.4
精氨酸	44.1 ± 8.6	55.8 ± 30.8	56.2 ± 21.8
色氨酸	8.6 ± 4.1	3.0 ± 0.0	12.0 ± 4.4
必需氨基酸	38.9 ± 4.8 %	38.0 ± 4.0%	40.4 ± 4.2%

在各种海藻中，褐藻蛋白质的谷氨酸含量最高，红藻蛋白质的精氨酸含量最高（Smith，1955）。总的来说，天冬氨酸和谷氨酸是海藻源蛋白质中含量最高的氨基酸（Dawczynski，2007；Misurcova，2014）。在各种氨基酸中，半胱氨酸的变化最大，褐藻和红藻蛋白质中的含量分别为 21.5 和 10.4 mg/g 蛋白质，而绿藻蛋白质中的含量为 2.5mg/g。另外一种硫酸酯化的氨基酸甲硫氨酸在各类海藻源蛋白质中的含量基本稳定，约为 15 mg/g 蛋白质。图 9-2 显示几种主要氨基酸的化学结构。

海藻中的氨基酸含量和组成与产地相关。以紫菜为例，韩国、日本、中国产的同一种紫菜蛋白质中的氨基酸成分并不相同（Dawczynski，2007）。氨基酸组成也随季节变化，研究显示必需氨基酸的含量在春季或秋季高于冬季（Fleurence，1999；Galland-Irmouli，1999）。在同一棵海藻的不同部位，氨基酸组成也有变化。以褐藻类的南极公牛藻为例，必需氨基酸的含量在叶子中比躯干中高，对于天冬氨酸和谷氨酸，天冬氨酸在躯干中的含量高，而谷氨酸在叶子中的含量更高（Ortiz,2006）。海藻源蛋白质中的氨基酸组成受盐度的影响，例如在超盐度的环境中苏氨酸就不存在，而脯氨酸只有在这种情况下才有。甘氨酸、组氨酸、精氨酸的含量随着盐度的增加同时增加，而谷氨酸含量在含盐度低的情况下更高（Rani，2007）。

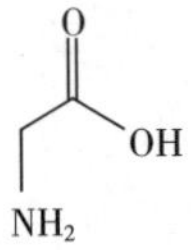

甘氨酸 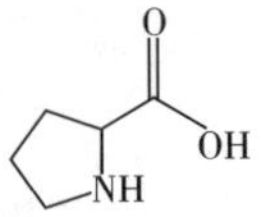　脯氨酸 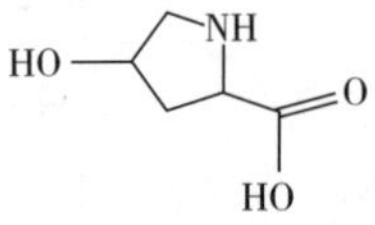　羟脯氨酸

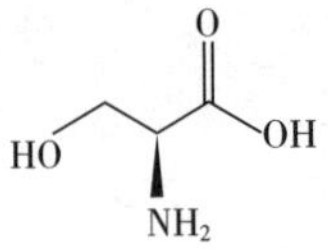

丝氨酸 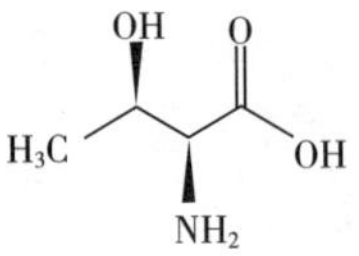　苏氨酸 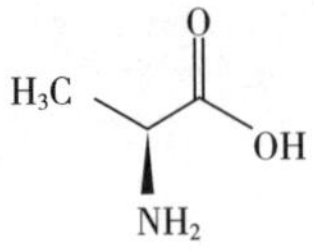　丙氨酸

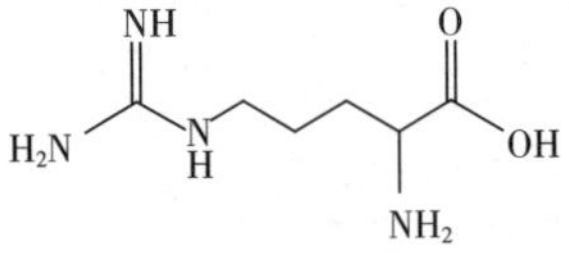

精氨酸 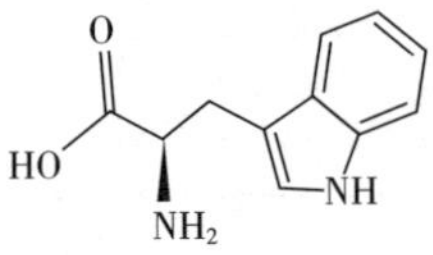　色氨酸

图 9-2　几种主要氨基酸的化学结构

第七节　海洋源鱼蛋白和氨基酸在生物刺激剂中的应用

现代农业对作物健康和营养的追求，已经从盲目使用化学肥料逐渐向功能多样、绿色环保、作物亲和的新型肥料转变，尤其是各种类型的生物刺激剂在提高肥料的利用率方面功效显著。海洋源鱼蛋白和氨基酸作为一种优质的有机肥料，在解决土壤板结、有机质缺乏、作物连作障碍、提高作物抗逆等方面有优良的使用功效，在农业生产中有很高的应用价值。

一、海洋源鱼蛋白在生物刺激剂中的应用

鱼蛋白肥料主要是利用深海鱼虾结合低温菌解、酶解发酵等工艺得到的一种液体肥料，其中的主要活性成分为鱼蛋白，具有抗病、抗寒、抗旱、抗涝、

解药害、促根、壮苗、增产、提高品质等多种独特功能，是解决当前土壤酸化、板结、盐渍化、重茬病害、植物药害的功能性肥料。

鱼蛋白有机液肥是纯天然的肥料，可作为基肥、追肥，用于灌根、滴灌、冲施、叶面喷雾等。鱼蛋白肥料含有丰富的有机质、鱼蛋白、多肽等活性成分，施入土壤后大大增加了土壤有机质含量，可以迅速促进土壤微生物的繁殖，很大程度活化了土壤的养分，增加了土壤的肥力，提高了土壤保肥保水能力，改善土壤板结。鱼蛋白施入土壤后，土壤中的有益微生物以鱼蛋白等有机物质为载体迅速繁殖，活性可提高十倍以上，使土壤结构得到优化，连续使用一到数年后可产生大量蚯蚓，使土壤变得疏松肥沃，有效增加土壤肥力。

在作物上使用鱼蛋白肥可以促进根系发达，提高光合作用，促进植物生长，有利于花芽分化，提早成熟，而且作物品质得到有效改善。在果树上喷施鱼蛋白肥后树叶翠绿发亮，病害和落花落果减少，收获的果实果型好、甜度高、营养丰富、口感好、色泽鲜艳。

鱼蛋白肥对一些病虫害可以起到很好的抑制作用，在培育壮苗过程中可以激发植物潜能，减少僵苗、黄苗，缓解药害、冻害，提高作物抗高温能力。

总的来说，鱼蛋白肥的独特性能包括以下几点。

（1）养分全　鱼蛋白肥料富含小分子多肽、氨基酸、牛磺酸、维生素等多种活性物质及丰富的钙、镁等中微量元素，是作物追肥补充养分的优质肥料。

（2）特性全　鱼蛋白肥料具有抗冻、抗旱、抗逆、补充营养、改良品质等众多特性，这是由于鱼体含有大量不饱和脂肪酸等多种功能因子，能抵御寒冷，显著提高作物抗冻能力，促进作物低温吸收养分。

（3）效果全　鱼蛋白肥料可疏松土壤，促进根部生长，促进花芽分化，防落果裂果，促进果实膨大，明显改善果实品质。

在实际应用过程中，应该根据不同作物在不同阶段的需要，合理使用鱼蛋白肥料，例如：

（1）蔬菜类　如黄瓜、豆角、茄子等在定植和开花前后使用一次鱼蛋白肥料能起到因降低雾霾和寒潮引起的生长不良、减产等问题，改善蔬菜品质。

（2）水果类　如西瓜在开花初期和结瓜初期使用鱼蛋白肥料能促进西瓜均匀膨大，增加含糖量，改善口感。

（3）经济作物　如棉花、大豆、水稻等在生长初期、中期和中后期各使用一次鱼蛋白肥料能促进植株健壮、叶色浓绿，助力产量提升。

鱼蛋白液肥的使用方法主要有叶面喷施、土壤施用、种子浸泡等。叶面喷施是一种最方便、有效的方法，能快速补充植物对营养成分的边缘缺乏，刺激根茎的发育和对营养成分的吸收。鱼蛋白液肥含有大量的游离氨基酸，可被植物直接吸收利用后参与其新陈代谢和有机物合成过程，增强体内酶的活性，提高光合作用强度，对养分的利用率高、效果好，并可防止或避免由于土壤对养分的固定而降低有效性。对大多数生长在山坡上的茶树等不利于地面施肥的作物，叶面喷施尤为适合。在施肥期还可按作物各生育期以及苗情和土壤的供肥实际状况进行分期喷洒和补救，以协调作物对各种营养元素的需要和土壤供肥之间的矛盾，促进作物营养均衡、充足，并按一定比例吸收，充分发挥叶面肥反应迅速的特点，以保证作物在适宜的肥水条件下正常生长发育，达到高产优产的目的。

鱼蛋白液肥适用于各种作物，尤其对栽培的瓜果、蔬菜效果更明显，主要表现在作物根系发达、茎秆粗壮、抗病力增加，尤其对枯萎病、黄萎病、根结线虫病等土传染病害以及霜霉病、白粉病、银叶病等效果明显，可以使产量大幅度提高、品质显著改善。

鱼蛋白液肥的应用功效具体表现在以下几点。

（1）增强抗逆　鱼蛋白液肥含有大量不饱和脂肪酸，可以大幅降低植物细胞的冰点，使植物更耐低温，减轻或防止低温对作物造成的危害。鱼蛋白液肥中的脯氨酸含量可达2%，有益于保护植物细胞膜的完整性，在逆境下免遭伤害，因此提高作物对极端温度的适应能力，增强抗寒性，使作物更耐低温。喷施鱼蛋白液肥对苹果、葡萄冻前预防和冻后恢复均有良好效果（于忠范，2004）。

（2）促进生长　经氨基酸液肥浸种的糯玉米，在苗期的株高、叶面积和根系生长均好于对照（路明，2004）。用氨基酸液体肥拌种也对玉米苗期生长有促进作用，拌种处理后玉米的主根系明显增长、根系干物重增加、单株根系活力加强，从而促进幼苗的营养吸收（李潮海，1996）。

（3）增加产量　鱼蛋白液肥对白菜、茶树、水稻等的施肥都增加了产量（李浩，2001；叶榕，1998；陆若辉，2005）。谭济才等在对茶树的实验中发现氨基酸肥能使茶树提早萌发5~6d，芽头密度增加18%~62%，百芽重增加6.5%~15.5%，在春茶前喷施可显著提高名优茶的产量和质量（谭济才，2002）。

（4）改善品质　叶面喷施鱼蛋白液肥对增加苹果果实中固形物有一定效果，并且对苹果的着色有促进作用（彭永波，2004）。鱼蛋白液肥对葡萄产量和含糖量也有明显效果。

二、海洋源氨基酸在生物刺激剂中的应用

氨基酸多元素肥料是兼有氨基酸肥料与微量元素肥料二者优势的优质、高效、无公害绿色肥料。近年来，随着化学工业的发展，从各种植物和动物中提取的氨基酸被用于氨基酸肥料的生产，尤其是水产品加工下脚料、毛发等废弃资源的利用使氨基酸和氨基酸肥料的价格大幅降低，有效促进了氨基酸类生物刺激剂在农业生产中的应用（刘小平，2001；刘庆城，1994；吴国强，1995；黄玉秀，1996；张莉，1999；吴良欢，2000；张夫道，1984；许玉兰，1998）。20 世纪 90 年代以来，用氨基酸制成的肥料已在国内外投入生产使用，并证明具有使植物分蘖增加、叶色转绿、根系健壮、产量增加等功效（袁伟，2009），符合有机食品的发展要求。

氨基酸多元素肥料的核心生产工艺包括：①蛋白质水解为氨基酸；②氨基酸与微量元素螯合，其中作为螯合剂的氨基酸的性能好坏和成本高低是这类产品能否广泛应用的关键（刘小平，2001）。氨基酸多元素肥料主要利用废弃蛋白质水解后制备氨基酸，如用毛发水解提取胱氨酸后的废液或用动物毛提取制备氨基酸（王华静，2003），其中的水解方法有酸水解法、碱水解法、酶水解法、高温高压水解法等，酸水解法是生产中应用最广泛的方法（邵建华，2000；刘庆城，1994；吴国强，1995）。此外，利用废液提取氨基酸制备氨基酸类肥料的方法有膜分离法、电化学法和离子交换法。大量农业生产实践证明氨基酸类肥料有优良的使用功效。

（一）氨基酸类肥料促进作物对养分的吸收

氨基酸类肥料能促进作物对养分的吸收，增加作物中养分的含量。Zahir 等发现一定浓度的色氨酸会显著提高马铃薯对氮的吸收和块茎中 N、P、K 浓度，但对马铃薯块茎和秸秆的产量以及 P、K 的吸收无影响（Zahir，1997）。Arshad 等的试验表明，土施一定浓度的色氨酸会显著提高棉花的株高、茎和根的干物质量以及生物量，增加单株分枝数、花数和棉铃数，增加棉花组织中的 N、P、K 浓度（Arshad，1990）。陈振德等就土施 L- 色氨酸对盆栽甘蓝产量和养分吸收的影响进行了研究，结果表明在移植前 1 周土施 L- 色氨酸能明显提高甘蓝产量和干物质积累，并明显促进甘蓝植株对 N、P、K 的吸收，提高 N、P 在球叶中的分配，降低 K 在球叶中的积累（陈振德，1997）。陈明昌等的研究结果表明，土施 L- 色氨酸和 L- 蛋氨酸后玉米对各种养分的吸收量明显增加，其中 L-

色氨酸的效果尤其突出（陈明昌，2005）。氨基酸多元素肥料促进作物高效利用养分的原因可能如下：①增加作物体内激素的合成，进而促进作物吸收养分；②促进作物根系生长，提高吸收养分的能力；③增加作物根系氨基酸转运蛋白的表达，使之更易吸收养分。

（二）氨基酸多元素肥料对作物生长的促进作用

氨基酸是合成蛋白质的前体物质，而蛋白质是细胞内含量最丰富、功能最复杂的生物大分子。微量元素起到元素间相互协调、依赖和制约的作用，它们大多是酶或辅酶的组成部分，对作物正常发育、健康生长起关键作用。氨基酸多元素肥料含有 C、N 等营养元素，可以促进不同作物的生长发育、提高作物产量。不同氨基酸以及氨基酸的混合物对植物生长的影响不同。许玉兰等研究了不同氨基酸在单一和混合状态下的肥效，证明混合氨基酸的肥效大于单个氨基酸，也大于等氮量的无机氮肥，其中甘氨酸使稻苗生物量增加 23.7%、亮氨酸的增加值为 30.0%、甘氨酸与亮氨酸混合处理增加 41.2%（许玉兰，1997）。霍光华等发现氨基酸微素络合物能明显提高水稻根系活力、促进植株生长、增加干粒重（霍光华，1998）。俞建瑛等的研究也表明，单季晚稻叶面喷施氨基酸营养液能提高水稻产量，能提高分蘖成穗率 2.5%、总粒数 6.2%、实粒数 9.6%、降低空皮率 17.86%、提高产量 9.7%（俞建瑛，1999）。莫良玉的研究显示以甘氨酸、谷氨酸作氮源时绿豆形成的生物量分别比对照组提高 9.3% 和 7.9%（莫良玉，2001）。Frankenberger 等将色氨酸于西瓜和甜瓜移植前 2 周施入土壤，能使西瓜和甜瓜产量分别提高 69% 和 42%（Frankenberger，1991）。Arshad 用硫氨酸和甲硫氨酸处理玉米和番茄也取得了类似的结果（Arshad，1990）。李潮海等在棉花初花期喷施氨基酸螯合多元微肥显著提高了棉花坐桃率，从而提高棉花产量（李潮海，1996）。林秀华等的研究显示氨基酸复合微肥能促进春油菜生长发育，提高菜籽产量（林秀华，1996）。

（三）氨基酸多元素肥料提高作物的抗逆性

氨基酸多元素肥料具有特殊的官能团，能提高作物的抗逆性。朱晓华等的田间调查表明，施用氨基酸有机肥的番茄叶色浓绿，根系发达且粗长，生长健壮，其中功能叶片增加 1~3 片，有利于养分吸收，并增强了植株的抗病性能（朱晓华，2006）。莫良玉的研究也显示氨基酸除具有营养作用外，还能提高作物抗逆性（莫良玉，2001）。

（四）氨基酸对植物体内硝酸盐含量的影响

氨基酸部分取代硝酸盐后可降低植物体内的硝酸盐含量（Gunes，1994）。陈贵林等在采收前12d分别用甘氨酸以及甘氨酸、异亮氨酸、脯氨酸组成的混合氨基酸替代20%的硝酸盐，结果显示无论是单一氨基酸还是混合氨基酸都显著降低了水培不结球白菜和生菜体内的硝酸盐含量，并且显著增加了叶片全N量，也提高了两种蔬菜叶片可溶性糖和蛋白质含量（陈贵林，2002）。

（五）氨基酸多元素肥料对作物生理生化指标的影响

氨基酸多元素肥料可以影响作物中许多酶的活性以及叶绿素含量（张政，2005）。吴良欢等用3种氮源培养水稻，发现GOT、GPT和GDHf谷氨酸脱氢酶活性以谷氨酸和甘氨酸处理时最高，表明氨基酸态氮可促进水稻体内氨基酸转氨酶和脱氢酶的活性（吴良欢，2000）。莫良玉的研究表明，供给低浓度谷氨酸后大白菜植株根的GOT活性比缺氮及等氮量的传统处理法分别高出31.8%和33.4%（莫良玉，2002）。张定等的研究表明，茶树叶面喷施谷氨酸、天冬氨酸、谷氨酰胺、苯丙氨酸、丙氨酸及甘氨酸6种氨基酸后经真空8h氧处理均能有效提高茶叶中氨基丁酸含量（张定，2006）。吴玉群等报道植物氨基酸液肥可促进爆裂玉米生理活性，提高叶绿素含量，降低叶绿素降解，使叶片浓绿，持绿时间长（吴玉群，2006）。

（六）氨基酸多元素肥料对作物品质的影响

基于其特殊的生理功能，氨基酸多元素肥料可提高作物品质。尹宝君等发现氨基酸混合物可促进烟株生长、增加产值，喷施后大田前期烟株长势旺、成熟期叶片成熟度较好、叶色鲜亮，鲜烟品质好于对照组。采收时发现成熟期烟叶腺毛分泌物明显增多，而腺毛分泌物是重要香味成分的前体物质，含有多种香味物质组分，其增多有利于增加烟草的香气（尹宝君，1999）。刘德辉等的研究发现，氨基酸螯合微肥能显著提高小麦蛋白质和淀粉含量以及后作水稻的淀粉含量（刘德辉，2005）。奕桂林等的研究表明，氨基酸液肥可提高小麦蛋白质和脂肪含量，能提高番茄的含糖量、降低果实酸度、增加果实维生素C含量（奕桂林，1996）。杨晓红等的研究发现，与对照相比氨基酸液肥对小白菜、生菜和莴苣有显著的增产效果，幅度均在20%以上，其中氨基酸液肥可显著增加蛋白质、碳水化合物、Ca、P、Fe和维生素C含量，降低粗纤维含量，明显改善品质（杨晓红，1998）。杨丽雪等用高效绿色氨基酸螯合叶面肥既能促进小白菜的生长发育，又提高了小白菜产量，并且增加叶片的N素和叶绿素含量，提高叶片的光合速率，对植物干物质的积累有积极影响（杨丽雪，2006）。陈贵林等在水培不结球白菜和生菜采收前12d，分别用甘氨酸以及甘氨酸、异亮氨酸、脯氨酸组成的混合氨基酸替代20%的硝酸盐，结果显示氨基酸替代硝酸盐提高了两种蔬菜叶片可溶性糖和蛋白质含量（陈贵林，2002）。胡志辉等的研究表明，复合氨基酸营养粉喷施芹菜比氯化铵处理的叶绿素含量高、类胡萝卜素含量低、叶柄长且粗、蛋白质含量高、可溶性糖含量高，而粗纤维含量稍低（胡志辉等，2001）。钟晓红等的研究发现，色氨酸使草莓果实长得较大，果实可溶性固形物、总糖及维生素C含量提高、糖酸比增大、品质提高（钟晓红，2001）。

第八节　聚氨基酸在生物刺激剂中的应用

谷氨酸在聚合后得到的聚谷氨酸是一种新型生物刺激剂，在农业生产中已经展现出独特的应用功效（彭伟，2017），图9-3显示谷氨酸的化学结构。

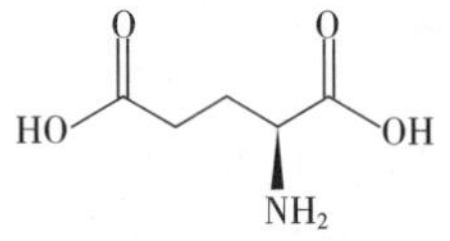

HO　O　O　OH　NH_2

图9-3　谷氨酸的化学结构

聚谷氨酸是由谷氨酸单体（D型或L型）通过微生物合成的阴离子型多肽聚合物，一般由500~5000个谷氨酸单体构成，其中相邻的两个谷氨酸由酰胺键连接，每个谷氨酸都留下一个游离的羧基，因此其主链上大量的游离羧基可进行交联、螯合、衍生化等反应。聚谷氨酸的发酵液中还含有谷氨酸、葡萄糖、蛋白质、矿物质、维生素等多种生物活性物质，在农业生产中可产生以下的功效。

1. 保水保肥，提高肥料利用率

聚谷氨酸分子含有大量亲水性基团，能充分保持土壤中的水分，改进黏重土壤的膨松度和空隙度，改善沙质土壤的保肥与保水能力。另外聚谷氨酸的多阴离子特性能有效阻止硫酸根、磷酸根等与钙、镁元素的结合，避免产生低溶解性盐类，能有效促进养分的吸收与利用。因此聚谷氨酸作为营养增效剂被广泛应用于造粒，生产出的肥料具有抗旱、保水、提高肥效等作用。

2. 螯合重金属离子，减轻土壤污染

聚谷氨酸对土壤中的铅、铬、镉、铝、砷等重金属有极佳的螯合效果，可避免作物从土壤中吸收过多的有毒重金属。作为中肽增效剂添加于尿素、磷肥、钾肥中可以提高养分利用率，减少化学残留，减轻土壤污染。

3. 生根壮根，提高作物抗逆性

聚谷氨酸对植物根部有促进生长作用，能刺激根毛和新生根系的生长，提升植物地下部分吸收养分的能力。在干旱、水涝和低温等逆境下，可有效保证水分和养分的正常吸收，缓解旱、涝、寒等逆境对植物根系造成的损伤。

4. 双向调节 pH，改良酸、碱土壤

聚谷氨酸可有效平衡土壤酸碱值，避免长期使用化学肥料造成的酸性土质和土壤板结，对因海水倒灌造成的盐渍和碱性土壤也有很好的改良作用。

5. 提高种子发芽率，促进幼苗根系生长

对于小麦、玉米、水稻等大田作物，聚谷氨酸可作为拌种剂使用，一般稀释 5~10 倍，与种子混拌后播种可提高种子发芽率和存活率。对于果蔬类经济作物，聚谷氨酸可作为育苗营养液使用，稀释 200~400 倍蘸根或喷施于苗床可促进幼苗根系生长，提高幼苗的抵抗力。

第九节　典型的蛋白质和氨基酸类生物刺激剂的性能指标

国外一种酶解鱼蛋白有机水溶肥是以沙丁鱼为原料，通过低温酶解技术提取出蛋白质、多肽、氨基酸、维生素等高活性有机物质以及微量元素、钙镁元素等无机养分，再配以合理的营养元素生产出的一种高蛋白、高营养、高活性有机水溶肥料，其登记技术指标中有机质≥ 50g/L，实际技术指标：有机质≥ 200g/L、鱼类粗蛋白≥ 200g/L、氮≥ 90g/L。另外一种进口的氨基酸水溶性肥料的主要指标是氨基酸≥ 100g/L、Fe+Mn+Zn+B ≥ 20g/L（赵金红，2021）。

第十节　小结

鱼、虾、蟹、贝、藻等海洋生物中存在大量蛋白质和氨基酸类物质，可以通过酶法、超声波和微波辅助法、超临界流体法等技术进行提取后应用于生物刺激剂。经过叶面喷施、土壤施用、种子浸泡等方法应用鱼蛋白液肥、氨基酸多元素肥料等海洋源生物刺激剂可对植物生长发育和养分吸收产生明显影响，有效改善作物抗逆、促进生长、增加产量、提高品质，在绿色生态农业中有重要的应用价值。

参考文献

[1] Arshad M. Response of *Zea Mays* and *Lycopersicon esculentum* to the ethylene precursors, L-methioine and L-ethionine applied to soil [J]. Plant and Soil, 1990, 122: 219-227.

[2] Ayala G A, Kamat S, Beckman E J, et al. Protein extraction and activity in reverse micelles of a nonionic detergent [J]. Biotechnol Bioeng, 1992, 39: 806-814.

[3] Baghel R, Kumari P, Reddy C R K, et al. Growth, pigments, and biochemical composition of marine red alga *Gracilaria crassa* [J]. J Appl Phycol, 2014, 26: 2143-2150.

[4] Barbarino E, Lourenco S. An evaluation of methods for extraction and quantification of protein from marine macro- and microalgae [J]. J Appl Phycol, 2005, 17: 447-460.

[5] Castro-Puyana M, Herrero M, Mendiola J A, et al. Subcritical water extraction of bioactive components from algae. In: Domínguez H (Ed), Functional Ingredients from Algae for Foods and Nutraceuticals [M]. Cambridge: Woodhead Publishing, 2013: 534-560.

[6] Dawczynski C, Schubert R, Jahreis G. Amino acids, fatty acids, and dietary fiber in edible seaweed products [J]. Food Chem, 2007, 103: 891-899.

[7] Denis C, Morancais M, Li M, et al. Study of the chemical composition of edible red macroalgae *Grateloupia turuturu* from Brittany (France) [J]. Food Chem, 2010, 119: 913-917.

[8] Denis C, Masse A, Fleurence J, et al. Concentration and pre-purification with ultrafiltration of a *R*-phycoerythrin solution extracted from macro-algae *Grateloupia turuturu*: process definition and up-scaling [J]. Sep Purif Technol, 2009, 69: 37-42.

[9] Dominguez-Gonzalez R, Moreda-Pineiro A, Bermejo-Barrera A, et al. Application of ultrasound-assisted acid leaching procedures for major and trace elements determination in edible seaweed by inductively coupled plasma-optical emission spectrometry [J]. Talanta, 2005, 66: 937-942.

[10] Dumay J, Clement N, Morancais M, et al. Optimization of hydrolysis conditions of *Palmaria palmata* to enhance *R*-phycoerythrin extraction [J]. Bioresour Technol, 2013, 131: 21-27.

[11] Faid F, Contamine F, Wilhelm A M, et al. Comparison of ultrasound effects in different reactors at 20 kHz [J]. Ultrason Sonochem, 1998, 5: 119-124.

[12] Fleurence J. Seaweed proteins. In: Yada R Y (ed), Proteins in Food Processing [M]. Boca Raton: CRC press, 2004: 197-211.

[13] Fleurence J. The enzymatic degradation of algal cell walls: a useful approach for

improving protein accessibility? [J]. J Appl Phycol，1999，11: 313-314.

[14] Fleurence J，Le Coeur C，Mabeau S，et al. Comparison of different extractive procedures for proteins from the edible seaweeds *Ulva rigida* and *Ulva rotundata* [J]. J Appl Phycol，1995，7: 577-582.

[15] Fleurence J，Massiani L，Guyader O，et al. Use of enzymatic cell wall degradation for improvement of protein extraction from *Chondrus crispus*，*Gracilaria verrucosa* and *Palmaria palmate* [J]. J Appl Phycol，1995，7: 393-397.

[16] Frankenberger W，Arshad M. Yield response of water melon and musk melon to L-tryptophan applied to soil [J]. Hort Science，1991，26（1）: 35-37.

[17] Fujiwara-Arasaki T，Mino N，Kuroda M. The protein value in human nutrition of edible marine algae in Japan [J]. Hydrobiologia，1984，116-117: 513-516.

[18] Galland-Irmouli A V，Fleurence J，Lamghari R，et al. Nutritional value of proteins from edible seaweed *Palmaria palmata*（Dulse）[J]. J Nutr Biochem，1999，10: 353-359.

[19] Getachew P，Hannan M A，Nam B H，et al. Induced changes in the proteomic profile of the phaeophyte *Saccharina japonica* upon colonization by the bryozoan *Membranipora membranacea* [J]. J Appl Phycol，2014，26: 657-664.

[20] Gunes A，Post W N K，Kirkby E A，et al. Influence of partial replacement of nitrate by amino acid nitrogen or urea in the nutrient medium on nitrate accumulation in NFT grown winter lettuce [J]. Journal of Plant Nutrition，1994，17（11）：1929-1938.

[21] Hahn T，Lang S，Ulber R，et al. Novel procedures for the extraction of fucoidan from brown algae [J]. Process Biochem，2012，47: 1691-1698.

[22] Hardouin K，Bedoux G，Burlot A S，et al. Enzymatic recovery of metabolites from seaweeds: potential applications. In: Bourgougnon N（Ed）: Advances in Botanical Research [M]. San Diego：Academic Press，2014: 279-320.

[23] Hardouin K，Burlot A S，Umami A，et al. Biochemical and antiviral activities of enzymatic hydrolysates from different invasive French seaweeds [J]. J Appl Phycol，2014，26: 1029-1042.

[24] Hilditch C M，Balding P，Jenkins R，et al. R-phycoerythrin from the macroalga *Corallina officinalis*（Rhodophyceae）and application of a derived phycofluor probe for detecting sugar-binding sites on cell membranes [J]. J Appl Phycol，1991，3: 345-354.

[25] Hong D D，Hien H M，Son P N. Effect of irradiation on the protein profile，protein content，and quality of agar from *Gracilaria asiatica* [J]. J Appl Phycol，2007，19: 809-815.

[26] Jung K A，Lim S R，Kim Y，et al. Potentials of macroalgae as feedstocks for

biorefinery [J]. Biorefineries, 2013, 135: 182-190.

[27] Kadam S U, Tiwari B K, O′ Donnell C P. Application of novel extraction technologies for bioactives from marine algae [J]. J Agric Food Chem, 2013, 61: 4667-4675.

[28] Kadam S U, Tiwari B K, O′ Donnell C P. Effect of ultrasound pre-treatment on the drying kinetics of brown seaweed *Ascophyllum nodosum* [J]. Ultrason Sonochem, 2015, 23: 302-307.

[29] Kumar S, Sahoo D, Levine I. Assessment of nutritional value in a brown seaweed *Sargassum wightii* and their seasonal variations [J]. Algal Res, 2015, 9: 117-125.

[30] Lahaye M, Vigouroux J. Liquefaction of dulse (*Palmaria palmata* (L.) Kuntze) by a commercial enzyme preparation and a purified endo-b-1, 4-d-xylanase [J]. J Appl Phycol, 1992, 4: 329-337.

[31] Lourenco S O, Barbarino E, De-Paula J C, et al. Amino acid composition, protein content and calculation of nitrogen-to-protein conversion factors for 19 tropical seaweeds [J]. Phycol Res, 2002, 50: 233-241.

[32] Marinho-Soriano E, Fonseca P C, Carneiro M A A, et al. Seasonal variation in the chemical composition of two tropical seaweeds [J]. Bioresour Technol, 2006, 97: 2402-2406.

[33] Meireles M A A. Supercritical CO_2 extraction of bioactive components from algae. In: Dominguez H (Ed), Functional Ingredients from Algae for Foods and Nutraceuticals [M]. Cambridge: Woodhead Publishing, 2013: 561-584.

[34] Mendes L, Vale L S, Martins A, et al. Influence of temperature, light and nutrients on the growth rates of the macroalga *Gracilaria domingensis* in synthetic seawater using experimental design [J]. J Appl Phycol, 2012, 24: 1419-1426.

[35] Michalak I, Chojnacka K. Algal extracts: technology and advances [J]. Eng Life Sci, 2014, 14: 581-591.

[36] Misurcova L, Bunka F, Vavra Ambrozova J, et al. Amino acid composition of algal products and its contribution to RDI [J]. Food Chem, 2014, 151: 120-125.

[37] Morais S. Ultrasonic- and microwave-assisted extraction and modification of algal components. In: Dominguez H (Ed). Functional Ingredients from Algae for Foods and Nutraceuticals [M]. Cambridge: Woodhead Publishing, 2013: 585-605.

[38] Morancais J D M. Proteins and pigments. In Fleurence J, Levine I (Eds) Seaweed in Health and Disease Prevention [M]. San Diego: Academic Press, 2016.

[39] Niu J F, Wang G C, Tseng C K. Method for large-scale isolation and

purification of *R*-phycoerythrin from red alga *Polysiphonia urceolata* Grev [J]. Protein Expr Purif，2006，49: 23-31.

[40] Ortiz J，Romero N，Robert P，et al. Dietary fiber，amino acid，fatty acid and tocopherol contents of the edible seaweeds *Ulva lactuca* and *Durvillaea antarctica* [J]. Food Chem，2006，99: 98-104.

[41] Oyieke H A，Kokwaro J O. Seasonality of some species of *Gracilaria* (*Gracilariales*，*Rhodophyta*) from Kenya [J]. J Appl Phycol，1993，5: 123-124.

[42] Peinado I，Giron J，Koutsidis G，et al. Chemical composition，antioxidant activity and sensory evaluation of five different species of brown edible seaweeds [J]. Food Res Int，2014，66: 36-44.

[43] Pena-Farfal C，Moreda-Pineiro A，Bermejo-Barrera A，et al. Speeding up enzymatic hydrolysis procedures for the multi-element determination in edible seaweed [J]. Anal Chim Acta，2005，548: 183-191.

[44] Punin Crespo M O，Cam D，Gagni S，et al. Extraction of hydrocarbons from seaweed samples using sonication and microwave-assisted extraction: a comparative study [J]. J Chromatogr Sci，2006，44: 615-618.

[45] Puri M，Sharma D，Barrow C J. Enzyme-assisted extraction of bioactives from plants [J]. Trends Biotechnol，2012，30: 37-44.

[46] Rani G.Changes in protein profile and amino acids in *Cladophora vagabunda* (*Chlorophyceae*) in response to salinity stress [J]. J Appl Phycol，2007，19: 803-807.

[47] Rodrigues D，Sousa S，Silva A，et al. Impact of enzyme and ultrasound-assisted extraction methods on biological properties of red，brown，and green seaweeds from the central west coast of Portugal [J]. J Agric Food Chem，2015，63: 3177-3188.

[48] Rodriguez-Jasso R M，Mussatto S I，Pastrana L，et al. Microwave-assisted extraction of sulfated polysaccharides (fucoidan) from brown seaweed [J]. Carbohydr Polym，2011，86: 1137-1144.

[49] Rodriguez-Montesinos Y E，Arvizu-Higuera D L，Hernandez-Carmona G. Seasonal variation on size and chemical constituents of *Sargassum sinicola* Setchell et Gardner from Bahia de La Paz，Baja California Sur，Mexico [J]. Phycol Res，2008，56: 33-38.

[50] Rosen G，Langdon C J，Evans F，et al. The nutritional value of *Palmaria mollis* cultured under different light intensities and water exchange rates for juvenile red abalone *Haliotis rufescens* [J]. Aquaculture，2000，185: 121-136.

[51] Rouxel C，Bonnabeze E，Daniel A，et al. Identification by SDS PAGE of green seaweeds (*Ulva* and *Enteromorpha*) used in the food industry [J]. J Appl Phycol，2001，13: 215-218.

[52] Selber K，Collen A，Hyytia T，et al. Parameters influencing protein extraction for whole broths in detergent based aqueous two-phase systems [J]. Bioseparation，2001，10: 229-236.

[53] Shuuluka D，Bolton J，Anderson R. Protein content，amino acid composition and nitrogen-to-protein conversion factors of *Ulva rigida* and *Ulva capensis* from natural populations and Ulva lactuca from an aquaculture system in South Africa [J]. J Appl Phycol，2013，25: 677-685.

[54] Siegelman H W，Kycia J H. In: Hellebust J，Craigie J S（Eds.）: Algal Biliproteins [M]. Cambridge: Cambridge University Press，1978.

[55] Smith D G，Young E G. The combined amino acids in several species of marine algae [J]. J Biol Chem，1955，217: 845-854.

[56] Varela-álvarez E，Stengel D B，Guiry M D，et al. Seasonal growth and phenotypic variation in Porphyra linearis（Rhodophyta）populations on the west coast of Ireland [J]. J Phycol，2007，43: 90-100.

[57] Wang G. Isolation and purification of phycoerythrin from red alga *Gracilaria verrucosa* by expanded-bed-adsorption and ion-exchange chromatography [J]. Chromatographia，2002，56: 509-513.

[58] Wijesinghe W A J P，Jeon Y J. Enzymatic extraction of bioactives from algae. In: Dominguez H（Ed）. Functional Ingredients from Algae for Foods and Nutraceuticals [M]. Cambridge: Woodhead Publishing，2013.

[59] Yotsukura N，Nagai K，Tanaka T，et al. Temperature stress-induced changes in the proteomic profiles of *Ecklonia cava*（Laminariales，Phaeophyceae）[J]. J Appl Phycol，2012，24: 163-171.

[60] Zahir Z A，Arshad M，Azam M，et al. Effect of an auxin precursor tryptophan and *Azotobacter inoculation* on yield and chemical composition of potato under fertilized conditions [J]. Journal of Plant Nutrition，1997，20（6）: 745-752.

[61] 郑伟.利用低值鱼制备鱼蛋白液肥及其生物学效应的研究[D].杭州：浙江大学，2006.

[62] 名勇，李八方，陈胜军，等. 红非鲫（*Oreochromis niloticus*）鱼皮胶原蛋白酶解条件的研究[J]. 中国海洋药物杂志，2005，24（S）：24-29.

[63] 管华诗，韩玉谦，冯晓梅. 海洋活性多肽的研究进展[J]. 中国海洋大学学报，2004，54（5）：761-766.

[64] 陈胜军，曾名勇，董士远. 水产胶原蛋白及其活性的研究进展[J]. 水产科学，2004，6（25）：44-46.

[65] 陈龙. 鱼胶原肽保湿功能的比较研究[J]. 中国美容医学，2008，17（4）：586-588.

[66] 宋永相，孙谧，王海英，等. 海洋酶法利用海产品下脚料制取活性胶原肽的研究[J]. 海洋水产研究，2008，29（2）：28-35.

[67] 冯晓亮，宣晓君. 水解胶原蛋白的研制及应用[J]. 浙江化工，2001，52

（1）：55-54.
[68] 甘纯玑，施木田，彭时尧.海藻工业废料的组成及其利用价值[J].天然产物研究与开发，1994，6（2）：88-91.
[69] 于忠范，王盛．鱼蛋白有机肥防冻机理及其在果树上的应用[J]. 烟台果树，2004，（4）：30-31.
[70] 路明，史振声，吴玉群，等．复合氨基酸浸种对糯玉米苗期生长及生理效应的影响[J].种子，2004，23（6）：41-43.
[71] 李潮海，周顺利，刘春玲．氨基酸拌种对玉米苗期生长的影响[J]. 玉米科学，1996，（9）：9-11.
[72] 李浩，任树友，谢丽红．不同浓度氨基酸液肥对白菜的肥效[J].西南农业学报，2001，（14）：41-43.
[73] 叶榕．茶园施用氨基酸有机肥试验[J]. 福建茶叶，1998，（3）：19-21.
[74] 陆若辉．氨基酸肥对水稻的增产效果研究[J]. 中国稻米，2005，（2）：35-36.
[75] 谭济才，肖文军．氨基酸叶面肥喷施茶树的效果[J]. 茶叶通讯，2002，（4）：7-9.
[76] 彭永波，张世欣，于明德，等. 邦龙™鱼蛋白有机肥在苹果上的应用试验[J].烟台苹果，2004，（1）：266.
[77] 刘小平，乐学义．利用废弃蛋白质制备氨基酸螯合微肥的研究进展[J]. 再生资源研究，2001，5：27-29.
[78] 刘庆城，许玉兰，张玉洁．利用毛发水解废液制作氨基酸肥料的研究[J]. 农业环境保护，1994，13（3）：115-120.
[79] 吴国强，余斌，韩峰．利用水解提取胱氨酸后的废液研制氨基酸复合肥料[J]. 氨基酸和生物资源，1995，17(2)：10-15.
[80] 黄玉秀，林伦民．电化学法制取动物毛中系列氨基酸新工艺[J]. 精细化工，1996，13（3）：58-61.
[81] 张莉，李文，肖正华，等．毛发水解液中混合氨基酸的分离富集方法研究[J]. 第二军医大学学报，1999，21（11）：849-851.
[82] 吴良欢，陶勤南．水稻氨基酸态氮营养效应及其机理研究[J]. 土壤学报，2000，37（4）：464-473.
[83] 张夫道，孙羲．氨基酸对水稻营养作用的研究[J]. 中国农业科学，l984，（5）：61-66.
[84] 许玉兰，刘庆城．用N示踪方法研究氨基酸的肥效作用[J]. 氨基酸和生物资源，1998，20（2）：20-23.
[85] 袁伟，董元华，王辉. 植物氨基酸多元素肥料生物效应的研究进展[J]. 土壤，2009，41（1）：16-20.
[86] 王华静，吴良欢，陶勤南．有机营养肥料研究进展[J]. 生态环境，2003，12（1）：110-114.
[87] 邵建华，陆腾甲．氨基酸微肥的生产和应用进展[J]. 磷肥与复肥，2000，

15（4）：48-51.
[88] 陈振德，黄俊杰. 土施L-色氨酸对甘蓝产量和养分吸收的影响[J]. 土壤学报，1997，34（2）：200-204.
[89] 陈明昌，程滨，张强，等. 土施L-蛋氨酸、L-苯基丙氨酸、L-色氨酸对玉米生长和养分吸收的影响[J]. 应用生态学报，2005，16（6）：1033-1037.
[90] 许玉兰，刘庆城. 氨基酸肥效研究[J]. 氨基酸和生物资源，1997，19（2）：1-6.
[91] 霍光华，郭成志，郭晶东. 氨基酸微素络合物对水稻的生物效应初探[J]. 氨基酸和生物资源，1998，20（3）：40-43.
[92] 俞建瑛，翁清清，黄德崇，等. 氨基酸营养液对水稻增产效果的试验[J]. 华东理工大学学报（自然科学版），1999，25（5）：531-533.
[93] 莫良玉. 高等植物氨基酸态氮营养效应研究[D]. 杭州：浙江大学，2001.
[94] 李潮海，徐春喜，程丕华. 氨基酸螯合多元微肥在棉花地上增产效果研究[J]. 中国棉花，1996，23（9）：12-13.
[95] 林秀华，卡青英，李徙远，等. 氨基酸复合微肥在春油菜上的应用效果[J]. 现代化农业，1996，（6）：39.
[96] 朱晓华，艾玉梅. 番茄施用高氨基酸有机肥试验效果分析[J]. 辽宁农业职业技术学院学报，2006，8（1）：17-18.
[97] 陈贵林，高绣瑞. 氨基酸和尿素替代硝态氮对水培不结球白菜和生菜硝酸盐含量的影响[J]. 中国农业科学，2002，35（2）：187-191.
[98] 张政. 氨基酸态氮对黄瓜的营养效应[D]. 重庆：西南农业大学，2005.
[99] 莫良玉，吴良欢，陶勤南. 高温胁迫下水稻氨基酸态氮与铵态氮营养效应研究[J]. 植物营养与肥料学报，2002，8（2）：157-161.
[100] 张定，汤茶琴，陈暄，等. 叶面喷施氨基酸对茶叶中γ-氨基丁酸含量的影响[J]. 茶叶科学，2006，26（4）：237-242.
[101] 吴玉群，史振声，李荣华，等. 植物氨基酸液肥对爆裂玉米产量及生理指标的影响[J]. 种子，2006，25（4）：73-75.
[102] 尹宝君，高保昌. 氨基酸混合物对烤烟产质影响的研究初报[J]. 中国烟草科学，1999，（4）：34-36.
[103] 刘德辉，田蕾，邵建华，等. 氨基酸螯合微量元素肥料在小麦和后作水稻上的效果[J]. 土壤通报，2005，36（6）：917-920.
[104] 奕桂林，邹德乙，崔玉珍，等. 高效液体肥对作物产量和品质的影响[J]. 沈阳农业大学学报，1996，27（4）：328-333.
[105] 杨晓红，王菊香，李贤良. 氨基酸液肥在几种叶菜上的应用效果[J]. 长江蔬菜，1998，（9）：26-27.
[106] 杨丽雪，赵仕林，廖洋. 高效绿色氨基酸螯合叶面肥在白菜上的应用研究[J]. 西南民族大学学报（自然科学版），2006，32（3）：555-558.

[107] 胡志辉，陈禅友，雷刚．复合氨基酸营养粉肥效作用研究[J]. 北方园艺，2001,（6）：55.
[108] 钟晓红，石雪晖，肖浪涛．色氨酸提高草莓果实品质和产量试验[J].中国果树，2001,（2）：4-7.
[109] 彭伟，邓桂湖.聚谷氨酸-新型生物刺激剂在农业上的应用[J]. 磷肥与复肥，2017，32（3）：24-25.
[110] 赵金红. 马铃薯喷施含氨基酸水溶肥料效果的研究[J]. 农业开发与装备，2021,（2）：157-158.

第十章 基于海洋源甲壳素、壳聚糖和壳寡糖的生物刺激剂

第一节 引言

甲壳素是自然界中分布广泛、储量仅次于纤维素的第二大天然高分子，存在于虾、蟹等海洋节肢动物的甲壳、昆虫的甲壳、菌类和藻类细胞膜、软体动物的壳和骨骼以及高等植物的细胞壁中，每年的生物合成量约有 100 亿 t，是一种取之不尽、用之不竭的可循环再生资源。壳聚糖是甲壳素脱乙酰基后得到的一种生物高分子，与其降解后得到的低分子质量寡糖一样在农业生产中具有优良的生物刺激作用（Hidangmayum，2019；李淼，2012；刘晓琳，2010）。二者均无毒、生物相容性好，可以从次生信使通过胁迫转导途径增强机体的生理反应、减轻非生物胁迫带来的不利影响，通过脱落酸的合成促进光合速率和气孔关闭，通过一氧化氮和过氧化氢信号通路增强抗氧化酶，诱导有机酸、糖、氨基酸等代谢产物的产生，而这些都是渗透调节、应激信号和应激下能量代谢所必需的。此外，壳聚糖和壳寡糖还能与重金属形成络合物，有益于土壤的生物修复。它们是自然界中唯一带正电荷的阳离子碱性氨基聚糖，有抗氧化、抑菌、增强免疫力、诱导植物抗病性等多种生物活性，在农业生产中有很高的应用价值。

工业上，甲壳素、壳聚糖的来源丰富，生产工艺相对简单，其独特的理化性能和生物活性在纺织、印染、皮革、涂料、卷烟、塑料、化妆品、食品、饲料、医药、保健、彩色胶卷、造纸、生物工程、农业植保、污水处理等领域有广泛应用。我国早在 20 世纪 50 年代就开展了制备甲壳素、壳聚糖的初步研究，当时是为了开发它们在印染和电影胶片中的应用，但由于技术原因未取得很大的进展。1991 年中国科学院海洋研究所在山东荣成建立了当时我国规模最大的甲壳素工业化生产厂，1997 年承担了国家 863 项目“优质甲壳质、壳聚糖工业化生产新

技术”，1999 年“新型生态农药农乐一号的产业化及系列产品开发”被列入 863 重大产业化项目，获得 863 重要贡献奖，并先后开发出“农乐一号”海洋生物制剂、烟草专用制剂“农乐二号”、功能型肥料“海力壮”、环保型生物农药“海力源”等海洋生物制品（李鹏程，2020）。

在农业生产领域，2002 年 5 月国家农业部首次将甲壳素批准为有机可溶性肥料，并对企业申请的产品开始登记。2004 年国家发展和改革委员会、财政部、国家税务总局文件发改环资（2004）73 号《关于印发 < 资源综合利用目录（2003 年修订）> 的通知》第 43 条将“利用海洋与水产产品加工废弃物生产的饲料、甲壳质、甲壳素、壳聚糖、保健品、海藻精、海藻酸钠、农药、肥料及其副产品”列入该目录中，有关部门也在“九五”“十五”期间把相关研究列入攻关项目，促进了甲壳素、壳聚糖在农学、土壤学、植物生理学、农业分析和农用产品生产等方面的研究与应用。

20 世纪 80 年代以来，我国江苏、山东、浙江、湖南等省有许多企业开始生产和销售甲壳素、壳聚糖类产品，其中包括利用壳聚糖生产叶面肥。这些企业在掌握成熟的工艺技术的基础上开发产品并进行田间试验，取得农业部颁发的农肥登记证或农药临时登记证，进而开展了商品叶面肥的生产和销售（王希群，2008）。进入 21 世纪，随着经济社会的发展和科学技术的不断进步，壳聚糖和壳寡糖在农用生物刺激剂领域已经得到非常广泛的应用。

第二节　壳聚糖和壳寡糖的制备

甲壳素（Chitin）最早由法国研究自然科学史的 Braconnot 教授于 1811 年在蘑菇中发现（Qin，1990）。1859 年，法国科学家 Rouget 将甲壳素浸泡在浓 KOH 溶液中，煮沸一段时间取出洗净后发现其可溶于有机酸，这种脱乙酰的甲壳素被德国科学家 Hoppe-Seiler 命名为 Chitosan，即壳聚糖，也称甲壳胺。20 世纪 70 年代后，全球各地对甲壳素和壳聚糖的研究越来越普及，促进了大量先进生物制品的开发及其在众多领域的应用。目前甲壳素、壳聚糖及壳寡糖主要从虾和蟹壳、鱿鱼等软体动物软骨、昆虫、真菌等生物质中提取。图 10-1 显示甲壳素和壳聚糖的化学结构。表 10-1 总结了甲壳素、壳聚糖和壳寡糖的来源和提取方法。

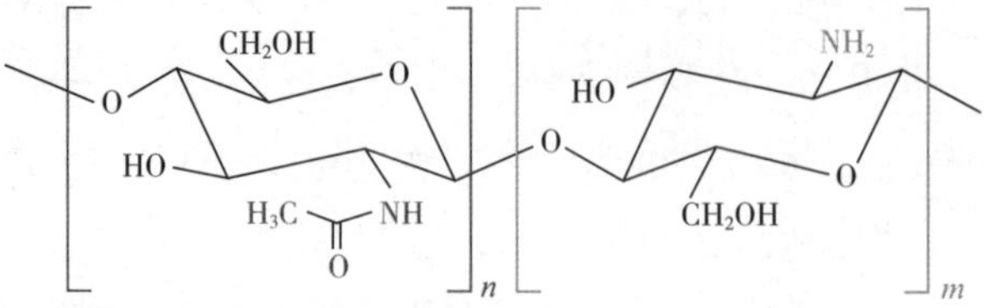

(1) 甲壳素　　(2) 壳聚糖

图 10-1　甲壳素和壳聚糖的化学结构

表 10-1　甲壳素、壳聚糖和壳寡糖的来源和提取方法

来源	生物质组成及提取方法	优点	缺点
虾、蟹壳	甲壳素含量 10%~30%，碳酸钙等无机物含量 40%~50%，蛋白质等有机物含量 30%~40%。提取工艺：用酸脱钙、用碱脱蛋白、氧化脱色后得到甲壳素，随后用浓碱脱乙酰后得到壳聚糖	虾、蟹壳是海洋食品加工或餐饮的废弃物，来源稳定且成本低。目前虾、蟹壳是制备甲壳素、壳聚糖和壳寡糖的主要原料	甲壳素含量低、灰分高、提取难度大、传统的酸碱法容易造成污染，酶解法速度慢、成本高。溶解度、脱乙酰度、分子质量、黏度等质量指标变化较大
鱿鱼等软体动物软骨	甲壳素含量 10%~15%，少量无机盐、大量蛋白质和脂肪。提取工艺：原料脱钙、色、蛋白、脂肪后得到甲壳素，然后脱乙酰基后得到壳聚糖	海洋食品加工的下脚料，价格便宜，灰分较虾、蟹壳低	甲壳素含量比虾、蟹壳低，原料来源面窄、成本高，提取工艺需要较大量酸碱，容易造成环境污染
昆虫	蝉蜕、蝇蛆、蚕蛹、蜜蜂等昆虫的甲壳素含量在 10% 左右，昆虫体壁形成是骨化过程，不同于虾、蟹壳形成的钙化过程，体壁中只含有少量无机盐、一定的脂肪含量，而蛋白质含量很高。提取工艺相对前两种比较容易，包括脱钙、蛋白、脂肪、无机盐后得到甲壳素，然后脱乙酰后得到壳聚糖	昆虫饲养不受季节限制，可连续生产。因其外壳钙化程度较轻且体内蛋白含量极高，作为高档饲料或者食品的价值更高	昆虫饲养成本较高，生产成本比虾、蟹壳和动物软骨高很多
真菌	高等陆生真菌细胞壁主要含甲壳素，菌丝体外表有少量蛋白，甲壳素和壳聚糖交叉在真菌细胞壁上，占 10%~45%，无机盐和脂肪都很少，菌丝体内含有大量蛋白质及氨基酸、肽类、核苷类、类脂等物质。提取工艺：把丝状真菌用少量酸碱处理，或用超声 + 酶解法高效提取	真菌可用发酵方法生产，周期短（10d 左右）、成本低，真菌菌丝的处理简单，较易脱乙酰	生产过程消耗营养物和水电，丝状真菌的生产成本较高

目前应用于生物刺激剂领域的产品主要是壳聚糖降解后得到的壳寡糖，其可以通过壳聚糖的酸解、氧化降解和酶解制备。在酸性溶液中，壳聚糖分子链会发生部分水解使其大分子断裂后形成分子质量大小不等的寡糖片段，但是目前工业上很少使用酸水解法制备壳寡糖。氧化降解法具有成本低、环保等优点，其中使用的氧化剂包括过氧化氢（Tishchenko，2011）、过硼酸钠（林正欢，2002）、臭氧（Yue，2009）、过硫酸钾（Hsu，2002）等，其中应用最多的是过氧化氢氧化法。微波辅助氧化可以通过微波辐射有效加快壳聚糖的氧化降解，使其在更低的过氧化氢浓度和温度下降解并大幅缩短反应时间，适用于低分子质量壳聚糖、壳寡糖的大规模生产（刘松，2005；Li，2012；Li，2010）。酶解法的工艺条件温和、环境友好、安全性好，是目前壳寡糖工业化生产中常用的方法。杨靖亚等详细总结了壳寡糖的制备方法（杨靖亚，2020）。

一、物理法

物理法的降解机理是通过超声波、γ 射线、微波等物理处理使壳聚糖分子链上的 *O*- 糖苷键断裂（Chen，1997）。李大鹏等通过单因素和正交实验得出超声波降解壳聚糖的最佳条件为：盐酸质量分数 2%、降解温度 45℃、超声频率 450kHz、超声时间 2h，在此条件下得到最小相对分子质量为 4370 的壳寡糖（李大鹏，2013）。康斌等用 Co-60γ 射线成功降解壳聚糖，当吸收剂量为 100kGy 时，平均相对分子质量＜ 5000 的水溶性壳聚糖得率为 97%（康斌，2006）。物理法具有工艺简单、环保等优点，但机械设备的成本较大、生产效率较低，且难以得到指定聚合度的壳寡糖，导致原料浪费、经济消耗较大，通常与其他方法联合使用以减少成本、提高产率（王鲁霞，2014）。

二、化学法

化学法主要包括酸解法和氧化法。在酸解法中，壳聚糖分子中的氨基与盐酸、亚硝酸、磷酸等酸性溶液中的氢离子结合，水解后使长链断裂，形成多种聚合度的混合物，其中聚合度≤ 10 的即为壳寡糖。刘晓等的研究显示，酸解时间越长、酸浓度越大、温度越高，壳聚糖的降解速率越快、产物聚合度越低（刘晓，2003）。在 100℃条件下将浓度为 5.0g/L 的壳聚糖溶液用 6.0mol/L 的 HCl 溶液水解 3h 后可以获得 33.6% 的壳寡糖。酸解法的反应条件苛刻、壳寡糖的产率低，其中使用的大量无机酸对环境污染严重（王德源，2003）。氧化法利用氧化剂在水溶液中形成的游离自由基断裂壳聚糖中的糖苷键，其中常用的氧化剂为过氧化氢、臭氧和过硫酸盐（Einbu，2007）。Wu 等用 H_2O_2 水解蝉壳制备的壳聚糖，得出的最佳条件为：2.0%H_2O_2 溶液、pH5.0、温度 65℃、水解 4h，在此条件下产物的平均聚合度下降到 4.5（Wu，2013）。Hsu 等在 1L 的 2% 乙酸水溶液中加 15g 壳聚糖粉末，搅拌溶解后加热至 70℃后在体系中添加 1.08g 过硫酸钾，溶液黏度在短时间内迅速下降，仅需 10min 达到平台值，降解 45min 后产物的平均相对分子质量为 5000（Hsu，2002）。

Hai 等（Hai，2019）用过氧化氢降解壳聚糖溶液，在温和条件下延长反应时间，获得摩尔质量低于 5000g/mol 的壳寡糖。图 10-2 显示氧化反应时间对壳聚糖分子质量的影响。

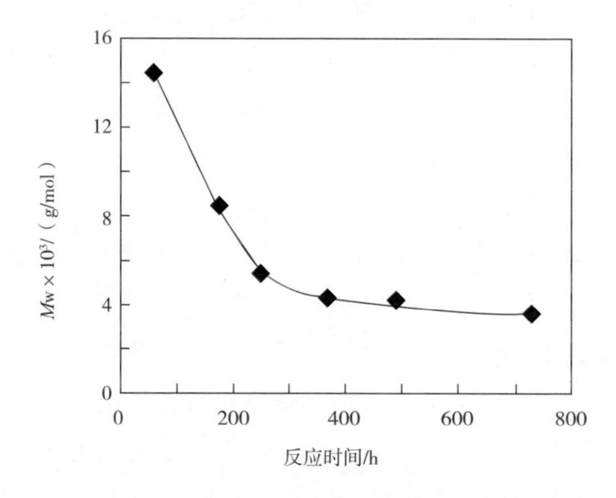

图 10-2 氧化反应时间对壳聚糖分子质量的影响

过氧化氢氧化降解壳聚糖已经得到广泛研究（Chang，2001；Kabal Nova，2001；Qin，2002；Tian，2003；Sun，2007）。H_2O_2 氧化法降解壳聚糖的机理是形成羟基自由基（·OH），羟基自由基通过吸氢攻击壳聚糖，由此产生的碳水化合物自由基破坏糖苷键，使壳聚糖的分子质量降低或形成壳寡糖（Ulanski，2000）。该法操作简单，对环境相对友好，还可以规模化生产成本较低的壳寡糖。但也有研究指出当使用过高 H_2O_2 浓度和升高温度时，壳寡糖的化学结构发生变化，尤其是氧化导致羧基的形成以及脱氨基等作用，从而影响产品的生物活性。

三、酶法

利用酶对壳聚糖进行降解的方法可分为专一性酶解与非专一性酶解，其中专一性壳聚糖酶的成本较高，应用受到限制，因此实际生产中常用其他商业化的非特异性酶，如果胶酶、纤维素酶、淀粉酶、脂肪酶、脱乙酰酶、蛋白酶等生产壳寡糖（Je，2012）。Dong 等的研究发现，在 pH5.3、温度 45℃条件下用 120U/g 纤维素酶和 75U/g 壳聚糖酶共降解壳聚糖 6h 后，聚合度为 6~8 的壳寡糖产量占产物总量的 79.8%（Dong，2015）。李丹丹等用微波法辅助果胶酶酶解壳聚糖后制备了壳寡糖，其中果胶酶用量为 2100 U/g、微波功率 510W、pH4.4、温度 50℃，在此条件下获得的降解产物中还原糖浓度为 1.964g/L，与单一果胶酶酶解法（1.747g/L）相比提高了 12%，与单一微波法（1.671g/L）相比提高了 18%（李丹丹，2018）。周孙英等对 4 种不同类型酶降解壳聚糖的效果做了比较，分别在其最适宜条件下反应，其中得到的水解速度：蛋白酶＞纤维素酶＞脂肪酶＞溶菌酶（周孙英，2003）。有研究用来自根瘤菌 GRH2 的低聚糖脱乙酰酶 NodB 和来自霍乱弧菌的低聚糖脱乙酰酶 COD 在大肠杆菌中表达重组酶，并同时使用两种重组酶在一次反应中产生了预期的双脱乙酰壳寡糖（Hamer，2015）。

与化学法相比，酶法制备反应的条件温和，不需要化学药品，不会产生大量废液，高效无污染。朱恒等用壳聚糖酶水解壳聚糖后制备壳寡糖，通过单因素试验分析得出反应时间、壳聚糖酶添加量、温度、pH 等 4 个因素对酶解作用的影响，得到的最佳工艺条件为：反应时间 4h、酶添加量 2000U/g、温度 35℃、pH5.0（朱恒，2020）。蒋瑶等用非专一性酶——纤维素酶降解壳聚糖，通过正交试验确定纤维素酶水解壳聚糖的最优条件为：pH5.2、温度 55℃、反应时间 4.5h、酶质量为 11.2mg，在此条件下的酶解产率为 30.52%（蒋瑶，2020）。

一般来说，酶解法生产壳寡糖的成本高于氧化降解法（Makuuchi，2010），而 Co^{60} 辐照降解壳聚糖溶液被认为适用于规模化生产壳寡糖（Duy，2011），但是这种方法的主要缺点是所需的 Co^{60} 辐照器的设施较少。

第三节　壳聚糖和壳寡糖的生物刺激作用

壳聚糖和壳寡糖在与植物生长所必需的多种微量元素结合后制成的生物刺激剂不仅能使作物长势好、植株健壮、光合作用增强，在抗逆性、抗病虫害方面也表现出明显的效果，对作物品质的改善和食品营养价值以及经济价值的提高也有较大作用（段新芳，1998；黄丽萍，1999；赵云强，2001；李庆梅，2007）。

壳聚糖在植物生长中的作用机理目前还不完全清楚，许多报道表明其在植物中可引发多种防御反应（Iriti，2009；Mejia-Teniente，2013；Malerba，2015）。几丁质特异性受体存在于植物细胞膜中，可以引起防御反应。当以几丁质为基础处理时，植物会模仿与含有几丁质的生物体相关的化合物，激活它们的防御机制（Iriti，2009）。几丁质激发子结合蛋白（CEBiP）已在多种作物中分离得到（Miya，2007；Hadwiger，2015），从芥菜（*Brassica campestris*）叶片中也分离到一种壳聚糖结合糖蛋白（凝集素家族）(Chen，2005）。此外，对含羞草和决明子分离泡的研究表明质膜中有壳聚糖受体分子的存在（Amborabe，2008）。在拟南芥基因敲除突变体的实验中发现，壳聚糖可以诱导受体样激酶基因、MAP 激酶通路、几丁质诱导子受体激酶 1（CERK1），该激酶可与几丁质和壳聚糖结合（Petutschnig，2010）。Povero 等报道称，在拟南芥幼苗中，壳聚糖信号不使用 CERK1，并通过一个独立于 CERK1 的途径被感知（Povero，2011）。因此，壳聚糖的结合受体仍不确定，并仍然是一种病原体相关分子模式（PAMP），目前研究领域正在寻找模式识别受体（PRR）（Iriti，2009）。

壳聚糖及其衍生物在多种植物中能诱导产生防御性化合物（Pichyangkura，2015；Malerba，2015）。在生物胁迫下，植物的防御反应包括产生植物抗毒素、几丁质酶、β- 葡聚糖酶、蛋白酶抑制剂、胼胝质的形成、木质素的生物合成和胁迫应答基因的诱导等。经过壳聚糖及其低聚物的处理，这些防御相关的化合物被发现有所增加（Katiyar，2014），其中在多种作物上诱导几丁质酶和葡聚糖酶的生成，包括桃（Ma，2013）、番茄（Sathiyabama，2014）、火龙果（Ali，2014）等。几丁质酶和葡聚糖酶是与抗病性有关的物质，在作物的抗生物胁迫中起重要作用（Lin，2005）。低分子质量壳聚糖（5ku）能诱导植物抗毒素和几丁质酶、葡聚糖酶、脂氧合酶等致病相关化合物，并激活 ROS 物种的产生。同时，甾醇成分的改变也被发现对害虫产生不利影响（Vasiukova，2001）。用壳聚糖和壳寡糖处理种子可使幼苗几丁质酶活性提高 30%~50%（Hirano，1990）。

壳聚糖和壳寡糖诱导的信号传导包括特定的细胞受体，由次级信使转导，如活性氧（ROS）、H_2O_2、Ca^{2+}、一氧化氮（NO）和植物激素在细胞内诱导生理反应。壳聚糖处理对超氧阴离子和脂类自由基等自由基的抑制作用已由 Li 等（Li，2002）报道。分子质量的降低和脱乙酰度的提高增加了壳聚糖对超氧阴离子和脂自由基的抑制作用。Pongprayoon 等报道了 H_2O_2 作为信号分子诱导水稻抗渗透胁迫，在渗透胁迫下促进植物生长、改善光合色素（Pongprayoon，2013）。此外，在小麦中也证实了 H_2O_2 通过激活抗氧化系统提高膜的稳定性

（He，2009），并在大豆中增加寡糖的合成，增强抗旱性（Ishibashi，2011）。壳聚糖和壳寡糖对 Ca^{2+}、一氧化氮（NO）、茉莉酸（JA）、苯丙氨酸解氨酶（PAL）的诱导以及蛋白酶抑制剂基因的转录激活在刺激作物生长过程中均起重要作用（Kohle，1985；Faoro，2008；Zuppini，2003；Iriti，2006；Hadwiger，2013；Rakwal，2002；Iriti，2009；Yin，2006；Doares，1995；Khan，2003；Iriti，2008；Rakwal，2002；Pichyangkura，2015；Leung，1998）。

壳聚糖在植物受到生物和非生物胁迫下可诱导产生不同的次生信使。壳聚糖诱导脱落酸（ABA）活性导致气孔关闭在烟草植株中得到证实，用壳聚糖前处理能减少胼胝质的合成，对烟草坏死病毒产生抗性。壳聚糖处理后大豆叶片的 ABA 含量增加，表明 ABA 参与了气孔关闭的过程。对用 ABA 和壳聚糖处理的植物的转录组学和表型分析表明，壳聚糖的作用部分是由于 ABA 信号通路的激活，而 ABA 在调节气孔关闭中起重要作用（Kim，2010；Kuyyogsuy，2018）。此外，已有研究报道了脱落酸诱导气孔关闭，产生抗蒸腾作用（Leung，1998）。壳聚糖处理还能通过增加 H_2O_2 的积累诱导气孔关闭（Lee，1999）。

NO 作为次要信使在植物受到病原体攻击时可诱导 PA（磷脂酸）积累（Raho，2011）。PA 与 ABA 负调控因子 ABI1 相互作用，通过磷脂酶 C 和二酰基甘油激酶（Diacylglycerol kinase，DGK）途径诱导 ABA 介导的气孔关闭（Zhang，2002）。NO 在活性氧产生的下游起作用，与 ABA 或茉莉酸甲酯（MJ）对气孔关闭的作用类似（Srivastava，2009）。通过诱导气孔关闭，用壳聚糖处理的辣椒植株的用水量比对照组减少了 26.43%（Bittelli，2001），这为壳聚糖通过气孔关闭减少蒸腾作用而成为有效的抗蒸腾剂提供了明确的证据。在菜豆、大麦中也有类似的报道（Khokon，2010；Koers，2011）。但是应该指出的是，抗蒸腾剂的应用会对植物生长产生一定的负面影响，其中用壳聚糖处理的叶片的气孔导度和最大光合活性有所降低（Rouhi，2007）。Iriti 等比较了壳聚糖和常规抗蒸腾剂的应用功效，认为壳聚糖作为抗蒸腾剂应用于轻度或偶发干旱的植物上更为适宜（Iriti，2009）。

总的来说，壳聚糖和壳寡糖刺激植物生长的作用机理是诱导植物抗病、抑制植物病害、提供氮素营养和酶催化效应，其中壳聚糖及其衍生物诱导植物产生广谱抗性的方式多样，各种方式的作用机理同时存在、相互关联并协同作用，主要涉及 4 种机理（王希群，2008）。

一、诱导植物抗病机理

壳聚糖和壳寡糖具有抗真菌活性，其作用机理包括：

（1）诱导植物抗性蛋白的产生　包括抵御病原物质的抗性蛋白 - 致病相关蛋白 PR（Pathogenesis Related Proteins）。

（2）诱导木质素形成　木质素是植物维管组织次生细胞壁的主要组分，壳聚糖及其衍生物可诱使植物在其受病菌侵染点周围木质化，形成一个物理屏障后阻止或延迟病原菌的生长及其向周围组织的扩散，从而增强植物的抗病力。

（3）改变植物的酚类代谢　研究发现在植物的病菌侵染点，单宁、绿原酸等酚类物质大量积累。酚类物质本身具有杀菌性，又是木质素形成的前体，因此植物体内酚类的增多，不但可以抗病，还可促使病原侵染处木质化，进一步增强植物的抗病能力。

（4）诱使植物产生愈创葡聚糖，增强植物细胞壁　愈创葡聚糖是一种富含 1，3- 葡萄糖的多聚糖，植物受到病原菌侵害时常在细胞间沉积愈创葡聚糖，将受感染的部位与正常的细胞分开，与木质化一样形成物理屏障。壳聚糖还可以使植物细胞壁发生改变，用壳聚糖处理番茄后，在镰刀菌入侵时番茄细胞壁显著加厚，胞间被填塞，在病菌侵入处形成大量乳头状突起，病原菌被包埋在致密的颗粒状物质中不能进一步扩散（马鹏鹏，2001）。

二、抑制植物病害机理

首先，壳聚糖诱导植物产生广谱抗性，表现在植物对病害的防御反应是由多种植物可诱导基因控制的，病菌侵入或施用壳聚糖等外界刺激可导致这些基因的表达，刺激细胞合成各种防卫蛋白实现其对病害的抗性，其中涉及的防卫蛋白包括 PR 蛋白、植物抗毒素、几丁质酶、壳聚糖酶以及 1, 3- 葡聚糖酶、木质素等。壳聚糖在植物受病虫害侵入后，可在很短时间内富集于细胞核内，与 DNA 有很强的亲和性并可改变 DNA 的结构，影响植物细胞的基因表达；第二，壳聚糖对植物病原菌有直接的抑制作用，主要通过两种机制实现：一是由于壳聚糖是一种多聚阳离子，可与病原菌细胞表面的生物大分子上带负电的侧链相互作用后抑制病原菌生长；二是壳聚糖还可直接进入病原菌的细胞核与 DNA 结合，通过影响病原菌的 mRNA 和蛋白质的合成抑制其生长。

三、氮素营养机理

壳聚糖本身含有 C、N，可被微生物分解利用并作为植物生长的养分供植物吸收，同时还可促进土壤中放线菌的生长，有利于吸附空气中的氮后转换为植物可利用的氮，增加植物的养料。作物生长特别是根系生长不但需要土壤有较好的肥力，还需要有良好的微生态环境为生长发育提供条件。

四、酶催化效应机理

壳聚糖诱导的抗性蛋白主要为植物抗毒素、几丁质酶、壳聚糖酶、1, 3- 葡聚糖酶等，这些酶的底物是真菌细胞壁的主要组分，几丁质酶在与 1, 3- 葡聚糖酶的共同作用下可在体外抑制真菌生长，两种酶通过彼此之间的协同效应使抗菌作用更为明显（夏文水，2002；蒋挺大，2003）。陈惠萍等的研究认为，壳聚糖对植物氨同化关键酶有明显的生理调节功能，有利于蛋白质的生物合成与积累，改善植物的营养品质及园艺性状，并能迅速激发植物的防卫反应，启动植物的防御系统，有效提高抗病性（陈惠萍，2005）。例如壳聚糖对灰霉菌引起的葡萄叶灰霉病有很好的防治效果，其中的作用机理是壳聚糖诱导脂肪氧化酶、苯丙氨酸解氨酶、几丁质酶三种酶的协同作用产生的防御反应。

第四节　壳聚糖和壳寡糖类生物刺激剂的应用

一、土壤调理

壳聚糖和壳寡糖具有“药肥双效”的特点，在改良土壤、提高作物抗病能力、促进作物生长等方面有积极作用。壳寡糖可作为肥料添加剂与氮、磷、钾、腐植酸、微量元素等营养元素复配制成冲施肥，或者添加到生物有机肥发酵产物中得到生物药肥。含有质量百分比 0.1%~0.5% 壳寡糖的冲施肥可以持续为植物提供养分，具有作用时间长、促进植物各阶段生长、绿色无污染等优点，还可以在植物体表面形成有效的防护膜，增强植物体的抗病性和耐受力。壳寡糖添加到生物残渣发酵肥料中可以使肥料具备广谱杀虫、抗病毒、促生长、调代谢等功能，实现肥药一体化（李雨新，2020；胡祥，2006）。

作为土壤调理剂，壳聚糖、壳寡糖具有以下优势：

1. 改善土壤微环境

壳聚糖类产品能使土壤中有益微生物大量繁殖，通过纤维分解细菌、自生氮细菌、乳酸细菌、放线细菌等有益微生物的综合作用，使放线菌等土壤有益菌增加 1000 倍，镰刀菌、线虫类等有害菌显著减少，使土壤中的有机物质矿化和腐植化的速度加快，为植物提供更多养分。壳聚糖能加快土壤团粒结构的形成，使其理化性质得到改善，透气性和保水保肥能力增强，土壤中的养分处于有效活化状态，土壤肥力提高，从根本上改良土壤，根治板结，提高土壤有机质含量。

2. 与微量元素的螯合作用

壳聚糖分子结构中的氨基与铁、铜、锰、锌、钼等微量元素能产生螯合作用，使产品中的微量元素有效态养分增加，从而改良土壤，提高土壤养分的利用率。

3. 改善土壤理化性状

当土壤中施入壳聚糖的酸溶液后，土壤的团粒结构和渗透系数随壳聚糖施用量的增加而增加，而容重、土壤阳离子交换量（CEC）和 pH 则减小。在壳聚糖酸溶液中，酸作为溶剂本身对土壤物理性状的影响不大，壳聚糖酸溶液对土壤化学性状的影响过程较复杂，表现出由壳聚糖和酸对土壤共同作用的结果，其中溶剂酸是影响土壤 pH 的主要因素，其酸性越强，壳聚糖酸溶液的酸性就越强，处理后土壤的 pH 就越小。土壤的阳离子交换能力（CEC）同时受壳聚糖用量和溶剂酸种类的影响。

二、种子萌发

Hai 等用过氧化氢溶液降解壳聚糖后得到的壳寡糖浸泡大豆种子，观察壳寡糖浓度为 50、100、200mg/L 时对种子萌发的影响。结果显示，与对照组相比壳寡糖处理显著提高了大豆种子的发芽率（Hai，2019）。表 10-2 显示壳寡糖预浸种对大豆种子萌发能力的影响。图 10-3 显示大豆发芽第 3 天的效果图。

表 10-2　壳寡糖预浸种对大豆种子萌发能力的影响

壳寡糖浓度 /（mg/L）	第 3 天的萌发率 /%	第 7 天的萌发率 /%
0	80.25 ± 3.10	82.50 ± 2.38
50	85.25 ± 2.75	88.00 ± 4.32
100	89.00 ± 3.83	92.25 ± 3.30
200	91.00 ± 2.00	93.00 ± 2.00

赵肖琼等用浓度为 5、25、50、100、200mg/L 的壳寡糖溶液浸种和叶面喷施，研究其对 20%PEG 胁迫下小麦种子萌发、幼苗生长、氧化损伤、渗透调节物质含量及脯氨酸代谢的影响（赵肖琼，2020）。结果显示，PEG 胁迫下小麦种子发芽势、发芽率、发芽指数、活力指数、幼苗叶片相对含水量、株高、根长、地上部和根部干重、干物质相对增长率、叶绿素和游离氨基酸含量较对照组明显降低，叶片类胡萝卜素、超氧阴离子、丙二醛（MDA）、可溶性蛋白、葡萄糖、蔗糖、脯氨酸含量和吡咯琳 -5- 羧酸合成酶（P5CS）、脯氨酸脱氢酶（ProDH）

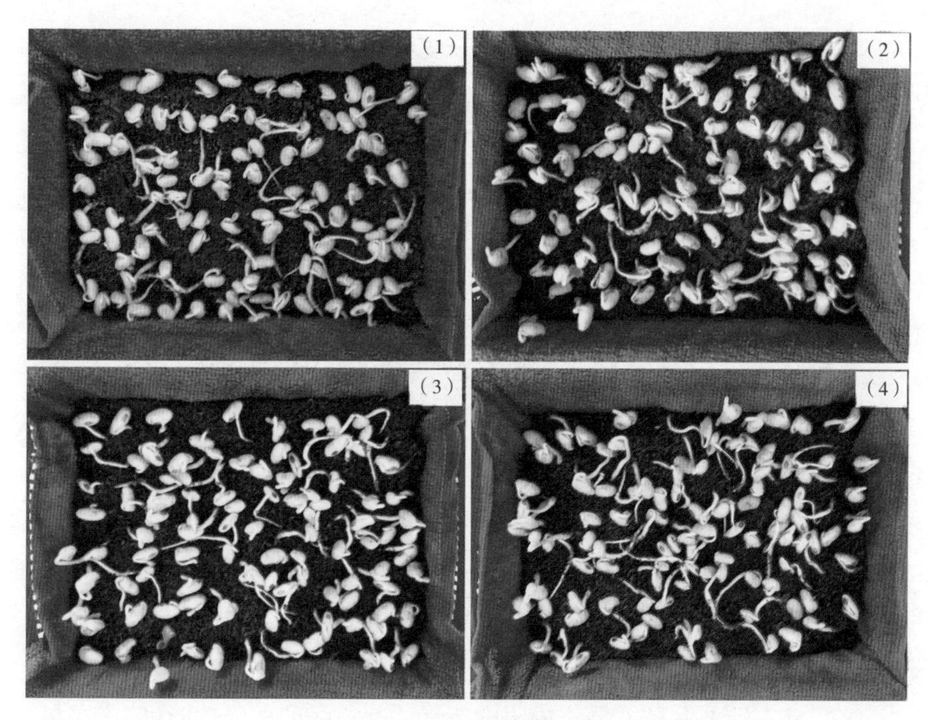

图 10-3　大豆发芽第 3 天效果图

（1）对照组 （2）壳寡糖 50mg/L （3）壳寡糖 100mg/L （4）壳寡糖 200mg/L

活性明显提高。外源适宜浓度的壳寡糖溶液处理可明显促进 PEG 胁迫下小麦种子的萌发和幼苗的生长，降低叶片超氧阴离子、MDA 含量和 ProDH 活性，提升叶片相对含水量、叶绿素、类胡萝卜素、渗透调节物质含量及 P5CS、鸟氨酸 δ- 氨基转移酶（δ-OAT ）活性，其中以壳寡糖浓度为 100mg/L 效果最佳。Guan 等的研究也显示壳聚糖对种子萌发有促进作用（Guan，2009）。图 10-4 显示种子萌发和生根的效果图。

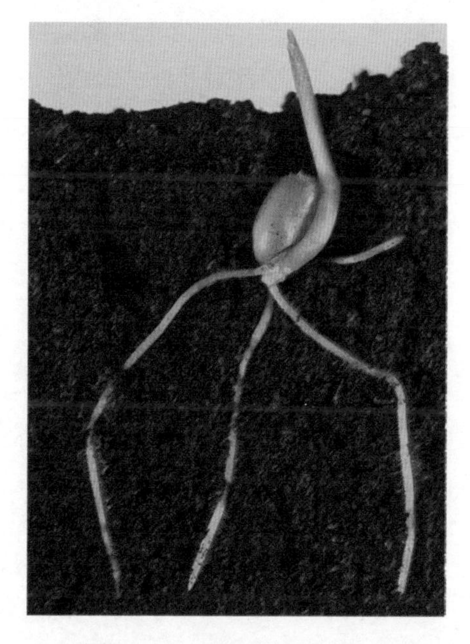

图 10-4　种子萌发和生根的效果图

三、植物营养液

作为植物营养液应用于种植业，壳寡糖可有效提高植物营养吸收能力，促进植物生长，增强植物抗逆活性，且环保无公害，符合绿色植保理念。把平均粒径100nm、表面带弱正电性的壳寡糖 - 硒纳米颗粒作为植物营养调节剂应用于水稻种植，在水稻孕穗期或齐穗期使用一次可提升稻谷硒含量，且富集稳定、不易流失，稻谷总抗氧化能力可以提高 10%~50%，与硒含量成正比。壳寡糖可提高光合作用效率，改善作物产量和品质。以壳寡糖 15000 倍液处理小白菜可使株高、叶片数、叶面积、叶绿素 SPAD 值、地上鲜重等较对照组分别增加 18.3%、18.0%、67.1%、14.4%、33.1%。在温岭高橙不同生长时期通过采用叶片喷雾和根部浇灌方法获得的果实横径和单果重都有显著提高。在抗逆方面，已有研究显示壳寡糖作为植物应答逆境胁迫的重要生长调节物质可诱导植物基因表达，形成各种抗性反应。壳寡糖的使用能显著提高植物对低温、盐碱、重金属等非生物逆境胁迫的抵御效果。以 50 μg/mL 的壳寡糖溶液处理棉花植株可有效提高 β-（1，3）- 葡聚糖酶、几丁质酶和苯丙氨酸解氨酶基因等酶基因的表达量，明显激发植物抗性相关基因的表达（李雨新，2020）。

四、提高肥效

壳聚糖具有溶液黏稠、易于成膜的特性，其极强的成膜功能可以延缓肥料元素的释放、减少养分损失、提高肥效。利用壳聚糖易于成膜的特性可制备种子包衣材料，可将农药或化肥掺入其中获得缓释效果。O′ Herlihy 等（O′ Herlihy，2003）的研究显示，在马铃薯发生晚疫病时，壳聚糖显著降低了马铃薯块茎的侵染，提高了植株对养分的吸收。在另一项研究中，与未处理相比，1% 的壳聚糖和肥料的组合提高了大花（*Eustoma grandiflorum*）根和地上部的氮和磷含量（Ohta，2000）。作为一种生物肥料，壳聚糖应用于不同作物时也得到了类似的结果，如壳聚糖与 N、P、K 复合处理可降低灰霉病的发生（Chen，2016），壳聚糖灌溉可减少根结线虫和衣原体感染（Escudero，2017）。

摩尔质量 ≤ 5000g/mol 的壳寡糖可溶于中性到微碱性的介质中（Nguyen，2017；Hien，2012），应用于作物具有抗菌、抗氧化、免疫刺激、诱导植物防御等多种独特的生物活性（Xia，2011；Mourya，2011；Liaqat，2018；Kim，2005；Yin，2010）。例如，与摩尔质量为 24 和 200kg/mol 的壳聚糖相比，摩尔质量为 5000g/mol 的壳寡糖对马铃薯块茎的抗疫能力最强，诱导产生的植物抗毒素、β-1，3- 葡聚糖酶和几丁质酶的量最大（Vasyukova，2001）。Dzung 等报道了在用摩尔质量为 2500、5000 和 7800g/mol 的壳寡糖对叶面处理后，辣椒产量分别增加 49.8%、13.2% 和 8.4%（Dzung，2017）。除了增产，壳寡糖和壳聚糖还能促进几种农产品中生物活性物质的含量，如希腊牛至中的多酚和姜黄中的姜黄素（Yin，2012；Anusuya，2016）。总的来说，摩尔质量低于 10000g/mol 的壳寡糖对植物生长有良好的生物活性（du Jardin，2015；Das，2015；Patel，2011）。

五、促进作物生长

杨章乐等用田间试验在减少 30% 复合肥施用量的条件下，对烤烟喷施不同质量浓度的壳寡糖有机水溶肥（杨章乐，2020）。结果显示，喷施壳寡糖有机水溶肥可缩短云烟 97 生育期，增加茎围、叶片数、叶面积和地上部、地下部干物质积累量，提高烟叶产量、产值和上等烟比例（杨章乐，2020）。试验采用单因素随机区组设计，以常规施用复合肥 750kg/hm^2 作为对照，每一个品种设 4 个处理，其中处理①：施用复合肥 525kg/hm^2，喷施 400 倍壳寡糖有机水溶肥；处理②：施用复合肥 525kg/hm^2，喷施 500 倍壳寡糖有机水溶肥；处理③：施用复合肥 525kg/hm^2，喷施 600 倍壳寡糖有机水溶肥；处理④为对照组，施用复合肥 750kg/hm^2，喷施清水。表 10-3 显示用不同施肥方法得到的烤烟的农艺形状。表 10-4 显示用不同施肥方法得到的烤烟的干鲜重。

表 10-3 用不同施肥方法得到的烤烟的农艺形状

处理	株高 /cm	茎围 /cm	叶数 / 片	叶长 /cm	叶宽 /cm
1	138.2	9.1	20.6	81.8	35.5
2	130.1	8.4	20.5	75.3	33.5
3	132.1	8.3	21.0	74.1	30.1
4	121.8	8.1	21.2	70.8	31.9

表 10-4 用不同施肥方法得到的烤烟的干鲜重

处理	第一次处理后 15d		第二次处理后 15d	
	根干重	苗干重	根干重	苗干重
1	4.43	32.16	27.00	340.33
2	3.31	29.33	21.30	187.33
3	3.05	27.17	18.67	178.00
4	2.45	21.33	12.33	141.21

Xu 等用不同浓度的羧甲基壳聚糖处理山桃（*Prunus davidiana*）幼苗，研究了羧甲基壳聚糖对植物生长和养分吸收的影响。与对照组幼苗相比，用羧甲基壳聚糖处理的幼苗的质量更大并且含有更多叶绿素、类胡萝卜素等光合作用色素，其中羧甲基壳聚糖的最佳浓度为 2g/L，在此条件下芽重和总叶绿素含量分别增加 26.75% 和 24.64%。此外，羧甲基壳聚糖的应用提高了幼苗的超氧化物歧化酶和过氧化氢酶活性，提高可溶性蛋白含量，降低丙二醛和脯氨酸含量（Xu，2020）。在蔬菜种植中，水溶性羧甲基壳聚糖通过增加黄瓜幼苗生物量促进黄瓜幼苗生长（Yu，2003）。半合成壳聚糖衍生物也能诱导植物抗氧化防御系统，提高植物的抗氧化酶活性（Rabelo，2019）。对于干旱条件下生长的苹果幼苗，壳聚糖的施用增加了叶绿素含量，促进了游离氨基酸、可溶性糖和脯氨酸等渗透调节物的积累，并提高保护酶的活性，促进植物生长，增强抗逆性（Yang，2009）。

六、抗病

针对壳寡糖诱导烟草、柑橘、棉花、马铃薯、水稻、小麦、玉米、草莓、油菜、番茄等作物抗病性的研究均有报道。壳寡糖可诱导作物产生大量的抗病因子，有效预防细菌、病毒、真菌等病原物侵染，达到控制病害的目的。赵小明的研究表明，壳寡糖能诱导烟草表皮细胞产生信号分子 NO 和 H_2O_2，其中 NO 信号分子与壳寡糖诱导的植物防御反应密切相关，当清除植物体内 NO 时，壳寡糖诱导烟草抗病性效果降低（赵小明，2006）。Chen 等认为，壳寡糖是结合在质膜上并激发多种防御反应的诱导子（Chen，2007）。壳寡糖处理水稻 12h 和 24h 后，经二维凝胶电泳发现在蛋白质片段上有 14 个正负调控蛋白质点，其中推测被质谱法成功识别的 8 个蛋白质点可能具有参与植物防御的功能。壳寡糖可有效抑制稻瘟病的发生，预防效果为 79.96%；可降低小麦条锈病、叶锈病、秆锈病的发生率，若与其他化学杀菌剂组合使用，可提高杀菌剂的药效，减少化学农药使用次数一两次。用壳寡糖拌玉米种子，可防控玉米丝黑穗病的发生（杨普云，2017）。

壳聚糖纳米颗粒具有良好的生物相容性、生物降解性、吸附能力和低毒性，是一种负载生物活性物质的载体（Malerba，2015）。Oliveira 等报道了含 *S*- 亚硝基巯基琥珀酸的壳聚糖纳米粒能控制一氧化氮（NO）的释放，减轻盐胁迫对玉米植株造成的潜在危害（Oliveira，2016）。NO 参与植物对盐度、干旱、重金属和极端温度等多种非生物胁迫的响应，对植物生长发育的生理生化过程产生有益影响（Singh，2018）。添加 NO 供体的纳米壳聚糖能减轻玉米植株的盐胁迫效应，这可能是由于纳米配方能较慢释放 NO（Seabra，2014）。Chandra 等的研究发现壳聚糖纳米颗粒诱导了植物先天免疫反应和各种防御相关酶，在植物疾病管理中具有比天然壳聚糖更好的生物活性（Chandra，2015）。

七、生物农药

因其具有抗菌、抗病毒等生物活性和诱导高等植物防御反应的能力，壳聚糖和壳寡糖被广泛应用于农药产品中（李雨新，2020；周佳麟，2019；李鹏程，2020），其主要应用包括以下几点。

1. 杀菌剂

壳寡糖具有广谱抑菌活性，常用于抑制水稻恶苗菌、水稻纹枯菌、番茄叶霉菌、辣椒炭疽病菌等植物病原菌的生长，其抑菌效果随壳寡糖浓度的增加而增加，当浓度达到 4% 时部分病菌可以被完全抑制。

2. 种子处理剂

壳寡糖可有效促进种子萌发、植物生长，抑制细菌菌丝生长，减少相关植物细菌病的发生（陆引罡，2003）。

3. 抗病毒剂

植物病毒病在植物病害中所占比例仅次于真菌病害。烟草花叶病毒（TMV）是烟草的主要病害之一，严重影响烟草的生长。感染 TMV 的烟草品质变差，等级下降。壳寡糖对烟草具有一定的体外保护作用，以感染 TMV 的心叶烟和普通烟 NC89 做对比，在接种 TMV 前 10d 喷施浓度为 40 μg/mL 壳寡糖的抗病毒效果最好（赵龙杰，2012）。除了 TMV，喷施壳寡糖溶液还可以防治黄瓜花叶病毒（CMC）和马铃薯 X 病毒（PVX）等引起的植物局部或全身感染。

4. 杀虫剂

水稻的两种主要病害是稻瘟病和纹枯病，病虫暴发在世界范围内每年可造成水稻上亿千克减产，甚至可以造成 50% 产量损失。Chen 等的研究显示 3 种不同脱乙酰度（75%、85%、92%）的壳寡糖对水稻纹枯病菌有抑制效果（Chen，2007）。胡健等以不同分子质量的壳寡糖作为水稻生长诱导剂，试验结果表明对供试水稻品种叶片的几丁质酶的诱导作用，不同相对分子质量的作用效果是不同的，苗期的诱导速度要快于抽穗期的诱导速度（胡健，2000）。不同水稻品种对纹枯病的抗性、壳寡糖几丁质酶的诱导能力也不同，无论是苗期还是抽穗期，抗病能力强的水稻品种，其几丁质酶的诱导水平也高。

5. 免疫调节剂

任明兴等用相对分子质量为3000的壳寡糖喷施茶树叶面，结果表明壳寡糖对提高茶树抗逆能力有潜在的调节作用（任明兴，2004）。刘弘等用50mg/L的壳寡糖溶液喷施早熟梨，可明显增强树势、提高抗病能力、促进生长、减少落果、防止梨树早期落叶（刘弘，2012）。

八、作物增产

壳聚糖和壳寡糖通过降低病害、降低逆境对作物的影响和危害、提高作物光合效率、促进植物器官分化和养分积累等作用机理，提高作物产量。何培青等用壳聚糖处理番茄叶片，处理后叶片中叶绿素含量明显高于正常植株（何培青，2004）。张佳蕾等在旱薄地条件下以小花生品种“花育20号”和大花生品种“花育22号”为试验材料，研究了叶面喷施不同浓度壳寡糖对叶片衰老、荚果产量的影响。结果表明，壳寡糖处理均显著提高了旱薄地花生饱果期叶片叶绿素含量、保护SOD、POD、CAT等酶的活性、降低MDA含量，显著提高了2个品种的单株结果数、饱果率和荚果产量（张佳蕾，2015）。孟静静等在高产田条件下以小花生品种“花育20号”和大花生品种“花育25号”为试验对象，叶面喷施不同浓度的壳寡糖后均提高了2个品种的单株饱果数和饱果率，显著提高了荚果产量（孟静静，2017）。

李婧等用盆栽试验法研究了叶面喷施不同浓度壳寡糖对小白菜生长及产量的影响。结果表明小白菜喷施适宜浓度的壳寡糖（10000~20000倍液）表现出良好的应用效果，其中以喷施壳寡糖15000倍液处理的促生效果最佳，可使小白菜株高、叶片数、叶面积、叶绿素SPAD值、地上鲜重和根鲜重较对照组分别增加18.3%、18.0%、67.1%、14.4%、33.1%和51.3%（李婧，2019）。马金芝等在生菜上喷施壳聚糖液态肥料，结果显示生菜的生长速度加快，增产率达19.7%（马金芝，2012）。

九、改善作物品质

壳寡糖通过提高叶绿素、维生素C、可溶性总糖的含量、降低可滴定酸含量等改善农产品品质。张佳蕾等的研究结果显示喷施壳寡糖对“花育20号”“花育22号”花生的籽仁蛋白质和脂肪含量均有不同程度的提高（张佳蕾，2015）。雷菲等以樱桃番茄为试验对象，研究叶面喷施150、300、450和600mg/L壳寡糖对樱桃番茄生长、产质量及晚疫病防控效果的影响。结果表明与对照组相比，用叶面喷施不同浓度壳寡糖处理的樱桃番茄的株高、叶绿素含量、产量、维生素C含量、可溶性糖含量及晚疫病的防控效果均显著提高，可滴定酸含量显著降低。叶面喷施450mg/L壳寡糖时樱桃番茄的产量、糖酸比和晚疫病的防控效果均最高，分别为3091.33kg/亩、27.64和75.13%（雷菲，2019）。

十、果蔬保鲜

作为一种天然保鲜剂，壳聚糖具有安全、无毒、抗菌、防霉、保湿等功效，可以在果蔬表面形成一层无色透明的薄膜、减缓果实对O_2的吸收、抑制蒸腾和呼吸作用，从而减少水分和营养的损耗、推迟生理衰老，还可有效抑制细菌的生长繁殖，达到保鲜抑菌的目的（杨普云，2017；杨焕蝶，2020）。国内众多学者利用壳聚糖涂膜对猕猴桃、草莓、黄瓜、青椒、番茄、苹果、柑橘等果实进行保鲜，结果表明在一定程度上能延缓果实衰老、减少腐烂、延长贮藏期（于歆，1999；罗兵，2004）。草莓经1.25%壳聚糖涂膜处理后，在室温（25~30℃）下贮藏2d后果实品质与鲜果几乎无差别，贮藏5d后好果率仍为85.2%。用分子质量为5000u、浓度为0.05%的壳寡糖分别在新疆赛买提杏的坐果期、膨大期、转色期及采收前48h喷施杏树，可以有效降低果实失重率，保持杏果实的硬度和叶绿素含量，延缓可溶性固形物含量的上升和抗坏血酸、可滴定酸含量的降低。采摘前喷施浓度为4g/L、分子质量为5000u的壳寡糖，无论在室温（22~25℃）还是在低温（15±1）℃条件下贮藏，火龙果出现腐烂现象的时间相比对照组延长2~4d。采前喷施1.5g/L壳寡糖溶液同样可以延缓甜瓜失重率的上升和硬度的下降，同时在一定程度上保持可溶性固形物含量、可滴定酸含量和抗坏血酸含量。

研究表明，壳寡糖在种植业领域降低腐烂率和改善果蔬风味方面具有较明显的作用，目前认为壳寡糖减少果蔬采后病害有两个主要途径：一是直接抑制或杀灭一些腐败真菌；二是诱导果蔬产生一系列防御反应从而增强自身的抗病性，其中不同浓度的壳寡糖可能会诱导启动植物体内不同的信号途径（李雨新，2020）。

陈颖等以鲜切苹果为对象，分别用0、1、1.5和2g/100mL的壳寡糖溶液对其进行涂膜处理，在4℃下贮藏，测定其菌落总数、霉菌、酵母菌和大肠菌群数量变化，同时测定其呼吸强度、可溶性固形物、可滴定酸、抗坏血酸含量、褐变指数、硬度、失重率、生理指标多酚氧化酶（PPO）和过氧化物酶（POD）活性。结果表明，壳寡糖涂膜处理对鲜切苹果的微生物生长有明显抑制作用，同时可有效抑制其呼吸强度升高、延缓可溶性固形物和可滴定酸等营养物质的下降，降低失重率、防止软化。但是壳寡糖涂膜处理会促使PPO和POD活性提高，使鲜切苹果的褐变指数（BI）增加。综合比较，浓度为1.5g/100mL的壳寡糖对抑制鲜切苹果微生物生长、延缓营养损失的效果最佳（陈颖，2019）。

Devlieghere等发现壳聚糖涂层加28mg/L二氧化氯可明显抑制冷藏期间鲜切竹笋微生物（总需氧菌、酵母菌、霉菌）生长，也可保持竹笋较高品质，延缓褐变和木质化进程，显著抑制苯丙氨酸解氨酶、肉桂醇脱氢酶、过氧化物酶和多酚氧化酶的活性，调节竹笋代谢活动（Devlieghere，2004）。Xing等的研究显示壳聚糖和壳寡糖能诱导果蔬产生抗微生物信号分子，通过改变与抗病相关的次级代谢物含量提高果蔬对病害的抵抗能力，诱导果蔬产生保护自身抗性（Xing，2018）。Sun等的研究发现，ε-聚赖氨酸与壳寡糖组合能诱导采后番茄水杨酸、苯丙氨酸和茉莉酸水平增加，提高氨裂解酶、过氧化物酶和超氧化物歧化酶活性，降低过氧化氢酶活性和脱落酸、赤霉素水平，从而增加采后番茄货架期（Sun，2018）。

壳聚糖与壳寡糖本身无毒、可食用，其优良的保鲜功效已被广泛应用于多种果蔬、甘薯、绿芦笋、番茄、鳄梨、草莓等的保鲜（Qiu，2014）。相关应用研究表明，使用2mg/mL壳聚糖处理甘薯块根，对甘薯黑斑病菌抑制率可达87.02%，并能完全抑制病原菌孢子萌发甚至致其死亡（Xing，2018）。闫佳琪等用15g/L的壳聚糖溶液处理采后鳄梨发现，处理后的果实基因表达变化明显，7d保质期内的果实硬度较高，质地、肉色、味道等的接受度较高（闫佳琪，2015）。Qiu等的研究发现高分子质量与低分子质量的壳聚糖在浓度为4mg/mL时可有效抑制采后绿芦笋中分离得到的镰刀菌生长，浓度为0.05mg/mL时完全抑制镰刀菌孢子萌发，并且对非目标物无毒，可使绿芦笋在28d的冷藏期间保持良好品质（Qiu，2014）。Gao等用肉桂醛-壳聚糖涂层可明显延缓采后脐橙质量下降速度（Gao，2018）。Duran等将壳聚糖复合抗菌剂，如乳酸链球菌肽、游霉素、石榴和葡萄籽提取物等，应用于新鲜草莓保鲜后果实质量改善明显并延长30d的保质期（Duran，2016）。Perdones等用1%高分子质量壳聚糖和3%柠檬油制成的复合涂料可以减缓草莓呼吸速率并有效抑制番茄灰霉病菌，对采后新鲜草莓保质期的延长效果显著（Perdones，2012）。其中200mg/L的ε-PL与400mg/L的壳寡糖组合具有最佳的体外抗真菌活性，对番茄灰霉病菌的抑制率高达90.22%（Sun，2018）。

第五节　壳聚糖生物刺激剂的应用案例

葛少彬用含壳聚糖的水溶肥喷施辣椒并研究其对主要农艺性状的影响，结果显示有显著的增产作用。喷施壳聚糖水溶肥的辣椒小区的平均产量为48150kg/hm^2，比不喷施任何肥料的常规对照增产4750kg/hm^2，增幅为10.9%，增产显著。试验中设3个处理区，分别为处理1：于辣椒苗期、初花期、膨大期、盛果期各喷施1次，全期共喷施4次含壳聚糖水溶肥料；处理2：同期不喷施任何肥料（常规对照）；处理3：同期喷施等量的清水（对照组）。从表10-5可以看出，收获时处理1辣椒株高分别比处理2、3增加5.4%和3.5%；雌花数分别比处理2、3增加5.7%和2.8%；挂果数分别比处理2、3增加8.0%和3.8%；坐果率分别比处理2、3提高2和1个百分点；平均单果重分别比处理2、3增加4.8%和3.2%（葛少彬，2015）。

表10-5　喷施含壳聚糖水溶肥料对辣椒主要农艺性状的影响

处理	收获时株高/cm	雌花数/（个/株）	挂果数/（个/株）	坐果率/%	平均单果重/g
1	59	37	27	73	65
2	56	35	25	71	62
3（对照组）	57	36	25	72	63

芮法富等针对日光温室种植西瓜易发生蔓枯病的问题，研究了甲壳素对日光温室西瓜蔓枯病及品质的影响。结果表明，复合甲壳素处理西瓜蔓枯病干叶发病率、死棵率、裂瓜率分别较常规施肥降低10.30%、4.80%、5.52%，西瓜成熟期提前2~3d，糖度提高2.4，首茬西瓜产量增加17.23%，西瓜根长增加28.2%，根粗增加56%，根鲜重增加28.1%。这些结果表明甲壳素具有促进西瓜根系生长、诱导抗病性、降低裂瓜率、增加产量、提高糖度、改善品质等作用（芮法富，2021）。表10-6和表10-7分别显示不同处理对西瓜蔓枯病和西瓜糖度的影响。

表 10-6 不同处理对西瓜蔓枯病的影响

处理	单行株数	发病株数	发病率	死棵数	死棵率
复合甲壳素	22.67	8.17	36.0%	3.5	15.4%
常规施肥	22.33	10.33	46.3%	4.5	20.2%

表 10-7 不同处理对西瓜糖度的影响

处理	糖度		
	中心	边缘	平均
复合甲壳素	13.3	10.5	11.9
常规施肥	11.1	7.9	9.5

冯茵菲等用两种含有甲壳素和丰富微量元素的有机水溶肥料，在马铃薯开花前后进行喷施，研究其对马铃薯农艺性状、商品薯率、经济性状、淀粉含量以及产量的影响。结果表明有机肥在马铃薯生产中具有壮根、膨果、促产的积极作用。试验中的供试有机肥料分别为：禧根田（液体，甲壳素≥ 5%）、双傲（液体，复合糖醇≥ 375g/L，甲壳素≥ 5%）。试验设 3 个处理，分别为对照组：常规追肥作对照；处理 1：禧根田 500mL/hm^2 喷施处理：处理 2：禧根田 500mL/hm^2+ 双傲 500g/hm^2 喷施处理。禧根田与双傲均在出苗期进行喷施，分别稀释 500 倍液（冯茵菲，2016）。表 10-8 显示不同处理对马铃薯经济性状的影响。

表 10-8 不同处理对马铃薯经济性状的影响

处理	单株生产力 /g	单株块茎数 / 个	平均薯块重 /g	大于 75g 块茎数 / 个	商品薯率 / %
1	424	4.7	100.0	2.8	65
2	476	5.4	89.7	3.6	67
3（对照组）	354	4.3	92.7	2.9	55

第六节 壳聚糖和壳寡糖的检测和标准

壳聚糖和壳寡糖是一种无毒、无公害、无污染、投入产出高、促进植物生长的新型肥料（胡文玉，1994;张正生，2007），尽管它们已经被作为一种新型生物刺激剂使用，因为目前还缺乏生物刺激剂的立法和标准，这类产品主要以叶面肥、水溶肥的形式销售。2018 年首个生物刺激剂团体标准由中国生物刺激剂发展联盟等单位起草并发布，对推动壳聚糖、壳寡糖等海洋源生物刺激剂的应用起重要作用（李鹏程，2020）。

对于壳聚糖、壳寡糖的分析检测，国内外对保健食品中壳聚糖的定量分析方法很多，但我国目前还没有制定肥料中壳聚糖含量的测定标准，仅在中华人民共和国水产行业标准 SC/T3043—2004《甲壳质与壳聚糖》标准中规定壳聚糖的规格用脱乙酰度、黏度来控制，标准中没有规定壳聚糖含量及相关测定方法。韩书霞等用分光光度法测定肥料中壳聚糖含量，确定了肥料样品的试验溶液的制备过程（韩书霞，2009）。壳聚糖在一定条件下水解后生成的氨基葡萄糖，与乙酰丙酮和对二甲基苯甲醛反应生成红色化合物，其产物可用分光光度法在 525nm 波长处测定。该法所用仪器简单、容易操作、灵敏度高、重现性好，可用于肥料中壳聚糖含量的检测。

壳寡糖现行标准主要是原药化工行业标准、生物刺激素团体标准和各类企业标准，其主要内容如下。

1. 氨基寡糖素原药化工行业标准 HG/T 4926—2016《氨基寡糖素原药》

①氨基寡糖素质量分数；②游离氨基葡萄糖质量分数；③灰分；④水分；⑤ pH；⑥水不溶物，另鉴别要求中规定壳二糖至壳六糖中至少要包含两种或两种以上。

2. T/CAI 002—2018《生物刺激素 甲壳寡聚糖》团体标准

将相对分子质量 <6000 的壳寡糖和甲壳低聚糖统一命名为甲壳寡聚糖。标准要求：①感官要求；②甲壳寡聚糖质量分数；③甲壳寡聚糖平均分子质量；④单糖含量；⑤水分；⑥灰分；⑦水不溶物；⑧ pH；⑨重金属限量。

3. 企业企标

各企业的企标差距较大，①外观性状（有）；②鉴别要求（有）；③相对分子质量（3000~10000 不等）；④脱乙酰度（一般都不标注）；⑤质量分数（有）；⑥水分（有）；⑦灰分（有）；⑧ pH（有）；⑨重金属限量（普遍标注）；⑩微生物限量（部分标注）。

针对壳聚糖和壳寡糖生物刺激剂，行业专家建议的标准包括：①外观性状；②鉴别要求；③相对分子质量（一般小于 3000）；④脱乙酰度（一般大于

70%）；⑤质量分数；⑥水分；⑦灰分；⑧ pH；⑨重金属限量；⑩微生物限量。

标准的不统一不利于壳聚糖和壳寡糖在生物刺激剂领域的推广应用，造成产业整合度不高、产品质量差异巨大。随着肥料产业转型升级和绿色新型农业的发展，壳聚糖、壳寡糖等生物刺激剂的优势将更加凸显，制定统一的国家标准将是今后发展的关键（李鹏程，2020）。

第七节　小结

壳聚糖和壳寡糖是性能优良的生物刺激剂，可诱导植物产生抗蒸腾作用、激活活性氧清除系统、提高气孔导度、促进根系生长和植物整体发育。作为一种生物材料，壳聚糖和壳寡糖较易被土壤中微生物降解、环保无污染、无残留，在具有良好水溶性的同时具有独特的生理活性，易被生物机体吸收利用。大量研究表明壳聚糖和壳寡糖在农业生产上具有诱导抗病、抗逆、促进生长、促进增产、改善品质以及提高农产品耐贮藏性等作用，对农作物增产增收有重要意义。

参考文献

[1] Ali A，Zahid N，Manickam S，et al. Induction of lignin and pathogenesis related proteins in dragon fruit plants in response to submicron chitosan dispersions [J]. Crop Prot，2014，63: 83-88.

[2] Amborabe B E，Bonmort J，Fleurat-Lessard P，et al. Early events induced by chitosan on plant cells [J]. J Exp Bot，2008，59: 2317-2324.

[3] Anusuya S，Sathiyabama M. Effect of chitosan on growth，yield and curcumin content in turmeric under field condition [J]. Biocatal Agric Biotechnol，2016，6: 102-106.

[4] Bittelli M，Flury M，Campbell G S，et al. Reduction of transpiration through foliar application of chitosan [J]. Agric For Meteorol，2001，107: 167-175.

[5] Chandra S，Chakraborty N，Dasgupta A S J，et al. Chitosan nanoparticles: a positive modulator of innate immune responses in plants [J]. Sci Rep，2015，5: 15195-15205.

[6] Chang K L B，Tai M C，Cheng F H. Kinetics and products of the degradation of chitosan by hydrogen peroxide [J]. J Agric Food Chem，2001，49: 4845-4851.

[7] Chen R H，Chang J R，Shyur J S. Effects of ultrasonic conditions and storage in acidic solutions on changes in molecular weight and polydispersity

of treated chitosan [J] . Carbohydr Res, 1997, 299 (4): 287-294.

[8] Chen H P, Xu L L. Isolation and characterization of a novel chitosan-binding protein from non-heading Chinese cabbage leaves [J]. J Integr Plant Biol, 2005, 47: 452-456.

[9] Chen Y E, Yuan S, Liu H M, et al. A combination of chitosan and chemical fertilizers improves growth and disease resistance in *Begonia hiemalis* Fotsch [J]. Hortic Environ Biotechnol, 2016, 57: 1-10.

[10] Chen F, Li Q, He Z. Proteomic analysis of rice plasma membrane associated proteins in response to chitooligosaccharide elicitors [J] .Journal of Integrative Plant Biology, 2007, (6) : 863-870.

[11] Das S N, Madhuprakash J, Sarma P, et al. Biotechnological approaches for field applications of chitooligosaccharides (COS) to induce innate immunity in plants [J]. Crit Rev Biotechnol, 2015, 35: 29-43.

[12] Devlieghere F, Vermeulen A, Debevere J. Chitosan: antimicrobial activity, interactions with food components and applicability as a coating on fruit and vegetables [J]. Food Microbiology, 2004, 21 (6) : 703-714.

[13] Doares S H, Syrovets T, Wieler E W, et al. Oligogalacturonides and chitosan activate plant defensive gene through the octadecanoid pathway [J]. Proc Natl Acad USA, 1995, 92: 4095-4098.

[14] Dong H, Wang Y, Zhao L, et al. Key technologies of enzymatic preparation for DP 6-8 chitooligosaccharides [J] . J Food Proc Eng, 2015, 38 (4) : 336-344.

[15] du Jardin P. Plant biostimulants: definition, concept, main categories and regulation [J]. Sci Hortic, 2015, 196: 3-14.

[16] Duran M, Aday M S, Zorba N N D, et al. Potential of antimicrobial active packaging containing natamycin, nisin, pome-granate and grape seed extract in chitosan coating to extend shelf life of fresh strawberry [J]. Food and Bioproducts Processing, 2016, 98: 354-363.

[17] Duy N N, Phu D V, Anh N T, et al. Synergistic degradation to prepare oligochitosan by γ-irradiation of chitosan solution in the presence of hydrogen peroxide [J]. Rad Phys Chem, 2011, 80: 848-853.

[18] Dzung P D, Phu D V, Du B D, et al. Effect of foliar application of oligochitosan with different molecular weight on growth promotion and fruit yield enhancement of chili plant [J]. Plant Prod Sci, 2017, 20: 389-395.

[19] Einbu A, Grasdalen H, Varum K M. Kinetics of hydrolysis of chitin/chitosan oligomers in concentrated hydrochloric acid [J] . Carbohydr Res, 2007, 342 (8): 1055-1062.

[20] Escudero N, Lopez-Moya F, Ghahremani Z, et al. Chitosan increases tomato root colonization by Pochonia chlamydosporia and their combination reduces

root-knot nematode damage [J]. Front Plant Sci，2017，8: 1415-1421.

[21] Faoro F，Maffi D，Cantu D，et al. Chemical-induced resistance against powdery mildewin barley: the effects of chitosan and benzothiadiazole [J]. Biocontrol，2008，53: 387-401.

[22] Gao Y，Kan C，Wan C，et al. Quality and biochemical changes of navel orange fruits during storage as affected by cinnam-aldehyde-chitosan coating [J]. Scientia Horticulturae，2018，239: 80-86.

[23] Guan Y J，Hu J，Wang X J，et al. Seed priming with chitosan improves maize germination and seedling growth in relation to physiological changes under low temperature stress [J]. J Zhejiang Univ-Sc B，2009，10（6）: 427-433.

[24] Hadwiger L A. Anatomy of a non host disease resistance response of pea to Fusarium solani: PR gene elicitation via DNase，chitosan and chromatin alterations [J]. Front Plant Sci，2015，6: 373-380.

[25] Hadwiger L A. Multiple effects of chitosan on plant systems: solid science or hype [J]. Plant Sci，2013，208: 42-49.

[26] Hai N T T，Thu L H，Nga N T T，et al. Preparation of chitooligosaccharide by hydrogen peroxide degradation of chitosan and its effect on soybean seed germination [J]. Journal of Polymers and the Environment，2019，27: 2098-2104.

[27] Hamer S N，Cord-Landwehr S，Biarnes X，et al. Enzymatic production of defined chitosan oligomers with a specific pattern of acetylation using a combination of chitin oligosaccharide deacetylases [J]. Sci Rep，2015，5: 8716-8722.

[28] He L，Gao Z，Li R. Pretreatment of seed with H_2O_2 enhances drought tolerance of wheat (*Triticum aestivum* L.) seedlings [J]. Afr J Biotechnol，2009，8: 6151-6157.

[29] Hidangmayum A，Dwivedi P，Katiyar D，et al. Application of chitosan on plant responses with special reference to abiotic stress [J]. Physiol Mol Biol Plants，2019，25（2）: 313-326.

[30] Hien N Q，Phu D V，Duy N N，et al. Degradation of chitosan in solution by gamma irradiation in the presence of hydrogen peroxide [J]. Carbohydr Polym，2012，87: 935-938.

[31] Hirano S，Yamamoto T，Hayashi M，et al. Chitinase activity in seeds coated with chitosan derivatives [J]. Agric Biol Chem，1990，54（10）: 2719-2720.

[32] Hsu S C，Don T M，Chiu W Y. Free radical degradation of chitosan with potassium persulfate [J]. Polym Degrad Stab，2002，75（1）: 73-83.

[33] Iriti M，Picchi V，Rossoni M，et al. Chitosan antitranspirant activity is due to abscisic acid-dependent stomatal closure [J]. Environ Exp Bot，2009，66: 493-500.

[34] Iriti M, Faoro F. Chitosan as a MAMP, searching for a PRR [J]. Plant Signal Behav, 2009, 4 (1) : 66-68.

[35] Iriti M, Sironi M, Gomarasca S, et al. Cell death-mediated antiviral effect of chitosan in tabacco [J]. Plant Physiol Biochem, 2006, 44: 893-900.

[36] Iriti M, Faoro F. Abscisic acid mediates the chitosan-induced resistance in plant against viral disease [J]. Plant Physiol Biochem, 2008, 46: 1106-1111.

[37] Ishibashi Y, Yamagguchi H, Yuasa T, et al. Hydrogen peroxidase spraying alleviates drought stress in soybean plants [J]. J Plant Physiol, 2011, 168: 1562-1567.

[38] Je J Y, Kim S K. Chitooligosaccharides as potential nutraceuticals [J]. Adv Food Nutr Res, 2012, 65: 321-336.

[39] Kabal′ Nova N N, Kyu M, Mullagaliev I R, et al. Oxidative destruction of chitosan under the effect of ozone and hydrogen peroxide [J]. J Appl Polym Sci, 2001, 81: 875-881.

[40] Katiyar D, Hemantaranjan A, Singh B, et al. A future perspective in crop protection: chitosan and its oligosaccharides [J]. Adv Plants Agric Res, 2014, 1:6-10.

[41] Khan W, Prithiviraj B, Smith D L. Chitosan and chitin oligomers increase phenylalanine ammonia-lyase and tyrosine ammonia-lyase activities in soybean leaves [J]. J Plant Physiol, 2003, 160: 859-863.

[42] Khokon M A R, Uraji M, Munemasa S, et al. Chitosan-induced stomatal closure accompanied by peroxidase-mediated reactive oxygen species production in *Arabidopsis* [J]. Biosci Biotechnol Biochem, 2010, 74: 2313-2315.

[43] Kim T H, Bohmer M, Hu H, et al. Guard cell signal transduction network: advances in understanding abscisic acid, CO_2 and Ca^{2+} signaling [J]. Annu Rev Plant Biol, 2010, 61: 561-591.

[44] Kim S K, Rajapakse N. Enzymatic production and biological activities of chitosan oligosaccharides (COS) : a review [J]. Carbohydr Polym, 2005, 62: 357-368.

[45] Koers S, Guzel-Deger A, Marten I, et al. Barley mildew and its elicitor chitosan promote closed stomata by stimulating guard-cell *S*-type anion channels [J]. Plant J, 2011, 68: 670-680.

[46] Kohle H, Jeblick W, Poten F, et al. Chitosan- elicited callose synthesis in soybean cells as a Ca^{2+} -dependent process [J]. Plant Physiol, 1985, 77: 544-551.

[47] Kuyyogsuy A, Deenamo N, Khompatara K, et al. Chitosan enhances resistance in rubber tree (*Hevea brasiliensis*), through the induction of abscisic acid (ABA) [J]. Physiol Mol Plant Pathol, 2018, 102: 67-78.

[48] Lee S, Choi H, Suh S, et al. Oligo galacturonic acid and chitosan reduce

stomatal aperture by inducing the evolution of reactive oxygen species from guard cells of tomato and commelina communis [J]. Plant Physiol, 1999, 121: 147-152.
[49] Leung J, Giraudat J. Abscisic acid and signal transduction [J]. Annu Rev Plant Physiol Plant Mol Biol, 1998, 49:199-222.
[50] Li K C, Xing R E, Liu S, et al. Microwave-assisted degradation of chitosan for a possible use in inhibiting crop pathogenic fungi [J]. Int J Biol Macromol, 2012, 51 (5): 767-773.
[51] Li P C, Xing R E, Liu S, et al. Low molecular weight chitosan oligosaccharides and its preparation method [P]. US Patent 7648969B2, 2010-1-19.
[52] Li W J, Jiang X, Xue P H, et al. Inhibitory effects of chitosan on superoxide anion radicals and lipid free radicals [J]. Chin Sci Bull, 2002, 47: 887-889.
[53] Liaqat F, Eltem R. Chitooligosaccharides and their biological activities: a comprehensive review [J]. Carbohydr Polym, 2018, 184: 243-259.
[54] Lin W, Hu X, Zhang W, et al. Hydrogen peroxide mediates defence responses induced by chitosans of different molecular weights in rice [J]. J Plant Physiol, 2005, 162: 937-944.
[55] Ma Z, Yang L, Yan H, et al. Chitosan and oligochitosan enhance the resistance of peach fruit to brown rot [J]. Carbohydr Polym, 2013, 94: 272-277.
[56] Makuuchi K. Critical review of radiation processing of hydrogel and polysaccharide [J]. Rad Phys Chem, 2010, 79: 267-271.
[57] Malerba M, Cerana R. Reactive oxygen and nitrogen species in defense/stress responses activated by chitosan in sycamore cultured cells [J]. Int J Mol Sci, 2015, 16: 3019-3034.
[58] Mejia-Teniente L, Duran-Flores F D, Chapa-Oliver A M, et al. Oxidative and molecular responses in *Capsicum annuum* L. after hydrogen peroxide, salicylic acid and chitosan foliar applications [J]. Int J Mol Sci, 2013, 14: 10178-10196.
[59] Miya A, Albert P, Shinya T, et al. CERK1, a LysM receptor kinase, is essential for chitin elicitor signaling in *Arabidopsis* [J]. Proc Natl Acad Sci USA, 2007, 104: 19613-19618.
[60] Mourya V K, Inamdar N N, Choudhari Y M. Chitooligosaccharides: synthesis, characterization and applications [J]. Polym Sci Ser A, 2011, 53: 583-612.
[61] Nguyen N T, Hoang D Q, Nguyen N D, et al. Preparation, characterization, and antioxidant activity of water-soluble oligochitosan [J]. Green Process Synth, 2017, 6: 461-468.
[62] O'Herlihy E A, Duffy E M, Cassells A C. The effects of arbuscular

mycorrhizal fungi and chitosan sprays on yield and late blight resistance in potato crops from microplants [J]. Folia Geobot，2003，38: 201-207.

[63] Ohta K，Atarashi H，Shimatani Y，et al. Effects of chitosan with or without nitrogen treatments on seedling growth in Eustoma grandiflorum (Raf.) Shinn. Cv. KairyouWakamurasaki [J]. J Jpn Soc Hortic Sci，2000，69: 63-65.

[64] Oliveira H C，Gomes B C，Pelegrino M T，et al. Nitric oxide-releasing chitosan nanoparticles alleviate the effects of salt stress in maize plants [J]. Nitric Oxide，2016，61: 10-19.

[65] Patel S，Goyal A. Functional oligosaccharides: production，properties and applications [J]. World J Microbiol Biotechnol，2011，27: 1119-1128.

[66] Perdones A，Sanchez-Gonzalez L，Vargas A C M，et al. Effect of chitosan-lemon essential oil coatings in storage-keeping quality of strawberry [J]. Postharvest Biology & Technology，2012，70: 32-41.

[67] Petutschnig E K，Jones A M E，Serazetdinova L，et al. The Lysin Motif Receptor-like Kinase (LysM-RLK) CERK1 is a major chitin-binding protein in *Arabidopsis thaliana* and subject to chitin-induced phosphorylation [J]. J Biol Chem，2010，285: 28902-28911.

[68] Pichyangkura R，Chadchawan S. Biostimulant activity of chitosan in horticulture [J]. Sci Hort，2015，196: 49-65.

[69] Pongprayoon W，Roytrakul S，Pichayangkura R，et al. The role of hydrogen peroxide in chitosan-induced resistance to osmotic stress in rice (*Oryza sativa* L.) [J]. Plant Growth Regul，2013，70: 159-173.

[70] Povero G，Loreti E，Pucciariello C，et al. Transcript profiling of chitosan-treated *Arabidopsis seedings* [J]. J Plant Res，2011，124: 619-629.

[71] Qin Y. The production of fibers from chitosan [D]. PhD Thesis，University of Leeds，1990.

[72] Qin C Q，Du Y M，Xiao L. Effect of hydrogen peroxide treatment on the molecular weight and structure of chitosan [J]. Polym Deg Stab，2002，76: 211-218.

[73] Qiu M，Wu C，Ren G，et al. Effect of chitosan and its derivatives as antifungal and preservative agents on post harvest green asparagus [J]. Food Chemistry，2014，155（4）: 105-111.

[74] Rabelo V M，Magalhaes P C，Bressanin L A，et al. The foliar application of a mixture of semisynthetic chitosan derivatives induces tolerance to water deficit in maize，improving the antioxidant system and increasing photosynthesis and grain yield [J]. Sci Rep，2019，9（1）: 8164-8170.

[75] Rakwal R，Tamogami S，Agrawal G K，et al. Octade-canoid signaling component ‘burst’ in rice (Oryza sativa L.) seedling leaves upon wounding by cut and treatment with fungal elicitor chitosan [J]. Biochem Biophys Res

Commun，2002，295（5）: 1041-1045.

[76] Raho N，Ramirez L，Lanteri M L，et al. Phosphatidic acid production in chitosan-elicited tomato cells，via both phospholipase D and phospholipase C/ diacylglycerol kinase，requires nitric oxide [J]. J Plant Physiol，2011，168（6）: 534-539.

[77] Rouhi V，Samson R，Lemeur R，et al. Photosynthetic gas-exchange characteristics in three different almond species during drought stress and subsequent recovery [J]. Environ Exp Bot，2007，59（2）: 117-129.

[78] Sathiyabama M，Akila G，Einstein C R. Chitosan-induced defence responses in tomato plants against early blight disease caused by *Alternaria solani*（Ellis and Martin）Sorauer [J]. Arch Phytopathol Plant Prot，2014，47: 1777-1787.

[79] Seabra A B，Rai M，Duran N. Nano carriers for nitric oxide delivery and its potential applications in plant physiological process: a mini review [J]. J Plant Biochem Biotechnol，2014，23: 1-10.

[80] Singh B N，Dwivedi P，Sarma B K，et al. Trichoderma asperellum T42 reprograms tobacco for enhanced nitrogen utilization efficiency and plant growth when fed with N nutrients [J]. Front Plant Sci，2018，9: 163-170.

[81] Srivastava N，Gonugunta V K，Puli M R，et al. Nitric oxide production occurs downstream of reactive oxygen species in guard cells during stomatal closure induced by chitosan in abaxial epidermis of *Pisum sativum* [J]. Planta，2009，229（4）: 757-765.

[82] Sun T，Zhou D，Xie J，et al. Preparation of chitosan oligomers and their antioxidant activity [J]. Eur Food Res Technol，2007，225: 451-456.

[83] Sun G，Yang Q，Zhang A，et al. Synergistic effect of the combined bio-fungicides ε-poly-l-lysine and chitooligosaccharide in controlling grey mould（*Botrytis cinerea*）in tomatoes [J]. International Journal of Food Microbiology，2018，276: 46-53.

[84] Tian F，Liu Y，Hu K，et al. The depolymerization mechanism of chitosan by hydrogen peroxide [J]. J Mater Sci，2003，38: 4709-4712.

[85] Tishchenko G，Simunek J，Brus J，et al. Low molecular-weight chitosans: preparation and characterization [J]. Carbohydr Polym，2011，86（2）: 1077-1081.

[86] Ulanski P，von Sonntag C. OH-Radical-induced chain scission of chitosan in the absence and presence of dioxygen [J]. J Chem Soc Perkin Trans，2000，2: 2022-2028.

[87] Vasiukova N I，Zinoveva S V，Iiinskaia L I，et al. Modulation of plant resistance to diseases by water-soluble chitosan [J]. Prikladnaia Biokhimiia Mikrobiologiia，2001，37（1）: 115-122.

[88] Vasyukova N I，Zinoveva S V，Ilinskaya L I，et al. Modulation of plant

resistance to disease by water-soluble chitosan [J]. Appl Biochem Microbiol, 2001, 37: 103-109.

[89] Wu S J, Pan S K, Wang H B, et al. Preparation of chitooligosaccharides from cicada slough and their antibacterial activity [J] . Intern J Biol Macromol, 2013, 62: 348-351.

[90] Xia W, Liu P, Zhang J, et al. Biological activities of chitosan and chitooligosaccharides [J]. Food Hydrocoll, 2011, 25: 170-179.

[91] Xing K, Li T J, Liu Y F, et al. Antifungal and eliciting properties of chitosan against *Ceratocystis fimbriata* in sweet potato [J]. Food Chemistry, 2018, 268: 188-195.

[92] Xu D, Li H, Lin L, et al. Effects of carboxymethyl chitosan on the growth and nutrient uptake in *Prunus davidiana* seedlings [J]. Physiol Mol Biol Plants, 2020, 26 (4) : 661-668.

[93] Yang F, Hu J J, Wu H J, et al. Chitosan enhances leaf membrane stability and antioxidant enzyme activities in apple seedlings under drought stress [J]. Plant Growth Regul, 2009, 58: 131-136.

[94] Yin H, Li S, Zhao X, et al. cDNA microarray analysis of gene expression in *Brassica napus treated* with oligochitosan elicitor [J]. Plant Physiol Biochem, 2006, 44: 910-916.

[95] Yin H, Zhao X, Du Y. Oligochitosan: a plant disease vaccine-a review [J]. Carbohydr Polym, 2010, 82: 1-8.

[96] Yin H, Frette X C, Christensen L P, et al. Chitosan oligosaccharides promote the content of polyphenols in Greek oregano (Origanum vulgare ssp. hirtum) [J]. J Agric Food Chem, 2012, 60: 136-143.

[97] Yu R Z, Yu X C, Wang G H. Effect of chitin on the growth and physiological characteristics of cucumber seedling [J]. Acta Agric Borealioccident Sin, 2003, 12 (4) : 102-104.

[98] Yue W, He R A, Yao P J, et al. Ultra violet radiation-induced accelerated degradation of chitosan by ozone treatment [J]. Carbohydr Polym, 2009, 77 (3) : 639-642.

[99] Zhang X K, Tang Z L, Zhan L, et al. Influence of chitosan on induction rape seed resistance [J]. Agric Sci China, 2002, 35: 287-290.

[100] Zuppini A, Baldan B, Millioni R, et al. Chitosan induces Ca^{2+} mediated programmed cell death in soybean cells [J]. New Phytol, 2003, 161: 557-568.

[101] 李淼. 甲壳素肥料在农林业上的应用[J].山西林业，2012，(4)：16-17.

[102] 刘晓琳. 壳聚糖在农业生产中的应用现状及发展前景[J].农业科技通讯，2010，(3)：96-97.

[103] 李鹏程. 海洋生物资源高值利用研究进展[J]. 海洋与湖沼，2020，51 (4)：750-758.

[104] 王希群，郭少华，林建军，等. 壳聚糖生产肥料的原理、工艺及其在农业上的应用研究[J]. 山东农业科学，2008，8：75-80.
[105] 林正欢，夏峥嵘，李绵贵，等. 低聚水溶性壳聚糖的制备研究[J]. 精细石油化工进展，2002，3（10）：14-16.
[106] 刘松，邢荣娥，于华华，等.微波辐射对不同介质均相壳聚糖的降解研究[J]. 食品科学，2005，26（10）：30-34.
[107] 杨靖亚，郑雯静，李诗怡. 壳寡糖的制备及生物活性研究进展[J]. 国际药学研究杂志，2020，47（7）：502-507.
[108] 李大鹏，王莹，刘伟，等. 超声波降解法制备低聚壳聚糖工艺及其抗菌作用研究［J］. 农产品加工（学刊），2013，（13）：16-18.
[109] 康斌，戚志强，伍亚军. γ辐射降解法制备小分子水溶性壳聚糖［J］. 辐射研究与辐射工艺学报，2006，24（2）：83-86.
[110] 王鲁霞，吴延立，马文平. 壳寡糖的制备方法及其在食品中的应用现状[J］. 安徽农业科学，2014，（32）：271-273.
[111] 刘晓，石瑛，白雪芳，等. 甲壳低聚糖的酸水解［J］. 中国水产科学，2003，（1）：70-73.
[112] 王德源，楚杰，马耀宏，等. 壳寡糖的酶法制备及应用研究进展［J］.山东食品发酵，2003，（3）：19-20.
[113] 李丹丹，马英，柏韵，等. 响应面法优化微波辅助果胶酶制备壳寡糖的工艺［J］. 食品工业科技，2018，39（20）：152-156.
[114] 周孙英，余萍，陈盛，等. 四种不同类型酶降解壳聚糖的效果比较［J］. 海峡药学，2003，15（1）：58-61.
[115] 朱恒，王超，张一驰，等. 酶法制备壳寡糖工艺优化及抗氧化能力分析[J]. 安徽农学通报，2020，26（6）：28-31.
[116] 蒋瑶，黄兰兰，邬思辉. 酶解法制备壳寡糖的工艺探索[J]. 广东职业技术教育与研究，2020，（5）：196-199.
[117] 段新芳. 甲壳素和壳聚糖的研究及其在农林业中的应用[J]. 世界林业研究，1998，3:9-14.
[118] 黄丽萍，刘宗明，姚波. 甲壳质、壳聚糖在农业上的应用[J]. 天然产物研究与开发，1999，11（5）：60-63.
[119] 赵云强，方伊. 甲壳索、壳聚糖的综合应用及其发展前景[J]. 贵州化工，2001，26（1）：10-13.
[120] 李庆梅，付增娟，张洪燕. 壳聚糖对长白落叶松和侧柏种子萌发的影响[J]. 林业科学研究，2007，20（4）：524-527.
[121] 马鹏鹏，何立千. 壳聚糖对植物病害的抑制作用研究进展[J]. 天然产物研究与开发，2001，13（6）：82-86.
[122] 夏文水，苏畅. 甲壳素的酶水解机理及动力学研究进展[J]. 无锡轻工大学学报（食品与生物技术），2002，21（4）：434-438.
[123] 蒋挺大. 甲壳素[M]. 北京：化学工业出版社，2003.

[124] 陈惠萍，徐朗莱．壳聚糖调节植物生长发育及诱发植物抗病性研究进展[J]. 云南植物研究，2005，27（6）：613-619.
[125] 李雨新，李尚勇，陈雪红. 壳寡糖的分析方法及其在种植业领域的应用[J]. 农村经济与科技，2020，31（8）：78-80.
[126] 胡梓，王瑞霞，奥岩松．壳聚糖对土壤理化性状的影响[J]．土壤通报，2006，37（1）：68-72.
[127] 赵肖琼，梁泰帅，张恒慧. 壳寡糖对PEG胁迫下小麦种子萌发、幼苗生长及渗透调节物质的影响[J].种子，2020，39（2）：91-95.
[128] 周佳麟，陈咏梅，吴旭乾，等. 生物农药壳寡糖应用研究概况[J]. 河南农业，2019，11：61-62.
[129] 杨章乐，左伟标，张学军，等. 壳寡糖有机水溶肥对烤烟云烟97 生长发育和产质量的影响[J]. 安徽农业科学，2020，48（3）：158-160.
[130] 赵小明.壳寡糖诱导植物抗病性及其诱抗机理的初步研究［D］.北京：中国科学院研究生院，2006.
[131] 杨普云，李萍，张善学，等.植物免疫诱抗剂氨基寡糖素应用技术[M].北京：中国农业出版社，2017.
[132] 陆引罡，钱晓刚，彭义，等. 壳寡糖油菜种衣剂剂型应用效果研究[J]. 种子，2003，（4）：36-37.
[133] 赵龙杰. 新型壳寡糖衍生物对TMV诱导抗性的研究[D].郑州：河南农业大学，2012.
[134] 胡健，陈云，陈宗祥. 壳寡糖对水稻纹枯病不同抗性品种几丁质酶诱导的研究[J].扬州大学学报（农业与生命科学版），2000，（4）：37-40.
[135] 任明兴，骆耀平，汤玉平，等. 壳聚糖在茶树上的应用效应[J]. 茶叶，2004，（4）：221-223.
[136] 刘弘，汪小伟，程兰，等. 壳寡糖在早熟梨生产中的应用研究[J].中国南方果树，2012，（1）：17-21.
[137] 何培青，蒋万枫，张金灿，等.壳寡糖对番茄叶挥发性抗真菌物质及植保素日齐素的诱导效应[J]. 中国海洋大学学报（自然科学版），2004，（6）：1008-1012.
[138] 张佳蕾，郭峰，万书波，等.壳寡糖对旱薄地花生叶片衰老及产量和品质的影响［J］.西北植物学报，2015，（3）：516-522.
[139] 孟静静，张佳蕾，刘应炜，等.壳寡糖对高产花生叶片衰老及产量和品质的影响［J］.中国油料作物学报，2017，（4）：483-487.
[140] 李婧，高小佳，张东旭，等.叶面喷施壳寡糖对小白菜生长及产量的影响[J]. 现代化农业，2019，11：8-9.
[141] 马金芝，刘悦上，陆卓. 生菜施用壳聚糖液态肥料的效果[J].农业科技通讯，2012，（12）:79.
[142] 雷菲，张冬明，谭皓，等. 叶面喷施壳寡糖对樱桃番茄产质量及晚疫病防控效果的影响[J]. 贵州农业科学，2019，47（9）：74-77.

[143] 杨焕蝶，张翔，亚历山大·苏沃洛夫，等. 壳聚糖与壳寡糖抑菌保鲜研究进展[J].山东农业科学，2020，52（2）：167-172.

[144] 于歆，周春华.几丁质/壳聚糖在果实贮藏上的应用[J]. 食品科学，1999，20（8）：58-61.

[145] 罗兵，徐朗莱，孙海盐. 壳聚糖对黄瓜品质和产量的影响[J]. 南京农业大学学报，2004，27(1)：20-23.

[146] 陈颖，刘程惠，白雯睿，等. 壳寡糖涂膜对鲜切苹果的保鲜作用[J].食品工业科技，2019，40（9）：269-274.

[147] 闫佳琪，张忆楠，赵玉梅，等. 壳寡糖控制果蔬采后病害及诱导抗病性研究进展［J］. 食品科学，2015，36（21）：268-272.

[148] 葛少彬. 含壳聚糖水溶肥料在辣椒上的应用效果研究[J]. 现代农业科技，2015，（7）：85-87.

[149] 芮法富，孙明伟，马洪涛，等. 甲壳素对日光温室西瓜蔓枯病及品质的影响[J]. 现代农业科技，2021，（3）：110-111.

[150] 冯茵菲，王晓磊. 甲壳素有机水溶肥料在马铃薯生产上的应用效果研究[J]. 现代农业科技，2016，（24）：64-66.

[151] 胡文玉，吴娇莲. 壳聚糖的性质和用途及其在农业上的应用前景[J]. 植物生理学通讯，1994，30（4）：294-296.

[152] 张正生，薛绍玲. 甲壳素/壳聚糖的应用研究进展[J]. 科教视野，2007，21：34-35.

[153] 韩书霞，李德波，陈菊，等. 分光光度法测定肥料中壳聚糖含量[J]. 中国土壤与肥料，2009，（2）：71-72.

第十一章　海洋源生物刺激剂的应用功效

第一节　引言

海藻酸、壳聚糖、鱼蛋白等海洋源生物活性物质及其各种衍生制品在农业生产领域已经有很长的应用历史，其作为生物刺激剂的优良使用功效在园艺、花卉种植等领域已经得到证实。当今世界人类对食品数量和质量的要求在不断提高，而气候变化异常、土壤盐碱化等因素给农业和食品生产带来全新的挑战，同时也为海洋源生物刺激剂的发展提供了机遇。面向未来，海洋源生物刺激剂的独特功效将在 21 世纪绿色农业发展中起重要作用，其品种、质量和应用也将进一步扩大和提升，尤其是随着对作用机理的进一步理解，产品的配方、使用方法及活性成分的缓控释放等领域的进展将为海洋源生物刺激剂的发展提供新的动力。

作为一类农资产品，海洋源生物刺激剂与传统肥料和其他新型肥料相比的优势包括以下几类。

1. 纯天然特性

以海洋源生物材料经过研磨、熟化、发酵、螯合等先进工艺制成的生物刺激剂是一种无毒、无公害、可生物降解的纯天然生物有机制品。

2. 不污染土壤

海洋源生物刺激剂是天然土壤改良剂，其含有的海藻酸、壳聚糖、蛋白质等是土壤调节物质，不但不产生污染源，还可以修复污染土壤、抵抗土壤恶化。

3. 改善土壤

海洋源生物刺激剂均为亲水性物质，可促进土壤颗粒结构的形成，增加土壤中的有益微生物和土壤的生物活性，其所含的多糖、多酚、蛋白质等生物活性物质可改善土壤结构、增加土壤透气保水能力，施用后能有效解决土壤盐碱化及土壤板结问题，并且可与化肥复配成有机、无机复合肥，增强肥效。

4. 营养全面

海洋源生物刺激剂的核心营养元素是纯天然的海洋生物质成分，经过特殊工艺处理后，保留了促进植物生长的各种天然活性成分。

5. 快捷的肥效

海洋源生物刺激剂中的营养元素极易被植物吸收，施用后 2~3h 即可进入植物体内。

6. 独特的促生长功效

海洋源生物刺激剂可显著促进作物根系发育，提高光合作用，强壮植株、改善作物品质，增强抗病、抗寒、抗旱能力，促进果实早熟。

7. 很好的抗逆性

海洋源生物刺激剂可与植物及土壤生态系统和谐作用，促进植物建立起一个健壮的根系，增进其对土壤养分、水分与气体的吸收能力，有效提高作物的抗逆性。

8. 巨大的发展潜力

海洋源生物刺激剂充分利用了海水养殖、海产品加工等行业提供的生物质资源，从蓝色海洋中为绿色农业的发展寻找解决方案，在新时代海洋经济和农业生产中有巨大的发展潜力。

第二节　海洋源生物刺激剂功效概述

海洋源生物刺激剂对植物生长有重要的刺激作用，对植物生长过程中的一系列指标产生积极影响，其中包括：

（1）生育性状。

（2）株高。

（3）茎长。

（4）主茎节间的数目。

（5）主蔓粗。

（6）每棵侧枝数。

（7）每棵叶片数。

（8）叶面积。

（9）每棵芽的鲜重。

（10）每棵芽的干重。

（11）每棵根的鲜重。

（12）每棵根的干重。

（13）产物性状。

（14）每棵的豆荚数。

（15）每棵的种子数。

（16）每棵的种子产量。

（17）种子质量。

（18）植物细胞中 N、P、K 含量。

大量科学研究和生产实践证明海洋源生物刺激剂在农业生产中有优良的使用功效（Shekhar Sharma，2014；Khan，2009），包括：

（1）促进根际细菌增长。

（2）抑制土壤传播疾病和线虫病。

（3）促进根系健康生长。

（4）提高萌发率。

（5）改善生节。

（6）降低热和霜冻的影响。

（7）加强细胞壁抗虫、抗真菌。

（8）促进发芽和开花。

（9）提高块根作物品质。

（10）提高品质、大小、口味和产量。

海藻酸、壳聚糖、鱼蛋白、褐藻多酚等大量海洋源生物刺激剂可以改良土壤、培肥地力、提高土壤中养分利用率、促进生根、解决重茬、诱导植物抗病抗逆性、减少化学农药用量、降低根部病害发生率、防治根结线虫、强化光合作用、提高作物品质、增加产量，这些优良的使用功效一方面取决于海洋源生物刺激剂的独特性能，另一方面也与环境、作物以及产品的合理应用密切相关。图 11-1 总结了影响海洋源生物刺激剂应用功效的各种因素。

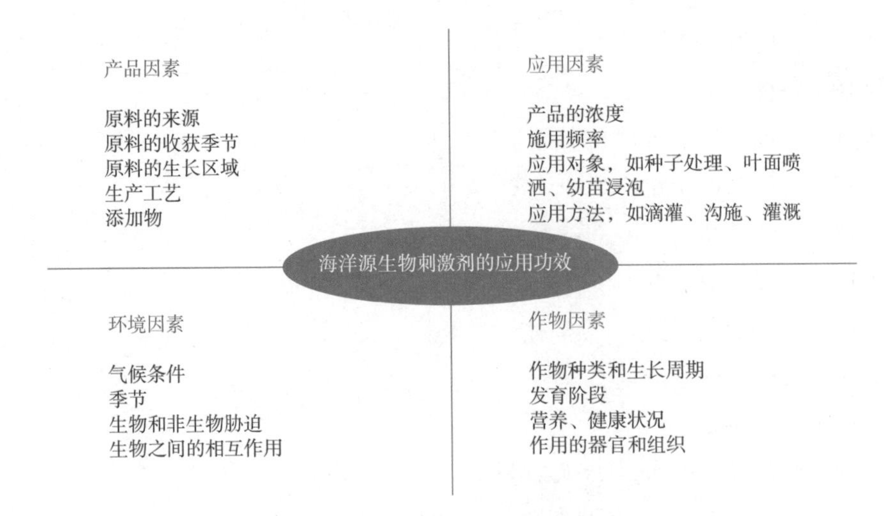

图 11-1　影响海洋源生物刺激剂应用功效的各种因素

第三节　鱼蛋白和氨基酸类生物刺激剂的应用功效

一、鱼蛋白液肥的应用功效

以海洋鱼类生物质为原料加工制成的鱼蛋白液肥含有鱼胶原蛋白、小分子多肽、游离氨基酸、不饱和脂肪酸、有机质、氮磷钾养分等多种生物活性物质以及丰富的钙镁等中微量元素，具有优良的应用功效。

1. 促进土壤健康、培肥地力

鱼蛋白肥料富含多种有机质，可刺激土壤中的有益微生物迅速繁殖，提高土壤活力，其亲水性成分可优化土壤团粒结构，提高土壤透水透气、保水保肥能力，释放土壤固定养分，增加土壤肥力，通过改善根际微环境促进作物根系生长。

2. 增强作物生理机能和抗逆能力

（1）抗冻　鱼蛋白、多肽、氨基酸、维生素、有机酸等成分可降低作物体液凝固点，作物吸收后可保护其减少或避免低温伤害。

（2）抗旱　促进根系发达，增强对水分的吸收能力，提高作物抗旱性。

（3）抗涝　氨基酸、多肽、维生素等天然生物活性物质可以有效增强作物生理机能，提高抗涝能力。

（4）抗病虫　有效维护植物细胞稳定，促使植物叶片厚实，增强作物对病菌和害虫的抵抗能力。

（5）抗盐碱　鱼蛋白肥料含有的有机物质可缓冲盐碱对作物的不利影响，提高抗盐碱能力。

3. 促进生长、增加产量

鱼蛋白肥料既含有粗蛋白、多肽、多糖等大分子缓效态养分，又含有游离氨基酸、小肽、维生素等小分子速效态养分，能调节、平衡作物生长发育，均衡吸收所需营养，防止各种营养缺乏症，使叶色浓绿，茎秆粗壮，促进作物光合作用，提早开花、坐果，果实膨大、色泽好，有效改善农产品品质，后期保持作物生长活力，预防早衰，延长采收期，增加产量。

4. 节本增效、绿色环保

鱼蛋白肥料可大幅提高作物对化肥的利用率，减少化肥用量，并稳产提质。同时提高作物抗病虫害能力，减少农药使用次数和剂量，降解农药残留，适宜于无公害、绿色、有机食品的种植生产。

二、氨基酸水溶肥的应用功效

氨基酸水溶肥具有显著的发根、促苗、壮秆、抗逆、防裂、增产、优质等功效（张强，2001）。土壤氨基酸是土壤微生物的重要营养源，作为前体生物合成各种活性物质刺激植物生长、调节植物生理过程。施用外源氨基酸同样可以通过土壤微生物的代谢活动合成植物生长调节物质，既发挥肥料的营养功能，又发挥植物生长刺激剂的作用。

图 11-2 显示几种氨基酸在植物生长各个阶段的应用功效（张强，2001），具体内容如下文所述。

图 11–2　几种氨基酸在植物生长各个阶段的应用功效

（一）氨基酸是植物生长刺激剂生物合成的前体

氨基酸是土壤有机氮的重要组成部分，也是土壤微生物的重要营养源。植物根系分泌物中的自由氨基酸含量高于根际以外区域的含量，根际吲哚乙酸（IAA）含量是根际外的 3~5 倍。土壤微生物在其生长代谢过程中利用氨基酸作为氮源合成植物生长调节剂，其中 L- 色氨酸（L-TRP）是生长素 IAA 生物合成的前体，L- 甲硫氨酸（L-MET）是乙烯生物合成的前体。IAA 是生长素中发现最早同时活性最强的植物生长刺激剂，作为 IAA 生物合成的前体，L- 色氨酸在土壤氨基酸中仅占 2%，但在土壤和植物体内 IAA 的合成过程中起关键作用。1987 年，Frankerberger 等（Frankerberger，1987）用 HPLC 光谱测定法证明由土壤 - 根界面分离出来的一种荧光假单胞菌能把 L-TRP 转化为 IAA，从而建立了由 L-TRP 合成 IAA 的微生物途径。乙烯是植物体内重要的内源激素，直接影响植物的成熟。土壤中的一些真菌和细菌在代谢过程中利用氨基酸合成乙烯。Arshad 等的研究表明，玉米根际的微生物可将土壤中的氨基酸合成为乙烯，其中生物合成的前体主要是 L- 甲硫氨酸（Arshad，1991）。

（二）氨基酸可促进植物生长

土施 L- 色氨酸比土施 IAA 可以产生更好的植物生长刺激作用，其通过微生物途径合成的 IAA 作用平缓，能均匀稳定刺激作物生长（Frankerberger，1988）。Frankenberger 等把 L-TRP 于移植前 2 周施入土壤，能使西瓜和甜瓜产量分别提高 69% 和 42%，平均单瓜重量分别提高 43% 和 36%（Frankerberger，1991）。陈振德（陈振德，1997）的研究结果表明，土施 L-TRP 能使甘蓝产量提高 7.1%~35.0%，全株质量提高 2.4%~23.2%。

（三）氨基酸能改善植物养分吸收

陈振德的研究表明，土施 L-TRP 明显提高了甘蓝植株对氮素的吸收能力，与对照组相比平均提高 17.4%，植株氮浓度平均提高 7.2%。同时，土施 L-TRP 可促进氮素向球叶的运转和分配，增加氮素在球叶中的积累，提高甘蓝的收获指数（陈振德，1997）。Frankenberger 等的研究结果也表明，土施 L-TRP 后，萝卜、西瓜、甜瓜的氮素吸收量明显增加（Frankerberger，1988；Frankerberger，1991）。

目前各种类型的氨基酸水溶肥已经广泛应用于农业生产。表 11-1 总结了文献中报道的氨基酸水溶肥的应用功效。

表 11-1 氨基酸水溶肥的应用功效

作物	应用功效
番茄	比常规施肥的番茄亩增产 470kg，增产率为 6.67%；比施等量清水的番茄亩增产 385.7kg，增产率为 5.40%（肇雪艳，2018）
草莓	较清水对照每亩增产 108.7 kg，增产率 8.3%，每亩新增纯收入 1692.2 元，产投比 37.0∶1（李中义，2019）
茶叶	含氨基酸水溶肥料使用量 75mL/ 亩、100mL/ 亩、150mL/ 亩三种处理的茶叶产量均比空白对照高，同时降低咖啡碱和总灰分，增强茶树的抗逆性（李大庆，2019）
小白菜	以喷施含氨基酸水溶肥料小白菜处理最佳，其株高、增产等方面均比其他处理表现良好，增产 117.8kg/ 亩，增幅为 6.8%（黄秀连，2017）
柑橘	试验较清水对照平均亩增产为 564.4kg，增产率 13.3%，亩增产值为 1693.2 元，投入产出比为 1∶27.2（赵艳茹，2020）
黄瓜	能明显改善黄瓜生育性状，提高单果质量和结果量，减少病株数，具有明显增产作用（张娜，2020）
青椒	明显改善青椒的生育性状，增加产量 322.4kg/ 亩（刘明震，2017）
西瓜	植株健壮、叶色浓绿、果实个大均匀，单瓜增重 0.11kg，且大小均匀，增糖效果明显，商品性较好，产量比对照增产 130.9kg/ 亩，增产率为 5.5%，净增收入 703.0 元 / 亩，投入产出比为 1∶23.4（王连祥，2020）
油菜	与常规施肥比较，平均产增 89.97 kg/ 亩和 86.13kg/ 亩，增产 6.25% 和 5.76%，与喷清水处理比较平均产增 81.58kg/ 亩和 78.15kg/6 亩，增产 5.67% 和 5.22%（徐康明，2020）
小麦	相对于常规施肥，对照处理产量增加 760.0kg/hm^2，增幅 18.81%（李佳钊，2019）
马铃薯	在黑龙江省双城区幸福乡庆宁村试验增产 317.5kg/ 亩、增产幅度 13.4%；在乐群乡乐民村试验增产 330.4kg/ 亩，增产幅度 13.8%（赵金红，2021）

第四节 壳聚糖和壳寡糖类生物刺激剂的应用功效

壳聚糖和壳寡糖具有优良的生物刺激功效，可促进植物生长、减少药剂使用量，在农业生产中具有抗病、抗逆、促进生长、增产、提质、保鲜等作用（马雪丽，2018；于汉寿，1999），尤其在抗生物和非生物胁迫、增强光合作用、改善作物品质、抑菌、抗病毒等方面的功效显著。

一、抗生物胁迫

壳聚糖和壳寡糖能诱导植物产生苯丙氨酸解氨酶（PAL）、超氧化物歧化酶（SOD）、过氧化物酶（POD）、多酚氧化酶（PPO）、植保素等多种抗性物质，并合成几丁质酶等对真菌、细菌侵染有防御作用的生理活性物质，增强植物对外界不良环境的抗御能力。壳聚糖及其降解产物对土壤、种子有极强的杀菌作用，可使土壤中的有益微生物大量繁殖，而这些微生物分泌出的抗生素类物质可抑制腐霉菌、丝核菌、尖镰孢菌、霉菌、镰刀菌、线虫等有害微生物的生长，保证植物的正常生长发育，对根腐病、枯萎病、黄萎病、线虫等有明显的防控效果，可明显降低植物根部病害和线虫病害的发生率。壳聚糖和壳寡糖可以诱导防治的主要病害包括以下几类（李淼，2012）。

（1）小麦　赤霉病、白粉病、锈病。

（2）大麦　纹枯病、黑粉病。

（3）水稻　稻瘟病、恶苗病、立枯病。

（4）大豆　菌核病、叶斑病。

（5）油菜　菌核病、炭疽病。

（6）烟草　枯萎病、炭疽病、菌核病、蛙眼病。

（7）棉花　立枯病、炭疽病、枯萎病、根腐病。

（8）花生　炭疽病、白绢病。

（9）西瓜　丝核菌立枯病、叶枯病、白粉病、菌核病。

（10）黄瓜　霜霉病、白粉病、枯萎病。

（11）番茄　褐色根腐病、黑点根腐病、红粉病等。

二、抗非生物胁迫

（一）干旱胁迫

刘晓霞等的研究结果显示，干旱胁迫下外施壳寡糖可协调甘蔗叶片的生理代谢过程，提高其对干旱胁迫的适应性，增强甘蔗的抗旱性（刘晓霞，2014）。李艳等用50mg/L的壳寡糖溶液喷施油菜幼苗叶片后发现干旱胁迫下油菜叶片的气孔限制值显著降低，胞间CO_2浓度、气孔导度、净光合速率显著提高，说明壳寡糖有助于减轻气孔限制引起的净光合速率的降低，增强油菜的抗逆性（李艳，2008）。

全球范围内，干旱胁迫或缺灌限制了农业生产，对植物健康造成许多有害影响，导致植物生长减缓和产量下降（Yang，2009；Bistgani，2017）。壳聚糖和壳寡糖的应用促进了植物生长，提高了植物对水分和必需营养物质的利用率和吸收以及清除活性氧（ROS）的活性（Guan，2009）。在白三叶上用含有 1.0mg/mL 的壳聚糖溶液处理可以减轻干旱胁迫，增加胁迫保护代谢产物的产生（Li，2017）。另有研究显示，花期前叶面喷施壳聚糖 3 次，开花和盛花期各 50%，减少了干旱条件对油作物产量和干物质的负面影响（Bistgani，2017）。以浓度为 0.2~0.4g/L 的壳聚糖溶液在干旱胁迫下对两种罗勒叶（*Ocimum ciliatum*，*Ocimum basilicum*）在开花前和开花后 2 周喷施 3 次提高了植物的生长属性（Pirbalouti，2017）。在干旱和非胁迫条件下，叶面施用 250mg/L 的壳聚糖均能改善豇豆的生长和产量参数（Farouk，2012）。壳聚糖对水稻（Boonlertnirun，2007）、苹果（Yang，2009）、咖啡（Dzung，2011）的抗旱性也有类似的影响。

在干旱胁迫下，植物中的脯氨酸积累增加。脯氨酸是一种重要的渗透保护剂，在非生物胁迫下负责渗透调节、淬灭活性氧和维持氧化还原平衡（Matysik，2002；Ashraf，2007；Hidangmayum，2018）。在严重干旱胁迫下，叶片游离脯氨酸含量等代谢因子显著升高（Din，2011）。作为植物适应机制的一部分，脯氨酸的积累可以通过降低叶片水势减少水分流失。异亮氨酸、苏氨酸、赖氨酸、天冬氨酸等氨基酸也被认为是植物遭受非生物和生物胁迫时的渗透调节剂（Joshi，2010；Chang，2014；Du，2015）。对干旱胁迫下的白三叶进行的研究表明，壳聚糖处理提高了代谢物和氨基酸的产生，如脯氨酸、天冬氨酸、缬氨酸、丝氨酸、赖氨酸、苏氨酸、异亮氨酸和苯丙氨酸（Li，2017）。壳聚糖处理提高了百里香植株中脯氨酸的积累。在红花中，低浓度的壳聚糖（0.05%~0.4%）降低了脯氨酸水平，而高浓度的壳聚糖则提高了脯氨酸水平（Mahdavi，2011）。

当植物处于水分亏缺状态时，膜的完整性往往受到干扰。用壳聚糖预处理大豆、马铃薯、百里香、黑藻、苹果幼苗等可以降低脂质过氧化，消除活性氧，提高膜的稳定性。壳聚糖分子中存在大量的羟基和氨基，在与 ROS 反应后形成稳定、无毒的大分子自由基，具有清除自由基的作用，对 DNA 有保护作用（Prashanth，2007），可以降低脂质过氧化（Yang，2009；Yin，2002；Sun，2004；Xie，2001）。

干旱胁迫下植物的总可溶性糖含量增加（Nazarli，2011），有助于提高耐旱性（Liu，2011）。葡萄糖、果糖等糖在植物抗旱性中起重要作用，包括调节植物生长发育和逆境反应的信号转导（Rolland，2006）。在用壳聚糖处理的植物中，葡萄糖、果糖、甘露糖、海藻糖、山梨醇、肌醇等糖的含量增加，许多涉及碳水化合物运输和代谢的基因也有所上调（Li,2017）,有助于提高抗旱性。

干旱胁迫会损害植物的光合能力，降低叶绿素的合成（Allakhverdiev，2003；Lai，2007）。研究发现壳聚糖可以缓解干旱对叶绿素合成的影响，用250mg/L 的壳聚糖喷施后,豇豆的叶绿素和总碳水化合物含量都有增加（Farouk，2012）。类似情况下玉米、大豆等的光合作用水平也有所提高（Khan，2002；Sheikha，2011）。这可能是由于植物中氮和钾含量的增加，有助于增加每个细胞的叶绿体数量，从而增加叶绿素的合成（Possingham，1980）。

（二）盐胁迫

盐度对整个植物的生理和生物化学都有影响，严重情况下会抑制植物对养分和水分的吸收，并诱导 ROS 阻碍细胞机制，导致氧化应激。有研究报道，低浓度壳聚糖处理红花（*Carthamus tintorius* L.）和向日葵（*Helianthus annuus* L.）种子可以通过降低酶活性缓解盐胁迫引起的氧化应激（Jabeen，2013）。另有研究显示，在盐胁迫过程中，壳聚糖预处理提高了水稻抗氧化酶活性，降低了 MDA 含量，最终降低了盐胁迫对水稻的负面影响（Martinez，2015），在玉米（Al-Tawaha，2018）、绿豆（Ray，2016）、阿米糙果芹（Mahdavi，2013）、卵叶车前（Mahdavi，2013）等作物中也有类似的结果。小麦水培试验表明，用0.0625% 壳寡糖处理的种子在盐胁迫下可显著提高 SOD、POD、CAT 等抗氧化酶活性，减轻氧化应激（Ma，2012）。

（三）高温胁迫

高温胁迫通常与干旱胁迫同时发生，因此很难对这两种胁迫进行监测（McKersie，2013）。有研究表明，壳聚糖结合锌和腐植酸叶面喷施能改善大豆的耐高温胁迫能力（Ibrahim，2015）。有报道指出脱落酸（ABA）可触发与热休克相关的基因（Choi，2013），用壳聚糖诱导 ABA 活性可以克服高温胁迫（Bittelli，2001）。

（四）低温胁迫

王梦雨等的研究结果显示，与常温对照组相比，低温胁迫 48h 后用壳寡糖处理的小麦叶片损伤面积、丙二醛含量增幅较低，两个品种的叶片脯氨酸含量、还原糖含量有不同程度的增高，可溶性糖含量也表现出增高的趋势（王梦雨，2016）。经过复温培养，壳寡糖处理下 2 个小麦品种的返青率分别提高 4.6% 和5.9%，说明壳寡糖可通过促进小麦苗脯氨酸、还原糖等低温抗性相关次级代谢物的表达，提高其对低温寒害的抵抗能力。郑典元等研究了不同浓度的壳寡糖处理对水稻幼苗生长和抗寒性的影响，发现水稻幼苗经壳寡糖低温胁迫处理后，过氧化氢酶活性、丙二醛含量、电导率较对照分别增加23%、81%、8.2%，表明壳寡糖能促进幼苗生长，提高水稻抗寒能力（郑典元，2012）。匡银近等对茄子幼苗喷施不同浓度壳寡糖后5℃低温处理3d后测定低温伤害率、常温下恢复生长后的存活率、叶片相对电导率、MDA含量、可溶性糖、脯氨酸含量等指标，发现壳寡糖处理可增强茄苗的抗冷性，以1/1000（w/v）壳寡糖处理的抗冷效果最明显（匡银近，2009）。

（五）重金属胁迫

壳聚糖分子结构中的氨基和羟基能与多种重金属离子形成络合物（Vasconcelos，2014；Kamari，2011；Kamari，2012；Karimi，2012）。Zong等的研究显示在水栽食用油菜（*Brassica rapa* L.）叶面施用不同分子质量（1ku、5ku和10ku）的壳聚糖可以缓解镉的毒性作用（Zong，2017）。在重金属胁迫下，根和茎的重金属毒性导致细胞功能障碍和代谢，其中镉毒性抑制了植物的气孔导度和光合作用。壳聚糖在叶面上施用会减轻这些影响，增加气孔导度，促进气体交换和光合作用（Zong，2017）。

三、增强光合作用、改善作物品质

壳聚糖和壳寡糖具有调节植物发育的功能，能发根促茎，使茎缩短，粗壮旺盛，有利于养分最大限度地供应果实，其中微量元素在壳聚糖的螯合下容易被果实吸收，从而增加蛋白质、氨基酸的含量，从根本上改善品质。壳聚糖通过对作物进行浸种、灌根、冲施、叶面喷施等处理，可显著提高叶片光合作用，使植株叶片肥厚浓绿，叶绿素含量增加，从而增加光合作用，并可促进光合产物的定向运输，提早开花结果，可增产15%~30%，提早成熟5~7d，还可以提高外在和内在品质，使作物的糖度、维生素C等含量显著提高，果实色泽鲜艳，口感好，果实商品形状规则，无畸形；另外可显著提高作物的采摘期，增加产量，延缓叶片衰老，使叶片光亮、柔软、落叶晚。

任明兴等在茶树上叶面喷施壳聚糖，发现壳聚糖能促进茶树芽叶萌发和生长，提高茶叶产量，增加茶叶中水浸出物和氨基酸含量，降低酚氨比，以150mg/kg为适宜浓度（任明兴，2004）。罗兵等在黄瓜上应用不同质量浓度的壳聚糖，发现1.5mg/mL壳聚糖浸种对增加黄瓜可溶性蛋白质、游离氨基酸、可溶性糖含量以及降低纤维素含量的效果最佳；2.0mg/mL壳聚糖浸种对增加维生素C含量效果最佳，此外在喷叶处理中，增加可溶性蛋白质的最佳浓度是

0.2mg/mL（罗兵，2004）。

四、抑菌、抗病毒

壳聚糖、壳寡糖及其各种衍生物具有抑菌、抗病毒功效（Younes，2014；Garcia，2018；Liang，2014；Tan，2018；Guo，2008；Wei，2019）。目前普遍认可的作用机理有以下四种。

（1）抗菌活性来自其氨基（$—NH_2$）的正电荷（$—NH_3^+$）。当 $pH < pK_a$（6.3）时，葡萄糖单体的 C-2 位置上$—NH_2$ 基团质子化产生$—NH_3^+$，并在 pH6.0 以下时质子化趋势最明显，此时，壳聚糖易溶于水，能与微生物细胞表面带负电荷的羧酸（$-COO^-$）基团结合，破坏细胞表面，导致微生物外膜部分功能丧失，胞内物质泄漏（Dina，2008；Costa，2012；Sebti，2006；Liang，2014；Divya，2018；Yang，2015）。

（2）壳聚糖分子降解产物通过多层交联的胞壁到达细胞内部，作用于微生物的 DNA，抑制 mRNA 和蛋白质合成，导致关键酶活性及基因表达的变化，影响微生物生长（Liu，2001；孙铭维，2018；Obianom，2019；闫佳琪，2015）。

（3）壳聚糖可以螯合金属离子。当 $pH > pK_a$（6.3）时，壳聚糖具有优异的金属阳离子吸收螯合能力，能与含有阴离子的细菌膜相互作用，改变细菌表面形态、增加膜渗透性、导致细胞内物质泄漏，还可以降低膜渗透性、防止营养运输（Goy，2009；Li，2015）。

（4）壳聚糖的成膜特性使其能在微生物细胞表面形成一层薄膜，阻止营养物质进入细胞，还可阻止氧气进入、抑制好氧微生物生长（Devlieghere，2004；祁文彩，2018）。

第五节　海藻源生物刺激剂的应用功效

海藻酸、岩藻多糖、褐藻多酚等是海藻源生物刺激剂的主要活性成分，在促进植物生长过程中起重要作用。目前农业生产中广泛应用的海藻类肥料含有各种海藻源天然生物刺激剂，在农业生产中显示出优良的应用功效。图 11-3 以草莓为例示出海藻源生物刺激剂的主要应用功效。

Shekhar Sharma 等系统总结了海藻源生物刺激剂在现代农业生产中的应用（Shekhar Sharma，2014），引用该作者的研究成果，表 11-2、表 11-3、表 11-4、表 11-5 分别介绍了海藻源生物刺激剂在园艺植物、大田作物、耕地作物以及草坪、森林树木、其他植物上的应用功效。

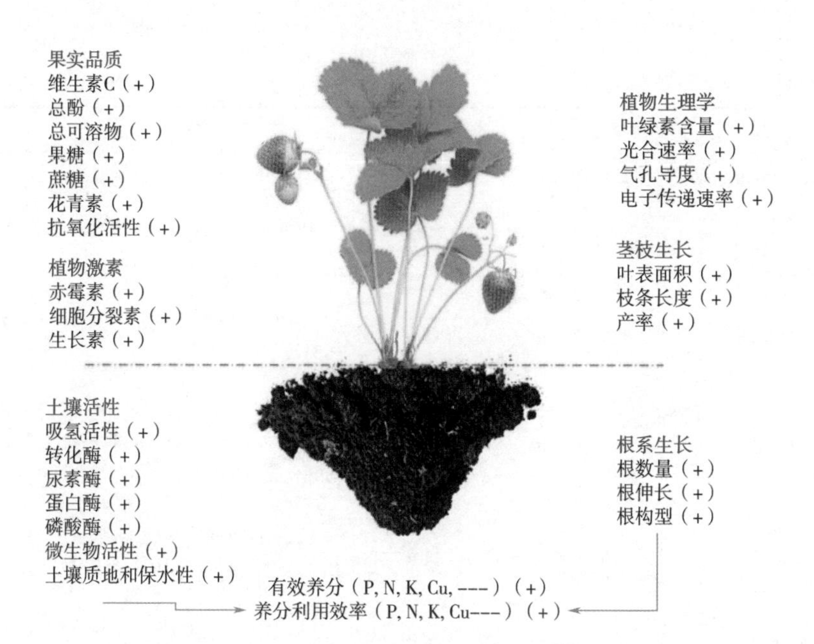

图 11-3　海藻源生物刺激剂的应用功效

表 11-2　海藻源生物刺激剂在园艺植物上的应用功效

产品	海藻类别	目标植物	应用功效
Kelpak	*E. maxima*	天竺葵	加强蛋白质、酚类物质、叶绿素在插枝中的富集，明显增加茎的质量（Krajnc，2012）
Exp	*A. nodosum*	百合花	叶面施肥后改善茎、叶和花球质量（De Lucia，2012）
Exp	*A. nodosum*	金盏花	播种前对土壤进行处理，加强了出芽率以及根的长度和茎的生长；幼苗处理后早开花（Russo，1994）
Exp	*A. nodosum*	猕猴桃	开花后 5d 和 10d 叶面施肥可以增加果品的质量和成熟度（Chouliaras，1997）
WUAL	*A. nodosum*	葡萄树	叶面施肥 5 次改善果品产量（Colapietra，2006）
Exp	*A. nodosum*	葡萄树	对叶面多次施肥增加了坐果率（Khan，2012）
Exp	Not specified	西瓜	产量和质量明显提高（Abdel-Mawgoud，2010）
Maxicrop/Seasol	*D. potatorum*	草莓	每周对叶面喷施可以控制灰霉腐败病（Washington，1999）

续表

产品	海藻类别	目标植物	应用功效
Acadian	*A. nodosum*	草莓	产量和质量明显提高（Ross，2010）
Actiwave	*A. nodosum*	草莓	叶面施肥改善缺铁情况，显著增加草莓产量（Spinelli，2010）
Ekologik	*A. nodosum*	蓝莓	叶面施肥增加蓝莓产量15%，增大蓝莓果体（Loyola，2011）
Goemar	*A. nodosum*	橙子	在萌芽期叶面喷施加强了萌发和盛开，增加了赤霉素含量，水果产量提高8%~15%（Fornes，2002）
Stimplex	*A. nodosum*	柠檬	在缺水情况下叶面施肥或土壤灌溉促进植物生长，提高茎中水含量（Little，2010）
Actiwave	*A. nodosum*	苹果	以液体肥料应用于土壤，可以增加叶绿素、水果中糖分以及产量（Spinelli，2009）
Goemar	*A. nodosum*	苹果	叶面喷施海藻肥改善了开花、植物生长、苹果产量和质量（Basak，2008）
Exp	*A. nodosum*	橄榄	全面开花前叶面施肥，提高产量，改善橄榄油的质量（Chouliaras，2009）
Kelpak	*E. maxima*	番茄	土壤或叶面施肥增加了根系生长，改善了水果产率，降低了根结线虫感染（Featonby-Smith，1983）
Kelpak	*E. maxima*	番茄	土壤灌溉改善了果实成熟度，叶面施肥的效果不明显（Crouch，1992）
Algifert	*A. nodosum*	番茄	土壤灌溉和叶面施肥改善了叶绿素含量（Blunden，1996）
Algifert	*A. nodosum*	番茄	同上（Whapham，1993）
Exp	*U. lactuca*	番茄	海藻肥处理幼苗后降低了尖孢镰孢菌发生率（El Modafar，2012）
Exp	*K. alvarezii*	番茄	开花前后叶面施肥两次增加了产量，改善了果实质量，提高了营养吸收，减少了虫害（Zodape，2011）
Exp	*K. alvarezii*	番茄	同上（Neily，2010）
ANE	*A. nodosum*	菠菜	土壤灌溉提高了蔬菜质量（Fan，2011）

续表

产品	海藻类别	目标植物	应用功效
Exp	*K. alvarezii*	羊角豆	开花时进行叶面施肥提高了产率和质量（Zodape，2008）
Exp	Unspecified	洋葱	叶面施肥后提高了产量（Boyhan，2001）
Exp	Unspecified	洋葱	叶面喷施使产量提高 32%，控制了叶斑病（McGeary，1984）
Exp	Unspecified	洋葱	同上（Araujo，2012）
Kelpak	*E. maxima*	生菜	滴灌使产量提高，产品中 Ca、K、Mg 含量得到提升（Crouch，1990）
Kelpak	*E. maxima*	生菜	同上（Beckett，1994）
Super50	*A. nodosum*	生菜	滴灌改善了作物抗盐性，产物质量 7.97g 与不耐受高盐的土壤上得到的 8.01g 基本相同（Neily，2010）
Exp	*Cystoseira barbata*	青椒	种子引发改善了在 15~25℃下的发芽率（Demir，2006）
SW	Unspecified	青椒	叶面喷施提高了 3 个品种的产量（El-Sayed，1995）
Algal 30	*A. nodosum*	青椒	叶面喷施提高了产量（Copeland，2009）
SW	*A. nodosum*	胡萝卜	叶面喷施控制了黑腐病和灰霉病（Jayaraj，2008）
Exp	*C. barbata*	茄子	种子处理后改善了 15~25℃下的发芽率（Demir，2006）

表 11-3　海藻源生物刺激剂在大田作物上的应用功效

产品	海藻类别	目标植物	应用功效
Kelpak	*E. maxima*	花生	叶面施肥提高了产量和蛋白质含量（Featonby-Smith，1987）
Exp	Not specified	蚕豆	产量和质量明显提高（Temple，1989）

续表

产品	海藻类别	目标植物	应用功效
Exp	*Kappaphycus alvarezii*	蚕豆	叶面施肥提高了产量以及蚕豆的营养质量（Zodape，2010）
Algifert	*A. nodosum*	四季豆	叶面处理提高了叶绿素和甜菜碱含量（Blunden，1996）
Exp	*S. wightii and Caulerpa chemnitzia*	豇豆	种子处理改善了小苗增长，提高了叶绿素、蛋白质、氨基酸、糖含量（Sivasankari，2006）
Exp	*K. alvarezii*	大豆	叶面施肥提高了产量（Rathore，2009）
Exp	*S. myriocystum*	黑扁豆	种子处理后增加了叶绿素含量（Kalaivanan，2012）
Exp	*Stoechospermum marginatum*	蚕豆	用 1.5% 海藻肥对土壤灌溉提高了茎和根的长度（Ramya，2011）

表 11-4 海藻源生物刺激剂在耕地作物上的应用功效

产品	海藻类别	目标植物	应用功效
Exp	*A. nodosum*	马铃薯	叶面施肥显著提高了产量（Blunden，1977）
Exp	*A. nodosum*	马铃薯	同上（Kuisma，1989）
Cytex	Not specified	马铃薯	叶面施肥提高了产量（Dwelle，1984）
Exp	Not specified	马铃薯	处理土壤后产量从对照组的 5.5t/hm^2 增加到 11.6 t/hm^2（Lopez-Mosquera，1997）
SWE	*A. nodosum*	马铃薯	叶面喷施控制了黄萎病（Uppal，2008）
Primo	Not specified	马铃薯	种植 30、45、60d 后叶面喷施增加产量，改善质量（Haider，2012）
Kelpak	*E. maxima*	小麦	根和叶面处理后增加了管径和谷粒产量（Nelson，1984；Nelson，1986）
Kelpak	*E. maxima*	小麦	液态施肥使小麦的营养缺乏得到改善（Beckett，1990）

续表

产品	海藻类别	目标植物	应用功效
Exp	*K. alvarezii*	小麦	叶面施肥产量提高80%（Zodape，2009）
Exp	*S. wightii*	小麦	种子引发加强了出芽率和产量（Kumar，2011）
Exp	*K. alvarezii*	小麦	叶面施肥提高了产量（Shah，2013）
Algifert	*A. nodosum*	小麦	土壤浇灌处理改善了叶绿素含量（Blunden，1996）
Kelpak	*E. maxima*	玉米	种子和叶面处理加快了生长速度（Matysiak，2011）
Algamino/ Goemar	*Sargassum* sp.	玉米	叶面施肥增加产量15%~25%（Jeannin，1991）
Kelpak	*E. maxima*	大麦	土壤灌溉和叶面喷施使谷物产量提高50%（Featonby-Smith，1987）
Exp	*A. nodosum/L. hyperborean*	大麦	种子引发改善了出芽速率，使微生物种群降低86%（Burchett，1998）
Exp	*A. nodosum/L. hyperborean*	大麦	同上（Moller，1999）
Maxicrop	*A. nodosum*	大麦	稀释后的海藻提取物提高春大麦产量（Steveni，1992）
Dravya	Not specified	高粱	引发种子12h强化了种子的活力，提高了叶绿素含量，控制了种子的微生物群落，增加了植物防御酶（Raghavendra，2007）
Exp	Not specified	大米	在小苗上隔7d叶面喷施使超氧化物歧化酶、谷硫酮还原酶、谷硫酮过氧化物酶活性提高9%~48%（Sangeetha，2010）

表11-5　海藻源生物刺激剂在草坪、森林树木、其他植物上的应用功效

产品	海藻类别	目标植物	应用功效
Exp	*A. nodosum*	匍匐剪股颖	以16mg/m^{2}的量处理草坪可以明显降低叶面病害（Zhang，2003）
Exp	*A. nodosum*	匍匐剪股颖	经常进行叶面施肥可以改善草坪的性能，提高其耐热性（Zhang，2008）
Exp	*A. nodosum*	匍匐剪股颖	同上（Zhang，2010）

续表

产品	海藻类别	目标植物	应用功效
Exp	*A. nodosum*	云杉	用海藻提取物在苗木17周时对土壤浇灌可以加强生根（MacDonald，2010）
ANE	*A. nodosum*	松树	对根进行浇灌可以加强根的生长，提高耐旱性（MacDonald，2012）
Exp	*F. evanescens*	烟草	应用岩藻多糖后烟草花叶病毒感染降低90%（Lapshina，2006）
Exp	*Carregenans*	烟草	叶面施肥引发抵抗，抑制烟草花叶病毒和果胶杆菌（Vera，2012）
SWE	*A. nodosum*	拟南芥	增强抗寒性（Rayorath，2008；Rayorath，2009）

一、增加产量

海藻源生物刺激剂能提高花、果实、种子等植物生殖器官的产量，更能促进叶、茎、根等营养器官的生长。例如，叶面喷施极大昆布提取物后，菠菜的叶片数量显著增加（Kulkarni，2019）。在叶片上施用卡帕藻提取物可以使甘蔗产量提高12.5%（Singh，2018）。把浓度为3mL/L和4mL/L的海藻提取物每周或两周一次应用于洋葱上可增加鳞茎的鲜重和干重，还可减少贮藏过程中生物量的损失（Bettoni，2010）。马铃薯植株在种植后的30、40和50d施用海藻提取物可使块茎在发育开始时的数量、鲜重和直径分别增加16%、12%和36%（Bettoni，2008）。在水稻、小麦、大豆、菜豆、番茄、花生、草莓、葡萄（Sunarpi，2010；Igna，2010；Carvalho，2014；Michalak，2018；Zodape，2009；Ramya，2010；Zodape，2010；Zodape，2011；Ferrazza，2010；Sridhar，2010；Masny，2004；Khan，2012）等作物上使用海藻提取物均可有效提高产量。Koo等的研究显示，在橙树和柚子树上喷施海藻提取物可使产量比对照提高10%~25%（Koo，1994）。Fornes等的研究显示，在柑橘幼苗和柑橘植株上使用海藻提取物可以提高果实产量30%（Fornes，1995）。

海藻提取物在很多种农作物中有促进早开花和早结果的功效（Abetz，1983；Featonby-Smith，1987；Arthur，2003）。例如，番茄苗在用海藻肥处理后，开花早于对照组（Crouch，1992）。在很多作物中，产量与成熟的花的数量相关，作物成长期是开花的重要时期，海藻提取物促进植物生根增长与其促进开花、提高产量的功效密切相关。

农作物产量的增加与海藻肥中的细胞分裂素等激素类物质相关（Featonby-Smith，1983；Featonby-Smith，1983；Featonby-Smith，1984）。细胞分裂素在植物营养器官中与营养分配相关，而在生殖器官中，高浓度的细胞分裂素与营养元素活化相关，水果的成熟一般增加了营养成分在植物中的输运（Hutton，1984；Adams-Phillips，2004），而水果也成了营养成分的池（Varga，1974）。光合产物的分布从根、茎、叶等营养器官转移到发育中的果实（Nooden，1978）。以番茄为例，用海藻肥处理的水果中的细胞分裂素含量高于未处理的对照组（Featonby-Smith，1984）。细胞分裂素在植物营养器官及生殖器官的养分元素转移中起作用（Gersani，1982；Davey，1978）。海藻提取物加强了细胞分裂素从根系到发育中的果实的转移，同时改善了水果内源细胞分裂素的合成（Hahn，1974）。在海藻提取物处理过的植物中发现其根系的细胞分裂素含量较对照组高（Featonby-Smith，1984），使根系可以给成熟中的果实提供更多的细胞分裂素。有研究显示发育中的果实和种子中显示出比较高的内源细胞分裂素含量（Crane，1964；Letham，1994）。细胞分裂素含量的升高是其从根系向植物其他部位转移的结果（Stevens，1984；Carlson，1987）。

实际应用中，海藻提取物喷施在番茄植株上可以使其产量比对照组提高30%，并且番茄的个体大、口感好（Crouch，1992）。万寿菊种苗在用海藻肥处理后，其开花数量及每朵花产生的种子数比对照组提高了50%（van Staden，1994；Aldworth，1987）。在生菜、花菜、青椒、大麦等农作物上使用海藻肥均使产量提高、个体增大（Abetz，1983；Featonby-Smith，1987；Arthur，2003）。在叶面上使用海藻提取物可以使大豆产量提高24%（Nelson，1984）。在葡萄上应用海藻肥可使葡萄个体尺寸增加13%、质量增加39%、产量增加60.4%（Norrie，2006）。图 11-4 显示海藻源生物刺激剂对不同作物的增产效果。

二、改善品质

海藻源生物刺激剂可以改善大小、颜色、营养特性等植物的重要商业特性（Kaluzewicz，2017）。例如，在用极大昆布处理的菠菜叶中，总叶绿素和蛋白质含量增加，芥子酸、香草酸、丁香酸、水杨酸等酚类化合物的含量也有所提高（Kulkarni，2019）。在花椰菜中，用泡叶藻提取液处理提高了酚类化合物和黄酮类化合物的含量（Lola-Luz，2013）。三色苋叶片中的 N、P、K 浓度在用泡叶藻提取液处理后分别提高了 9%、50% 和 6%（Aziz，2011）。在小麦中，用卡帕藻提取物处理后收获的小麦籽粒的碳水化合物、蛋白质和脂肪含量以及营

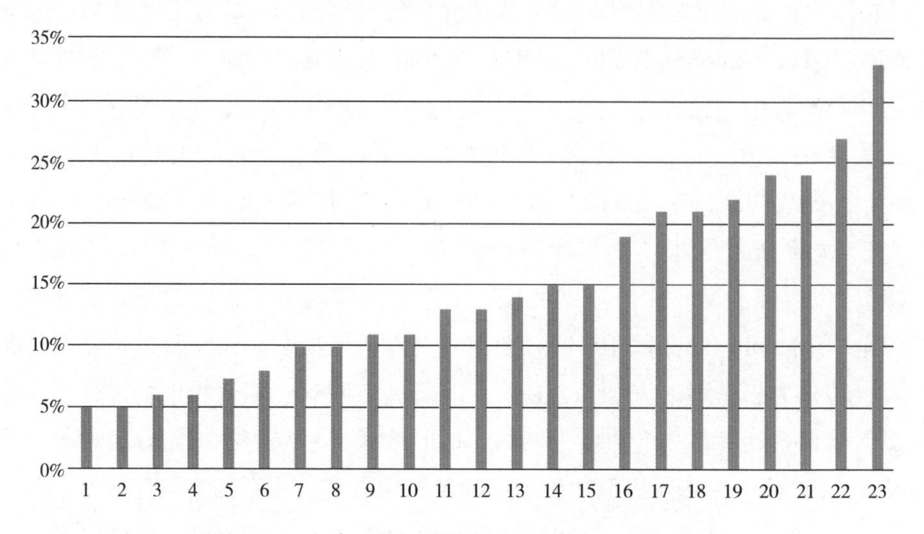

图 11-4　海藻源生物刺激剂对不同作物的增产效果

1—玉米　2—大豆　3—小麦　4—柑橘　5—杏仁　6—胡萝卜　7—芹菜　8—马铃薯　9—油桃　10—洋葱　11—生菜　12—草莓　13—牛油果　14—南瓜　15—红甜菜　16—扁豆　17—甜玉米　18—甜椒　19—卷心菜　20—番茄　21—西兰花　22—鹰嘴豆　23—葡萄

养物质浓度（P、K、Ca、Fe、Zn 等）均有所增加（Zodape，2009）。用卡帕藻提取物处理后，绿豆种子的碳水化合物、蛋白质和总氮含量分别比对照组提高 5%、7% 和 7%，Na、Mo、Mg 和 K 含量也分别提高了 33%、53%、12% 和 11%（Zodape，2010）。用泡叶藻提取物处理后，甜橙、小蜜橘和小柑橘汁的含糖量增加、酸度降低（Fornes，1995）。瓦伦西亚橙树在用海藻提取物处理后，其果实的质量、总可溶性固形物、总糖、还原糖和维生素 C 含量分别提高 20%~21%、13%~14%、11%~13%、32% 和 12%（Ahmed，2013）。也有研究显示海藻提取物处理对营养成分有不利影响，例如马铃薯在用极大昆布提取物处理后，其块茎中的铁和锰浓度有所下降（Mystkowska，2018）。

总的来说，海藻肥含有陆地植物生长所必需的碘、钾、钠、钙、镁、锶等矿物质和锰、钼、锌、铁、硼、铜等微量元素，以及细胞分裂素、植物生长素、赤霉素、脱落酸、甜菜碱等多种天然植物生长调节剂，这些生理活性物质可参与植物体内有机物和无机物的运输，促进植物对营养物质的吸收，同时刺激植物产生非特异的活性因子、调节内源激素平衡，对果蔬外形、色泽、风味物质的形成具有重要作用，能显著提高作物产量、改善果蔬品质。在黄瓜上施用海藻肥的试验显示，优质黄瓜比空白对照增加 22.7%，劣质黄瓜减少 20.4%，并且口味优良。在桃子、鸭梨上施用海藻肥能提高单果重和果实硬度，增加果实可溶性固形物含量。荷兰彩椒上施用海藻肥后，果形方正、畸形果少，果蔬保存时间明显延长。图 11-5 显示海藻肥对苹果的保鲜效果。

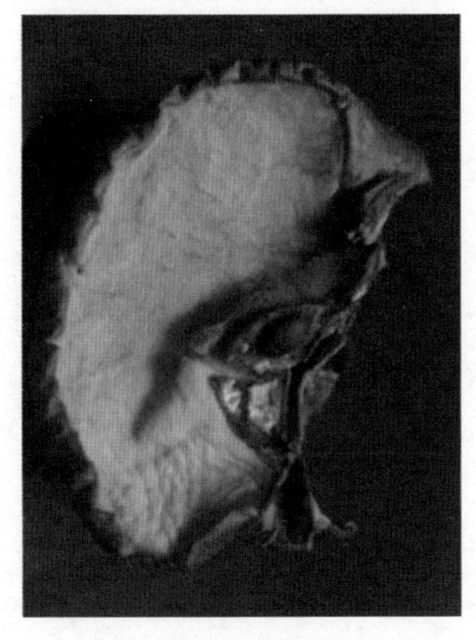

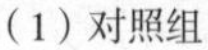

（1）对照组

（2）试验组

图 11-5　海藻肥对苹果的保鲜效果（采摘后放置 12d 的剖面图）

孙锦等的研究数据表明，海藻提取物可使辣椒干物质含量增加 13.8%，可溶性糖含量增加 4.1%，维生素 C 含量增加 23.3%；可使胡萝卜中胡萝卜素含量提高 45.0%，类胡萝卜素含量提高 29.2%，而胡萝卜素和类胡萝卜素主要影响肉质根的色泽；可使西芹粗纤维含量降低 6.6%，维生素 C 含量增加 10.4%；番茄有机酸含量增加 11.3%，可溶性固形物增加 26.7%，维生素 C 含量提高 12.2%（孙锦，2006）。表 11-6 示出海藻提取物对蔬菜品质的影响。

表 11-6　海藻提取物对蔬菜品质的影响

种类	测定项目	处理	对照	较对照 /%
辣椒	干物质 /%	9.9	8.7	13.8
	可溶性糖 /（g/kg）	25.2	24.2	4.1
	维生素 C/（mg/100g）	98.0	79.5	23.3
胡萝卜	胡萝卜素 /（mg/100g）	5.8	4.0	45
	类胡萝卜素 /（mg/100g）	6.2	4.8	29.2

续表

种类	测定项目	处理	对照	较对照 /%
西芹	粗纤维 /（g/kg）	5.7	6.1	-6.6
	维生素 C/（mg/100g）	8.5	7.7	10.4
番茄	有机酸 /（g/kg）	5.9	5.3	11.3
	可溶性糖 /（g/kg）	76.0	60	26.7
	维生素 C（mg/100g）	19.3	17.2	12.2

海藻与海藻生物制品在农业生产中的应用正在变得越来越广泛。在食品生产面临气候变化带来的生物和非生物胁迫挑战的 21 世纪，海藻源生物刺激剂的独特功效为绿色生态农业的发展提供了一个有效的解决方案（秦益民，2018）。表 11-7 总结了海藻源生物刺激剂在农作物生长中产生的独特应用功效。

表 11-7　海藻源生物刺激剂在农作物生长中产生的独特应用功效

分类	效果表现
根	促进生根，减少黄根等根部病害发生
茎	促进茎秆茁壮，控旺，防徒长
叶	叶片柔韧、平展，叶脉清晰，叶缘整齐
	提高光合效能，增加光合产物积累
花	促进花芽分化，减少落花落果
果实	增加产量，提高品质，表光好，耐储存
种子	促进种子萌发，提高发芽率和发芽势
	促进种子形成，提高千粒重
抗性	提高作物抗病能力，减少农药化肥用量
	增强作物抗冻、抗倒伏、抗涝、抗旱等抗逆能力
生物	趋避蚜虫、粉虱等害虫，抑制病毒病
解毒	解药害（尤其是除草剂药害）、肥害
增效	与农药混用，扩大液体与叶片的接触面积
早熟	提前成熟 7~10d
土壤	改良土壤结构，打破板结，促进团粒结构形成
	减轻土壤盐渍化、酸化等土壤衰退现象
重金属	钝化土壤重金属，减少重金属毒害

续表

分类	效果表现
微生物	促进根际微生物生长，抑制病菌生长，改良微生态
昆虫	对地下害虫如蝼蛄、小地老虎等有一定趋避作用
肥效	肥效更持久、稳定，对土壤和环境友好
利用率	与无机化肥相比，利用率大幅提高

第六节 小结

海洋源生物刺激剂是新型肥料的标志性产品，在现代农业生产中有重要的应用价值。海洋源生物刺激剂以海洋中的鱼、虾、蟹、藻等生物资源为原料，经过特殊的工艺化处理，提取了生物质中的精华物质，含有丰富的有机物以及陆地生物无法比拟的钙、钾、镁、锌等矿物质元素和维生素成分，尤其是海藻生物质含有其特有的海藻多糖、多酚、高度不饱和脂肪酸和天然的植物内源激素等生物活性成分，可刺激植物体内非特异性活性因子的产生，调节植物生长平衡，产生其他类型生物刺激剂无可比拟的独特应用功效。

参考文献

[1] Abdel-Mawgoud A M R，Tantaway A S，Hafez M M，et al. Seaweed extract improves growth，yield and quality of different watermelon hybrids [J]. Res J Agri Biol Sc，2010，6: 161-168.

[2] Abetz P，Young C L. The effect of seaweed extract sprays derived from *Ascophyllum nodosum* on lettuce and cauliflower crops [J]. Bot Mar，1983，26: 487-492.

[3] Adams-Phillips L，Barry C，Giovannoni J. Signal transduction systems regulating fruit ripening [J]. Trends Plant Sci，2004，9: 331-338.

[4] Ahmed F F，Mansour A E M，Montasser M A A，et al. Response of Valencia orange trees to foliar application of roselle，turmeric and seaweed extracts [J]. J Appl Sci Res，2013，9: 960-964.

[5] Aldworth S J，van Staden J. The effect of seaweed concentrate on seedling transplants [J]. S Afr J Bot，1987，53: 187-189.

[6] Allakhverdiev I，Hayashi H，Nishiyama Y，et al. Glycinebetaine protects the D1/D2/Cytb559 complex of photosystem II against photo-induced and heat-induced inactivation [J]. J Plant Physiol，2003，160: 41-49.

[7] Al-Tawaha A R, Turk M A, Al-Tawaha A R M, et al. Using chitosan to improve growth of maize cultivars under salinity conditions [J]. Bulg J Agric Sci, 2018, 24 (3) : 437-442.

[8] Araujo I B, Peruch L A M, Stadnik M J. Efeito do extrato de alga e da argila silicatada na severidade da alternariose e na produtividade da cebolinha comum (*Allium fistulosum* L.) [J]. Trop Plant Pathol, 2012, 37: 363-367.

[9] Arshad M, Frankerberger W T Jr. Microbial production of plant hormones [J]. Plant and Soil, 1991, 133: 1-8.

[10] Arthur G D, Stirk W A, van Staden J. Effect of a seaweed concentrate on the growth and yield of three varieties of *Capsicum annuum* [J]. S Afr J Bot, 2003, 69: 207-211.

[11] Ashraf M, Foolad M R. Roles of glycine betaine and proline in improving plant abiotic stress resistance [J]. Environ Exp Bot, 2007, 59: 206-216.

[12] Aziz N G A, Mahgoub M H, Siam H S. Growth, flowering and chemical constituents performance of *Amaranthus tricolor* plants as influenced by seaweed (*Ascophyllum nodosum*) extract application under salt stress conditions [J]. J Appl Sci Res, 2011, 7: 1472-1484.

[13] Basak A. Effect of preharvest treatment with seaweed products, Kelpak and Goemar BM 86 on fruit quality in apple [J]. Int J Fruit Sci, 2008, 8: 1-14.

[14] Beckett R P, Mathegka A D M, van Staden J. Effect of seaweed concentrate on yield of nutrient-stressed tepary bean (*Phaseolus acutifolius Gray*) [J]. J Appl Phycol, 1994, 6: 429-430.

[15] Beckett R P, van Staden J. The effect of seaweed concentrate on the growth and yield of potassium stressed wheat [J]. Plant Soil, 1989, 116: 29-36.

[16] Beckett R P, van Staden J. The effect of seaweed concentrate on the yield of nutrient stressed wheat [J]. Bot Mar, 1990, 33: 147-152.

[17] Bettoni M M, Koyama R, Pacheco V C, et al. Producao, classificacao e perda de peso durante o armazenamento de cebola organica em funcao da aplicacao foliar de extrato de algas [J]. Hortic Bras, 2010, 28: S2880-S2886.

[18] Bettoni M M, Adam W M, Mogor A F. Tuberizacao de batata em funcao da aplicacao de extrato de alga e cobre [J]. Hortic Bras, 2008, 26: S5256-S5260.

[19] Bistgani Z E, Siadat S A, Bakhshandeh A, et al. Interactive effects of drought stress and chitosan application on physiological characteristics and essential oil yield of *Thymus daenensis* Celak [J]. Crop J, 2017, 5 (5) : 407-415.

[20] Bittelli M, Flury M, Campbell G S, et al. Reduction of transpiration through foliar application of chitosan [J]. Agric For Meteorol, 2001, 107: 167-175.

[21] Blunden G, Jenkins T, Liu Y-W. Enhanced leaf chlorophyll levels in plants treated with seaweed extract [J]. J Appl Phycol, 1996, 8: 535-543.

[22] Blunden G，Wildgoose P B. Effects of aqueous seaweed extract and kinetin on potato yields [J]. J Sci Food Agr，1977，28: 121-125.

[23] Boonlertnirun S，Sarobol E，Meechoui S，et al. Drought recovery and grain yield potential of rice after chitosan application [J]. Kasetsart J，2007，41: 1-6.

[24] Boyhan G E，Randle W M，Purvis A C，et al. Evaluation of growth stimulants on short-day onions [J]. HortTechnology，2001，11: 38-42.

[25] Burchett S，Fuller M P，Jellings A J. Application of seaweed extract improves winter hardiness of winter barley cv Igri. The Society for Experimental Biology，Annual Meeting，York University，1998.

[26] Carlson D R，Dyer D J，Cotterman C D，et al. The physiological basis for cytokinin induced increases in pod set in IX93–100 soybeans [J]. Plant Physiol，1987，84: 233-239.

[27] Carvalho M E A，Castro P R C，Gallo L A，et al. Seaweed extract provides development and production of wheat [J]. Agrarian，2014，7: 1-5.

[28] Chang B，Yang L，Cong W，et al. The improved resistance to high salinity induced by trehalose is associated with ionic regulation and osmotic adjustment in Catharanthus roseus [J]. Plant Physiol Biochem，2014，77: 140-148.

[29] Choi Y S，Kim Y M，Hwang O J，et al. Overexpression of Arabidopsis ABF3 gene confers enhanced tolerance to drought and heat stress in creeping bentgrass [J]. Plant Biotechnol Rep，2013，7: 165-173.

[30] Chouliaras V，Gerascapoulos D，Lionakis S. Effect of seaweed extract on fruit growth，weight，and maturation of 'Hayward' kiwifruit [J]. Acta Hort，1997，444: 485-489.

[31] Chouliaras V，Tasioula M，Chatzissavvidis C，et al. The effects of a seaweed extract in addition to nitrogen and boron fertilization on productivity，fruit maturation，leaf nutritional status and oil quality of the olive（*Olea europaea* L.）cultivar Koroneiki [J]. J Sci Food Agr，2009，89: 984-988.

[32] Chung W C，Huang J W，Huang H C. Formulation of a soil biofungicide for control of damping off of Chinese cabbage（Brassica chinensis）caused by *Rhizoctonia solani* [J]. Biol Control，2005，32: 287-294.

[33] Colapietra M，Alexander A. Effect of foliar fertilization on yield and quality of table grapes [J]. Acta Hort，2006，721: 213-218.

[34] Costa E M，Silva S，Pina C，et al. Evaluation and insights into chitosan antimicrobial activity against anaerobic oral pathogens [J]. Anaerobe，2012，18（3）: 305-309.

[35] Crane J C. Growth substances in fruit setting and development [J]. Annu Rev Plant Physiol，1964，15: 303-326.

[36] Crouch I J，van Staden J. Effect of seaweed concentrate on the establishment and yield of greenhouse tomato plants [J]. J Appl Phycol，1992，4: 291-296.

[37] Crouch I J, Beckett R P, van Staden J. Effect of seaweed concentrate on growth and mineral nutrition of nutrient stressed lettuce [J]. J Appl Phycol, 1990, 2: 269-272.

[38] Davey J E, van Staden J. Cytokinin activity in Lupinus albus. III. Distribution in fruits [J]. Physiol Plant, 1978, 43: 87-93.

[39] De Lucia B, Vecchietti L. Type of biostimulant and application method effects on stem quality and root system growth in LA Lily [J]. Euro J Hort Sci, 2012, 77: 10-15.

[40] Demir N, Dural B, Yldrm K. Effect of seaweed suspensions on seed germination of tomato, pepper and aubergine [J]. J Biol Sci, 2006, 6: 1130-1133.

[41] Devlieghere F, Vermeulen A, Debevere J. Chitosan: antimicrobial activity, interactions with food components and applicability as a coating on fruit and vegetables [J]. Food Microbiology, 2004, 21 (6) : 703-714.

[42] Din J, Khan S U, Ali I, et al. Physiological and agronomic response of canola varieties to drought stress [J]. J Anim Plant Sci, 2011, 21 (1) : 78-82.

[43] Dina R, Kristine V B, Albert H, et al. Insights into the mode of action of chitosan as an antimicrobial compound [J]. Applied & Environmental Microbiology, 2008, 74 (12) : 3764-3773.

[44] Divya K, Smitha V, Jisha M S. Antifungal, antioxidant and cytotoxic activities of chitosan nanoparticles and its use as an edible coating on vegetables [J]. International Journal of Biological Macromolecules, 2018, 114: 572-577.

[45] Du B, Jansen K, Kleiber A, et al. Coastal and an interior Douglas fir provenance exhibit different metabolic strategies to deal with drought stress [J]. Tree Physiol, 2015, 36: 148-152.

[46] Dwelle R B, Hurley P J. The effects of foliar application of cytokinins on potato yields in southeastern Idaho [J]. Am Potato J, 1984, 61: 293-299.

[47] Dzung N A, Khanh V T P, Dzung T T. Research on impact of chitosan oligomers on biophysical characteristics, growth, development and drought resistance of coffee [J]. Carbohydr Polym, 2011, 84: 751-755.

[48] El Modafar C, Elgadda M, El Boutachfaiti R, et al. Induction of natural defence accompanied by salicylic acid-dependant systemic acquired resistance in tomato seedlings in response to bioelicitors isolated from green algae [J]. Sci Hortic Amsterdam, 2012, 138: 55-63.

[49] El-Sayed S F. Response of three sweet pepper cultivars to biozyme under unheated plastic house conditions [J]. Sci Hortic Amsterdam, 1995, 61: 285-290.

[50] Fan D, Hodges D M, Zhang J, et al. Commercial extract of the brown seaweed *Ascophyllum nodosum* enhances phenolic antioxidant content of spinach (*Spinacia oleracea* L.) which protects *Caenorhabditis elegans* against

oxidative and thermal stress [J]. Food Chem，2011，124: 195-202.

[51] Farouk S，Amany A R. Improving growth and yield of cowpea by foliar application of chitosan under water stress [J]. Egypt J Biol，2012，14（1）: 14-16.

[52] Featonby-Smith B C，van Staden J. The effect of seaweed concentrate and fertilizer on the growth of Beta vulgaris [J]. Z Pflanzenphysiol，1983，112: 155-162.

[53] Featonby-Smith B C，van Staden J. Effect of seaweed concentrate on yield and seed quality of *Arachis hypogaea* [J]. S Afr J Bot，1987，53: 190-193.

[54] Featonby-Smith B C，van Staden J. The effect of seaweed concentrate on the growth of tomato plants in nematode-infested soil [J]. Sci Hortic，1983，20: 137-146.

[55] .Featonby-Smith B C，van Staden J. Effect of seaweed concentrate on grain yield of barley [J]. S Afr J Bot，1987，53: 125-128.

[56] Featonby-Smith B C，van Staden J. The effect of seaweed concentrate and fertilizer on growth and the endogenous cytokinin content of *Phaseolus vulgaris* [J]. S Afr J Bot，1984，3: 375-379.

[57] Featonby-Smith B C. Cytokinins in Ecklonia maxima and the effect of seaweed concentrate on plant growth [J]. PhD Thesis，University of Natal，Pietermaritzburg，1984.

[58] Ferrazza D，Simonetti A P M M. Uso de extrato de algas no tratamento de semente e aplicacao foliar，na cultura da soja [J]. Cultivando o Saber，2010，3: 48-57.

[59] Fornes F，Sanchez-Perales M，Guardiola J L. Effect of a seaweed extract on citrus fruit maturation [J]. Act Hortic，1995，379: 75-82.

[60] Fornes F，Sanchez-Perales M，Guardiola J L. Effect of a seaweed extract on the productivity of ‘de Nules’ clementine mandarin and Navelina orange [J]. Bot Mar，2002，45: 486-489.

[61] Frankerberger W T Jr，Poth M. Determination of substituted indole derivatives by ion suppression-reverse phase high performance liquid chromatograph [J]. Anal Biochem，1987，165: 300-308.

[62] Frankerberger W T Jr，Poth M. Biosynthesis of indole-3-acetic acid by the pine ectomycorrhizal fugus [J]. Appl Env Microbiol，1987，53: 2908-2913.

[63] Frankerberger W T Jr，Chang A C，Arshad M. Response of Raphanu satirus to the auxin precursor L-trypophan applied to soil [J]. Soil Biol Biochem，1988，20: 299-304.

[64] Frankerberger W T Jr，Arshad M. Yield response of watermelon and muskmelon to L-trypophan applied to soil [J]. Hortscience，1991，26: 35-37.

[65] Garcia L G S，Guedes G M D M，Silva M L Q D，et al. Effect of the

molecular weight of chitosan on its antifungal activity against *Candida* spp. in planktonic cells and biofilm [J]. Carbohydrate Polymers，2018，195: 662-669.

[66] Gersani M，Kende H. Studies on cytokinin-stimulated translocation in isolated bean leaves [J]. J Plant Growth Regul，1982，1: 161-171.

[67] Goy R C，Britto D D，Assis B G. A review of the antimicrobial activity of chitosan [J]. Polimeros，2009，19（3）: 241-247.

[68] Guan Y J，Hu J，Wang X，et al. Seed priming with chitosan improves maize germination and seedling growth in relation to physiological changes under low temperature stress [J]. J Zhejiang Univ Sci，2009，10（6）: 427-433.

[69] Guo Z，Xing R，Liu S，et al. The influence of molecular weight of quaternized chitosan on antifungal activity [J]. Carbohydrate Polymers，2008，71（4）: 694-697.

[70] Hahn H，de Zacks R，Kende H. Cytokinin formation in pea seeds [J]. Naturwissenschaften，1974，61: 170-171.

[71] Haider M W，Ayyub C M，Pervez M A，et al. Impact of foliar application of seaweed extract on growth，yield and quality of potato（Solanum tuberosum L.）[J]. Soil Environ，2012，31: 157-162.

[72] Hidangmayum A，Dwivedi P. Plant responses to *Trichoderma* spp. and their tolerance to abiotic stresses: a review [J]. J Pharmacogn Phytochem，2018，7（1）: 758-766.

[73] Hutton M J，van Staden J. Transport and metabolism of labeled zeatin applied to the stems of *Phaseolus vulgaris* at different stages of development [J]. Z Pflanzenphysiol，1984，114: 331-339.

[74] Ibrahim E A，Ramadan W A. Effect of zinc foliar spray alone and combined with humic acid or/and chitosan on growth，nutrient elements content and yield of dry bean（*Phaseolus vulgaris* L.）plants sown at different dates [J]. Sci Hortic，2015，184: 101-105.

[75] Igna R D，Marchioro V S. Manejo de *Ascophyllum nodosum* na cultura do trigo [J]. Cultivando o Saber，2010，3: 64-71.

[76] Jabeen N，Ahmad R. The activity of antioxidant enzymes in response to salt stress in safflower（*Carthamus tinctorius* L.）and sunflower（*Helianthus annuus* L.）seedlings raised from seed treated with chitosan [J]. J Sci Food Agric，2013，93（7）: 1699-1705.

[77] Jayaraj J，Wan A，Rahman M，et al. Seaweed extract reduces foliar fungal diseases on carrot [J]. Crop Prot，2008，27: 1360-1366.

[78] Jeannin I，Lescure J C，Morot-Gaudry J F. The effects of aqueous seaweed sprays on the growth of maize [J]. Bot Mar，1991，34: 469-474.

[79] Joshi V，Joung J G，Fei Z，et al. Interdependence of threonine，methionine and isoleucine metabolism in plants: accumulation and transcriptional regulation

under abiotic stress [J]. Amino Acids，2010，39: 933-947.

[80] Kalaivanan C，Venkatesalu V. Utilization of seaweed *Sargassum myriocystum* extracts as a stimulant of seedlings of *Vigna mungo*（L.）Hepper [J]. Span J Agric Res，2012，10: 466-470.

[81] Kaluzewicz A，Gasecka M，Spizewski T. Influence of biostimulants on phenolic content in broccoli heads directly after harvest and after storage [J]. Folia Hort，2017，29: 221-230.

[82] Kamari A，Pulford I D，Hargreaves J S. Binding of heavy metal contaminants onto chitosans-an evaluation for remediation of metal contaminated soil and water [J]. J Environ Manag，2011，92: 2675-2682.

[83] Kamari A，Pulford I D，Hargreaves J S. Metal accumulation in *Lolium perenne* and *Brassica napus* as affected by application of chitosans [J]. Int J Phytoremediation，2012，14: 894-907.

[84] Karimi S，Abbaspour H，Sinaki J M，et al. Effects of water deficit and chitosan spraying on osmotic adjustment and soluble protein of cultivars castor bean（*Ricinus communis* L.）[J]. J Physiol Biochem，2012，8: 160-169.

[85] Khan A S，Ahmad B，Jaskani M J，et al. Foliar application of mixture of amino acids and seaweed（*Ascophylum nodosum*）extract improve growth and physicochemical properties of grapes [J]. Int J Agric Biol，2012，14: 383-388.

[86] Khan W，Rayirath U P，Subramanian S，et al. Seaweed extracts as biostimulants of plant growth and development [J]. J Plant Growth Regul，2009，28: 386-399.

[87] Khan W M，Prithiviraj B，Smiyh D L. Effect of foliar application of chitinoligosaccharides on photosynthesis of maize and soybean [J]. Photosynthetica，2002，40（621-624）: 87-92.

[88] Koo R C J，Mayo S. Effects of seaweed sprays in citrus fruit production [J]. Proceed Florida Stat Hortic Sci，1994，107: 82-85.

[89] Krajnc A U，Ivanus A，Kristl J，et al. Seaweed extract elicits the metabolic responses in leaves and enhances growth of Pelargonium cuttings [J]. Euro J Hort Sci，2012，77: 170-181.

[90] Kuisma P. The effect of foliar application of seaweed extract on potato [J]. J Agr Sci Finland，1989，61: 371-377.

[91] Kulkarni M G，Rengasamy K R R，Pendotaa S C，et al. Bioactive molecules derived from smoke and seaweed *Ecklonia maxima* showing phytohormone-like activity in *Spinacia oleracea* L. [J]. New Biotechnol，2019，48: 83-89.

[92] Kumar G，Sahoo D. Effect of seaweed liquid extract on growth and yield of *Triticum aestivum* var. Pusa Gold [J]. J Appl Phycol，2011，23: 251-255.

[93] Lai Q，Zhi B，Zhu Z，et al. Effects of osmotic stress on antioxidant enzymes activities in leaf discs of PSAG12-IPT modified gerbera [J]. J Zhejiang Univ

Sci，2007，8（7）: 458-464.

[94] Lapshina L A，Reunov A V，Nagorskaya V P，et al. Inhibitory effect of fucoidan from brown alga *Fucus evanescens* on the spread of infection induced by tobacco mosaic virus in tobacco leaves of two cultivars [J]. Russ J Plant Physiol，2006，53: 246-251.

[95] Letham D S. Cytokinins as phytohormones: sites of biosynthesis，translocation，and function of translocated cytokinins. In: Mok D W S，Mok M C（eds）Cytokinins: Chemistry，Activity and Functions [M]. Boca Raton，FL: CRC Press，1994.

[96] Li Z，Zhang Y，Zhang X，et al. Metabolic pathways regulated by chitosan contributing to drought resistance in white clover [J]. J Proteome Res，2017，16（8）: 3039-3052.

[97] Li Z，Yang F，Yang R. Synthesis and characterization of chitosan derivatives with dual-antibacterial functional groups [J]. International Journal of Biological Macromolecules，2015，75: 378-387.

[98] Liang C，Yuan F，Liu F，et al. Structure and antimicrobial mechanism of ε-polylysine-chitosan conjugates through Maillard reaction [J]. International Journal of Biological Macromolecules，2014，70: 427-434.

[99] Little H，Spann T M. Commercial extracts of *Ascophyllum nodosum* increase growth and improve water status of potted citrus rootstocks under deficit irrigation [J]. Hortscience，2010，45: S63.

[100] Liu C，Liu Y，Guo K，et al. Effect of drought on pigments，osmotic adjustment and antiox-idant enzymes in six woody plant species in karst habitats of southwestern China [J]. Environ Exp Bot，2011，71: 174-183.

[101] Liu X F，Guan Y L，Yang D Z，et al. Antibacterial action of chitosan and carboxymethylated chitosan [J]. Journal of Applied Polymer Science，2001，79（7）: 1324-1335.

[102] Lola-Luz T，Hennequart F，Gaffney M T. Enhancement of phenolic and flavonoid compounds in cabbage（*Brassica oleracea*）following application of commercial seaweed extracts of the brown seaweed（*Ascophyllum nodosum*）[J]. Agric Food Sci，2013，22: 288-295.

[103] Lopez-Mosquera M E，Pazos P. Effects of seaweed on potato yields and soil chemistry [J]. Biol Agric Hortic，1997，14: 199-205.

[104] Loyola N，Munoz C. Effect of the biostimulant foliar addition of marine algae on cv O'Neal blueberries production [J]. J Agr Sci Tech B，2011，1: 1059-1074.

[105] Ma L，Li Y，Yu C，et al. Alleviation of exogenous oligochitosan on wheat seedlings growth under salt stress [J]. Protoplasma，2012，249（2）: 393-399.

[106] Mahdavi B，Sanavy S A M M，Aghaalikhani M，et al. Chitosan improves osmotic potential tolerance in safflower（*Carthamus tinctorius* L.）seedlings [J]. J Crop Improv，2011，4: 728-741.

[107] Mahdavi B，Rahimi A. Seed priming with chitosan improves the germination and growth performance of ajowan（*Carum copticum*）under salt stress [J]. Eur Asian J Bio Sci，2013，7: 69-76.

[108] Mahdavi B. Seed germination and growth responses of Isabgol（*Plantago ovata* Forsk）to chitosan and salinity [J]. Int J Agric Crop Sci，2013，5: 1084-1088.

[109] Martin T J G，Turner S J，Fleming C C. Management of the potato cyst nematode（*Globodera pallida*）with bio-fumigants/stimulants [J]. Comm Agri Appl Biol Sci，2007，72: 671-675.

[110] Martinez G，Reyes G，Falcon R，et al. Effect of seed treatment with chitosan on the growth of rice（*Oryza sativa* L.）seedlings cv. INCA LP-5 in saline medium [J]. Cultivos Tropicales，2015，36（1）: 143-150.

[111] Masny A，Basak A，Zurawicz E. Effects of foliar applications of Kelpak SL and Goëmar BM 86® preparations on yield and fruit quality in two strawberry cultivars [J]. J Fruit Ornamental Plant Res，2004，12: 23-27.

[112] Matysiak K，Kaczmarek S，Krawczyk R. Influence of seaweed extracts and mixture of humic acid fulvic acids on germination and growth of *Zea mays* L. [J]. Acta Sci Pol Agri，2011，10: 33-45.

[113] Matysik J，Bhalu B A，Mohanty P，et al. Molecular mechanisms of quenching of reactive oxygen species by proline under stress in plants [J]. Curr Sci，2002，82: 525-532.

[114] MacDonald J E，Hacking J，Norrie J. Extracts of *Ascophyllum nodosum* enhance spring root egress after freezer storage in Picea glauca seedlings. Proceedings of the 37th Annual Meeting of the Plant Growth Regulation Society of America，Portland，2010.

[115] MacDonald J E，Hacking J，Weng Y H，et al. Root growth of containerized lodgepole pine seedlings in response to *Ascophyllum nodosum* extract application during nursery culture [J]. Can J Plant Sci，2012，92: 1207-1212.

[116] McGeary D J，Birkenhead W E. Effect of seaweed extract on growth and yield of onions [J]. J Aust Inst Agr Sci，1984，50: 49-50.

[117] McKersie B D，Lesheim Y. Stress and Stress Coping in Cultivated Plants [M]. Berlin: Springer，2013.

[118] Michalak I，Lewandowska S，Detyna J，et al. The effect of macroalgal extracts and near infrared radiation on germination of soybean seedlings: preliminary research results [J]. Open Chem，2018，16: 1066-1076.

[119] Moller M，Smith M L. The effects of priming treatments using seaweed

suspensions on the water sensitivity of barley (*Hordeum vulgare* L.) caryopses [J]. Ann Appl Biol, 1999, 135: 515-521.

[120] Mystkowska I. The content of iron and manganese in potato tubers treated with biostimulators and their nutritional value [J]. Appl Ecol Environ Res, 2018, 16: 6633-6641.

[121] Munshaw G C, Ervin E H, Shang C, et al. Influence of late-season iron, nitrogen, and seaweed extract on fall color retention and cold tolerance of four bermudagrass cultivars [J]. Crop Sci, 2006, 46: 273-283.

[122] Nazarli A, Faraji F, Zardashti M R. Effect of drought stress and polymer on osmotic adjustment and photosynthetic pigments of sunflower [J]. Cercetari Agronomice in Moldova, 2011, 44 (1) : 35-42.

[123] Neily W, Shishkov W, Nickerson S, et al. Commercial extract from the brown seaweed Ascophyllum nodosum (Acadian®) improves early establishment and helps resist water stress in vegetable and flower seedlings [J]. Hortscience, 2010, 45: S105-S106.

[124] Nelson W R, van Staden J. The effect of seaweed concentrate on wheat culms [J]. J Plant Physiol, 1984, 115: 433-437.

[125] Nelson W R, van Staden J. Effect of seaweed concentrate on the growth of wheat [J]. S Afr J Sci, 1986, 82: 199-200.

[126] Nelson W R, van Staden J. The effects of seaweed concentrate on the growth of nutrient-stressed greenhouse cucumbers [J]. Hortscience, 1984, 19: 81-82.

[127] Nooden L D, Leopold A C. Phytohormones and the endogenous regulation of senescence and abscission. In: Letham D S, Goodwin P B, Higgins T J (eds) Phytohormones and Related Compounds: A Comprehensive Treatise [M]. Amsterdam: Elsevier, 1978.

[128] Norrie J, Keathley J P. Benefits of *Ascophyllum nodosum* marine-plant extract applications to 'Thompson seedless' grape production [J]. Proceedings of the Xth International Symposium on Plant Bioregulators in Fruit Production. Acta Hortic, 2006, 727: 243-247.

[129] Obianom C, Romanazzi G, Sivakumar D. Effects of chitosan treatment on avocado post-harvest diseases and expression of phenylalanine ammonia-lyase, chitinase and lipoxygenase genes [J]. Postharvest Biology and Technology, 2019, 147: 214-221.

[130] Pirbalouti A G, Malekpoor F, Salimi A, et al. Exogenous application of chitosan on biochemical and physiological characteristics, phenolic content and antioxidant activity of two species of basil (*Ocimum ciliatum* and *Ocimum basilicum*) under reduced irrigation [J]. Sci Hortic, 2017, 217: 114-122.

[131] Possingham J V. Plastid replication and development in the life cycle of higher plants [J]. Annu Rev Plant Physiol, 1980, 31: 113-129.

[132] Prashanth H K V, Dharmesh S M, Rao K S, et al. Free radical-induced chitosan depolymerized products protect calf thymus DNA from oxidative damage [J]. Carbohydr Res, 2007, 342: 190-195.

[133] Raghavendra V B, Lokesh S, Govindappa M, et al. Dravya—as an organic agent for the management of seed-borne fungi of sorghum and its role in the induction of defense enzymes [J]. Pestic Biochem Phys, 2007, 89: 190-197.

[134] Ramya S S, Nagaraj S, Vijayanand N. Influence of seaweed liquid extracts on growth, biochemical and yield characteristics of *Cyamopsis tetragonolaba* (L.) Taub [J]. J Phytol, 2011, 3: 37-41.

[135] Ramya S S, Nagaraj S, Vijayanand N. Biofertilizing efficiency of brown and green algae on growth, biochemical and yield parameters of *Cyamopsis tetragonolaba* (L.) Taub [J]. Recent Res Sci Technol, 2010, 2: 45-52.

[136] Rathore S S, Chaudhary D R, Boricha G N, et al. Effect of seaweed extract on the growth, yield and nutrient uptake of soybean (*Glycine max*) under rainfed conditions [J]. S Afr J Bot, 2009, 75: 351-355.

[137] Ray S R, Bhuiyan M J H, Hossain M A, et al. Chitosan ameliorates growth and biochemical attributes in mungbean varieties under saline condition [J]. Res Agric Livest Fish, 2016, 3 (1): 45-51.

[138] Rayorath P, Jithes M N, Farid A, et al. Rapid bioassays to evaluate the plant growth promoting activity of *Ascophyllum nodosum* (L.) Le Jol. using a model plant, *Arabidopsis thaliana* (L) Heynh [J]. J Appl Phycol, 2008, 20: 423-429.

[139] Rayorath P, Benkel B, Hodges D M, et al. Lipophilic components of the brown seaweed, *Ascophyllum nodosum*, enhance freezing tolerance in *Arabidopsis thaliana* [J]. Planta, 2009, 230: 135-147.

[140] Rolland F, Baenagonzalez E, Sheen J. Sugar sensing and signaling in plants: conserved and novel mechanisms [J]. Annu Rev Plant Biol, 2006, 57: 675-709.

[141] Ross R, Holden D. Commercial extracts of the brown seaweed *Ascophyllum nodosum* enhance growth and yield of strawberries [J]. Hortscience, 2010, 45: S141.

[142] Russo R, Poincelot R P, Berlyn G P. The use of a commercial organic biostimulant for improved production of marigold cultivars [J]. J Home Con Hort, 1994, 1: 83-93.

[143] Sangeetha V, Thevanathan R. Effect of foliar application of seaweed based panchagavya on the antioxidant enzymes in crop plants [J]. J Am Sci, 2010, 6: 185-188.

[144] Sebti I, Martial-Gros A, Carnet-Pantiez A, et al. Chitosan polymer as bioactive coating and film against *Aspergillus niger* contamination [J]. Journal

of Food Science，2006，70（2）: 100-104.

[145] Shah M T，Zodape S T，Chaudhary D R，et al. Seaweed sap as an alternative to liquid fertilizer for yield and quality improvement of wheat [J]. J Plant Nutr，2013，36: 192-200.

[146] Sheikha S A，Al-Malki F M. Growth and chlorophyll responses of bean plants to chitosan applications [J]. Eur J Sci Res，2011，50（1）: 124-134.

[147] Shekhar Sharma H S，Fleming C，Selby，C，et al. Plant biostimulants: a review on the processing of macroalgae and use of extracts for crop management to reduce abiotic and biotic stresses [J]. J Appl Phycol，2014，26: 465-490.

[148] Singh I，Gopalakrishnan V A K，Solomon S，et al. Can we not mitigate climate change using seaweed based biostimulant: a case study with sugarcane cultivation in India [J]. J Clean Prod，2018，204: 992-1003.

[149] Sivasankari S，Venkatesalu V，Anantharaj M，et al. Effect of seaweed extracts on the growth and biochemical constituents of *Vigna sinensis* [J]. Bioresour Technol，2006，97: 1745-1751.

[150] Spinelli F，Fiori G，Noferini M，et al. Perspectives on the use of a seaweed extract to moderate the negative effects of alternate bearing in apple trees [J]. J Hort Sc Biotech，2009，84: 131-137.

[151] Spinelli F，Fiori G，Noferini M，et al. A novel type of seaweed extract as a natural alternative to the use of iron chelates in strawberry production [J]. Sci Hortic，2010，125: 263-269.

[152] Sridhar S，Rengasamy S. Significance of seaweed liquid fertilizers for minimizing chemical fertilizers and improving yield of *Arachis hypogaea* under field trial [J]. Recent Res Sci Technol，2010，2: 73-80.

[153] Steveni C M，Norrington-Davies J，Hankins S D. Effect of seaweed concentrate on hydroponically grown spring barley [J]. J Appl Phycol，1992，4: 173-180.

[154] Stevens G A，Westwood M N. Fruit set and cytokinin-like activity in the xylem sap of sweet cherry（*Prunus avium*）as affected by rootstock [J]. Physiol Plant，1984，61: 464-468.

[155] Sun T，Xie W M，Xu P X. Superoxide anion scavenging activity of graft chitosan derivatives [J]. Carbohydr Polym，2004，58: 379-382.

[156] Sunarpi J A，Kurnianingsih R，Julisaniah N I，et al. Effect of seaweed extracts on growth and yield of rice plants [J]. Nusantara Biosci，2010，2: 73-77.

[157] Tan W，Li Q，Dong F，et al. Novel cationic chitosan derivative bearing 1，2，3-triazolium and pyridinium: synthesis，characterization，and antifungal property [J]. Carbohydrate Polymers，2018，182: 180-187.

[158] Temple W D, Bomke A A, Radley R A, et al. Effects of kelp (*Macrocystis integrifolia* and *Ecklonia maxima*) —foliar applications on bean crop growth and nitrogen nutrition under varying soil moisture regimes [J]. Plant Soil, 1989, 117: 75-83.

[159] Uppal A K, El Hadrami A, Adam L R, et al. Biological control of potato Verticillium wilt under controlled and field conditions using selected bacterial antagonists and plant extracts [J]. Biol Control, 2008, 44: 90-100.

[160] van Staden J, Upfold J, Dewes F E. Effect of seaweed concentrate on growth and development of the marigold *Tagetes patula* [J]. J Appl Phycol, 1994, 6: 427-428.

[161] Varga A, Bruinsma J. The growth and ripening of tomato fruits at different levels of endogenous cytokinins [J]. J Hortic Sci, 1974, 49: 135-142.

[162] Vasconcelos M W. Chitosan and chitooligosaccharide utilization in phytoremediation and biofortification programs: current knowledge and future perspectives [J]. Front Plant Sci, 2014, 5: 616-622.

[163] Vera J, Castro J, Contreras R A, et al. Oligocarrageenans induce a long-term and broad-range protection against pathogens in tobacco plants (var. Xanthi) [J]. Physiol Mol Plant Path, 2012, 79: 31-39.

[164] Washington W S, Engleitner S, Boontjes G, et al. Effect of fungicides, seaweed extracts, tea tree oil, and fungal agents on fruit rot and yield in strawberry [J]. Aust J Exp Agr, 1999, 39: 487-494.

[165] Wei L, Mi Y, Zhang J, et al. Evaluation of quaternary ammonium chitosan derivatives differing in the length of alkyl side chain: synthesis and antifungal activity [J]. International Journal of Biological Macromolecules, 2019, 129: 1127-1132.

[166] Whapham C A, Blunden G, Jenkins T, et al. Significance of betaines in the increased chlorophyll content of plants treated with seaweed extract [J]. J Appl Phycol, 1993, 5: 231-234.

[167] Xie W M, Xu P X, Liu Q. Antioxidant activity of water-soluble chitosan derivatives [J]. Bioorg Med Chem Lett, 2001, 11: 1699-1701.

[168] Yang F, Hu J, Li J, et al. Chitosan enhances leaf membrane stability and antioxidant enzyme activities in apple seedlings under drought stress [J]. Plant Growth Regul, 2009, 58: 131-136.

[169] Yang H, Zheng J, Huang C, et al. Effects of combined aqueous chlorine dioxide and chitosan coatings on microbial growth and quality maintenance of fresh-cut bamboo shoots during storage [J]. Food and Bioprocess Technology, 2015, 8 (5): 1011-1019.

[170] Yin X Q, Lin Q, Zhang Q, et al. O^{2-} scavenging activity of chitosan and its metal complexes [J]. Chin J Appl Chem, 2002, 19: 325-328.

[171] Younes I, Sellimi S, Rinaudo M, et al. Influence of acetylation degree and molecular weight of homogeneous chitosans on antibacterial and antifungal activities [J]. International Journal of Food Microbiology, 2014, 185: 57-63.

[172] Zhang X Z, Ervin E H, Schmidt R E. Physiological effects of liquid applications of a seaweed extract and a humic acid on creeping bent grass [J]. J Am Soc Hortic Sci, 2003, 128: 492-496.

[173] Zhang X Z, Schmidt R E. Hormone-containing products' impact on antioxidant status of tall fescue and creeping bentgrass subjected to drought [J]. Crop Sci, 2000, 40: 1344-1349.

[174] Zhang X Z, Ervin E H. Impact of seaweed extract-based cytokinins and zeatin riboside on creeping bentgrass heat tolerance [J]. Crop Sci, 2008, 48: 364-370.

[175] Zhang X Z, Wang K H, Ervin E H. Optimizing dosages of seaweed extract based cytokinins and zeatin riboside for improving creeping bentgrass heat tolerance [J]. Crop Sci, 2010, 50: 316-320.

[176] Zodape S T, Gupta A, Bhandari S C, et al. Foliar application of seaweed sap as biostimulant for enhancement of yield and yield quality of tomato (*Lycopersicon esculentum* Mill.) [J]. J Sci Ind Res India, 2011, 70: 215-219.

[177] Zodape S T, Kawarkhe V J, Patolia J S, et al. Effect of liquid seaweed fertilizer on yield and quality of okra (*Abelmoschus esculentus* L.) [J]. J Sci Ind Res India, 2008, 67: 1115-1117.

[178] Zodape S T, Mukhopadhyay S, Eswaran K, et al. Enhanced yield and nutritional quality in green gram (*Phaseolus radiata* L.) treated with seaweed (*Kappaphycus alvarezii*) extract [J]. J Sci Ind Res India, 2010, 69: 468-471.

[179] Zodape S T, Mukherjee S, Reddy M P, et al. Effect of *Kappaphycus alvarezii* (Doty) Doty ex silva. extract on grain quality, yield and some yield components of wheat (*Triticum aestivum* L.) [J]. Int J Plant Prod, 2009, 3: 97-101.

[180] Zong H, Li K, Liu S, et al. Improvement in cadmium tolerance of edible rape (*Brassica rapa* L.) with exogenous application of chitooligosaccharide [J]. Chemosphere, 2017, 181: 92-100.

[181] 张强，陈明昌，程滨，等. 植物与土壤的氨基酸营养研究进展[J]. 山西农业科学，2001，29（1）：42-44.

[182] 陈振德. 土施L-色氨酸对甘蓝产量和养分吸收的影响[J].土壤学报，1997，34（2）：200-204.

[183] 肇雪艳. 含氨基酸水溶肥料在番茄上的肥效试验报告[J].吉林蔬菜，2018，（4）：41-42.

[184] 李中义. 含氨基酸水溶肥料在草莓上的肥效试验初报[J]. 南方农业，2019，13（S1）：48-49.

[185] 李大庆，谈孝凤，杨再学，等. 不同氨基酸水溶肥用量对茶叶产量的影响[J]. 耕作与栽培，2019，39（2）：43-47.
[186] 黄秀连. 氨基酸水溶肥料在小白菜上的应用探究[J]. 南方农业，2017，11（30）：27-28.
[187] 赵艳茹，郭伟，张晓程，等. 含氨基酸水溶肥料在柑橘上的应用效果[J]. 西北园艺，2020,（1）：53-55.
[188] 张娜. 含氨基酸水溶肥料在黄瓜上的应用效果初探[J]. 农业科技与装备，2020,（2）：10-12.
[189] 刘明震. 含氨基酸水溶肥料在青椒上的肥效试验[J]. 农业科技与装备，2017,（9）：20-21.
[190] 王连祥，刘磊，林平. 含氨基酸水溶肥料在西瓜上的喷施肥效试验[J].农业科技通讯，2020,（12）：133-136.
[191] 徐康明. 含氨基酸水溶肥在小白菜上的肥效试验初报[J]. 农业开发与装备，2020,（9）：146-147.
[192] 李佳钊. 含氨基酸水溶性肥料在小麦上的应用效果研究[J]. 现代农业科技，2019,（5）：14-17.
[193] 赵金红.马铃薯喷施含氨基酸水溶肥料效果的研究[J].农业开发与装备，2021,（2）：157-158.
[194] 马雪丽，李建峰，李喜凤. 壳寡糖在农业上的应用研究综述[J].乡村科技，2018,（8）：63-64.
[195] 于汉寿，吴汉章，张益民，等. 甲壳素衍生物在农业上的应用及展望[J]. 世界农业，1999，3：30-31.
[196] 李淼.甲壳素肥料在农林业上的应用[J].山西林业，2012,（4）：16-17.
[197] 刘晓霞，邹成林，李训碧，等.壳寡糖对干旱胁迫下甘蔗叶片生理指标的影响［J］.南方农业学报，2014,（10）：1759-1763.
[198] 李艳，赵小明，夏秀英，等.壳寡糖对干旱胁迫下油菜光合参数的影响［J］.作物学报，2008,（2）：326-329.
[199] 王梦雨，王文霞，赵小明，等.壳寡糖对低温胁迫下小麦幼苗的相关代谢产物的影响［J］.麦类作物学报，2016,（5）：653-658.
[200] 郑典元，夏依依，丁占平.壳寡糖对水稻幼苗生长及抗寒性能的影响［J］.江苏农业科学，2012,（4）：77-79.
[201] 匡银近，彭惠娥，叶桂萍，等.壳寡糖提高茄子幼苗抗冷性的效应研究［J］.北方园艺，2009,（9）：14-17.
[202] 任明兴，骆耀平，汤玉平，等. 壳聚糖在茶树上的应用效应[J]. 茶叶，2004，30（4）：221-223.
[203] 罗兵，徐朗莱，孙海燕. 壳聚糖对黄瓜品质和产量的影响[J]. 南京农业大学学报，2004，27（1）：20-23.
[204] 孙铭维，童津津，蒋林树，等. 壳聚糖抗微生物活性的影响因素及其作用机制[J]. 动物营养学报，2018，30（11）: 4327-4333.

[205] 闫佳琪，张忆楠，赵玉梅，等. 壳寡糖控制果蔬采后病害及诱导抗病性研究进展[J]. 食品科学，2015，36（21）: 268-272.
[206] 祁文彩，张金国，王丹，等. 壳聚糖复合膜在果蔬保鲜应用中的研究进展[J].北方园艺，2018，（21）: 169-175.
[207] 孙锦，韩丽君，于庆文. 海藻提取物（海藻肥）在蔬菜上的应用效果研究[J]. 土壤肥料，2006，（2）: 47-51.
[208] 秦益民，赵丽丽，申培丽，等.功能性海藻肥[M].北京：中国轻工业出版社，2018.

附录　青岛明月海藻集团简介

青岛明月海藻集团位于国家级新区——青岛西海岸新区。公司是一家以大型褐藻为原料提取海藻生物制品的高新技术企业，注册资本1.26亿元，拥有员工2000余名。公司秉承“利用海洋资源 造福人类健康”的使命，坚持“经略海洋从一棵海藻做起，一棵海藻做成一个大健康产业”的发展主线，专注海藻活性物质的深度开发和应用，拓展出现代海洋基础原料产业、现代海洋健康终端产品产业以及海洋健康服务产业三大产业板块，是目前全球最大的海藻生物制品生产企业。

青岛明月海藻集团拥有海藻活性物质国家重点实验室、农业农村部海藻类肥料重点实验室、国家地方工程研究中心、国家认定企业技术中心、国家众创空间、院士专家工作站、博士后科研工作站等一系列国家级科研平台和人才支撑平台，先后荣获国家“863”计划成果产业化基地、国家海洋科研中心产业化示范基地、国家创新型企业、国家技术创新示范企业、国家制造业单项冠军示范企业等荣誉称号，被誉为青岛市“新五朵金花”——“海洋之花”。“明月牌”商标被认定为“中国驰名商标”。

近年来，青岛明月海藻集团依托蓝色经济发展平台，以转方式、调结构为主线，充分发挥海洋科研优势，不断使公司发展迈向“深蓝”。先后承担国家重点研发计划、国家工信部强基工程、国家科技支撑计划、国家863计划等国家级科研项目30余项；发表论文200余篇，其中SCI论文60余篇；承办学术专刊1期；出版学术著作16部，其中5部英文著作；开发海洋药物、海洋功能食品、海藻酸盐纤维医用材料、海洋化妆品等200多个新产品；建成中试生产线13条；获原料药、药用辅料相关证书9项，获得医疗器械注册证书6项；制定产品技术标准200余项，参与制定国家标准5项、行业标准6项；获得国家科技进步二等奖1项、省部级科技奖10项；通过省部级科技成果鉴定40余项，其中30多项为国际领先；拥有国家发明专利180余项，PCT国际专利9项。培育、孵化海洋生物企业20家，其中高新技术企业5家，形成海藻生物产业集聚群。

青岛明月海藻集团主导产品市场占有率稳步提升，国内、国际市场占有率分别达到40%、30%，拉动了海藻养殖、加工、海藻生物制品研发、生产、销售全产业链的发展壮大。

2015年由科技部批准成立的海藻活性物质国家重点实验室坐落于胶州湾畔的青岛明月海藻集团海藻科技中心。实验室拥有“制备技术研究室”“结构分析研究室”“生物改性研究室”“理化改性研究室”“功效分析研究室”“应用技术研究室”等6个专业研究室，拥有电感耦合等离子体质谱仪、高效液相色谱仪、原子吸收光谱仪、元素分析仪、差示扫描量热仪等原值达8700多万元的研发检测设备。实验室以提高我国海藻生物产业自主创新能力和产品附加值为总体目标，研究海藻活性物质的提取和分离、功能化改性以及功效和应用领域的共性关键科学技术和理论，整合基于海藻生物资源的海藻活性物质结构、性能和应用数据库，通过化学、物理、生物等改性技术的应用提高海藻活性物质的功效、拓宽其应用领域，为海藻活性物质在海洋功能食品、海藻生物医用材料、海洋源美容护肤品、海洋源生物刺激剂等高端领域的应用提供坚实的科学理论基础，储备了一批科技含量高、市场前景广阔的技术和产品，促进了我国海藻生物产业向高附加值、高端应用的转型升级。